职业教育课程改革创新教材

应 用 数 学

主　编　周小玲　段振华

副主编　吴　蔚　青　君　陈昌华

参　编　周爱农　张良均

主　审　王亚妮

科学出版社

北　京

内 容 简 介

本书是作者根据教育部《关于全面提高高等职业教育教学质量的若干意见》和《高等学校课程思政建设指导纲要》的精神和要求，结合多年的教学实践经验，在充分调研我国高等职业院校教学现状及发展趋势的基础上编写的. 本书的主要内容包括函数、极限与连续、一元函数微分学及应用、一元函数积分学及应用、常微分方程、线性代数初步、无穷级数、多元函数微积分学共 8 个模块.

本书可作为高等职业院校工科类和经管类专业的高等数学基础课程教材，也可为准备专升本考试的学生及相关社会人员提供帮助.

图书在版编目（CIP）数据

应用数学/周小玲，段振华主编.—北京：科学出版社，2023.2
ISBN 978-7-03-074283-4

Ⅰ. ①应…　Ⅱ. ①周…②段…　Ⅲ. ①应用数学-高等职业教育-教材
Ⅳ. ①O29

中国版本图书馆 CIP 数据核字（2022）第 240333 号

责任编辑：孙露露　王会明 / 责任校对：赵丽杰
责任印制：吕春珉 / 封面设计：东方人华平面设计部

科学出版社 出版
北京东黄城根北街 16 号
邮政编码：100717
http://www.sciencep.com

三河市中晟雅豪印务有限公司印刷
科学出版社发行　各地新华书店经销
*

2023 年 2 月第 一 版　　开本：787×1092　1/16
2024 年 12 月第五次印刷　　印张：17
字数：403 000
定价：55.00 元
（如有印装质量问题，我社负责调换）
销售部电话 010-62136230　编辑部电话 010-62135978-2010

前　　言

近年来，伴随着高等职业教育的扩招和纵向发展，高等职业教育的学生生源呈现多元化趋势，学生之间的知识基础和综合素质差异也逐渐加大．数学教学要做到兼顾不同层次学生的需求，坚持职业教育的"职业性"和"大众性"属性，教材建设就是其中至关重要的一环．为此，我们组织了具有丰富教学经验的一线教师，在教育部有关高等职业教育文件精神指导下，结合最新颁布的高等职业教育数学教学大纲编写了本书．本书在编写过程中贯彻了"分类分层、服务专业、数模渗透、培养潜能"的设计思路，主要特色如下．

1. 思政融入，教书育人

本书以习近平新时代中国特色社会主义思想为指导，坚持"为党育人、为国育才"的原则，将思政元素与教学内容有机结合，重视传播中华文化之美，介绍中国古代的数学成就，从而增强民族自豪感，通过数学背景介绍和探究式知识解构，"润物无声"地培育学生的文化自信和科学精神，达到潜移默化的育人效果，培养德智体美劳全面发展的社会主义建设者和接班人．

2. 层次分明，由浅入深

本书以一元函数微积分（函数、极限与连续、一元函数微分学及应用、一元函数积分学及应用）为基础模块，面向不同专业及个人发展需求设置了常微分方程、线性代数初步、无穷级数三个活动模块和多元函数微积分学一个拓展模块．本书的编写既重视高职数学与高中数学知识的衔接，也兼顾高职数学与本科数学知识的衔接，由浅入深，让各层次的学生都能无障碍地学习．

3. 服务专业，培养能力

本书删减烦琐的定理证明，着重介绍对学生的后续专业学习、日常生活和今后工作有用的数学思想、方法和技巧，加强应用数学解决专业相关问题和实际问题的内容，培养学生的数学应用能力．

4. 引例导入，贴近生活

将抽象的数学内容还原到真实应用情境中，强调数学概念的起源、原理与实际问题的联系，优选数学在几何、物理方面的应用，积累了数学在后续专业领域及其他领域的应用案例．

5. 梳理知识，建构框架

本书内容循序渐进，符合学生的认知规律．各模块设有"本模块知识要点"，帮助学生梳理本模块知识脉络和重难点，加强对学生学习策略的指导.

6. 建模应用，思想渗透

各模块都精心设计了相关知识点的建模应用，融入了数学建模的思想和方法，体现了数学知识在各领域的应用. 引入 MATLAB 软件，简化了计算并充分利用了其可视化功能和互动功能.

7. 精心选题，分层练习

各节均有课堂练习，每模块末尾还配有 A 组（基础层次）和 B 组（提高层次）两套习题，有助于分层教学，递进练习.

8. 配套教学资源丰富，延展学习时间和空间

本书的配套教学资源丰富，有精心制作的课件、教案，有丰富且适合各层次学生的题库，有覆盖全书知识点的微课视频，还有趣味十足的小练习动画和虚拟仿真资源. 此外，本书对应的课程已在智慧职教慕课平台上线，课程链接地址：https://icve-mooc.icve.com.cn/，方便学生课前预习和课后复习，从而延展学习时间和空间.

本书的出版得到 2022 年广州市高等教育教学质量与教学改革工程项目"数学教研室"（项目编号：2022KCJYS024）资助支持.

由于编者的水平有限，书中难免存在疏漏之处，恳请广大读者批评斧正，以便修订时加以完善，在此一并致谢.

目　录

模块1　函数 ················· 1

1.1　函数的概念 ··············· 1

　1.1.1　变量与区间 ········· 1

　1.1.2　认识函数 ··········· 2

　1.1.3　函数的表示方法 ····· 3

　1.1.4　函数的特性 ········· 4

　1.1.5　反函数 ············· 5

　练习1.1 ··················· 5

1.2　基本初等函数 ············· 6

　1.2.1　常值函数 ··········· 6

　1.2.2　幂函数 ············· 6

　1.2.3　指数函数 ··········· 7

　1.2.4　对数函数 ··········· 7

　1.2.5　三角函数 ··········· 8

　1.2.6　反三角函数 ········ 11

　练习1.2 ·················· 13

1.3　复合函数、初等函数及函数
　　　关系式的建立 ·········· 13

　练习1.3 ·················· 15

1.4　常见的经济函数 ·········· 15

　练习1.4 ·················· 18

温故知新：幂运算和对数运算 ··· 18

数学实验：数学建模和MATLAB
　　　　　简介 ·············· 20

拓展阅读：《周髀算经》与勾股
　　　　　定理 ·············· 24

本模块知识要点 ·············· 25

习题1 ······················ 25

模块2　极限与连续 ········· 28

2.1　数列的极限 ·············· 28

　2.1.1　我国古代的极限思想 ··· 28

　2.1.2　数列极限的定义 ····· 29

练习2.1 ··················· 30

2.2　函数的极限 ·············· 30

　2.2.1　当 $x \to \infty$ 时函数的极限 ··· 30

　2.2.2　当 $x \to x_0$ 时函数的极限 ··· 31

　2.2.3　无穷小与无穷大 ···· 33

　练习2.2 ·················· 34

2.3　极限的运算 ·············· 34

　2.3.1　极限的四则运算法则 ··· 34

　2.3.2　两个重要极限 ······ 36

　2.3.3　无穷小的比较 ······ 38

　练习2.3 ·················· 40

2.4　函数的连续性 ············ 40

　2.4.1　函数连续性的定义 ·· 41

　2.4.2　间断点及其分类 ···· 42

　2.4.3　连续函数的运算 ···· 44

　2.4.4　闭区间上连续函数的性质 ··· 45

　练习2.4 ·················· 46

数学实验：用MATLAB计算极限 ··· 46

拓展阅读：中国早期的极限思想 ··· 47

本模块知识要点 ·············· 48

习题2 ······················ 49

模块3　一元函数微分学及应用 ··· 52

3.1　函数变化率模型——导数的
　　　概念 ·················· 52

　3.1.1　函数变化率模型 ···· 52

　3.1.2　导数的概念 ········ 54

　3.1.3　求导举例 ·········· 56

　3.1.4　可导与连续的关系 ·· 58

　练习3.1 ·················· 60

3.2　导数的运算 ·············· 60

　3.2.1　导数的四则运算法则 ··· 60

　3.2.2　基本初等函数的求导公式 ··· 61

3.2.3 复合函数的求导法则 ………… 62
3.2.4 隐函数求导法 ………… 63
3.2.5 对数求导法 ………… 64
*3.2.6 由参数方程确定的函数的
求导法 ………… 65
3.2.7 高阶导数 ………… 66
练习 3.2 ………… 68
3.3 函数的微分 ………… 69
3.3.1 微分的概念 ………… 69
3.3.2 微分的几何意义 ………… 71
3.3.3 微分的计算 ………… 71
3.3.4 微分在近似计算上的应用 …… 73
练习 3.3 ………… 73
*3.4 微分中值定理 ………… 74
3.4.1 拉格朗日定理 ………… 74
3.4.2 罗尔定理 ………… 75
3.4.3 柯西定理 ………… 76
练习 3.4 ………… 76
3.5 洛必达法则 ………… 76
3.5.1 洛必达法则定义 ………… 77
3.5.2 洛必达法则的应用 ………… 77
练习 3.5 ………… 80
3.6 函数的单调性和极值 ………… 81
3.6.1 函数的单调性 ………… 81
3.6.2 函数的极值 ………… 83
3.6.3 函数的最大值与最小值 ……… 86
3.6.4 建模案例：客房的定价问题 …… 89
练习 3.6 ………… 90
3.7 函数的凹凸性与拐点 ………… 90
练习 3.7 ………… 92
*3.8 函数图形的描绘 ………… 92
3.8.1 曲线的渐近线 ………… 92
3.8.2 函数作图 ………… 93
练习 3.8 ………… 94
数学实验：用 MATLAB 求导数
和极值 ………… 94
拓展阅读：微积分的创立及其
历史意义 ………… 95

本模块知识要点 ………… 96
习题 3 ………… 96

模块 4 一元函数积分学及应用 …… 100
4.1 原函数与不定积分 ………… 100
4.1.1 原函数与不定积分的定义 …… 100
4.1.2 不定积分基本公式 ………… 101
4.1.3 不定积分的性质 ………… 102
练习 4.1 ………… 103
4.2 定积分的概念 ………… 104
4.2.1 引例（求总量模型） ………… 104
4.2.2 定积分的定义 ………… 106
4.2.3 定积分的几何意义 ………… 107
4.2.4 定积分的基本性质 ………… 108
练习 4.2 ………… 109
4.3 微积分基本公式 ………… 110
4.3.1 积分上限函数 ………… 110
4.3.2 牛顿-莱布尼茨公式 ………… 111
练习 4.3 ………… 111
4.4 第一类换元积分法 ………… 112
4.4.1 不定积分的第一类换元法 …… 112
4.4.2 定积分的第一类换元法 ……… 114
练习 4.4 ………… 115
4.5 第二类换元积分法 ………… 116
4.5.1 不定积分的第二类换元法 …… 116
4.5.2 定积分的第二类换元法 ……… 117
练习 4.5 ………… 118
4.6 分部积分法 ………… 118
4.6.1 不定积分的分部积分法 ……… 119
4.6.2 定积分的分部积分法 ………… 120
练习 4.6 ………… 120
4.7 定积分在几何上的应用 ……… 121
4.7.1 微元法 ………… 121
4.7.2 平面图形的面积 ………… 121
4.7.3 旋转体的体积 ………… 123
*4.7.4 平面曲线的弧长 ………… 125
练习 4.7 ………… 126
*4.8 定积分在物理上的应用 ……… 127

4.8.1　变速直线运动的加速度、速度
　　　　和位移 ················· 127

4.8.2　建模案例1：飞行跑道的设计
　　　　模型 ··················· 127

4.8.3　变力沿直线做功 ········· 128

4.8.4　建模案例2：第二宇宙速度 ····· 129

练习 4.8 ··························· 130

4.9　无穷区间的广义积分 ········ 131

4.9.1　广义积分的定义 ········· 131

4.9.2　广义积分的计算 ········· 132

练习 4.9 ··························· 133

数学实验：用 MATLAB 求一元函数的
　　　　积分 ··················· 133

拓展阅读：祖冲之父子与祖暅原理 ··· 134

本模块知识要点 ···················· 135

习题 4 ····························· 136

模块 5　常微分方程 ··············· 139

5.1　微分方程的基本概念 ········ 139

5.1.1　认识微分方程 ··········· 139

5.1.2　微分方程的基本概念 ····· 140

练习 5.1 ··························· 141

5.2　可分离变量的微分方程 ······ 142

5.2.1　可分离变量的微分方程概念及
　　　　求解 ··················· 142

5.2.2　齐次方程 ··············· 145

练习 5.2 ··························· 147

5.3　一阶线性微分方程 ·········· 148

5.3.1　一阶线性微分方程的概念
　　　　及求解 ··············· 148

5.3.2　一阶线性微分方程的应用 ··· 151

练习 5.3 ··························· 152

5.4　二阶常系数线性微分方程 ···· 153

5.4.1　二阶常系数线性微分方程的
　　　　解的结构 ··············· 153

5.4.2　二阶常系数齐次线性微分方程的
　　　　解法 ··················· 154

练习 5.4 ··························· 157

5.5　数学建模案例——人口增长
　　　模型 ··················· 158

数学实验：MATLAB 在常微分
　　　　方程中的应用 ········· 162

拓展阅读：数学笔尖上了不起的
　　　　成就——海王星的发现 ·· 162

本模块知识要点 ···················· 163

习题 5 ····························· 164

模块 6　线性代数初步 ············· 166

6.1　矩阵的概念及运算 ·········· 166

6.1.1　矩阵的概念 ············· 167

6.1.2　矩阵的运算 ············· 168

练习 6.1 ··························· 173

6.2　矩阵的初等行变换及其应用 ··· 174

6.2.1　矩阵的初等变换 ········· 174

6.2.2　行阶梯形矩阵 ··········· 175

6.2.3　矩阵的秩 ··············· 176

6.2.4　逆矩阵 ················· 177

练习 6.2 ··························· 181

6.3　线性方程组 ················ 182

6.3.1　线性方程组的概念 ······· 182

6.3.2　线性方程组有解的判定 ··· 184

6.3.3　求线性方程组的解 ······· 186

练习 6.3 ··························· 189

6.4　矩阵与线性方程组的简单
　　　应用 ··················· 189

6.4.1　矩阵加密与解密 ········· 189

6.4.2　线性方程组在直流电路分析中的
　　　　应用 ··················· 190

6.4.3　建模案例：交通管理模型 ····· 191

练习 6.4 ··························· 192

数学实验：MATLAB 在线性代数中的
　　　　应用 ··················· 192

拓展阅读：《九章算术》与线性
　　　　方程组 ··············· 194

本模块知识要点 ···················· 195

习题 6 ····························· 196

模块 7　无穷级数 ················199

7.1　级数的概念 ················199

7.1.1　分割问题——认识常数项级数···199

7.1.2　常数项级数 ·········200

7.1.3　常数项级数的性质 ·······202

练习 7.1 ················203

7.2　常数项级数的审敛法 ·········203

7.2.1　正项级数及其审敛法 ······203

7.2.2　交错级数及其审敛法 ······206

7.2.3　绝对收敛与条件收敛 ······207

练习 7.2 ················208

7.3　幂级数 ················208

7.3.1　函数项级数 ·········208

7.3.2　幂级数及其收敛性 ·······209

7.3.3　幂级数的和函数的性质 ·····210

练习 7.3 ················211

*7.4　傅里叶级数 ·············212

7.4.1　三角级数 ··········212

7.4.2　三角函数系的正交性 ······212

7.4.3　周期为 2π 的函数展开为
傅里叶级数 ·········213

练习 7.4 ················217

数学实验：MATLAB 在级数中的
应用 ············218

拓展阅读：级数的意义 ··········219

本模块知识要点 ············220

习题 7 ················220

模块 8　多元函数微积分学 ········223

8.1　多元函数的基本概念 ·········223

8.1.1　空间直角坐标系 ········223

8.1.2　平面点集 ··········224

8.1.3　多元函数的概念 ·······227

8.1.4　二元函数的极限 ········228

8.1.5　二元函数的连续性 ·······229

练习 8.1 ················230

8.2　偏导数与全微分 ···········231

8.2.1　偏导数的概念 ········231

8.2.2　高阶偏导数 ·········233

8.2.3　全微分 ···········234

练习 8.2 ················236

8.3　多元复合函数和隐函数的
求导法则 ···············236

8.3.1　多元复合函数的求导法则——
链式法则 ··········236

8.3.2　隐函数的偏导数 ········239

练习 8.3 ················241

8.4　二元函数的极值与最值 ·······242

8.4.1　多元函数的极值与最值·······242

8.4.2　条件极值和拉格朗日乘数法····244

8.4.3　建模案例：企业利润问题····247

练习 8.4 ················248

8.5　二重积分的概念和性质 ·······248

8.5.1　二重积分的概念 ········248

8.5.2　二重积分的性质 ········250

练习 8.5 ················251

8.6　二重积分的计算 ···········252

8.6.1　直角坐标系下二重积分的计算··252

*8.6.2　极坐标系下二重积分的计算··254

练习 8.6 ················255

8.7　二重积分的应用 ···········256

8.7.1　利用定积分求空间曲面所围
立体的体积 ········256

8.7.2　利用定积分求曲面的面积·····257

8.7.3　定积分在其他方面的应用·····257

练习 8.7 ················258

数学实验：MATLAB 在多元微积分
中的应用 ·········258

拓展阅读：笛卡儿和直角坐标系····260

本模块知识要点 ············261

习题 8 ················262

参考文献 ················264

函　数

高等应用数学的核心内容是微积分,这是人类在科学史上伟大的创造之一,它在物理学、天文学、经济学等诸多领域都展示了强大威力.微积分研究的主要对象是函数,函数描述了客观世界中量与量之间的依赖关系.本模块将介绍函数、基本初等函数、复合函数、初等函数等概念及它们的一些性质.

函数导学

1.1 函数的概念

函数的概念

1.1.1 变量与区间

引例 1.1 小球做初速度为零的自由落体运动,下降高度 $h = \dfrac{1}{2}gt^2$,在下降过程中,小球的加速度 g 保持不变,而运动时间 t 和下降高度 h 发生了变化.

在观察自然现象或科学试验等的过程中,经常会遇到两种不同的量:一种量在过程中不发生变化即保持一定的数值,这种量称为**常量**,通常用字母 a,b,c,$\cdots$ 表示;另一种量在过程中可以取不同的数值,这种量称为**变量**,通常用字母 x,y,z,$\cdots$ 表示.例如,小球的自由落体运动中,加速度 g 是常量,而运动时间 t 和下降高度 h 是变量.

变量的取值范围称为变域,即变量取值的集合.如无特殊声明,本书所讨论的变域都是由实数组成的集合.最常见的变域是区间,各种区间的表示方法汇总如表 1-1 所示.

表 1-1

用数轴表示	用集合表示	用区间表示	区间名称
	$\{x \mid a < x < b\}$	(a,b)	开区间
	$\{x \mid a \leqslant x \leqslant b\}$	$[a,b]$	闭区间
	$\{x \mid a \leqslant x < b\}$	$[a,b)$	右半开区间
	$\{x \mid a < x \leqslant b\}$	$(a,b]$	左半开区间
	$\{x \mid x \geqslant a\}$	$[a,+\infty)$	无穷区间
	$\{x \mid x > a\}$	$(a,+\infty)$	无穷区间

续表

用数轴表示	用集合表示	用区间表示	区间名称
	$\{x\,\vert\,x\leqslant a\}$	$(-\infty,a]$	无穷区间
	$\{x\,\vert\,x<a\}$	$(-\infty,a)$	无穷区间
	$\{x\,\vert\,x\in\mathbf{R}\}$ 或 $\mathbf{R}$	$(-\infty,+\infty)$	无穷区间

另外，高等数学中常用到邻域的概念．设 x_0，δ 是两个实数，且 $\delta>0$，称数集 $\{x\,\vert\,\vert x-x_0\vert<\delta\}$ 为 x_0 的 δ **邻域**，记为 $U(x_0,\delta)$，x_0 称为邻域的**中心**，δ 称为邻域的**半径**．在数轴上 $U(x_0,\delta)$ 表示以点 x_0 为中心，长度为 2δ 的开区间 $(x_0-\delta,x_0+\delta)$，如图 1-1 所示．

在 x_0 的邻域 $(x_0-\delta,x_0+\delta)$ 内去掉 x_0，即数集 $\{x\,\vert\,0<\vert x-x_0\vert<\delta\}$ 称为 x_0 的**去心邻域**，记为 $\mathring{U}(x_0,\delta)$，如图 1-2 所示．

图 1-1　　　　　　　　　　　　　　　　图 1-2

1.1.2　认识函数

引例 1.2　某种细胞分裂时，由 1 个分裂成 2 个，2 个分裂成 4 个……那么 1 个这样的细胞分裂 x 次后，得到的细胞个数 y 与 x 的关系是什么？

分裂次数：1，2，3，4，…；

细胞个数：2，4，8，16，…．

由上面的对应关系，可知 $y=2^x$，其中 $x\in\mathbf{N}_+$．

引例 1.3　某汽车租赁公司出租某种汽车的收费标准为每天的基本租金 240 元加每千米的费用 10 元．那么租赁该汽车一天，行驶路程 x（km）时的租车费 y（元）可由

$$y=240+10x$$

给出．在上式中，x 的取值范围 $D=[0,+\infty)$，对每一个 $x\in D$，依照上式都有唯一确定的 y 值与之对应．

定义 1.1　设 x,y 是两个变量，D 是给定的数集，若对于 x 在 D 内每取一个数值，变量 y 按照一定的对应法则 f，总有确定的数值与 x 对应，则称 y 是 x 的**函数**，记作 $y=f(x)$．其中，数集 D 为函数 $f(x)$ 的**定义域**，记作 D_f，x 为自变量，y 为因变量．

当 x 取数值 $x_0\in D_f$ 时，与 x_0 对应的数值 y 称为函数 $y=f(x)$ 在点 x_0 处的函数值，记作 $f(x_0)$ 或 $y\vert_{x=x_0}$，此时称函数 $y=f(x)$ 在点 x_0 处有定义．当 x 取遍 D_f 的所有数值时，对应的函数值 $f(x)$ 的全体所组成的集合称为函数的**值域**，记为 M_f．

由函数的定义知，定义域和对应法则是函数的两个关键要素．如果两个函数具有相同的定义域和对应法则，那么它们是相同的函数．

在函数的定义中，对于每个 $x\in D_f$，按照对应法则 f，对应的函数值 y 总是唯一的，这样定义的函数称为**单值函数**；如果对于每个 $x\in D_f$，按照对应法则 f，总有确定的函数值 y 与之对应，但这个 y 值不是唯一的，这样定义的函数称为**多值函数**．本书中所讨

论的函数除非特别说明，均指单值函数.

▌例 1.1▌　判断下列函数是否是相同函数：

（1）$y = 1$ 与 $y = \dfrac{x}{x}$；　　　（2）$y = |x|$ 与 $y = \sqrt{x^2}$.

解　（1）不是同一个函数，因为函数 $y = 1$ 的定义域为 $(-\infty, +\infty)$，而函数 $y = \dfrac{x}{x}$ 的定义域为 $(-\infty, 0) \bigcup (0, +\infty)$.

（2）两个函数的定义域及对应法则都相同，故是同一个函数.

▌例 1.2▌　确定函数 $f(x) = \dfrac{1}{\sqrt{x^2 - 2x - 3}}$ 的定义域.

解　显然，该函数的定义域是满足不等式 $x^2 - 2x - 3 > 0$ 的 x 值的全体，解此不等式，得其定义域为 $x < -1$ 或 $x > 3$，即 $(-\infty, -1) \bigcup (3, +\infty)$，也可以用集合形式表示为 $D = \{x \mid x < -1 \text{ 或 } x > 3\}$.

▌例 1.3▌　求绝对值函数 $y = |x| = \begin{cases} x, & x \geqslant 0, \\ -x, & x < 0 \end{cases}$ 的定义

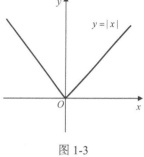

图 1-3

域、值域，并画出草图.

解　该绝对值函数的定义域为 $(-\infty, +\infty)$，值域为 $[0, +\infty)$，其图像如图 1-3 所示.

例 1.3 的函数在定义域范围内不是用一个式子来表示，而是用两个或两个以上的式子合起来表示，这样的函数称为**分段函数**.

1.1.3　函数的表示方法

1. 解析法（也称公式法）

解析法即用数学式子来表示自变量与因变量之间的对应关系，如 $y = x^2$，其优点是便于进行理论分析和研究，缺点是不够直观，且许多实际问题的函数难以用解析法来表示.

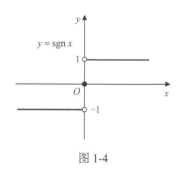

图 1-4

2. 图示法（也称图像法）

图示法即在平面直角坐标系中用图形表示两个变量之间的对应关系.

函数的表示方法——图示法

例如，符号函数 $y = \operatorname{sgn} x = \begin{cases} 1, & x > 0, \\ 0, & x = 0, \\ -1, & x < 0 \end{cases}$ 中，x 与 y 之间的对应关系也可以用图 1-4 表示.

3. 表格法（也称列表法）

表格法即把自变量的一些值与相应的函数值列成表格来表示变量之间的对应关系. 表格法的优点是不需要计算就可以直接看出与自变量的值相对应的函数值，如对数表、

三角函数表、营业额表等.

1.1.4 函数的特性

1. 函数的单调性

对于给定区间上的函数 $f(x)$，如果对于属于区间内的任意两个自变量的值 x_1，x_2：

（1）若当 $x_1 < x_2$ 时，都有 $f(x_1) < f(x_2)$，则 $f(x)$ 在这个区间上是**单调增加函数**（图1-5）；

（2）若当 $x_1 < x_2$ 时，都有 $f(x_1) > f(x_2)$，则 $f(x)$ 在这个区间上是**单调减少函数**（图1-6）.

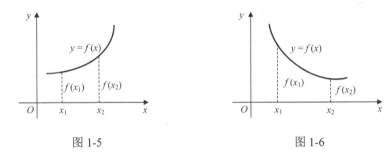

图 1-5   图 1-6

在某一区间上的单调增加函数或单调减少函数统称为这个区间上的**单调函数**，这个区间称为函数的**单调区间**.

显然，增函数的图像中 x 与 y 同增同减，减函数的图像中 x 与 y 增减相反.

┃例 1.4┃ 讨论 $y = x^2$ 在 $(-\infty, 0)$ 上的单调性.

解 在 $(-\infty, 0)$ 上任取 x_1，x_2，且 $x_1 < x_2$. 因为

$$y_2 - y_1 = x_2^2 - x_1^2 = (x_2 - x_1)(x_2 + x_1) < 0$$

即 $y_2 < y_1$，所以 $y = x^2$ 在 $(-\infty, 0)$ 上单调减少.

2. 函数的奇偶性

设函数 $f(x)$ 的定义域 D_f 关于原点对称，如果对于任意一个 $x \in D_f$，恒有 $f(-x) = -f(x)$ 成立，则称函数 $f(x)$ 为**奇函数**；如果对于任意一个 $x \in D_f$，恒有 $f(-x) = f(x)$ 成立，则称函数 $f(x)$ 为**偶函数**.

奇函数的图像关于原点对称，偶函数的图像关于 y 轴对称.

┃例 1.5┃ 判断下列函数的奇偶性：

（1）$f(x) = 2^x + 2^{-x}$；   （2）$f(x) = x + \cos x$.

解 这两个函数的定义域均关于原点对称.

（1）因为 $f(-x) = 2^{-x} + 2^x = f(x)$，所以 $f(x)$ 为偶函数.

（2）因为 $f(-x) = -x + \cos x$，所以 $f(x)$ 为非奇非偶函数.

3. 函数的周期性

设函数 $f(x)$ 的定义域为 D_f，如果存在一个正数 T，使得对于任意一个 $x \in D_f$，有 $x + T \in D_f$，且 $f(x + T) = f(x)$，则称函数 $f(x)$ 为**周期函数**，T 称为 $f(x)$ 的**周期**. 通常所说的周期是指函数 $f(x)$ 的**最小正周期**.

周期函数的图像，每隔周期的整数倍重复出现.

4. 函数的有界性

设函数 $f(x)$ 在区间 I 上有定义，如果存在正常数 M，使得对于区间 I 内所有 x，都有 $|f(x)| \leqslant M$，则称函数 $f(x)$ 在区间 I 上有界. 如果这样的 M 不存在，则称 $f(x)$ 在区间 I 上无界.

在所讨论的区间上，有界函数的图像一定夹在平行于 y 轴的两条直线之间（图 1-7）.

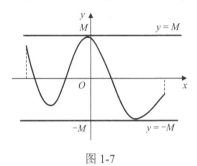

图 1-7

例如，函数 $y = \dfrac{1}{1+x^2}$ 就是一个有界函数，因为对任意的 x，都有 $\left|\dfrac{1}{1+x^2}\right| \leqslant 1$. 这里的 1 就可以看作正数 M.

1.1.5 反函数

定义 1.2 设函数 $y = f(x)$ 的定义域为 D_f，值域为 M_f. 如果对于任意的 $y \in M_f$，总有唯一确定的 $x \in D_f$ 通过 $y = f(x)$ 与 y 对应，这时得到以 y 为自变量、x 为因变量的新函数，称这个函数为 $y = f(x)$ 的**反函数**，记作 $x = f^{-1}(y)$，并称 $y = f(x)$ 为直接函数.

习惯上，$y = f(x)$ 的反函数记为 $y = f^{-1}(x)$，其定义域为 M_f，值域为 D_f.

反函数 $y = f^{-1}(x)$ 与直接函数 $y = f(x)$ 的图像关于直线 $y = x$ 对称.

‖例 1.6‖ 求下列函数的反函数：

（1）$y = 3x - 1 (x \in \mathbf{R})$；   （2）$y = x^3 + 1 (x \in \mathbf{R})$.

解 （1）由 $y = 3x - 1$，解得 $x = \dfrac{y+1}{3}$.

所以函数 $y = 3x - 1 (x \in \mathbf{R})$ 的反函数是 $y = \dfrac{x+1}{3} (x \in \mathbf{R})$.

（2）由 $y = x^3 + 1 (x \in \mathbf{R})$，解得 $x = \sqrt[3]{y-1}$.

所以函数 $y = x^3 + 1 (x \in \mathbf{R})$ 的反函数是 $y = \sqrt[3]{x-1} (x \in \mathbf{R})$.

练习 1.1

1. 判断下列各对函数是否相同：

（1）$f(x) = x$ $g(x) = \dfrac{x^2}{x}$；   （2）$f(x) = \ln\sqrt{x}$ $g(x) = \dfrac{1}{2}\ln x$；

（3） $f(x)=|x|$ $g(x)=\sqrt{x^2}$;   （4） $f(x)=\mathrm{e}^{\ln x}$ $g(x)=x$.

2. 如图 1-8 是定义在闭区间 $[-5,5]$ 上的函数 $y=f(x)$ 的图像，根据图像说出 $y=f(x)$ 的单调区间，以及在每一单调区间上，函数 $y=f(x)$ 是单调增加函数还是单调减少函数.

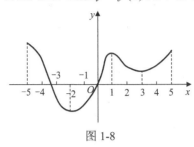

图 1-8

3. 判断下列函数的奇偶性：

（1） $y=x^3-7\tan x$;   （2） $y=x^2\sin x$;

（3） $y=|x|$;   （4） $y=x^3-x+1$;

（5） $y=x-1$;   （6） $y=3^x-3^{-x}$.

4. 判断下列函数是否有界：

（1） $y=4x-3$;   （2） $y=3-x^2$;

（3） $y=5\sin\left(2x-\dfrac{\pi}{3}\right)$;   （4） $y=\cos x$.

5. 已知函数 $y=f(x)$ ，求它的反函数 $y=f^{-1}(x)$.

（1） $y=-2x+3(x\in\mathbf{R})$;   （2） $y=-\dfrac{2}{x}(x\in\mathbf{R}\text{且}x\neq0)$.

6. 已知函数 $y=\dfrac{ax+b}{x+c}$ 的反函数是 $y=\dfrac{3x+1}{x-2}$ $(x\in\mathbf{R},x\neq2)$ ，求 a、b、c 的值.

1.2　基本初等函数

在微积分的学习中会经常遇到函数，这些函数都是以基本初等函数为元素构成的，我们把常值函数、幂函数、指数函数、对数函数、三角函数和反三角函数统称为**基本初等函数**. 学习本节前，对幂运算和对数运算掌握不熟练的同学可先复习本模块的"温故知新：幂运算和对数运算".

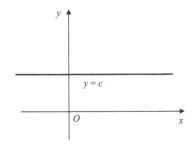

图 1-9

1.2.1　常值函数

定义 1.3　形如 $y=c$（c 为常数）的函数称为**常值函数**（也称**常量函数**），其定义域为 $\mathbf{R}$，值域为单点集 $\{c\}$，是一个偶函数，它的图像是过点 $(0,c)$ 且平行于 x 轴的直线（图 1-9）.

1.2.2　幂函数

定义 1.4　把形如 $y=x^a$（a 为常数）的函数称为

幂函数.

如图 1-10 所示，一次函数 $y = x$、二次函数 $y = x^2$、函数 $y = x^{\frac{1}{2}}$ 都是幂函数.

幂函数都是以幂的形式出现，且幂的底数是自变量，指数是常数.

显然，$a > 0$ 时，函数图像经过原点 $(0,0)$ 及点 $(1,1)$，且函数在 $(0,+\infty)$ 内单调增加；当 $a < 0$ 时，函数图像经过点 $(1,1)$，且函数在 $(0,+\infty)$ 内单调减少.

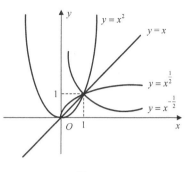

图 1-10

1.2.3 指数函数

定义 1.5 把形如 $y = a^x (a > 0$ 且 $a \neq 1)$ 的函数称为**指数函数**. 例如，函数 $y = 2^x$ 与 $y = \left(\dfrac{1}{2}\right)^x$，它们都是指数函数.

指数函数的图像与性质如表 1-2 所示.

表 1-2

图像	性质
$y = a^x$ $(0<a<1)$ ；$y = a^x$ $(a>1)$ ；过点 $(0,1)$	（1）定义域是 $(-\infty,+\infty)$，值域是 $(0,+\infty)$
	（2）图像在 x 轴上方，且过点 $(0,1)$
	（3）当 $a > 1$ 时，$y = a^x$ 是单调增加函数；当 $0 < a < 1$ 时，$y = a^x$ 是单调减少函数
	（4）当 $a > 1$ 时，$y = a^x \begin{cases} > 1, x > 0, \\ = 1, x = 0, \\ < 1, x < 0; \end{cases}$ 当 $0 < a < 1$ 时，$y = a^x \begin{cases} < 1, x > 0, \\ = 1, x = 0, \\ > 1, x < 0 \end{cases}$
	（5）当 $a > 1$ 时，底数越大，函数图像越靠近 y 轴；当 $0 < a < 1$ 时，底数越小，函数图像越靠近 y 轴

1.2.4 对数函数

定义 1.6 形如 $y = \log_a x (a > 0$ 且 $a \neq 1)$ 的函数称为**对数函数**.

对数函数的图像与性质如表 1-3 所示.

表 1-3

图像	性质
$y = \log_a x$ $(a>1)$ ；过点 $(1,0)$ ；$y = \log_a x$ $(0<a<1)$	（1）定义域是 $(0,+\infty)$，值域是 $(-\infty,+\infty)$
	（2）图像在 y 轴右方，且过点 $(1,0)$
	（3）当 $a > 1$ 时，$y = \log_a x$ 是单调增加函数；当 $0 < a < 1$ 时，$y = \log_a x$ 是单调减少函数
	（4）当 $a > 1$ 时，$y = \log_a x \begin{cases} > 0, x > 1, \\ = 0, x = 1, \\ < 0, 0 < x \leqslant 1; \end{cases}$ 当 $0 < a < 1$ 时，$y = \log_a x \begin{cases} < 0, x > 1, \\ = 0, x = 1, \\ > 0, 0 < x < 1 \end{cases}$
	（5）当 $a > 1$ 时，底数越大，函数图像越靠近 x 轴；当 $0 < a < 1$ 时，底数越小，函数图像越靠近 x 轴

注意

（1）零和负数没有对数；

（2）对数函数和指数函数互为反函数.

特别地，以 10 为底和以 e 为底的对数函数分别称为常用对数函数和自然对数函数，分别记作 $\lg x$ 和 $\ln x$.

1.2.5 三角函数

1. 三角函数的概念

在中学阶段已学过锐角三角函数，如果 α 是直角三角形的一个锐角（图 1-11），则

$$\sin\alpha = \frac{\alpha\text{的对边}}{\text{斜边}}, \quad \cos\alpha = \frac{\alpha\text{的邻边}}{\text{斜边}}, \quad \tan\alpha = \frac{\alpha\text{的对边}}{\alpha\text{的邻边}}.$$

在平面直角坐标系中，任意角 α 的三角函数如图 1-12 所示，α 的终边上任意一点 P（除原点外）的坐标是 (x,y)，它与原点的距离 $r = \sqrt{|x|^2 + |y|^2} = \sqrt{x^2 + y^2} > 0$.

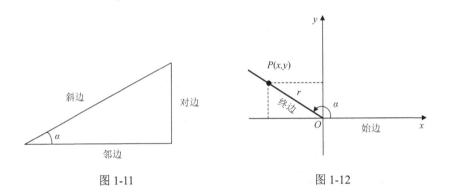

图 1-11　　　　　　　　　　　图 1-12

定义 1.7

比值 $\dfrac{y}{r}$ 称为 α 的正弦，记作 $\sin\alpha = \dfrac{y}{r}$；

比值 $\dfrac{x}{r}$ 称为 α 的余弦，记作 $\cos\alpha = \dfrac{x}{r}$；

比值 $\dfrac{y}{x}$ 称为 α 的正切，记作 $\tan\alpha = \dfrac{y}{x}$；

比值 $\dfrac{x}{y}$ 称为 α 的余切，记作 $\cot\alpha = \dfrac{x}{y}$；

比值 $\dfrac{r}{x}$ 称为 α 的正割，记作 $\sec\alpha = \dfrac{r}{x}$；

比值 $\dfrac{r}{y}$ 称为 α 的余割，记作 $\csc\alpha = \dfrac{r}{y}$.

显然,上述六个比值都不会随点 P 在 α 终边上位置的改变而改变. 当角 α 的终边在纵轴上时,即 $\alpha = k\pi + \dfrac{\pi}{2}(k \in \mathbf{Z})$ 时,终边上任意一点 P 的横坐标 x 都为 0,所以 $\tan\alpha$,$\sec\alpha$ 无意义;当角 α 的终边在横轴上时,即 $\alpha = k\pi(k \in \mathbf{Z})$ 时,终边上任意一点 P 的纵坐标 y 都为 0,所以 $\cot\alpha$,$\csc\alpha$ 无意义. 除此之外,对于确定的角 α,上面的六个比值都是唯一确定的实数,这就是说,正弦、余弦、正切、余切、正割、余割都是以角为自变量、以比值为函数值的函数.

▌例 1.7▐ 已知角 α 的终边经过点 $P(2,-3)$(图 1-13),求 α 的六个三角函数值.

解 因为 $x = 2$,$y = -3$,所以

$$r = \sqrt{2^2 + (-3)^2} = \sqrt{13} .$$

于是

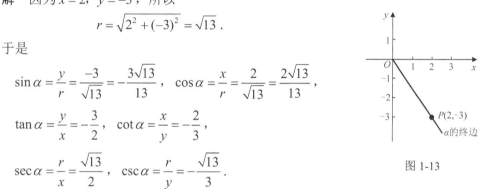

$$\sin\alpha = \frac{y}{r} = \frac{-3}{\sqrt{13}} = -\frac{3\sqrt{13}}{13} , \quad \cos\alpha = \frac{x}{r} = \frac{2}{\sqrt{13}} = \frac{2\sqrt{13}}{13} ,$$

$$\tan\alpha = \frac{y}{x} = -\frac{3}{2} , \quad \cot\alpha = \frac{x}{y} = -\frac{2}{3} ,$$

$$\sec\alpha = \frac{r}{x} = \frac{\sqrt{13}}{2} , \quad \csc\alpha = \frac{r}{y} = -\frac{\sqrt{13}}{3} .$$

图 1-13

一些常用角的三角函数值如表 1-4 所示.

表 1-4

α(角度)	$0°$	$30°$	$45°$	$60°$	$90°$	$180°$
α(弧度)	0	$\dfrac{\pi}{6}$	$\dfrac{\pi}{4}$	$\dfrac{\pi}{3}$	$\dfrac{\pi}{2}$	π
$\sin\alpha$	0	$\dfrac{1}{2}$	$\dfrac{\sqrt{2}}{2}$	$\dfrac{\sqrt{3}}{2}$	1	0
$\cos\alpha$	1	$\dfrac{\sqrt{3}}{2}$	$\dfrac{\sqrt{2}}{2}$	$\dfrac{1}{2}$	0	-1
$\tan\alpha$	0	$\dfrac{\sqrt{3}}{3}$	1	$\sqrt{3}$	不存在	0
$\cot\alpha$	不存在	$\sqrt{3}$	1	$\dfrac{\sqrt{3}}{3}$	0	不存在

2. 任意角的三角函数的符号

由三角函数的定义,以及各象限内点的坐标符号,可以得到各象限内三角函数值的符号,如表 1-5 所示.

表 1-5

三角函数	角 α			
	第 I 象限 ($x > 0$,$y > 0$)	第 II 象限 ($x < 0$,$y > 0$)	第 III 象限 ($x < 0$,$y < 0$)	第 IV 象限 ($x > 0$,$y < 0$)
$\sin\alpha$,$\csc\alpha$	$+$	$+$	$-$	$-$
$\cos\alpha$,$\sec\alpha$	$+$	$-$	$-$	$+$
$\tan\alpha$,$\cot\alpha$	$+$	$-$	$+$	$-$

3. 同角三角函数的关系

由任意角三角函数的定义易知以下关系式.

（1）平方关系：

$$\sin^2\alpha + \cos^2\alpha = 1 ; \qquad 1 + \tan^2\alpha = \sec^2\alpha ; \qquad 1 + \cot^2\alpha = \csc^2\alpha .$$

（2）商数关系：

$$\frac{\sin\alpha}{\cos\alpha} = \tan\alpha ; \qquad \frac{\cos\alpha}{\sin\alpha} = \cot\alpha .$$

（3）倒数关系：

$$\tan\alpha \cdot \cot\alpha = 1 ; \qquad \sin\alpha \cdot \csc\alpha = 1 ; \qquad \cos\alpha \cdot \sec\alpha = 1 .$$

【例 1.8】 已知 $\cos\alpha = -\dfrac{3}{5}$，且 $\alpha \in \left(\dfrac{\pi}{2}, \pi\right)$，求角 α 的其他三角函数值.

解 因为 $\sin^2\alpha + \cos^2\alpha = 1$，所以

$$\sin^2\alpha = 1 - \cos^2\alpha = 1 - \left(-\frac{3}{5}\right)^2 = \frac{16}{25} .$$

又因为 $\alpha \in \left(\dfrac{\pi}{2}, \pi\right)$，所以 $\sin\alpha > 0$，所以有

$$\sin\alpha = \frac{4}{5} ,$$

$$\tan\alpha = \frac{\sin\alpha}{\cos\alpha} = \frac{\dfrac{4}{5}}{-\dfrac{3}{5}} = -\frac{4}{3} ,$$

$$\cot\alpha = -\frac{3}{4} , \quad \sec\alpha = -\frac{5}{3} , \quad \csc\alpha = \frac{5}{4} .$$

【例 1.9】 已知 $\tan\alpha = 4$，求 $\dfrac{\sin\alpha - \cos\alpha}{\sin\alpha + \cos\alpha}$ 的值.

解 在式子 $\dfrac{\sin\alpha - \cos\alpha}{\sin\alpha + \cos\alpha}$ 中，分子分母同乘 $\dfrac{1}{\cos\alpha}$，得

$$\frac{\sin\alpha - \cos\alpha}{\sin\alpha + \cos\alpha} = \frac{\tan\alpha - 1}{\tan\alpha + 1} = \frac{4-1}{4+1} = \frac{3}{5} .$$

4. 三角函数的图像和性质

（1）正弦函数 $y = \sin x$ 与余弦函数 $y = \cos x$ 的图像和性质如表 1-6 所示.

表 1-6

函数	$y = \sin x$	$y = \cos x$
图像	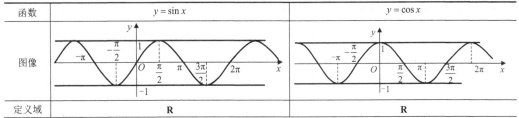	
定义域	**R**	**R**

续表

函数	$y = \sin x$	$y = \cos x$
值域	$[-1,1]$	$[-1,1]$
最值	$x = \dfrac{\pi}{2} + 2k\pi$ 时，$y_{最大} = 1$，$k \in \mathbf{Z}$ $x = -\dfrac{\pi}{2} + 2k\pi$ 时，$y_{最小} = -1$，$k \in \mathbf{Z}$	$x = 2k\pi$ 时，$y_{最大} = 1$，$k \in \mathbf{Z}$ $x = \pi + 2k\pi$ 时，$y_{最小} = -1$，$k \in \mathbf{Z}$
单调性	在每个 $\left[-\dfrac{\pi}{2} + 2k\pi, \dfrac{\pi}{2} + 2k\pi\right]$ 上递增，$k \in \mathbf{Z}$ 在每个 $\left[\dfrac{\pi}{2} + 2k\pi, \dfrac{3\pi}{2} + 2k\pi\right]$ 上递减，$k \in \mathbf{Z}$	在每个 $[-\pi + 2k\pi, 2k\pi]$ 上递增，$k \in \mathbf{Z}$ 在每个 $[2k\pi, \pi + 2k\pi]$ 上递减，$k \in \mathbf{Z}$
奇偶性	奇函数	偶函数
周期性	周期函数，2π 为最小正周期	周期函数，2π 为最小正周期

（2）正切函数 $y = \tan x$ 与余切函数 $y = \cot x$ 的图像和性质如表 1-7 所示.

表 1-7

函数	$y = \tan x$	$y = \cot x$
图像		
定义域	$\{x \mid x \in \mathbf{R},$ 且 $x \neq \dfrac{\pi}{2} + k\pi, k \in \mathbf{Z}\}$	$\{x \mid x \in \mathbf{R},$ 且 $x \neq k\pi, k \in \mathbf{Z}\}$
值域	$\mathbf{R}$	$\mathbf{R}$
单调性	在每个 $\left(-\dfrac{\pi}{2} + k\pi, \dfrac{\pi}{2} + k\pi\right)$ 内递增，$k \in \mathbf{Z}$	在每个 $(k\pi, \pi + k\pi)$ 内递减，$k \in \mathbf{Z}$
奇偶性	奇函数	奇函数
周期性	周期函数，π 为最小正周期	周期函数，π 为最小正周期

1.2.6 反三角函数

把正弦函数 $y = \sin x \left(-\dfrac{\pi}{2} \leqslant x \leqslant \dfrac{\pi}{2}\right)$ 的反函数称为**反正弦函数**，记作 $y = \arcsin x$，$x \in [-1,1]$.

把余弦函数 $y = \cos x (0 \leqslant x \leqslant \pi)$ 的反函数称为**反余弦函数**，记作 $y = \arccos x$，$x \in [-1,1]$.

把正切函数 $y = \tan x \left(-\dfrac{\pi}{2} < x < \dfrac{\pi}{2}\right)$ 的反函数称为**反正切函数**，记作 $y = \arctan x$，$x \in (-\infty, +\infty)$.

把余切函数 $y = \cot x (0 < x < \pi)$ 的反函数称为**反余切函数**，记作 $y = \text{arccot } x$，

$x \in (-\infty, +\infty)$.

|例 1.10| 求下列反三角函数的值：

（1）$\arcsin \dfrac{\sqrt{2}}{2}$；　　　　（2）$\arcsin \dfrac{\sqrt{3}}{2}$；　　　　（3）$\arctan 1$；　　　　（4）$\arctan(-1)$.

解 （1）因为在 $\left[-\dfrac{\pi}{2}, \dfrac{\pi}{2}\right]$ 上，$\sin \dfrac{\pi}{4} = \dfrac{\sqrt{2}}{2}$，所以 $\arcsin \dfrac{\sqrt{2}}{2} = \dfrac{\pi}{4}$.

（2）因为在 $\left[-\dfrac{\pi}{2}, \dfrac{\pi}{2}\right]$ 上，$\sin \dfrac{\pi}{3} = \dfrac{\sqrt{3}}{2}$，所以 $\arcsin \dfrac{\sqrt{3}}{2} = \dfrac{\pi}{3}$.

（3）因为在 $\left(-\dfrac{\pi}{2}, \dfrac{\pi}{2}\right)$ 上，$\tan \dfrac{\pi}{4} = 1$，所以 $\arctan 1 = \dfrac{\pi}{4}$.

（4）因为在 $\left(-\dfrac{\pi}{2}, \dfrac{\pi}{2}\right)$ 上，$\tan \left(-\dfrac{\pi}{4}\right) = -1$，所以 $\arctan(-1) = -\dfrac{\pi}{4}$.

反正弦、反余弦函数的图像和性质如表 1-8 所示，反正切、反余切函数的图像和性质如表 1-9 所示.

表 1-8

函数	$y = \arcsin x$	$y = \arccos x$
图像		
定义域	$[-1,1]$	$[-1,1]$
值域	$\left[-\dfrac{\pi}{2}, \dfrac{\pi}{2}\right]$	$[0,\pi]$
单调性	在 $[-1,1]$ 上递增	在 $[-1,1]$ 上递减
奇偶性	奇函数	非奇非偶
周期性	无	无

表 1-9

函数	$y = \arctan x$	$y = \text{arccot}\, x$
图像		

续表

函数	$y = \arctan x$	$y = \operatorname{arccot} x$
定义域	$(-\infty, +\infty)$	$(-\infty, +\infty)$
值域	$\left(-\dfrac{\pi}{2}, \dfrac{\pi}{2}\right)$	$(0, \pi)$
单调性	在 $(-\infty, +\infty)$ 内递增	在 $(-\infty, +\infty)$ 内递减
奇偶性	奇函数	非奇非偶
周期性	无	无

练习 1.2

1. 求下列各式的值：

（1）5^2；　　　（2）2^{-4}；　　　（3）$8^{\frac{2}{3}}$；　　　（4）$8^{-\frac{2}{3}}$；

（5）$\log_{15} 15$；　（6）$\log_{0.4} 1$；　（7）$\log_9 81$；　（8）$\log_7 343$.

2. 计算下列各式：

（1）$\log_2 6 - \log_2 3$；　　　　　　（2）$\lg 5 + \lg 2$；

（3）$\log_5 3 + \log_5 \dfrac{1}{3}$；　　　　　（4）$\log_3 5 - \log_3 15$.

3. 比较下列各组数中两个值的大小：

（1）$\log_2 3.4$ 与 $\log_2 8.5$；　　　　（2）$\log_{0.3} 1.8$ 与 $\log_{0.3} 2.7$.

4. 已知角 α 的终边过点 $P(\sqrt{3}, 1)$，则 $\sin\alpha = \underline{\hspace{2cm}}$，$\cos\alpha = \underline{\hspace{2cm}}$，$\tan\alpha = \underline{\hspace{2cm}}$.

5. 已知 $\tan\alpha = \sqrt{5}$，且 α 为第 I 象限角，求角 α 的其他五个三角函数值.

6. 求下列反三角函数的值：

（1）$\arcsin\dfrac{1}{2}$；　（2）$\arcsin 1$；　（3）$\arcsin\left(-\dfrac{\sqrt{2}}{2}\right)$；　（4）$\arccos\dfrac{1}{2}$；

（5）$\arctan\dfrac{\sqrt{3}}{3}$；　（6）$\arctan\sqrt{3}$；　（7）$\arctan 0$；　（8）$\arctan\left(-\dfrac{\sqrt{3}}{3}\right)$.

1.3　复合函数、初等函数及函数关系式的建立

1. 复合函数

先看一个例子：设 $y = \sin u$，而 $u = 3x + 2$，将 $u = 3x + 2$ 代入 $y = \sin u$，得到 $y = \sin(3x + 2)$. 这种将一个函数代入另一个函数的运算叫作复合运算.

定义 1.8　设函数 $y = f(u)$ 的定义域为 D_f，函数 $u = \varphi(x)$ 的值为 M_φ，若 $D_f \bigcap M_\varphi$ 非空，则称 $y = f[\varphi(x)]$ 为**复合函数**，其中，x 为自变量，y 为因变量，u 为**中间变量**.

▌**例 1.11**▕　写出下列经过复合运算得到的函数：

（1）$y = u^2, u = \sin x$；（2）$y = \sqrt{u}, u = 1 - x^2$；（3）$y = \arcsin u, u = 2 + x^2$.

解　（1）因为 $D_f = (-\infty, +\infty)$，$M_\varphi = [-1, 1]$，$D_f \bigcap M_\varphi \neq \varnothing$，把 $u = \sin x$ 代入 $y = u^2$，

得

$$y = (\sin x)^2 = \sin^2 x.$$

（2）因为 $D_f = [0,+\infty)$，$M_\varphi = (-\infty,1]$，$D_f \bigcap M_\varphi \neq \varnothing$，把 $u = 1 - x^2$ 代入 $y = \sqrt{u}$，得

$$y = \sqrt{1 - x^2}.$$

（3）因为 $D_f = [-1,1]$，$M_\varphi = [2,+\infty)$，$D_f \bigcap M_\varphi = \varnothing$，所以这两个函数不能复合.

▌例 1.12▌ 指出下列函数的复合过程：

（1）$y = \lg(1+x)$； （2）$y = \sqrt{5x-2}$；

（3）$y = \sin^2(\cos 3x)$； （4）$y = \sqrt[3]{\sin x^2}$.

分析 复合函数分解的原则是每一步应为基本初等函数或简单函数（基本初等函数的和、差、积、商所构成的函数），且分解后再回代能还原.

解 （1）$y = \lg(1+x)$ 由 $y = \lg u$ 和 $u = 1 + x$ 两个函数复合而成.

（2）$y = \sqrt{5x-2}$ 由 $y = \sqrt{u}$ 和 $u = 5x - 2$ 两个函数复合而成.

（3）$y = \sin^2(\cos 3x)$ 由 $y = u^2$、$u = \sin v$、$v = \cos \omega$ 和 $\omega = 3x$ 四个函数复合而成.

（4）$y = \sqrt[3]{\sin x^2}$ 由 $y = \sqrt[3]{u}$、$u = \sin v$ 和 $v = x^2$ 三个函数复合而成.

2. 初等函数

由基本初等函数经过有限次四则运算或有限次复合所构成，并可用一个解析式表示的函数称为**初等函数**.

例如，函数 $y = \sqrt{1-x^2}$，$y = \arcsin \dfrac{a}{x}$，$y = \ln\left(x + \sqrt{1+x^2}\right)$ 等都是初等函数，微积分学所研究的函数主要是初等函数，而分段函数 $f(x) = \begin{cases} x-1, & x > 0, \\ x+1, & x \leqslant 0 \end{cases}$ 则不是初等函数.

3. 建立函数关系式

在解决工程技术问题、经济问题、生活中的实际问题时，经常需要找出问题中变量间的函数关系，再利用有关的数学知识、方法去分析和解决这些问题. 下面通过几个简单实例来说明建立函数关系式的方法.

▌例 1.13▌ 小明去银行存钱，假设一年定期整存整取的年利率为 2.12%，试建立一年到期时的本息和与存款金额之间的函数关系.

解 设小明的存款金额为 x（元），一年到期时的本息和为 y（元），则

$$y = x + 0.0212x = 1.0212x \quad (x > 0).$$

▌例 1.14▌ 已知铁路货运规定的货物的吨千米运价标准：在 1000km 内，每吨千米为 0.1 元；超过 1000km 时，超过部分每吨千米运价八折优惠.

（1）试建立运价 y（元）和里程 x（km）之间的函数关系.

（2）现有 2 万 t 广式月饼，从广州运往长沙. 问：共需多少运费？

（3）现有 2 万 t 广式月饼，从广州运往北京. 问：共需多少运费？

分析 解决实际问题时，所需的条件不一定都已知，此时可以借助网络搜索等方式解决，如该题第（2）、（3）问中，通过网络搜索可知广州到长沙和北京的铁路货运里程

分别约为 707km 和 2308km.

解　（1）设货物质量为 m（t），则 y 与 x 的函数关系式为

$$y = \begin{cases} 0.1mx, & 0 < x \leqslant 1000, \\ 0.1 \times 1000m + 0.1 \times 0.8m(x-1000), & x > 1000. \end{cases}$$

即 $y = \begin{cases} 0.1mx, & 0 < x \leqslant 1000, \\ 20m + 0.08mx, & x > 1000. \end{cases}$

（2）因为 $m = 2 \times 10^4$（t），$x = 707$（km），所以 $f(707) = 0.1 \times 2 \times 10^4 \times 707 = 1.414 \times 10^6$（元）.

所以将 2 万 t 广式月饼从广州运往长沙共需运费约 1.414×10^6 元.

（3）因为 $m = 2 \times 10^4$（t），$x = 2308$（km），所以 $f(2308) = 20 \times 2 \times 10^4 + 2308 \times 0.08 \times 2 \times 10^4 = 4.0928 \times 10^6$（元）.

所以将 2 万 t 广式月饼从广州运往北京共需运费约 4.0928×10^6 元.

练习 1.3

小结及练习——函数类别

1. 求下列函数的定义域：

（1）$y = \dfrac{5x}{x^2 - 3x + 2}$；　　　　　　（2）$y = \arcsin \dfrac{x-1}{2}$.

2. 下列函数可以看成是由哪些简单函数复合而成的？

（1）$y = \sqrt{3x-1}$；　（2）$y = (1 + \ln x)^5$；　（3）$y = 2^{\sin^3 x}$；　（4）$y = \arcsin \sqrt{1-x^2}$.

3. 某市现行出租车的收费标准：乘车不超过 3km，收费 10 元；超过 3km 而不超过 15km，超过的里程每千米收费 2.6 元；超过 15km，超过的里程每千米收费 5.2 元.

（1）建立该问题的数学模型.

（2）若小明乘出租车去火车站，行驶里程为 20km. 问：小明应付给司机多少钱？

1.4　常见的经济函数

用数学方法解决经济问题，首先必须建立经济数学模型，即首先要找出经济问题中各种变量之间的函数关系，为此要学习几种常见的经济函数.

1. 需求函数

需求函数是指在某一特定时期内，市场上某种商品的各种可能的购买量和决定这些购买量的诸因素之间的数量关系.

假定其他因素（如消费者的货币收入、偏好和相关商品的价格等）不变，则决定某种商品需求量的因素就是这种商品的价格. 此时，表示商品需求量和价格这两个经济量之间的数量关系，称为**需求函数**，记作 $q_d = f_d(p)$，其中，q_d 表示需求量，p 表示价格. 例如，常见的线性需求函数 $q_d = ap + b$，其中 $a < 0$，$b > 0$，如图 1-14 所示.

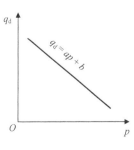

图 1-14

一般来说，当商品的价格增加时，商品的需求量将会减少，因此，需求函数 $q_d = f_d(p)$ 是价格 p 的单调减少函数.

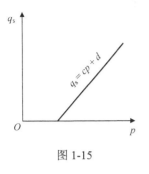

图 1-15

2. 供给函数

供给量是指在一定价格水平下，生产者愿意出售并且有可供出售的商品量，如果不考虑价格以外的其他因素，则商品的供给量 q_s 是价格 p 的函数，称为**供给函数**，记作 $q_s = f_s(p)$.

一般来说，供给量随价格的上升而增大，因此，供给函数 $q_s = f_s(p)$ 是价格 p 的单调增加函数. 例如，常见的线性供给函数 $q_s = cp + d$，其中 $c > 0$，$d < 0$，如图 1-15 所示.

3. 市场均衡

如果市场上某种商品的需求量与供给量相等，则该商品处于平衡状态，也称这种商品达到了**市场均衡**. 以线性需求函数和线性供给函数为例，令 $q_d = q_s$，即 $ap + b = cp + d$，则得 $p = \dfrac{d-b}{a-c} = p_0$，这个价格 p_0 称为该商品的**市场均衡价格**（图 1-16）.

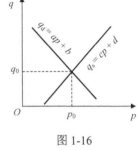

图 1-16

由图 1-16 可以看出，市场均衡价格就是需求函数和供给函数两条直线交点的横坐标. 当市场价格高于均衡价格时，将出现**供过于求**的现象；当市场价格低于均衡价格时，将出现**供不应求**的现象.

当市场均衡时，有

$$q_d = q_s = q_0.$$

称 q_0 为**市场均衡数量**.

根据市场的不同情况，需求函数与供给函数有二次函数、多项式函数与指数函数等多种形式，但其基本规律是相同的，都可找到相应的**市场均衡点**(p_0, q_0).

【例 1.15】 已知某种商品的供给函数和需求函数分别为 $q_s = 25p - 10$，$q_d = 290 - 5p$，求该商品的市场均衡价格和市场均衡数量.

解 由均衡条件 $q_s = q_d$，得

$$25p - 10 = 290 - 5p，$$

移项整理，得

$$30p = 300，$$

故

$$p_0 = 10，$$

此时

$$q_0 = 25p_0 - 10 = 25 \times 10 - 10 = 240，$$

所以该商品的市场均衡价格为 10，市场均衡数量为 240.

4. 成本函数

成本是生产者用于生产商品和销售产品的费用支出，费用总额与产量（或销售量）之间的依赖关系，称为**成本函数**，产品成本可分为**固定成本**和**变动成本**两部分. 所谓固定成本，是指在一定时期内不随产量变化而变化的那部分成本，如厂房、设备等固定资产的投入和折旧等，固定成本用 C_0 表示；所谓变动成本，是指随产量变化而变化的那部分成本，如原材料费用、劳动者的计件工资等，一般变动成本与产量 q 有关，用 C_1 表示. 这两类成本的总和就是生产者投入的总成本，用 C 来表示，即 $C = C_0 + C_1$，是产量 q 的函数. 一般来说，总成本随着产量的增加而增加，是产量的单调增加函数. 当产量 $q = 0$ 时，对应的成本函数值 $C(0)$ 就是产品的固定成本.

设 $C(q)$ 为总成本函数，则称 $\overline{C} = \dfrac{C(q)}{q}(q > 0)$ 为**单位成本函数**或**平均成本函数**.

▌例 1.16▌ 某工厂生产某种产品，每天最多生产 200 件. 已知生产该种产品每天的固定成本为 150 元，生产一件产品的可变成本为 16 元，求该厂每天的总成本函数及平均成本函数.

解 设该厂每天生产 q 件产品，由 $C(q) = C_0 + C_1$，可得总成本函数为

$$C(q) = 150 + 16q, \quad q \in [0, 200].$$

所以平均成本函数为

$$\overline{C}(q) = \frac{C(q)}{q} = 16 + \frac{150}{q}.$$

5. 收入函数

收入是指生产者将商品售出后的销售额，它是销量的函数，称为**收入函数**，记作 $R = R(q)$，易知 $R(q) = qp$，其中 p 是价格，q 是销量.

设 $R(q)$ 为收入函数，则称 $\overline{R} = \dfrac{R(q)}{q}(q > 0)$ 为**平均收入函数**.

▌例 1.17▌ 设某商品的价格函数是 $p = 50 - \dfrac{1}{5}q$，试求该商品的收入函数，并求出销售 10 件商品时的总收入和平均收入.

解 由题意得，收入函数为

$$R = pq = \left(50 - \frac{1}{5}q\right)q = 50q - \frac{1}{5}q^2,$$

平均收入函数为

$$\overline{R} = \frac{R}{q} = 50 - \frac{1}{5}q,$$

所以销售 10 件商品时的总收入为

$$R(10) = 50 \times 10 - \frac{1}{5} \times 10^2 = 480.$$

销售 10 件商品时的平均收入为

$$\bar{R}(10) = 50 - \frac{1}{5} \times 10 = 48 \, .$$

6. 利润函数

利润是生产者扣除成本后的剩余部分，用 L 表示，即 $L = R - C$，称为**利润函数**。单位商品所获得的利润称为平均利润，用 $\bar{L}$ 表示，即有 $\bar{L} = \dfrac{L(q)}{q}$。易知，当 $L = R - C > 0$ 时，生产者盈利；当 $L = R - C < 0$ 时，生产者亏损；当 $L = R - C = 0$ 时，生产者盈亏平衡，处于保本状态，所对应的产量 q_0 称为**盈亏平衡点**（又称为**保本点**）。

【例 1.18】 已知某商品的成本函数与收入函数分别为 $C = 12 + 3q + q^2$ 和 $R = 11q$，试求该商品的盈亏平衡点，并说明盈亏情况。

解 由盈亏平衡和已知条件，得

$$12 + 3q + q^2 = 11q \, ,$$

移项、合并，得

$$q^2 - 8q + 12 = 0 \, .$$

从而得到两个盈亏平衡点分别为 $q_1 = 2$，$q_2 = 6$。

由利润函数 $L = R - C = 11q - (12 + 3q + q^2) = 8q - 12 - q^2 = (q-2)(6-q)$ 可看出，当 $q < 2$ 时亏损，当 $2 < q < 6$ 时盈利，当 $q > 6$ 时又转为亏损。

练习 1.4

1. 已知市场中某种商品的需求函数为 $q_d = 25 - p$，而该商品的供应函数为 $q_s = \dfrac{20}{3}p - \dfrac{40}{3}$。试求市场均衡价格和市场均衡数量。

2. 某水泥厂生产水泥 1000t，定价为 80 元/t。当总销售量在 800t 及以内时，按定价出售；当超过 800t 时，超过部分按九折出售。试将销售收入作为销售量的函数列出函数关系式。

3. 已知某产品的成本函数为 $C(q) = 18 - 7q + q^2$，收入函数为 $R(q) = 4q$。

（1）求该产品的盈亏平衡点；

（2）求该产品的销量为 5 时的利润；

（3）判断该产品的销量为 10 时能否盈利。

■■■■■■■■■■■■■ **温故知新：幂运算和对数运算** ■■■■■■■■■■■■■

一、幂运算

1. 幂的有关概念

（1）正整数指数幂：

$$a^n = \underbrace{a \cdot a \cdot a \cdot \cdots \cdot a}_{n} \, (n \in \mathbf{N} \, 且 \, n > 1) \, .$$

（2）零的指数幂：

$$a^0 = 1 \ (a \neq 0).$$

（3）负整数指数幂：

$$a^{-p} = \frac{1}{a^p} \ (a \neq 0, p \in \mathbf{N}_+).$$

（4）根式与有理数指数幂：

若 $x^n = a \ (n \in \mathbf{N} 且 n > 1)$，则实数 x 叫作 a 的 n 次方根. 当 n 为奇数时，a 的 n 次方根只有一个 $(\sqrt[n]{a})$. 当 n 为偶数时，只有正数和 0 可以开偶次方，正数 a 的 n 次方根有两个 $(\pm\sqrt[n]{a})$，其中 $\sqrt[n]{a} > 0$ 叫作 a 的 n 次**算术根**，而 $\sqrt[n]{0} = 0$.

① 正分数指数幂：

$$a^{\frac{m}{n}} = \sqrt[n]{a^m} \ (a \geqslant 0, \ m, n \in \mathbf{N} 且 n > 1, \ m, n 互质).$$

② 负分数指数幂：

$$a^{-\frac{m}{n}} = \frac{1}{a^{\frac{m}{n}}} = \frac{1}{\sqrt[n]{a^m}} \ (a \geqslant 0, \ m, n \in \mathbf{N} 且 n > 1, \ m, n 互质).$$

整数指数幂、分数指数幂统称为有理数指数幂.

｜例｜ 计算下列各式：

（1）5^3；　　（2）2^{-2}；　　（3）$64^{\frac{1}{2}}$；　　（4）$(-8)^{\frac{1}{3}}$；　　（5）$8^{\frac{2}{3}}$.

解　（1）$5^3 = 5 \times 5 \times 5 = 125$.

（2）$2^{-2} = 2^{\frac{1}{2}} = \frac{1}{4}$.

（3）$64^{\frac{1}{2}} = \sqrt{64} = 8$.

（4）$(-8)^{\frac{1}{3}} = \sqrt[3]{-8} = -2$.

（5）$8^{\frac{2}{3}} = \sqrt[3]{8^2} = 4$.

2. 幂的运算法则

（1）$a^m \cdot a^n = a^{m+n}$；

（2）$a^m \div a^n = a^{m-n}$；

（3）$(a^m)^n = a^{mn}$；

（4）$(ab)^n = a^n b^n$；

（5）$\left(\dfrac{a}{b}\right)^n = \dfrac{a^n}{b^n} = a^n \cdot b^{-n} (b \neq 0)$，其中 $m, \ n \in \mathbf{R}$.

二、对数运算

1. 定义

如果 $a^b = N \ (a > 0 且 a \neq 1)$，那么 b 叫作**以 a 为底 N 的对数**，记作 $\log_a N = b$，其中，

a 叫作 **底数**，N 叫作 **真数**.

指数式与对数式的互化：

$$a^b = N \Leftrightarrow b = \log_a N \quad (a > 0 \text{ 且 } a \neq 1).$$

例如，

$$2^3 = 8 \Leftrightarrow 3 = \log_2 8.$$

2. 性质

（1）底的对数等于 1，即 $\log_a a = 1$.

（2）1 的对数等于 0，即 $\log_a 1 = 0$.

（3）零和负数没有对数.

（4）对数恒等式：$a^{\log_a N} = N (N > 0)$.

（5）当底数 a 大于 1 时，大于 1 的真数的对数为正，大于 0 且小于 1 的真数的对数为负；当底数 a 小于 1 而大于 0 时，小于 1 而大于 0 的真数的对数为正，大于 1 的真数的对数为负.

3. 运算法则

设 $M > 0$，$N > 0$，$a > 0$ 且 $a \neq 1$，则有以下运算法则：

（1）$\log_a (M \cdot N) = \log_a M + \log_a N$；

（2）$\log_a \dfrac{M}{N} = \log_a M - \log_a N$；

（3）$\log_a M^n = n \log_a M$；

（4）$\log_a \sqrt[n]{M} = \dfrac{1}{n} \log_a M (M > 0, \ n \in \mathbf{N} \text{ 且 } n > 1)$.

4. 换底公式

$$\log_a N = \frac{\log_b N}{\log_b a} (a > 0 \text{ 且 } a \neq 1, \ b > 0 \text{ 且 } b \neq 1, \ N > 0).$$

在对数的计算中，我们可以用此公式把一个对数换成需要的底数，从而简化运算.

数学实验：数学建模和MATLAB简介

一、什么是数学建模

人们在认识研究现实世界里的客观对象时，常常不是直接面对那个对象的原型，有时是因为不方便，有时甚至是不可能直接面对原型. 人们常常需要设计、构造它的各种模型. 为了某种目的，运用数学的语言和方法描述实际现象，用字母、数字以及其他数学符号建立起来的等式、不等式、图表、图形、框图等描述客观事物特征及内在联系的数学结构，就叫作 **数学模型**，它是客观事物的抽象和简化. 针对实际问题，建立数学模型，用数学知识及计算机软件求解，从而解决问题，为决策者提供最优决策方案，这就是**数学建模**.

数学建模是一个具有创造性的劳动，需要丰富的相关专业知识、数学知识及想象力等，因此，数学建模没有一个固定模式，但大致分为以下几个阶段：调查研究（问题背景研究及分析）、现实问题理想化（抓住主要因素，忽略次要因素，在理想化和简单化基础上做出合理假设）、模型建立（分清变量类型，恰当使用数学工具）、模型求解（运用数学方法及 MATLAB、Python 等软件）、模型分析与检验（对解的结果进行稳定性分析、误差分析，以及模型改进等）、模型应用.

二、数学建模案例

建模问题（包饺子问题） 通常，可以用 1kg 面和 1kg 馅包 100 个饺子. 某次，馅做多了而面没有变，为了把馅全部包完，问：应该让每个饺子小一些多包几个，还是让每个饺子大一些少包几个？如果现在做了 1.5kg 馅，而面依然是 1kg，那么应该擀多少张面皮合适？

问题分析 很多人的直觉是"大饺子包的馅多". 这种直觉对吗？当然，大饺子包的馅是多，但用的面皮也多. 因此，需要比较馅多和面多二者之间的数量关系，利用数学方法得出准确的结果. 用 S 和 V 分别表示大饺子的面皮面积和馅的体积，s 和 v 分别表示小饺子的面皮面积和馅的体积，如果一个大饺子的面皮可以做成 n 个小饺子的面皮，就要比较 V 与 nv 哪个大？大多少？

模型假设 假设大饺子和小饺子的面皮厚度一样，所有饺子形状一样（均为近似球体），则

$$S = ns \tag{1-1}$$

模型建立 若大、小饺子的"特征半径"分别为 R 和 r，则

$$V = k_1 R^3, \quad S = k_2 R^2;$$
$$v = k_1 r^3, \quad s = k_2 r^2.$$

在上面式子中，消去 R 和 r，得

$$V = kS^{\frac{3}{2}}, \quad v = ks^{\frac{3}{2}}. \tag{1-2}$$

在式（1-1）和式（1-2）中，消去 S 和 s，就得到

$$V = n^{\frac{3}{2}}v = \sqrt{n}(nv). \tag{1-3}$$

模型求解 由模型（1-3）可知道，V 比 nv 大（对于 $n>1$），大饺子比小饺子包的馅多，所以要每个饺子大一些. 并且，V 是 nv 的 $\sqrt{n}$ 倍. 由 $\sqrt{n}=1.5$，得 $n=2.25$，所以要包完 1.5kg 馅，一个大饺子的面皮可以做成 2.25 个小饺子的面皮，因此大饺子数为 $\dfrac{100}{2.25} = 44.44 \approx 45$，即现在应擀 45 张面皮.

三、MATLAB 简介

建立实际问题的数学模型后，模型求解往往会遇到大量复杂的计算，为此，需要运用科学计算软件来提高效率和准确性. MATLAB 作为一种编程语言和可视化工具，可解决工程、科学计算和数学学科中的许多问题. MATLAB 建立在向量、数组和矩阵的基础

上，使用方便，人机界面直观，具有数值分析、矩阵计算优势，还有强大的 2D、3D 数据可视化功能（绘图功能）和许多具备算法自适应能力的功能函数. 下面，先来了解 MATLAB 中变量与函数的相关知识.

1. 变量

MATLAB 中变量的命名规则如下：
（1）变量名必须是不含空格的单个词；
（2）变量名区分大小写；
（3）变量名最多不超过 63 个字符；
（4）变量名必须以字母开头，之后可以是任意字母、数字或下划线；
（5）变量名中不允许使用标点符号.

2. 数学运算符号及标点符号

数学运算符号及标点符号如表 1 所示.

表 1

符号	说明
+	加法运算，适用于两个数或两个同阶矩阵相加
−	减法运算
*	乘法运算
.*	点乘运算
/	除法运算
./	点除运算
^	乘幂运算
.^	点乘幂运算
\	左除运算

注意

（1）MATLAB 的每条命令后，若为逗号或无标点符号，则显示命令的结果；若命令后为分号，则禁止显示结果.

（2）"%" 后面的所有文字为注释.

（3）"..." 表示续行.

3. 数学函数

MATLAB 中常用的数学函数如表 2 所示.

表 2

函数	名称	函数	名称
sin(x)	正弦函数	asin(x)	反正弦函数
cos(x)	余弦函数	acos(x)	反余弦函数
tan(x)	正切函数	atan(x)	反正切函数
abs(x)	绝对值函数	max(x)	最大值函数
min(x)	最小值函数	sum(x)	元素的总和
sqrt(x)	开平方函数	exp(x)	以 e 为底的指数函数
log(x)	自然对数	lg(x)	以 10 为底的对数
sign(x)	符号函数	fix(x)	取整

4. M 文件

MATLAB 的内部函数是有限的，有时为了研究某一个函数的各种性态，需要为 MATLAB 定义新函数，为此必须编写函数文件. 函数文件是文件扩展名为.m 的文件（也称 M 文件），这类文件的第一行必须以特殊字符 function 开始，格式为

function   因变量名=函数名(自变量名)

函数值的获得必须通过具体的运算实现，并赋给因变量.

M 文件的建立方法如下：

（1）在 MATLAB 中，依次选择 File→New→M-file 命令；

（2）在编辑窗口中输入程序内容；

（3）完成后，依次选择 File→Save 命令，完成存盘操作，需要注意 M 文件名必须与函数名一致.

例1 定义函数 $f(x_1,x_2)=100(x_2-x_1^2)^2+(1-x_1)^2$，并计算 $f(1,2)$.

解 第一步：建立 M 文件 fun.m.

```
function  f=fun(x)
f=100*(x(2)-x(1)^2)^2+(1-x(1))^2
```

第二步：在命令窗口输入以下命令调用函数 fun.m.

```
x=[1 2];
fun(x)
```

于是得

```
f(1,2)=100.
```

M 文件包括函数文件和命令文件两种. 除了上述函数文件外，还常用到命令文件. 命令文件是 MATLAB 命令或函数的组合，没有输入、输出参数，执行时只需在命令窗口中输入文件名然后按 Enter 键即可.

5. 作函数的图像

函数格式：

```
fplot('f',[a,b])
```

作用：绘制函数 f 在闭区间 $[a,b]$ 上的图像，f 的表达式放在一对单引号内.

▌例2▌ 绘制函数 $f(x) = 3e^{-\frac{x}{5}}\cos(2\pi x)$ 在 $0 \leqslant x \leqslant 20$ 时的图像.

解 代码和运行结果如下:

```
>> syms x                %定义字符x,相当于定义了一个变量
>> fplot('3*exp(-x/5)*cos(2*pi*x)',[0,20])
```

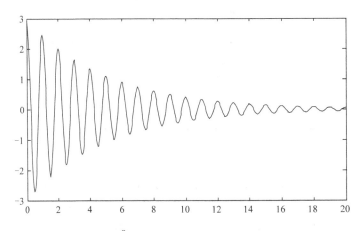

小实验 绘制函数 $f(x) = 7e^{-\frac{x}{4}}\cos(3\pi x)$ 在 $0 \leqslant x \leqslant 20$ 时的图像.

▌拓展阅读▐

《周髀算经》与勾股定理

《周髀算经》原名《周髀》,算经的十书之一,是中国最古老的天文学和数学著作,约成书于公元前1世纪.《周髀算经》分为三部分:第一部分商高问答,其完成时间是在西周初期,约公元前11世纪;第二部分陈子问答,其中的数学理论与宇宙模型完成的时间大约在公元前4、5世纪;第三部分中陈子假设的平行平面

拓展阅读:《周髀算经》与勾股定理

的天地模型,得到了一定的修正,并且加入了一些新的内容,成书据考不晚于公元前100年.

《周髀算经》中明确记载了勾股定理的公式:"若求邪至日者,以日下为勾,日高为股,勾股各自乘,并而开方除之,得邪至日."周公对古代伏羲(庖牺)构造周天历度的事迹感到不可思议,就请教商高数学知识从何而来.于是商高以勾股定理的证明为例,解释了数学知识的由来:"数之法出于圆方,圆出于方,方出于矩,矩出于九九八十一.故折矩,以为勾广三,股修四,径隅五.既方之,外半其一矩,环而共盘,得成三四五.两矩共长二十有五,是谓积矩.故禹之所以治天下者,此数之所生也."

《周髀算经》中关于商高的记载,从其用矩之道、勾股定理的证明等足以推断当时的数学已形成了丰富系统的包括几何(圆、方、矩、三角形等)、代数的数学知识体系,并创立了融合代数与几何的思想、数形结合的思想,开启了定理证明之先河.

================= **本模块知识要点** =================

一、基础知识脉络

函数
- 函数的基本概念和性质
  - 函数的概念
  - 函数的单调性、奇偶性、周期性、有界性
- 基本初等函数
  - 常值函数：$y = C$
  - 幂函数：$y = x^a$
  - 指数函数：$y = a^x$ ($a>0$ 且 $a \neq 1$)
  - 对数函数：$y = \log_a x$ ($a>0$ 且 $a \neq 1$)
  - 三角函数：$y = \sin x,\ y = \cos x,\ y = \tan x,\ y = \cot x,\ y = \sec x,\ y = \csc x$
  - 反三角函数：$y = \arcsin x,\ y = \arccos x,\ y = \arctan x,\ y = \operatorname{arccot} x$
- 初等函数
  - 复合函数的构成
  - 初等函数的概念
- 常见的经济函数（经济方向专业选修）

二、重点与难点

1. 重点

（1）理解函数的概念，掌握其性质；

（2）掌握六类基本初等函数的定义、图像、性质和基本运算；

（3）理解复合函数和初等函数的概念，会把复合函数分解为简单函数的复合.

2. 难点

（1）三角函数（尤其是余切、正割和余割函数）；

（2）反三角函数的概念、图像和计算；

（3）实际问题函数关系式的建立.

================= **习题 1** =================

A 组

1. 选择题：

（1）下列选项中，表示区间正确的是（　　）.

    A. $(5, 2)$　　　　B. $[-\infty, 4]$　　　　C. $(2, 5)$　　　　D. $[4, +\infty]$

（2）如果 $3^n = \dfrac{1}{27}$，则 2^{n-1} 的值为（　　）.

A. $\dfrac{1}{2}$　　　　B. $\dfrac{1}{4}$　　　　C. $\dfrac{1}{8}$　　　　D. $\dfrac{1}{16}$

（3）函数 $\log_6 12-\log_6 2$ 的值为（　　）.

A. −1　　　　B. 1　　　　C. 2　　　　D. −2

（4）函数 $y=\sqrt{x-4}$ 的定义域为（　　）.

A. $[4,+\infty)$　　B. $[0,+\infty)$　　C. $(4,+\infty)$　　D. $(-\infty,4]$

（5）下列函数在各自定义域中为单调增加函数的是（　　）.

A. $y=3+4^x$　　B. $y=3+4^{-x}$　　C. $y=3+x^2$　　D. $y=3-x$

（6）设 $f(x)$ 为奇函数，若 $f(-3)=4$，则 $f(3)$ 的值为（　　）.

A. 4　　　　B. −4　　　　C. 0　　　　D. 12

（7）已知 $\sin\alpha$ 与 $\tan\alpha$ 异号，则 α 是（　　）.

A. 第Ⅱ象限角　　　　　　　　B. 第Ⅲ象限角

C. 第Ⅱ或第Ⅲ象限角　　　　　D. 第Ⅱ或第Ⅳ象限角

（8）若 $\dfrac{\pi}{2}<\theta<\pi$，且 $\sin\theta=\dfrac{1}{3}$，则 $\cos\theta=$（　　）.

A. $\dfrac{2\sqrt{2}}{3}$　　B. $-\dfrac{2\sqrt{2}}{3}$　　C. $-\dfrac{\sqrt{2}}{3}$　　D. $\dfrac{\sqrt{2}}{3}$

2. 填空题：

（1）$4^{\frac{2}{3}}=$_____.

（2）已知 $y=\sin u$，$u=3x+\dfrac{\pi}{6}$，则把 y 表示成 x 的函数为_____.

（3）复合函数 $y=(2-\ln x)^3$ 分解成简单函数为_____.

（4）复合函数 $y=\sin e^{\sqrt{x}}$ 分解成简单函数为_____.

3. 用区间表示下列集合：

（1）$\{x|-3<x\leqslant 18\}$；　（2）$\{x|2<x<14\}$；　（3）$\{x|x\leqslant 10\}$；　（4）$\{x|x>7\}$.

4. 求下列函数的定义域：

（1）$y=\sqrt{\log_3(2x-1)}$；　（2）$y=\dfrac{1}{\log_2 x}$.

5. 已知 $\tan\alpha=\dfrac{1}{3}$，求 $\sin\alpha$ 和 $\cos\alpha$ 的值.

6. 已知某食品 5kg 的价格为 40 元，求该食品的价格与质量之间的函数关系，并求 8kg 食品的价格是多少元？

7. 某企业 2007 年的总产值是 10 万元，2009 年的产值达到 12.1 万元. 如果每年的增长率保持不变，那么 2022 年该企业的产值是 2007 年的多少倍？

B 组

1. 选择题：

（1）已知函数 $y=\dfrac{ax+b}{x+c}$ 的反函数是 $y=\dfrac{2x+5}{x-3}$，则下列正确的是（　　）.

A. $a = 3$，$b = 5$，$c = -2$　　　　　　B. $a = 3$，$b = -2$，$c = 5$

C. $a = -3$，$b = -5$，$c = 2$　　　　　D. $a = 2$，$b = 5$，$c = -3$

（2）下列各式中，正确的是（　　）．

A. $\log_5 3 > \log_3 5 > 1$　　　　　　B. $\log_5 3 < \log_3 5 < 1$

C. $\log_5 3 < 1 < \log_3 5$　　　　　　D. $\log_3 5 < 1 < \log_5 3$

（3）已知 $a > b > 1$，$0 < c < 1$，则下列不等式中恒成立的是（　　）．

A. $\log_a c > \log_b c$　　B. $a^c < b^c$　　C. $c^a > c^b$　　D. $\log_c a > \log_c b$

（4）化简 $\sqrt{1 - \sin^2 220°}$ 的结果是（　　）．

A. $\sin 220°$　　　B. $-\sin 220°$　　　C. $\cos 220°$　　　D. $-\cos 220°$

（5）设 $C(q)$ 是成本函数，$R(q)$ 是收入函数，$L(q)$ 是利润函数，则盈亏平衡点是方程（　　）的解．

A. $C(q) + R(q) = L(q)$　　　　　　B. $L(q) = 1$

C. $R(q) - C(q) = 0$　　　　　　　D. $L(q) - C(q) = 0$

2. 填空题：

（1）若 $f(x) = \dfrac{x+1}{x}$，则 $f(x-1) = $_____．

（2）若 $f(x) = x^2 + ax$ 为偶函数，则 $a = $_____．

（3）已知 $y = \lg u, u = \sqrt{v}, v = 1 + x^2$，则把 y 表示成 x 的函数为_____．

（4）若某商品的需求函数是 $q_d = 25 - 2p$，供给函数是 $q_s = 3p - 12$，则该产品的市场均衡价格是_____．

（5）已知厂家生产某种产品的固定成本是 18000 元，而可变成本是总收入的 40%，若厂家以每件 30 元的价格出售该产品，则生产该产品的盈亏平衡点是_____．

3. 已知 $5^a = 3$，$5^b = 7$，求 $5^{3a+2b-3}$ 的值．

4. 已知分段函数 $f(x) = \begin{cases} 4 - x, & -1 \leqslant x < 0, \\ \dfrac{x+1}{2}, & 0 \leqslant x < 4, \\ x - 1, & 4 \leqslant x < 8, \end{cases}$ 求 $f(0)$，$f(1)$ 与 $f(6)$ 的值．

5. 若函数 $f(x) = ax^7 + bx^5 + cx^3 - 8$，且 $f(-2) = 6$，求 $f(2)$．

6. 已知幂函数 $y = f(x)$ 的图像经过点 $(2,16)$，试写出函数 $f(x)$ 的解析式．

7. 某种机器现价值 50 万元，每年的折旧率是 10%，那么经过几年后它的残值（即剩余的价值）是原来的一半？

8. 已知厂家生产某种产品的成本函数为 $C(q) = 50 + 3q$，收入函数为 $R(q) = 5q$．

（1）求该产品的平均利润；

（2）求该产品的盈亏平衡点．

9. 已知某商品的成本函数为 $C(q) = 2q^2 - 4q + 27$，供给函数为 $q = p - 8$．

（1）求该商品的利润函数；

（2）说明该商品的盈亏情况．

模块 1 习题解答

模块 2

极限与连续

极限与连续导学

极限是微积分学研究的基本方法和工具. 极限方法是利用有限描述无限、由近似过渡到精确的一种工具和过程. 19 世纪以前, 人们就用朴素的极限思想计算了圆的面积、体积等. 例如, 我国古代著名数学家刘徽在《九章算术注》中描述的割圆术, 就是利用圆内接正多边形的面积来逼近圆的面积的. 19 世纪之后, 法国数学家奥古斯丁·柯西以物体运动为背景, 结合几何直观, 引入了极限的概念. 后来, 德国数学家维尔斯特拉斯给出了形式化的数学语言描述. 极限概念的创立, 是微积分严格化的关键, 它奠定了微积分学的基础. 本模块介绍极限的概念和计算, 并阐述函数连续性的定义及性质.

2.1　数列的极限

2.1.1　我国古代的极限思想

引例 2.1（截杖问题）　《庄子·天下篇》中记载"一尺之棰, 日取其半, 万世不竭". 意为一根一尺长的细棒, 每天截取它的一半, 那就永远取不完. 从第一天起, 把该细棒被截后所剩的长度列出来, 便得到如下数列:

$$\frac{1}{2}, \frac{1}{4}, \frac{1}{8}, \cdots, \frac{1}{2^n}, \cdots$$

显然, 当截的天数 n 无限增大时, 所剩杖长（该数列的项）$\frac{1}{2^n}$ 就无限接近于 0.

引例 2.2（割圆术）　我国古代数学家刘徽为了计算圆的面积, 创立了割圆术, 他说"割之弥细, 所失弥少, 割之又割, 以至于不可测, 则与圆周合体而无所失矣". 为求圆的面积 S: 首先作圆内接正六边形, 将它的面积记为 A_1（图 2-1）; 然后平分每边所对的弧, 再作圆内接正十二边形, 将其面积记为 A_2; 再作圆内接正二十四边形, 将其面积记为 A_3, 以此类推, 第 n 次得到圆内接正 $6 \times 2^{n-1}$ 边形的面积为 A_n. 于是可以得到数列:

$$A_1, A_2, A_3, \cdots, A_n, \cdots$$

当割的次数 n 无限增大, 即内接正多边形的边数无限增加时, 这一系列圆内接正多边形的面积 A_n 就无限接

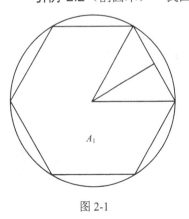

图 2-1

近圆的精确面积 S.

刘徽的割圆术呈现了由近似过渡到精确的过程，也首次将极限和无穷分割引入数学证明，成为人类文明史中不朽的篇章. 这两个引例中隐含着数列的极限，下面给出定义.

2.1.2 数列极限的定义

定义 2.1 对于数列 $\{u_n\}$，如果当 n 无限增大时，通项 u_n 无限接近某个确定的常数 A，则称常数 A 为数列 $\{u_n\}$ 的**极限**，或称数列 $\{u_n\}$ **收敛**于 A，记为

$$\lim_{n \to \infty} u_n = A \text{ 或 } u_n \to A \quad (n \to \infty).$$

由定义 2.1 可知，引例 2.1 中数列的极限为 0，即 $\lim_{n \to \infty} \dfrac{1}{2^n} = 0$；引例 2.2 中数列的极限为 S，即 $\lim_{n \to \infty} A_n = S$. 另外，对于没有极限的数列，也称这样的数列是**发散**的.

┃例 2.1┃ 观察下列数列的变化趋势，写出它们的极限：

（1）$\left\{u_n = \dfrac{1}{n}\right\}$；   （2）$\left\{u_n = 1 - \dfrac{1}{n^2}\right\}$；   （3）$\left\{u_n = \dfrac{1}{2^n}\right\}$；

（4）$\{u_n = 5\}$；   （5）$\{u_n = (-1)^n\}$；   （6）$\{u_n = n\}$.

解 （1）$u_n = \dfrac{1}{n}$，当 n 依次取 $1,2,3,4,5,\cdots$ 时，u_n 的各项依次为 $1, \dfrac{1}{2}, \dfrac{1}{3}, \dfrac{1}{4}, \dfrac{1}{5}, \cdots$，可见，当 n 无限增大时，u_n 无限接近于 0，因此

$$\lim_{n \to \infty} u_n = \lim_{n \to \infty} \frac{1}{n} = 0.$$

（2）$u_n = 1 - \dfrac{1}{n^2}$，u_n 的各项依次为 $0, 1 - \dfrac{1}{4}, 1 - \dfrac{1}{9}, 1 - \dfrac{1}{16}, \cdots$，当 n 无限增大时，u_n 无限接近于 1，因此

$$\lim_{n \to \infty} u_n = \lim_{n \to \infty} \left(1 - \frac{1}{n^2}\right) = 1.$$

（3）$u_n = \dfrac{1}{2^n}$，u_n 的各项依次为 $\dfrac{1}{2}, \dfrac{1}{4}, \dfrac{1}{8}, \dfrac{1}{16}, \cdots$，当 n 无限增大时，u_n 无限接近于 0，因此

$$\lim_{n \to \infty} u_n = \lim_{n \to \infty} \frac{1}{2^n} = 0.$$

（4）$u_n = 5$，该数列每项都为 5，所以

$$\lim_{n \to \infty} u_n = \lim_{n \to \infty} 5 = 5.$$

（5）$u_n = (-1)^n$，u_n 的各项依次为 $-1, 1, -1, 1, \cdots$，当 n 无限增大时，u_n 不断在这两个数之间来回跳动，不是无限接近于一个确定的常数，所以该数列的极限不存在.

（6）$u_n = n$，u_n 的各项依次为 $1,2,3,\cdots$，当 n 无限增大时，u_n 也无限增大，不接近于一个确定的常数，所以该数列的极限不存在.

数列极限一般有如下几个性质：

性质 1 收敛数列的极限是唯一的.

性质 2 单调有界数列必有极限.

性质 3 常数数列的极限是常数，即 $\lim_{n \to \infty} C = C$.

性质4 公比的绝对值小于1的等比数列，极限为0，即当$|q|<1$时，$\lim\limits_{n\to\infty}q^n=0$.

练习 2.1

观察下列数列的变化趋势，写出它们的极限：

（1）$\left\{u_n=\dfrac{n+1}{n}\right\}$；　　　（2）$\left\{u_n=\dfrac{1}{n^2}\right\}$；　　　（3）$\left\{u_n=\left(-\dfrac{1}{2}\right)^n\right\}$；

（4）$\{u_n=-3\}$；　　　（5）$\left\{u_n=\dfrac{1+(-1)^n}{2}\right\}$；　　　（6）$\{u_n=\sin n\}$.

2.2 函数的极限

若将数列极限概念中自变量n和函数值$f(n)$的特殊性撇开，可以由此引出函数极限的一般概念：在自变量x的某个变化过程中，如果对应的函数值$f(x)$无限接近某个确定的数A，则A就称为x在该变化过程中函数$f(x)$的极限. 对数列而言，自变量n的变化过程不外乎就是$n\to\infty$. 然而，函数的自变量x的变化过程就丰富得多，可以是趋于无穷大或有限值，还可以按这种趋势的左右方向进一步细分. 自变量的变化过程不同，函数的极限就有不同的表现形式，下面分几种情况来讨论.

2.2.1 当 $x\to\infty$ 时函数的极限

1. 自变量的变化趋势

$x\to\infty$，即自变量x的绝对值无限增大. 如果x只取正值无限增大，记为$x\to+\infty$；如果x只取负值且其绝对值无限增大，记为$x\to-\infty$.

┃例 2.2┃ 讨论函数$y=2^x$分别当$x\to+\infty$和$x\to-\infty$时的变化趋势.

解 观察图2-2知，当$x\to+\infty$时，函数y的值无限增大；当$x\to-\infty$时，函数y的值无限趋近于常数0.

┃例 2.3┃ 讨论函数$y=\dfrac{1}{x}$当$x\to\infty$时的变化趋势.

解 观察图2-3知，当$x\to+\infty$时，函数y的值无限趋于常数0；当$x\to-\infty$时，函数y的值也无限趋于常数0.

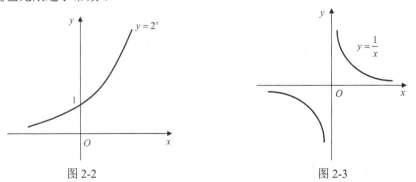

图 2-2　　　　　　　　　　　　　　　　图 2-3

2. 当 $x \to \infty$ 时函数极限的定义

定义 2.2　设函数 $f(x)$ 在 $|x|$ 大于某一个正数时有定义：

（1）当 $x \to \infty$ 时，函数 $f(x)$ 无限趋于常数 A，称 A 是函数 $f(x)$ 当 $x \to \infty$ 时的极限，记作

$$\lim_{x \to \infty} f(x) = A \text{ 或 } f(x) \to A \quad (x \to \infty);$$

（2）当 $x \to +\infty$ 时，函数 $f(x)$ 无限趋于常数 A，称 A 是函数 $f(x)$ 当 $x \to +\infty$ 时的极限，记作

$$\lim_{x \to +\infty} f(x) = A \text{ 或 } f(x) \to A \quad (x \to +\infty);$$

（3）当 $x \to -\infty$ 时，函数 $f(x)$ 无限趋于常数 A，称 A 是函数 $f(x)$ 当 $x \to -\infty$ 时的极限，记作

$$\lim_{x \to -\infty} f(x) = A \text{ 或 } f(x) \to A \quad (x \to -\infty).$$

定理 2.1　若有 $\lim_{x \to \infty} f(x) = A \Leftrightarrow \lim_{x \to +\infty} f(x) = \lim_{x \to -\infty} f(x) = A$，此时称当 $x \to \infty$ 时，$f(x)$ 的极限存在，否则说当 $x \to \infty$ 时，$f(x)$ 的极限不存在.

例如，在例 2.2 中，当 $x \to +\infty$ 时，函数 y 的极限不存在，而当 $x \to -\infty$ 时，函数 y 的极限是 0，因此当 $x \to \infty$ 时，函数 y 的极限不存在.

又如，在例 2.3 中，当 $x \to +\infty$ 和 $x \to -\infty$ 时，函数 y 的极限都是 0，因此，当 $x \to \infty$ 时，函数 y 的极限是 0，即 $\lim_{x \to \infty} \frac{1}{x} = 0$.

┃例 2.4┃　求下列函数的极限：

（1）$\lim_{x \to \infty} \frac{1}{x^2}$；　　　（2）$\lim_{x \to -\infty} e^x$；　　　（3）$\lim_{x \to \infty} \arctan x$.

解　（1）由 $\lim_{x \to +\infty} \frac{1}{x^2} = 0$，且 $\lim_{x \to -\infty} \frac{1}{x^2} = 0$，有 $\lim_{x \to \infty} \frac{1}{x^2} = 0$.

（2）当 $x \to -\infty$ 时，$e^x \to 0$，即 $\lim_{x \to -\infty} e^x = 0$.

（3）因为 $\lim_{x \to -\infty} \arctan x = -\frac{\pi}{2}$，$\lim_{x \to +\infty} \arctan x = \frac{\pi}{2}$，由定理 2.1 知，$\lim_{x \to \infty} \arctan x$ 不存在.

2.2.2　当 $x \to x_0$ 时函数的极限

定义 2.3　设函数 $f(x)$ 在 x_0 的某一去心邻域内有定义，当 x 趋于 $x_0(x \neq x_0)$ 时，函数 $f(x)$ 趋于一个常数 A，则称当 $x \to x_0$ 时，函数 $f(x)$ 以 A 为**极限**，记作

$$\lim_{x \to x_0} f(x) = A \text{ 或 } f(x) \to A \quad (x \to x_0).$$

也称当 $x \to x_0$ 时，函数 $f(x)$ 收敛到 A，否则称函数 $f(x)$ 在 $x \to x_0$ 时发散或者极限不存在.

考察当 $x \to 1$ 时，函数 $f(x) = x + 1$ 与 $g(x) = \frac{x^2 - 1}{x - 1}$ 的变化趋势.

函数 $f(x)$ 与 $g(x)$ 的图形如图 2-4 所示. 可见，当 $x \to 1$ 时，函数 $f(x) = x + 1$ 无限接近

于 2，即 $\lim\limits_{x\to 1}f(x)=\lim\limits_{x\to 1}(x+1)=2$；当 $x\to 1$ 时，函数 $g(x)=\dfrac{x^2-1}{x-1}$ 也无限接近于 2，因此有

$\lim\limits_{x\to 1}g(x)=\lim\limits_{x\to 1}\dfrac{x^2-1}{x-1}=2$.

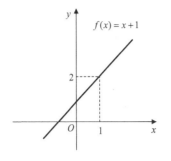 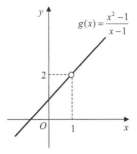

图 2-4

> **注意** $f(x)$ 在点 x_0 处是否有极限与 $f(x)$ 在点 x_0 处是否有定义无关.

一般地，考察函数 $f(x)$ 在 $x\to x_0$ 的极限时，常常需要考察 x 分别从左边和从右边趋于 x_0 时，函数值的变化趋势，为此，引入左、右极限的概念.

定义 2.4 如果当 $x>x_0$ 且趋于 x_0（$x\to x_0^+$）时，函数 $f(x)$ 趋于一个常数 A，则称当 $x\to x_0$ 时，函数 $f(x)$ 的**右极限**是 A，记作

$$\lim\limits_{x\to x_0^+}f(x)=A \text{ 或 } f(x)\to A \quad (x\to x_0^+) \text{ 或 } f(x_0+0)=A.$$

定义 2.5 如果当 $x<x_0$ 且趋于 x_0（$x\to x_0^-$）时，函数 $f(x)$ 趋于一个常数 A，则称当 $x\to x_0$ 时，函数 $f(x)$ 的**左极限**是 A，记作

$$\lim\limits_{x\to x_0^-}f(x)=A \text{ 或 } f(x)\to A \quad (x\to x_0^-) \text{ 或 } f(x_0-0)=A.$$

左极限和右极限统称为**单侧极限**.

由上述定义，可得以下结论.

定理 2.2 函数 $f(x)$ 当 $x\to x_0$ 时的极限存在的充要条件是当 $x\to x_0$ 时，$f(x)$ 的左、右极限存在并且相等，即

左极限与右极限

$$\lim\limits_{x\to x_0}f(x)=A \iff \lim\limits_{x\to x_0^-}f(x)=\lim\limits_{x\to x_0^+}f(x)=A.$$

‖例 2.5‖ 设函数 $f(x)=\begin{cases}x+1, & x>0,\\ 3, & x=0, \\ x-1, & x<0,\end{cases}$ 求：(1) $\lim\limits_{x\to 0^-}f(x)$；(2) $\lim\limits_{x\to 0^+}f(x)$；(3) $\lim\limits_{x\to 0}f(x)$.

解 因为 $\lim\limits_{x\to 0^-}f(x)=\lim\limits_{x\to 0^-}(x-1)=-1$，$\lim\limits_{x\to 0^+}f(x)=\lim\limits_{x\to 0^+}(x+1)=1$，所以 $\lim\limits_{x\to 0^-}f(x)\ne\lim\limits_{x\to 0^+}f(x)$，故 $\lim\limits_{x\to 0}f(x)$ 不存在.

‖例 2.6‖ 判断函数 $f(x)=\begin{cases}x, & 0\leqslant x<1,\\ 1+x, & 1\leqslant x\leqslant 2\end{cases}$ 当 $x\to 1$ 时是否有极限.

解 当 $x\to 1$ 时，函数的左、右极限分别为

$$\lim_{x\to 1^-} f(x) = \lim_{x\to 1^-} x = 1,$$

$$\lim_{x\to 1^+} f(x) = \lim_{x\to 1^+} (1+x) = 2,$$

因为 $\lim_{x\to 1^-} f(x) \neq \lim_{x\to 1^+} f(x)$，所以 $\lim_{x\to 1} f(x)$ 不存在.

定理 2.3（函数极限的唯一性）　如果 $\lim_{x\to x_0} f(x)$ 存在，那么极限值唯一.

2.2.3　无穷小与无穷大

1. 无穷小量

定义 2.6　如果函数 $f(x)$ 当 $x \to x_0$（或 $x \to \infty$）时的极限是零，那么称函数 $f(x)$ 为当 $x \to x_0$（或 $x \to \infty$）时的**无穷小量**，简称为**无穷小**，通常用 $\alpha(x)$，$\beta(x)$ 来表示无穷小量. 若 $\alpha(x)$ 是无穷小量，则 $\lim_{\substack{x\to x_0 \\ (x\to\infty)}} \alpha(x) = 0$．

例如，因为 $\lim_{x\to 0} x^2 = 0$，所以当 $x \to 0$ 时，$y = x^2$ 为无穷小；因为 $\lim_{n\to\infty} \dfrac{1}{2^n} = 0$，所以当 $n \to \infty$ 时，$y = \dfrac{1}{2^n}$ 为无穷小.

由无穷小量的定义可得无穷小的常用性质.

性质 1　有限个无穷小的代数和仍为无穷小.

性质 2　有限个无穷小的乘积仍为无穷小.

性质 3　有界函数与无穷小的乘积仍为无穷小.

例如，因为 $\lim_{x\to 0} x = 0$ 是无穷小，$\left| \sin\dfrac{1}{x} \right| \leqslant 1$ 是有界函数，所以 $\lim_{x\to 0} x \sin\dfrac{1}{x} = 0$．

定理 2.4　当 $x \to x_0$（或 $x \to \infty$）时，函数 $f(x)$ 以 A 为极限的充分必要条件是 $f(x) = A + \alpha$，其中 α 是无穷小量.

在客观世界中，存在着另一类变量，它的变化趋势与无穷小的变化趋势相反，在变化过程中其绝对值无限增大.

例如，当 $x \to 1$ 时，$y = \dfrac{1}{x-1}$ 的绝对值无限增大；当 $x \to \infty$ 时，$y = x^2$ 无限增大.

2. 无穷大量

定义 2.7　如果 $x \to x_0$（或 $x \to \infty$）时，函数 $f(x)$ 的绝对值无限增大，那么称函数 $f(x)$ 为当 $x \to x_0$（或 $x \to \infty$）时的**无穷大量**，简称为**无穷大**，记为 $\lim_{\substack{x\to x_0 \\ (x\to\infty)}} f(x) = \infty$．

例如，$\lim_{x\to +\infty} \mathrm{e}^x = +\infty$，即当 $x \to +\infty$ 时，$y = \mathrm{e}^x$ 是正无穷大；而 $\lim_{x\to 0^+} \lg x = -\infty$，所以当 $x \to 0^+$ 时，$y = \lg x$ 是负无穷大.

由无穷小及无穷大的定义可得二者的关系如下：

定理 2.5　在自变量的同一变化过程中，如果 $f(x)$ 是无穷大，那么 $\dfrac{1}{f(x)}$ 是无穷小；

反之，若 $f(x)$ 是无穷小，且 $f(x) \neq 0$ ，则 $\dfrac{1}{f(x)}$ 是无穷大.

练习 2.2

1. 当 $x \to \infty$ 时，判断下列函数的极限是否存在：

（1） $f(x) = \dfrac{1}{x} + 1$ ；　　（2） $f(x) = \cos x$ ；　　（3） $f(x) = 2^{-x} \quad (x \to +\infty)$.

2. 设函数 $f(x) = \operatorname{arccot} x$ ，讨论 $\lim\limits_{x \to 0} f(x)$ 是否存在.

3. 设函数 $f(x) = \begin{cases} x, & x \geqslant 0, \\ -x, & x < 0, \end{cases}$ 求：（1） $\lim\limits_{x \to 0^-} f(x)$ ；（2） $\lim\limits_{x \to 0^+} f(x)$ ；（3） $\lim\limits_{x \to 0} f(x)$.

4. 设函数 $f(x) = \begin{cases} 2x + 1, & x < 2, \\ x^2 + 1, & x \geqslant 2, \end{cases}$ 求：（1） $\lim\limits_{x \to 2^-} f(x)$ ；（2） $\lim\limits_{x \to 2^+} f(x)$ ；（3） $\lim\limits_{x \to 2} f(x)$.

5. 设函数 $f(x) = \begin{cases} x^2 + k, & x \geqslant 0, \\ -1, & x < 0, \end{cases}$ 若 $\lim\limits_{x \to 0} f(x)$ 存在，求 k 的值.

6. 求下列各极限：

（1） $\lim\limits_{x \to 0} x^2 \sin \dfrac{1}{x}$ ；　　　　　　　　（2） $\lim\limits_{x \to \infty} \dfrac{x^2 + 1}{x^3 + x} \cos x$.

7. 指出下列函数在自变量如何变化时是无穷小？在自变量如何变化时是无穷大？

（1） $y = \dfrac{1}{x^2}$ ；　　　（2） $y = \dfrac{1}{1 + x}$ ；　　　（3） $y = \ln x$ ；　　　（4） $y = \mathrm{e}^x$.

2.3　极限的运算

2.3.1　极限的四则运算法则

极限的四则运算

设在 x 的同一变化过程中， $\lim f(x) = A$ ， $\lim g(x) = B$ ，则

法则 2.1 $\quad \lim[f(x) \pm g(x)] = \lim f(x) \pm \lim g(x) = A \pm B$ ；

法则 2.2 $\quad \lim[f(x)g(x)] = \lim f(x) \lim g(x) = AB$ ；

法则 2.3 $\quad \lim \dfrac{f(x)}{g(x)} = \dfrac{\lim f(x)}{\lim g(x)} = \dfrac{A}{B}$ （其中 $\lim g(x) = B \neq 0$ ）.

法则 2.1 和法则 2.2 可推广到有限个函数的情形，法则 2.2 有两个重要的推论：

推论 1 $\quad \lim cf(x) = c \lim f(x)$ （ c 为常数）；

推论 2 $\quad \lim[f(x)]^n = A^n$ （ n 为正整数）.

▎例 2.7▎ 求下列函数的极限：

（1） $\lim\limits_{x \to 2}(5x - 3)$ ；　　　　　　　　（2） $\lim\limits_{x \to 1}(3x^2 - 2x + 1)$.

解 （1） $\lim\limits_{x \to 2}(5x - 3) = \lim\limits_{x \to 2} 5x - \lim\limits_{x \to 2} 3 = 5 \lim\limits_{x \to 2} x - 3 = 5 \times 2 - 3 = 7$.

（2） $\lim\limits_{x \to 1}(3x^2 - 2x + 1) = \lim\limits_{x \to 1} 3x^2 - \lim\limits_{x \to 1} 2x + \lim\limits_{x \to 1} 1 = 2$.

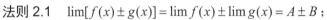

注意　若 $f(x)=a_0x^n+a_1x^{n-1}+\cdots+a_{n-1}x+a_n$，则易知 $\lim\limits_{x\to x_0}f(x)=f(x_0)$.

例 2.8　求 $\lim\limits_{x\to 1}\dfrac{x^2+x+1}{x^3-x^2+2x+1}$.

解　因为分母的极限 $\lim\limits_{x\to 1}(x^3-x^2+2x+1)=3\ne 0$，所以可以直接用商的极限法则运算，于是

$$\lim_{x\to 1}\frac{x^2+x+1}{x^3-x^2+2x+1}=\frac{\lim\limits_{x\to 1}(x^2+x+1)}{\lim\limits_{x\to 1}(x^3-x^2+2x+1)}=\frac{3}{3}=1.$$

例 2.9　求 $\lim\limits_{x\to 2}\dfrac{x^2-4}{x-2}$.

解　因为分母的极限 $\lim\limits_{x\to 2}(x-2)=0$，所以不能直接用商的极限法则运算，需对分式化简后再求极限，于是

$$\lim_{x\to 2}\frac{x^2-4}{x-2}=\lim_{x\to 2}\frac{(x+2)(x-2)}{x-2}=\lim_{x\to 2}(x+2)=4.$$

例 2.10　求 $\lim\limits_{x\to 0}\dfrac{\sqrt{1+x}-1}{x}$.

解　当 $x\to 0$ 时，分子和分母的极限都是 0，此时，可对根式进行分子有理化，把根号移到分母上，即

$$\lim_{x\to 0}\frac{\sqrt{1+x}-1}{x}=\lim_{x\to 0}\frac{(\sqrt{1+x}-1)(\sqrt{x+1}+1)}{x(\sqrt{x+1}+1)}$$
$$=\lim_{x\to 0}\frac{x}{x(\sqrt{x+1}+1)}$$
$$=\lim_{x\to 0}\frac{1}{\sqrt{x+1}+1}=\frac{1}{2}.$$

例 2.11　求 $\lim\limits_{x\to\infty}\dfrac{2x^3+7x+1}{3x^3-6x^2-5}$.

解　分子和分母同时除以 x 的最高次幂，即

$$\lim_{x\to\infty}\frac{2x^3+7x+1}{3x^3-6x^2-5}=\lim_{x\to\infty}\frac{2+\dfrac{7}{x^2}+\dfrac{1}{x^3}}{3-\dfrac{6}{x}-\dfrac{5}{x^3}}=\frac{2}{3}.$$

例 2.12　求 $\lim\limits_{x\to\infty}\dfrac{3x^2+2x+3}{2x^3-x+1}$.

解

$$\lim_{x\to\infty}\frac{3x^2+2x+3}{2x^3-x+1}=\lim_{x\to\infty}\frac{\dfrac{3}{x}+\dfrac{2}{x^2}+\dfrac{3}{x^3}}{2-\dfrac{1}{x^2}+\dfrac{1}{x^3}}=\frac{0+0+0}{2-0+0}=0.$$

例 2.13　求 $\lim\limits_{x\to\infty}\dfrac{2x^3-x+1}{3x^2+2x+3}$.

解 由例 2.12 知，$\lim\limits_{x\to\infty}\dfrac{3x^2+2x+3}{2x^3-x+1}=0$，因为无穷小的倒数为无穷大，所以

$$\lim\limits_{x\to\infty}\frac{2x^3-x+1}{3x^2+2x+3}=\infty.$$

对于分式形式函数的极限，当分子和分母都趋于 ∞ 时，称为"$\dfrac{\infty}{\infty}$"型未定式. 一般地，当 $x\to\infty$ 时，有理分式函数的极限如下：

$$\lim_{x\to\infty}\frac{a_0x^n+a_1x^{n-1}+\cdots+a_{n-1}x+a_n}{b_0x^m+b_1x^{m-1}+\cdots+b_{m-1}x+b_m}=\begin{cases}0, & m>n,\\[2mm]\dfrac{a_0}{b_0}, & m=n,\\[2mm]\infty, & m<n.\end{cases}$$

式中，$a_0\neq0$，$b_0\neq0$.

例 2.14 求下列各极限：

（1）$\lim\limits_{x\to3}\dfrac{2x^2}{x-3}$；　　　　　　（2）$\lim\limits_{x\to\infty}\dfrac{x+1}{x^2+4}(\cos x+1)$.

解 （1）因为 $\lim\limits_{x\to3}(x-3)=0$，所以不能应用商的运算法则求解，但

$$\lim_{x\to3}\frac{x-3}{2x^2}=\frac{\lim\limits_{x\to3}(x-3)}{\lim\limits_{x\to3}2x^2}=\frac{0}{18}=0$$

因此 $\lim\limits_{x\to3}\dfrac{2x^2}{x-3}=\infty$.

（2）因为 $\lim\limits_{x\to\infty}\dfrac{x+1}{x^2+4}=0$，$|\cos x+1|\leqslant2$，所以 $\lim\limits_{x\to\infty}\dfrac{x+1}{x^2+4}(\cos x+1)=0$.

2.3.2 两个重要极限

两个重要极限

1. $\lim\limits_{x\to0}\dfrac{\sin x}{x}=1$

利用 MATLAB 软件，给出当 $x\to0$ 时函数 $\dfrac{\sin x}{x}$ 的值如表 2-1 所示（因为函数 $\dfrac{\sin x}{x}$ 是偶函数，所以只需列出 x 取正值趋于 0 的部分），并作出函数图像，如图 2-5 所示.

表 2-1

x（弧度）	$\dfrac{\sin x}{x}$
1	0.841471
0.1	0.998334
0.01	0.999933
0.001	1.000000

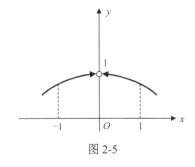

图 2-5

从表 2-1 和图 2-5 中可以看出，当 $x\to0$ 时，函数 $\dfrac{\sin x}{x}$ 的值无限接近于 1，即

$$\lim_{x \to 0} \frac{\sin x}{x} = 1.$$

该极限在极限计算中有非常重要的作用，它在形式上具有下列特点：

（1）它是"$\dfrac{0}{0}$"型未定式；

（2）用于解决幂函数和三角函数的极限问题；

（3）它可以推广为 $\lim\limits_{u \to 0} \dfrac{\sin u}{u}$.

▌例 2.15▌ （口答）下列各式是否成立？

（1）$\lim\limits_{x \to 0} \dfrac{\sin 2x}{2x} = 1$；　　　　（2）$\lim\limits_{x \to \infty} \dfrac{\sin x}{x} = 1$；　　　　（3）$\lim\limits_{x \to 0} \dfrac{\sin(x-3)}{x-3} = 1$.

解 （1）成立，（2）、（3）不成立.

▌例 2.16▌ 求下列各极限：

（1）$\lim\limits_{x \to 0} \dfrac{\sin 3x}{x}$；　　　　（2）$\lim\limits_{x \to 0} \dfrac{\tan x}{x}$；　　　　（3）$\lim\limits_{x \to 0} \dfrac{1 - \cos x}{x^2}$.

解 （1）$\lim\limits_{x \to 0} \dfrac{\sin 3x}{x} = \lim\limits_{x \to 0} \dfrac{\sin 3x}{3x} \times 3 = 3\lim\limits_{x \to 0} \dfrac{\sin 3x}{3x} = 3$.

（2）$\lim\limits_{x \to 0} \dfrac{\tan x}{x} = \lim\limits_{x \to 0} \dfrac{\sin x}{x} \cdot \dfrac{1}{\cos x} = \lim\limits_{x \to 0} \dfrac{\sin x}{x} \cdot \lim\limits_{x \to 0} \dfrac{1}{\cos x} = 1$.

（3）$\lim\limits_{x \to 0} \dfrac{1 - \cos x}{x^2} = \lim\limits_{x \to 0} \dfrac{2\sin^2 \dfrac{x}{2}}{x^2} = \lim\limits_{x \to 0} \dfrac{\dfrac{2}{4}\sin^2 \dfrac{x}{2}}{\left(\dfrac{x}{2}\right)^2} = \dfrac{1}{2}$.

注意 例 2.16 中（2）、（3）小题的结果可作为公式使用.

2. $\lim\limits_{x \to \infty} \left(1 + \dfrac{1}{x}\right)^x = \mathrm{e}$

利用 MATLAB 软件，考察当 $x \to \infty$ 时，函数 $f(x) = \left(1 + \dfrac{1}{x}\right)^x$ 的变化趋势，如表 2-2 所示.

表 2-2

x	8	10	100	1000	10000	1000000	$x \to +\infty$
$\left(1+\dfrac{1}{x}\right)^x$	2.566	2.594	2.705	2.717	2.718	2.71827	$\cdots$
x	-8	-10	-100	-1000	-10000	-1000000	$x \to -\infty$
$\left(1+\dfrac{1}{x}\right)^x$	2.910	2.868	2.732	2.720	2.7183	2.71828	$\cdots$

由表 2-2 可见，当 $x \to \infty$ 时（包括 $+\infty, -\infty$），函数 $f(x) = \left(1 + \dfrac{1}{x}\right)^x$ 收敛到同一个极限值 e，它是个无理数，其值 $\mathrm{e} = 2.718281828459\cdots$，也是自然对数的底 e，即

$$\lim_{x\to\infty}\left(1+\frac{1}{x}\right)^{x}=\mathrm{e}.$$

令 $\dfrac{1}{x}=u$ ，则当 $x\to\infty$ 时， $u\to0$ ，这样便得到该极限的另一种形式：

$$\lim_{u\to0}(1+u)^{\frac{1}{u}}=\mathrm{e}.$$

该极限在极限计算中也有着非常重要的作用，它在形式上具有下列特点：

（1）它是底数为 1，指数为 ∞ 变量的极限问题，也是一种未定式，通常记为" 1^{∞} "型未定式；

（2）它可以写成 $\lim\limits_{\Delta\to\infty}\left(1+\dfrac{1}{\Delta}\right)^{\Delta}=\mathrm{e}$ 或 $\lim\limits_{\Delta\to0}(1+\Delta)^{\frac{1}{\Delta}}=\mathrm{e}$ ，其中 Δ 形式相同.

┃例 2.17┃ 求 $\lim\limits_{x\to\infty}\left(1-\dfrac{3}{x}\right)^{x}$.

解 令 $-\dfrac{3}{x}=\alpha$ ，则 $x=-\dfrac{3}{\alpha}$ ，且当 $x\to\infty$ 时， $\alpha\to0(\alpha\ne0)$ ，所以

$$\lim_{x\to\infty}\left(1-\frac{3}{x}\right)^{x}=\lim_{\alpha\to0}(1+\alpha)^{-\frac{3}{\alpha}}=\lim_{\alpha\to0}\left[(1+\alpha)^{\frac{1}{\alpha}}\right]^{-3}=\mathrm{e}^{-3}.$$

┃例 2.18┃ 求 $\lim\limits_{x\to0}(1+2x)^{\frac{1}{x}}$.

解 $\lim\limits_{x\to0}(1+2x)^{\frac{1}{x}}=\lim\limits_{x\to0}(1+2x)^{2\times\frac{1}{2x}}=\left[\lim\limits_{x\to0}(1+2x)^{\frac{1}{2x}}\right]^{2}=\mathrm{e}^{2}.$

┃例 2.19┃ 求 $\lim\limits_{x\to\infty}\left(\dfrac{x}{x-1}\right)^{3x-1}$.

解 $\lim\limits_{x\to\infty}\left(\dfrac{x}{x-1}\right)^{3x-1}=\lim\limits_{x\to\infty}\left(1+\dfrac{1}{x-1}\right)^{3(x-1)+2}$

$$=\left[\lim_{x\to\infty}\left(1+\frac{1}{x-1}\right)^{x-1}\right]^{3}\cdot\lim_{x\to\infty}\left(1+\frac{1}{x-1}\right)^{2}=\mathrm{e}^{3}.$$

┃例 2.20┃ 求 $\lim\limits_{x\to\infty}\left(\dfrac{x+1}{x-1}\right)^{x}$.

解 $\lim\limits_{x\to\infty}\left(\dfrac{x+1}{x-1}\right)^{x}=\lim\limits_{x\to\infty}\left(1+\dfrac{2}{x-1}\right)^{x}=\lim\limits_{x\to\infty}\left(1+\dfrac{2}{x-1}\right)^{\frac{x-1}{2}\times2+1}$

$$=\lim_{x\to\infty}\left(1+\frac{2}{x-1}\right)^{\frac{x-1}{2}\times2}\cdot\lim_{x\to\infty}\left(1+\frac{2}{x-1}\right)$$

$$=\mathrm{e}^{2}\times1=\mathrm{e}^{2}.$$

一般地，有 $\lim\limits_{x\to\infty}\left(1+\dfrac{a}{x}\right)^{bx+c}=\mathrm{e}^{ab}$.

2.3.3 无穷小的比较

不同的无穷小，趋于 0 的速度不一定相同. 例如，当 $x\to0$ 时， $3x$ 和 x^{2} 均为无穷

小，但 x^2 趋于 0 的速度要比 $3x$ 快得多.

定义 2.8　设 α 与 β 是自变量同一变化过程中的两个无穷小，在该过程中：

（1）如果 $\dfrac{\beta}{\alpha} \to 0$，那么称 β 是比 α 较高阶的无穷小，记作 $\beta = o(\alpha)$.

（2）如果 $\dfrac{\beta}{\alpha} \to \infty$，那么称 β 是比 α 较低阶的无穷小.

（3）如果 $\dfrac{\beta}{\alpha} \to c \neq 0$，则称 β 与 α 是同阶的无穷小. 特别地，当 $c = 1$ 时，称 β 与 α 是等价的无穷小，记作 $\beta \sim \alpha$.

例如，$\lim\limits_{x \to 0} \dfrac{x^2}{3x} = 0$，所以 x^2 是比 $3x$ 高阶的无穷小，记为 $x^2 = o(3x)$；又如，$\lim\limits_{x \to 0} \dfrac{\sin x}{x} = 1$，所以 $\sin x$ 与 x 是等价无穷小，记为 $\sin x \sim x$.

在极限计算中，经常使用下述等价无穷小的代换定理，使两个无穷小之比的极限问题简化.

定理 2.6　设在自变量的同一变化过程中 $\alpha \sim \alpha'$，$\beta \sim \beta'$，且 $\lim \dfrac{\beta'}{\alpha'}$ 存在，则

$$\lim \frac{\beta}{\alpha} = \lim \frac{\beta'}{\alpha'}.$$

当 $x \to 0$ 时，常见的等价无穷小如下：

$$\sin x \sim x, \quad \tan x \sim x, \quad 1 - \cos x \sim \frac{1}{2}x^2, \quad \arcsin x \sim x, \quad \arctan x \sim x,$$
$$(1+x)^\alpha - 1 \sim \alpha x \ (\alpha \in \mathbf{R}), \quad \ln(1+x) \sim x, \quad e^x - 1 \sim x.$$

▌例 2.21▌　求下列极限：

（1）$\lim\limits_{x \to 0} \dfrac{\tan 2x}{\tan 5x}$；

（2）$\lim\limits_{x \to 0} \dfrac{1 - \cos x}{x \cdot \sin x}$.

解　（1）当 $x \to 0$ 时，$\tan 2x \sim 2x$，$\sin 5x \sim 5x$，因此

$$\lim_{x \to 0} \frac{\tan 2x}{\sin 5x} = \lim_{x \to 0} \frac{2x}{5x} = \frac{2}{5}.$$

（2）当 $x \to 0$ 时，$1 - \cos x \sim \dfrac{1}{2}x^2$，因此

$$\lim_{x \to 0} \frac{1 - \cos x}{x \cdot \sin x} = \lim_{x \to 0} \frac{\frac{1}{2}x^2}{x \cdot x} = \frac{1}{2}.$$

注意　无穷小的等价代换只能代换乘积的因子，不能代换代数和中的函数.

例如，$\lim\limits_{x \to 0} \dfrac{\tan x - \sin x}{x^3} \neq \lim\limits_{x \to 0} \dfrac{x - x}{x^3} = 0$.

▌例 2.22▌　求 $\lim\limits_{x \to 0} \dfrac{\tan x - \sin x}{x^3}$.

解　当 $x \to 0$ 时，$\tan x \sim x$，$\sin x \sim x$，$1 - \cos x \sim \dfrac{1}{2}x^2$，所以

$$\lim_{x \to 0} \frac{\tan x - \sin x}{x^3} = \lim_{x \to 0} \frac{\sin x(1 - \cos x)}{x^3 \cos x} = \lim_{x \to 0} \frac{x \cdot \frac{1}{2}x^2}{x^3 \cos x} = \frac{1}{2}.$$

练习 2.3

小结及练习——极限计算

1. 求下列各函数极限:

(1) $\lim\limits_{x \to 2}(x^2 + 5x - 7)$;

(2) $\lim\limits_{x \to \sqrt{3}} \dfrac{5 + x^2}{x^2 - 2}$;

(3) $\lim\limits_{x \to 2} \dfrac{5 + x^2}{x - 2}$;

(4) $\lim\limits_{x \to 1} \dfrac{x^2 - 2x + 1}{x^2 - 1}$;

(5) $\lim\limits_{x \to 0} \dfrac{4x^3 - 2x^2 + x}{3x^2 + 2x}$;

(6) $\lim\limits_{h \to 0} \dfrac{(x + h)^2 - x^2}{h}$;

(7) $\lim\limits_{x \to 1} \dfrac{x^3 - 1}{x - 1}$;

(8) $\lim\limits_{x \to \infty}\left(2 - \dfrac{2}{x} + \dfrac{2}{x^3}\right)$;

(9) $\lim\limits_{x \to \infty} \dfrac{4x^2 - 2x + 1}{2x^2 + x}$;

(10) $\lim\limits_{x \to \infty} \dfrac{4x^3 + 2x^2 + 5}{3x^2 + 2x}$;

(11) $\lim\limits_{x \to 3} \dfrac{x - 3}{x^2 - 9}$;

(12) $\lim\limits_{x \to 4} \dfrac{\sqrt{x} - 2}{x - 4}$.

2. 求下列各函数极限:

(1) $\lim\limits_{x \to 0} \dfrac{\tan 3x}{x}$;

(2) $\lim\limits_{x \to 0} \dfrac{\sin 3x}{\sin 5x}$;

(3) $\lim\limits_{x \to 0} \dfrac{\arcsin x}{x}$;

(4) $\lim\limits_{x \to 0} \dfrac{x \sin x}{1 - \cos 2x}$;

(5) $\lim\limits_{x \to \infty}\left(1 + \dfrac{1}{2x}\right)^x$;

(6) $\lim\limits_{x \to \infty}\left(1 - \dfrac{1}{x}\right)^{2x}$;

(7) $\lim\limits_{x \to \infty}\left(\dfrac{x - 1}{x + 1}\right)^x$;

(8) $\lim\limits_{n \to \infty}\left(1 + \dfrac{1}{n + 1}\right)^{n + 5}$;

(9) $\lim\limits_{x \to \infty}\left(\dfrac{x + 3}{x - 5}\right)^x$;

(10) $\lim\limits_{x \to \infty}\left(1 - \dfrac{1}{x}\right)^{2x + 5}$.

3. 当 $x \to 0$ 时,下列无穷小与 x 相比是什么阶的无穷小?

(1) $y = x + \tan x$;

(2) $y = 1 - \cos x$.

4. 利用等价无穷小计算下列极限:

(1) $\lim\limits_{x \to 0} \dfrac{\sin^2 x}{1 - \cos x}$;

(2) $\lim\limits_{x \to 0} \dfrac{\ln(1 + 2x)}{\sin 3x}$.

5. 设 $\lim\limits_{x \to \infty}\left(\dfrac{x^2 + 1}{x + 1} - ax - b\right) = 0$,求 a 和 b.

2.4　函数的连续性

连续性是自然界中各种物态变化的重要特性之一,这方面的实例可以举出很多,如水的连续流动、身高的连续增长等. 同时，连续也是函数的重要性态之一，它不仅是函数研究的重要内容，也为计算函数极限开辟了新的途径. 本节将以极限为基础，介绍函数连续性的概念、连续函数的运算及一些性质.

2.4.1　函数连续性的定义

1. 函数的增量

变量 u 从初值 u_1 变到终值 u_2，则 $u_2 - u_1$ 称为变量 u 的**增量**或**改变量**，记为 Δu，即 $\Delta u = u_2 - u_1$. 可以看出，增量可为正值、负值或零.

对于函数 $f(x)$，当自变量从 x_0 变到 x 时，$\Delta x = x - x_0$ 称为自变量 x 的增量；对应的函数值从 $f(x_0)$ 变到 $f(x)$，所以函数 y 的增量为

$$\Delta y = f(x) - f(x_0) = f(x_0 + \Delta x) - f(x_0).$$

观察图 2-6 和图 2-7，在点 x_0 处，当 $\Delta x \to 0$ 时，Δy 如何变化？

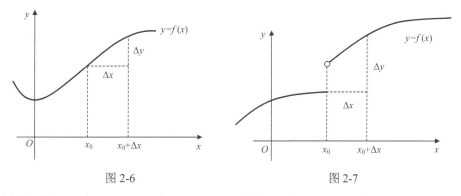

图 2-6　　　　　　　　　　　图 2-7

显然，图 2-6 中 $\Delta y \to 0$（当 $\Delta x \to 0$），而图 2-7 中 $\Delta y \nrightarrow 0$（当 $\Delta x \to 0$）.

2. 函数连续性定义

定义 2.9　设函数 $y = f(x)$ 在点 x_0 的某一邻域内有定义，如果

$$\lim_{\Delta x \to 0} \Delta y = \lim_{\Delta x \to 0}[f(x_0 + \Delta x) - f(x_0)] = 0,$$

那么就称函数 $y = f(x)$ 在点 x_0 处连续，点 x_0 称为函数 $y = f(x)$ 的连续点.

设 $x = x_0 + \Delta x$，则当 $\Delta x \to 0$ 时，$x \to x_0$，而

$$\Delta y = f(x_0 + \Delta x) - f(x_0) = f(x) - f(x_0),$$

$\Delta y \to 0$ 等价于 $f(x) \to f(x_0)$. 于是可得定义 2.9 的等价形式.

定义 2.10　设函数 $y = f(x)$ 在点 x_0 的某一邻域内有定义，如果

$$\lim_{x \to x_0} f(x) = f(x_0),$$

那么称函数 $y = f(x)$ 在点 x_0 处连续.

由定义 2.10 可知，函数 $y = f(x)$ 在点 x_0 处连续，必须满足以下三个条件：

（1）$f(x)$ 在点 x_0 及附近有定义；

（2）$\lim\limits_{x \to x_0} f(x)$ 存在；

（3）$\lim_{x \to x_0} f(x) = f(x_0)$.

如果上述三条中有一条不满足，则 $f(x)$ 在点 x_0 处不连续.

▌例 2.23▌ 证明函数 $y = \begin{cases} x\sin\dfrac{1}{x}, & x < 0, \\ 0, & x \geqslant 0 \end{cases}$ 在点 $x = 0$ 处是连续的.

证明 由已知 $f(0) = 0$，因为

$$\lim_{x \to 0} f(x) = \lim_{x \to 0} x \sin\frac{1}{x} = 0, \quad \lim_{x \to 0} f(x) = f(0) = 0.$$

所以 $\lim_{x \to x_0} f(x) = f(x_0)$，所以函数 y 在点 $x=0$ 处是连续的.

下面给出左、右连续的概念.

若 $\lim_{x \to x_0^-} f(x) = f(x_0 - 0)$ 存在且等于 $f(x_0)$，则称 $f(x)$ 在点 x_0 处**左连续**；若 $\lim_{x \to x_0^+} f(x) = f(x_0 + 0)$ 存在且等于 $f(x_0)$，则称 $f(x)$ 在点 x_0 处**右连续**.

如果函数 $f(x)$ 在区间 (a,b) 内每一点都连续，则称函数 $f(x)$ 在区间 (a,b) 内连续；如果函数 $f(x)$ 在区间 (a,b) 内连续，且在点 a 右连续、在点 b 左连续，则称函数 $f(x)$ 在区间 $[a,b]$ 上连续.

连续函数的图像是一条连续不断的曲线.

▌例 2.24▌ 证明函数 $y = \sin x$ 在 $(-\infty, +\infty)$ 内是连续的.

证明 作出函数 $y = \sin x$ 在 $(-\infty, +\infty)$ 内的图像，如图 2-8 所示.

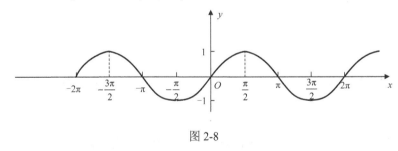

图 2-8

显然，函数 $y = \sin x$ 在 $(-\infty, +\infty)$ 内是连续的.

类似可得，基本初等函数在其定义域区间内都是连续的.

2.4.2 间断点及其分类

1. 间断点的定义

定义 2.11 设函数 $y = f(x)$ 在点 x_0 的去心邻域内有定义，如果函数满足下列三种情形之一：

（1）在点 $x = x_0$ 处没有定义；

（2）虽然在点 $x = x_0$ 处有定义，但 $\lim_{x \to x_0} f(x)$ 不存在；

（3）虽然在点 $x = x_0$ 处有定义，且 $\lim_{x \to x_0} f(x)$ 存在，但 $\lim_{x \to x_0} f(x) \neq f(x_0)$，那么 $f(x)$ 在点 x_0 处不连续，点 x_0 称为函数的**不连续点**或**间断点**.

例如，$y = \sin\dfrac{1}{x}$ 在点 $x = 0$ 处无定义，且 $\lim\limits_{x \to 0}\sin\dfrac{1}{x}$ 不存在，所以点 $x = 0$ 是 $y = \sin\dfrac{1}{x}$ 的间断点.

┃例 2.25┃ 设 $f(x) = \begin{cases} x - 2, & x \leqslant 0, \\ x + 2, & x > 0. \end{cases}$ 讨论 $f(x)$ 在点 $x = 0$ 处的连续性.

解　由于 $f(x)$ 是一个分段函数，且
$$\lim\limits_{x \to 0^-} f(x) = \lim\limits_{x \to 0^-}(x - 2) = -2，\quad \lim\limits_{x \to 0^+} f(x) = \lim\limits_{x \to 0^+}(x + 2) = 2，$$
即
$$\lim\limits_{x \to 0^-} f(x) \neq \lim\limits_{x \to 0^+} f(x)，$$
所以 $\lim\limits_{x \to 0} f(x)$ 不存在，故点 $x = 0$ 是 $f(x)$ 的间断点.

┃例 2.26┃ 讨论函数
$$f(x) = \begin{cases} x - 1, & x \leqslant 0, \\ 2x, & 0 < x \leqslant 1, \\ x^2 + 1, & 1 < x \leqslant 2, \\ \dfrac{1}{2}x + 4, & x > 2 \end{cases}$$
在点 $x = 0$、$x = 1$ 及 $x = 2$ 处的连续性.

解　在点 $x = 0$ 处，$\lim\limits_{x \to 0^-} f(x) = \lim\limits_{x \to 0^-}(x - 1) = -1$，$\lim\limits_{x \to 0^+} f(x) = \lim\limits_{x \to 0^+} 2x = 0$，由于 $\lim\limits_{x \to 0} f(x)$ 不存在，所以函数 $f(x)$ 在点 $x = 0$ 处间断；

在点 $x = 1$ 处，$\lim\limits_{x \to 1^-} f(x) = \lim\limits_{x \to 1^-} 2x = 2$，$\lim\limits_{x \to 1^+} f(x) = \lim\limits_{x \to 1^+}(x^2 + 1) = 2$，由于 $\lim\limits_{x \to 1} f(x) = 2 = f(1)$，所以函数 $f(x)$ 在点 $x = 1$ 处连续；

在点 $x = 2$ 处，$\lim\limits_{x \to 2^-} f(x) = \lim\limits_{x \to 2^-}(x^2 + 1) = 5$，$\lim\limits_{x \to 2^+} f(x) = \lim\limits_{x \to 2^+}\left(\dfrac{1}{2}x + 4\right) = 5$，由于 $\lim\limits_{x \to 2} f(x) = 5 = f(2)$，所以函数 $f(x)$ 在点 $x = 2$ 处连续.

2. 间断点的分类

函数的间断点，按间断点处的左、右极限是否存在，分为第一类间断点和第二类间断点.

第一类间断点　设 x_0 为 $f(x)$ 的间断点，如果在 x_0 处的左、右极限都存在，那么称点 x_0 为第一类间断点. 包括以下两类.

（1）**跳跃间断点**：如果 $f(x)$ 在 x_0 处的左、右极限存在但不相等，则称点 x_0 为跳跃间断点；

（2）**可去间断点**：如果 $f(x)$ 在 x_0 处的左、右极限存在且相等，则称点 x_0 为可去间断点.

第二类间断点　若 $f(x)$ 在点 x_0 处的左、右极限至少有一个不存在，则称点 x_0 为第二类间断点.

┃例 2.27┃ 求下列函数的间断点，并判断其类型：

（1）$f(x) = \dfrac{\sin x}{x}$；   （2）$f(x) = \dfrac{1}{(x-1)^2}$；

（3）$f(x) = \begin{cases} x^2, & 0 \leqslant x \leqslant 1, \\ x+1, & x > 1; \end{cases}$ （4）$f(x) = \sin \dfrac{1}{x}$.

解 （1）当 $x = 0$ 时，函数 $f(x)$ 无定义，但由于 $\lim\limits_{x \to 0} \dfrac{\sin x}{x} = 1$，即

$$\lim_{x \to 0^-} f(x) = \lim_{x \to 0^+} f(x) = 1,$$

所以点 $x = 0$ 为函数的第一类间断点中的可去间断点.

（2）当 $x = 1$ 时，函数 $f(x)$ 无定义，且 $\lim\limits_{x \to 1} \dfrac{1}{(x-1)^2} = \infty$，即当 $x \to 1$ 时，$f(x)$ 的左、右极限都不存在，所以点 $x = 1$ 是函数的第二类间断点.

（3）因为

$$\lim_{x \to 1^-} f(x) = \lim_{x \to 1^-} x^2 = 1, \quad \lim_{x \to 1^+} f(x) = \lim_{x \to 1^+} (x+1) = 2,$$

即 $f(1-0) \neq f(1+0)$，所以点 $x = 1$ 是函数的第一类间断点中的跳跃间断点.

（4）当 $x = 0$ 时，函数 $f(x)$ 无定义，且 $x \to 0$ 时，函数 $f(x)$ 振荡，无极限，所以点 $x = 0$ 为函数的第二类间断点.

2.4.3 连续函数的运算

由函数连续性的定义及极限的运算法则，可得以下结论.

定理 2.7（连续函数的四则运算法则） 如果函数 $f(x)$，$g(x)$ 均在点 x_0 处连续，则 $f(x) \pm g(x)$，$f(x) \cdot g(x)$，$\dfrac{f(x)}{g(x)} (g(x_0) \neq 0)$ 都在点 x_0 处连续.

定理 2.8（连续函数的复合运算法则） 设函数 $u = \varphi(x)$ 在点 $x = x_0$ 处连续，且 $\varphi(x_0) = u_0$，而函数 $y = f(u)$ 在点 $u = u_0$ 处也连续，那么复合函数 $y = f[\varphi(x)]$ 在点 $x = x_0$ 处也是连续的.

定理 2.9 基本初等函数在它们的定义域内都是连续的.

定理 2.10 一切初等函数在其定义区间内都是连续的.

注意

（1）这里的定义区间是指包含在定义域内的区间.

（2）求初等函数的连续区间就是求其定义区间.关于分段函数的连续性，除讨论每一段函数的连续性外，还要考虑分界点的连续性.

（3）求函数极限的一种方法——代入法：如果 $f(x)$ 是初等函数，x_0 是其定义区间内的一个点，则函数 $f(x)$ 在点 x_0 处连续，因此 $\lim\limits_{x \to x_0} f(x) = f(x_0)$.特别地，对于复合函数，有

$$\lim_{x \to x_0} f[\varphi(x)] = f[\varphi(x_0)] = f\left[\lim_{x \to x_0} \varphi(x)\right].$$

▌例 2.28▐　求函数 $y = \dfrac{1}{\sqrt{x-1}}$ 的连续区间.

解　由于 $y = \dfrac{1}{\sqrt{x-1}}$ 是初等函数，其定义域为 $x-1>0$，即 $x>1$，所以该函数的定义区间为 $(1,+\infty)$，故 $(1,+\infty)$ 为函数 $y = \dfrac{1}{\sqrt{x-1}}$ 的连续区间.

▌例 2.29▐　求 $\lim\limits_{x \to \frac{\pi}{2}} \ln(\sin x)$.

解　由于函数 $y = \ln(\sin x)$ 在点 $x = \dfrac{\pi}{2}$ 处有定义，即函数在该点连续，所以

$$\lim_{x \to \frac{\pi}{2}} \ln(\sin x) = \ln(\sin x)\big|_{x=\frac{\pi}{2}} = 0.$$

▌例 2.30▐　求下列各函数的极限：

（1）$\lim\limits_{x \to 0} \dfrac{2^x \ln(2+x^2)}{\sin(1+x)}$；　　　　　　（2）$\lim\limits_{x \to 0} \sin\left(\dfrac{1-\cos x}{x^2}\pi\right)$.

解　（1）由于函数 $f(x) = \dfrac{2^x \ln(2+x^2)}{\sin(1+x)}$ 在点 $x = 0$ 处连续，所以

$$\lim_{x \to 0} \frac{2^x \ln(2+x^2)}{\sin(1+x)} = \frac{2^0 \ln(2+0)}{\sin(1+0)} = \frac{\ln 2}{\sin 1}.$$

（2）$\lim\limits_{x \to 0} \sin\left(\dfrac{1-\cos x}{x^2}\pi\right) = \sin\left(\lim\limits_{x \to 0} \dfrac{1-\cos x}{x^2}\pi\right) = \sin\dfrac{\pi}{2} = 1$.

▌例 2.31▐　求 $\lim\limits_{x \to 0} \dfrac{\ln(1+x)}{x}$.

解　$\lim\limits_{x \to 0} \dfrac{\ln(1+x)}{x} = \lim\limits_{x \to 0} \ln(1+x)^{\frac{1}{x}} = \ln\left[\lim\limits_{x \to 0}(1+x)^{\frac{1}{x}}\right] = \ln \mathrm{e} = 1$.

函数连续性模型

2.4.4　闭区间上连续函数的性质

定理 2.11（最值定理）　闭区间上的连续函数必在该区间上取得最大值和最小值.

> **注意**　定理 2.11 中的两个条件"闭区间"及"连续"缺一不可. 例如，正切函数 $y = \tan x$ 在开区间 $\left(-\dfrac{\pi}{2}, \dfrac{\pi}{2}\right)$ 内既无最大值也无最小值；又如函数 $f(x) = \begin{cases} 0, & -1 < x \leqslant 0, \\ \ln x, & 0 < x \leqslant 1 \end{cases}$ 在闭区间 $[-1,1]$ 上有间断点 $x = 0$，它无最小值.

定理 2.12（介值定理）　设函数 $y = f(x)$ 在闭区间 $[a,b]$ 上连续，若 $f(a) \neq f(b)$，则对于 $f(a)$ 与 $f(b)$ 之间的任一个常数 μ，至少存在一点 $\xi \in (a,b)$，使 $f(\xi) = \mu$，如图 2-9 所示.

推论（零点定理）　设 $y = f(x)$ 在 $[a,b]$ 上连续，且 $f(a)$ 与 $f(b)$ 异号，则至少存在一点 $\xi \in (a,b)$，使 $f(\xi) = 0$，如图 2-10 所示.

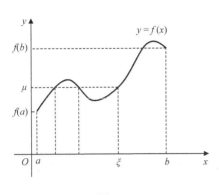

图 2-9   图 2-10

▌例 2.32▌ 证明方程 $x^5 - 3x - 1 = 0$ 在 $(1,2)$ 上至少有一个实根.

证明 设 $f(x) = x^5 - 3x - 1$，$f(x)$ 在 $[1,2]$ 上连续，又

$$f(1) = -3 < 0, \qquad f(2) = 25 > 0,$$

所以由零点定理知，至少存在一点 $\xi \in (1,2)$，使 $f(\xi) = \xi^5 - 3\xi - 1 = 0$，即方程 $x^5 - 3x - 1 = 0$ 在 $(1,2)$ 上至少有一个实根.

练习 2.4

1. 讨论下列函数在指定点处的连续性，若是间断点，则说明间断点的类型.

（1） $y = \dfrac{x^2 - 1}{x^2 - 3x + 2}$，$x = 1$，$x = 2$；   （2） $y = \dfrac{x}{\sin x}$，$x = 0$；

（3） $y = \begin{cases} 4x, & 0 \leqslant x \leqslant 2, \\ x^2 + 1, & 2 < x \leqslant 4, \end{cases}$ $x = 2$；   （4） $y = \cos \dfrac{1}{x}$，$x = 0$.

2. 已知函数 $f(x) = \begin{cases} \dfrac{x^2 - 1}{x - 1}, & x \neq 1, \\ a, & x = 1. \end{cases}$ 问：a 为何值时，函数 $f(x)$ 在点 $x = 1$ 处连续？

3. 设函数 $f(x) = \begin{cases} 1 - \mathrm{e}^{-x}, & x < 0, \\ a + x, & x \geqslant 0. \end{cases}$ 问：应当怎样选择 a，才能使 $f(x)$ 在其定义域内连续？

4. 求下列函数的极限：

（1） $\lim\limits_{x \to 0} \sqrt{2x^2 - 3x + 5}$；   （2） $\lim\limits_{x \to \frac{\pi}{2}} \mathrm{e}^{\cos x}$；   （3） $\lim\limits_{x \to 0} \ln \dfrac{\sin x}{x}$.

5. 证明方程 $x^3 + x - 1 = 0$ 至少有一个小于 1 的正根.

■■■■■■■■■ **数学实验：用 MATLAB 计算极限** ■■■■■■■■■

用 MATLAB 计算极限的格式如下：

```
limit(f,x,a)          %求函数 f(x) 当 x → a 时的极限
```

```
limit(f)                    %求函数 f(x) 当 x→0 时的极限
limit(f,x,a,'left')         %求函数 f(x) 当 x→a 时的左极限
limit(f,x,a,'right')        %求函数 f(x) 当 x→a 时的右极限
limit(f,x,inf)              %求函数 f(x) 当 x→+∞ 时的极限
limit(f,x,-inf)             %求函数 f(x) 当 x→-∞ 时的极限
```

例　求下列极限：

（1）$\lim\limits_{x\to\pi}\dfrac{\sin x}{\pi-x}$；　　　　（2）$\lim\limits_{x\to0}\left(\dfrac{1}{x^2}-\dfrac{1}{\sin^2 x}\right)$；　　　（3）$\lim\limits_{x\to0^+}x\ln x$；

（4）$\lim\limits_{x\to+\infty}x(\pi-2\arctan x)$；　（5）$\lim\limits_{x\to0}\dfrac{\sin(ax)}{\ln(1+bx)}$.

解　代码和运行结果如下：

```
>> syms x
>> limit(sin(x)/(pi-x),x,pi)         %第（1）题
ans =
    1
>> limit(1/(x^2)-1/(sin(x)^2))       %第（2）题
ans =
    -1/3
>> limit(x*log(x),x,0,'right')       %第（3）题
ans =
    0
>> limit(x*(pi-2*atan(x)),x,inf)     %第（4）题
ans =
    2
>> syms x a b                        %第（5）题
>> limit((sin(a*x))/(log(1+b*x)))
ans =
    a/b
```

小实验　求下列极限：

（1）$\lim\limits_{x\to0}\dfrac{\tan x-\sin x}{x^3}$；　　　（2）$\lim\limits_{x\to-\infty}x(\pi+2\arctan x)$；　　（3）$\lim\limits_{x\to0}\dfrac{\ln(1+ax)}{e^{bx}-1}$.

拓展阅读

中国早期的极限思想

　　在中国古代数学史上，朴素的极限思想占有非常重要的地位. 在春秋战国时期,各种学术流派的成就与同期的古希腊文明交相辉映. 战国时期（前 475—前 221 年）的诸子百家，学派林立，百家争鸣，其中墨家与名家的著作中含有理论数学的萌芽.

拓展阅读：中国早期
的极限思想

　　《墨经》（约成书于公元前 4 世纪）中涉及"有穷"与"无穷"的记载："或域不容尺，有穷；莫不容尺，无穷." 大意为，区域有所限定，不能向外拓展一线之微，是为"有穷"；空间漫无边际，能够向外任意拓展，是为"无穷". 《墨经》中还记载有"时或有久，或无久，始当无久"，这里的"有久""无久"指不等速运动，高速是"无久"，而低速是"有久"."无久"的单位越小，它就越靠近于

刹那速度，在刹那间而收敛于一个极限.

以善辩著称的名家对无穷概念则有进一步的认识，属于名家的惠施曾提出："至大无外谓之大一；至小无内谓之小一"（收录于《庄子》），这里"大一""小一"有无穷大和无穷小之意.成书于先秦时期的《庄子》中还记载有"矩不方，规不可以为圆""镞矢之疾，而有不行、不止之时""一尺之棰，日取其半，万世不竭"等.

《墨经》还给出了圆的定义，自此，人们开始热衷于有关圆的种种计算.我国古代数学经典《九章算术》（成书于公元1世纪左右）在"方田"章中记载的"半周半径相乘得积步"即为我们现在所熟悉的圆面积计算公式.魏晋时期数学家刘徽（约225—约295年）在《九章算术注》里描述的"割圆术"首次将极限和无穷分割引入数学证明，成为人类文明史中不朽的篇章.

本模块知识要点

一、基础知识脉络

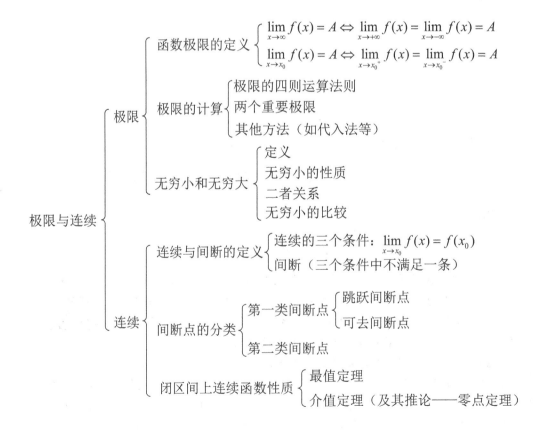

二、重点与难点

1. 重点

（1）对函数极限、无穷小、无穷大概念的理解；
（2）极限的计算；
（3）对连续及其性质的理解.

2. 难点

（1）较复杂的极限计算；
（2）极限与连续的应用.

■■■■■■■■■■■■■■■■■■ 习题 2 ■■■■■■■■■■■■■■■■■■

A 组

1. 填空题：

（1）设 $f(x) = \begin{cases} \cos x, & x \leqslant 0, \\ \sqrt{x}, & x > 0, \end{cases}$ 则 $\lim\limits_{x \to 0^-} f(x) =$ _____，$\lim\limits_{x \to 0^+} f(x) =$ _____，$\lim\limits_{x \to 0} f(x) =$ _____.

（2）设 $f(x) = \begin{cases} x^2, & x \neq 2, \\ 1, & x = 2, \end{cases}$ 则 $\lim\limits_{x \to 2} f(x) =$ _____.

（3）若 $\lim\limits_{x \to 2} \dfrac{x^2 - x + a}{x - 2} = 3$，则 $a =$ _____.

（4）设 $f(x) = \begin{cases} \dfrac{\sin x}{x}, & x < 0, \\ 0, & x \geqslant 0, \end{cases}$ 则点 $x = 0$ 是 $f(x)$ 的第_____类间断点.

（5）函数 $y = \sin x \sin \dfrac{1}{x}$ 的间断点是_____，是第_____类间断点.

（6）设函数 $y = \dfrac{1}{x - 1}$，当 $x \to$ ___时，y 是无穷大量；当 $x \to$ ___时，y 是无穷小量.

（7）函数 $f(x) = \dfrac{1}{\sqrt{x^2 - 3x + 2}}$ 的连续区间是_____.

2. 选择题：

（1）函数 $y = f(x)$ 在点 x_0 处有定义是 $\lim\limits_{x \to x_0} f(x)$ 存在的（　　）.

　　A. 必要条件　　　B. 充分条件　　　C. 充要条件　　　D. 无关条件

（2）当 $x \to 0$ 时，下列函数为无穷小的是（　　）.

　　A. $\mathrm{e}^{\frac{1}{x}}$ 　　　　　B. $\sin \dfrac{1}{x}$ 　　　　　C. $\dfrac{\sin x}{x}$ 　　　　　D. $(x^2 + x) \sin \dfrac{1}{x}$

（3）下列极限存在的是（　　）.

  A. $\lim\limits_{x \to 1} \dfrac{\sin x}{x^2-1}$ B. $\lim\limits_{x \to \infty} \dfrac{x^2+3}{2x^2}$ C. $\lim\limits_{x \to 0} \dfrac{|x|}{x}$ D. $\lim\limits_{x \to 0^+} \ln x$

（4）设 $f(x) = \begin{cases} x-1, & x < 0, \\ x^2+k, & x \geqslant 0 \end{cases}$ 在点 $x=0$ 处连续，则 k 为（　　）.

  A. 0   B. 1   C. -1 D. 2

（5）点 $x=0$ 是函数 $f(x) = \begin{cases} x, & x < 0, \\ e^x - 1, & x \geqslant 0 \end{cases}$ 的（　　）.

  A. 连续点   B. 可去间断点   C. 第二类间断点   D. 跳跃间断点

3. 求下列极限：

（1）$\lim\limits_{x \to -1} \dfrac{x^2+1}{3x+5}$；

（2）$\lim\limits_{x \to 1} \dfrac{x-1}{2x^2-x-1}$；

（3）$\lim\limits_{x \to +\infty} \dfrac{x^2+1}{\sqrt{3x^5+5}}$；

（4）$\lim\limits_{x \to 0} \dfrac{\sin 3x}{\tan 5x}$；

（5）$\lim\limits_{x \to \infty} \left(1-\dfrac{3}{x}\right)^{-x}$；

（6）$\lim\limits_{x \to 0} (1+2x)^{\frac{1}{x}-3}$；

（7）$\lim\limits_{x \to 0} \dfrac{\ln(x+2)}{2e^x - \cos x}$；

（8）$\lim\limits_{x \to 1} \left(\dfrac{1}{x-1} - \dfrac{2}{x^2-1}\right)$.

4. 设 $f(x) = \begin{cases} e^x, & x < 0, \\ x+a, & x \geqslant 0. \end{cases}$

（1）当 a 为何值时，点 $x=0$ 是 $f(x)$ 的连续点？

（2）当 a 为何值时，点 $x=0$ 是 $f(x)$ 的间断点？是什么类型的间断点？

B 组

1. 填空题：

（1）已知 $\lim\limits_{x \to 1} \dfrac{3x^2+ax-2}{x^2-1}$ 存在，那么 $a=$ _____，该极限等于 _____.

（2）若当 $x \to \infty$ 时，函数 $f(x)$ 与 $\dfrac{1}{x}$ 是等价无穷小，则 $\lim\limits_{x \to \infty} 2xf(x) = $ _____.

（3）已知 $\lim\limits_{x \to \infty} \left(1-\dfrac{k}{x}\right)^x = e^2$，则 $k=$ _____.

2. 选择题：

（1）$\lim\limits_{n \to \infty} \dfrac{\sqrt{n+2}+\sqrt{n-2}}{\sqrt[4]{n^4+2}-\sqrt{4n-2}} = $（　　）.

  A. ∞ B. 0   C. -2 D. 2

（2）以下说法中，正确的是（　　）.

  A. 两个无穷小的商必为无穷小   B. 两个无穷大的和必为无穷大

  C. 无穷小与有界函数的积必为无穷小   D. 无穷小的倒数必为无穷大

（3）设 $f(x)=\begin{cases} x^2+2x-3, & x\leqslant 1, \\ x, & 1<x<2, \\ 2x-2, & x\geqslant 2, \end{cases}$ 那么 $f(x)$ 的极限不存在的点是（　　）.

　　A. 1　　　　　　　B. 2　　　　　　　C. 3　　　　　　　D. 0

（4）$\lim\limits_{x\to 0}\dfrac{x}{\sqrt{1-\cos x}}=$（　　）.

　　A. 0　　　　　　　B. 1　　　　　　　C. $\sqrt{2}$　　　　　　　D. 不存在

3．求下列极限：

（1）$\lim\limits_{\Delta x\to 0}\dfrac{\sqrt{x+\Delta x}-\sqrt{x}}{\Delta x}$；　　　（2）$\lim\limits_{n\to\infty}\dfrac{\pi^n}{2^n+3^n}$；　　　（3）$\lim\limits_{n\to\infty}\dfrac{\sqrt{n+1}-\sqrt{n}}{\sqrt{n+4}-\sqrt{n}}$；

（4）$\lim\limits_{x\to 0}\dfrac{x^2\sin\dfrac{1}{x}}{\sin x}$；　　　（5）$\lim\limits_{x\to\infty}\left(\dfrac{x-1}{x+1}\right)^{2x-1}$；　　　（6）$\lim\limits_{x\to 0}\dfrac{\ln(\cos ax)}{\ln(\cos bx)}$.

4．证明曲线 $y=x^4-3x^2+7x-10$ 在 $x=1$ 与 $x=2$ 之间至少与 x 轴有一个交点.

5．已知 $f(x)=\begin{cases} \dfrac{\sin x}{x}, & x<0, \\ k-1, & x=0, \\ x^2+a, & x>0 \end{cases}$ 在点 $x=0$ 处连续，求 k 和 a 的值.

模块 2 习题解答

一元函数微分学及应用

微分学是微积分的重要组成部分，它的基本概念是导数和微分. 导数在实际问题中的应用非常广泛，凡涉及函数变化率的问题，都可以借助导数的方法来解决. 微分是当自变量有微小变化时，函数大约变化多少，与导数有密切的关系. 本章将介绍导数和微分的概念，在理解概念的基础上，要求熟练掌握求导和求微分运算，并了解微分法及其应用.

一元函数微分学导学

3.1 函数变化率模型——导数的概念

导数的引入

3.1.1 函数变化率模型

变化率反映的是函数随着自变量变化而变化的快慢程度，下面列举一些变化率的例子，来加深读者对变化率的理解，同时了解变化率在科学技术中的广泛应用.

1. 变速直线运动的瞬时速度

问题 1 17 世纪微积分创立之前，一个物理学的问题一直困扰着人们：已知物体移动的距离随时间 t 的变化规律为 $s(t)$，那么如何求出物体在任意时刻的瞬时速度？

模型准备 如图 3-1 所示，设一个质点 M 自原点 O 开始做直线运动，已知运动方程 $s = s(t)$，现在求质点 M 在时刻 t_0 的瞬时速度 $v(t_0)$.

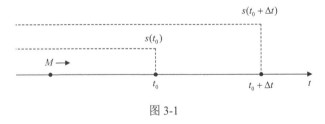

图 3-1

模型建立与求解 当时间 t 在 t_0 处有一改变量 Δt，即从 t_0 到 $t_0 + \Delta t$ 时，点 M 在这段时间内走过的路程为

$$\Delta s = s(t_0 + \Delta t) - s(t_0).$$

于是，比值

$$\frac{\Delta s}{\Delta t} = \frac{s(t_0 + \Delta t) - s(t_0)}{\Delta t} \tag{3-1}$$

就是质点 M 在这段时间的平均速度 $\bar{v}$. 当 Δt 很小时，式（3-1）可近似地表示质点在 t_0 时刻的速度，Δt 越小，近似程度越高. 当 $\Delta t \to 0$ 时，如果极限 $\lim\limits_{\Delta t \to 0} \dfrac{\Delta s}{\Delta t}$ 存在，则这个极限值就表示质点在 t_0 时刻的瞬时速度，即

$$v(t_0) = \lim_{\Delta t \to 0} \bar{v} = \lim_{\Delta t \to 0} \frac{\Delta s}{\Delta t} = \lim_{\Delta t \to 0} \frac{s(t_0 + \Delta t) - s(t_0)}{\Delta t}.$$

做变速直线运动的物体在 t_0 时刻的瞬时速度为 $v(t_0)$，这个瞬时速度反映了路程相对于时间变化的快慢程度，因此，**瞬时速度 $v(t_0)$ 是路程 $s(t)$ 在时刻 t_0 的变化率.**

2．切线问题

问题 2 由解析几何知道，要求出曲线 $y = f(x)$ 在其上一点 $(x_0, f(x_0))$ 的切线方程，难点是求曲线在此点的切线的斜率，那么，如何求这一斜率呢？

模型准备 如图 3-2 所示，设曲线 L 的方程为 $y = f(x)$，求曲线 L 上一点 $P_0(x_0, y_0)$ 处切线的斜率 k.

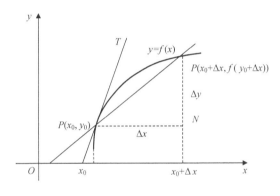

图 3-2

模型建立及求解 曲线在点 P_0 处的切线可定义如下：过点 P_0 及另一点 P 作割线 P_0P，当点 P 沿曲线无限趋近于点 P_0 时，割线 P_0P 的极限位置即为曲线在点 P_0 处的切线 PT. 先求割线 P_0P 的斜率. 设点 P_0 的坐标为 $(x_0, f(x_0))$，点 P 的坐标为 $(x_0 + \Delta x, f(x_0 + \Delta x))$. 连接此两点得割线 P_0P，其斜率为

$$k_{割} = \frac{\Delta y}{\Delta x} = \frac{f(x_0 + \Delta x) - f(x_0)}{\Delta x}.$$

当点 P 沿曲线 L 移动无限接近点 P_0，即 $\Delta x \to 0$ 时，割线 P_0P 就越来越接近切线的位置，此时割线的斜率就无限接近切线的斜率. 因此，当 $\Delta x \to 0$ 时，割线 P_0P 的斜率的极限就是切线的斜率，即

$$k = \lim_{\Delta x \to 0} k_{割} = \lim_{\Delta x \to 0} \frac{\Delta y}{\Delta x} = \lim_{\Delta x \to 0} \frac{f(x_0 + \Delta x) - f(x_0)}{\Delta x}.$$

曲线 L 在点 P_0 处的切线斜率反映了曲线 $y = f(x)$ 在点 P_0 处的纵坐标相对于横坐标变化的快慢程度. 因此，**点 P_0 处的切线的斜率 k 可以看作曲线 $y = f(x)$ 在点 $x = x_0$ 处的变化率.**

3. 电流强度的问题

问题 3 设在 $[0,t]$ 这段时间内通过导线横截面的电量为 $Q = Q(t)$，求 t_0 时刻通过导线横截面的电流强度 $i(t_0)$.

模型准备 如果是恒定电流，从时刻 t_1 到时刻 t_2 这段时间内通过导线横截面的电量为 Q，那么它的电流强度为

$$i = \frac{Q}{t_2 - t_1}. \tag{3-2}$$

如果电流是非恒定电流，就不能直接用式（3-2）去求 t_0 时刻的电流强度. 因为电量是连续变化的，所以当 $|\Delta t|$ 很小时，可以假设电流强度变化也很微小.

模型建立及求解 当 $|\Delta t|$ 很小时，用从 t_0 到 $t_0 + \Delta t$ 时间段内的平均电流强度

$$\bar{i} = \frac{\Delta Q}{\Delta t} = \frac{Q(t_0 + \Delta t) - Q(t_0)}{\Delta t}$$

近似代替 t_0 时刻的电流强度. $|\Delta t|$ 越小，近似程度越好，当 $|\Delta t|$ 无限小时，$\bar{i}$ 就无限接近 t_0 时刻的电流强度，即

$$i(t_0) = \lim_{\Delta t \to 0} \frac{\Delta Q}{\Delta t} = \lim_{\Delta t \to 0} \frac{Q(t_0 + \Delta t) - Q(t_0)}{\Delta t}. \tag{3-3}$$

此极限值就表示时间为 t_0 时，电量 Q 随时间 t 变化的快慢程度. 因此，**t_0 时刻的电流强度 $i(t_0)$ 可看作电量 $Q = Q(t)$ 在 t_0 时刻处的变化率.**

模型分析 尽管上面引入的实际问题的具体含义各不相同，但都是用极限来描述的，并且在计算上都归结为形如 $\lim\limits_{\Delta x \to 0} \dfrac{f(x_0 + \Delta x) - f(x_0)}{\Delta x} = \lim\limits_{\Delta x \to 0} \dfrac{\Delta y}{\Delta x}$ 的极限问题. 其中，$\dfrac{\Delta y}{\Delta x}$ 是函数的改变量与自变量的改变量之比，称为函数 $f(x)$ 在点 x_0 处的**差商**，它表示函数 $f(x)$ 在 $(x_0, x_0 + \Delta x)$ 范围内的平均变化率. $\lim\limits_{\Delta x \to 0} \dfrac{\Delta y}{\Delta x}$ 表示函数 $f(x)$ 在点 x_0 处的变化率，称为函数 $f(x)$ 的导数.

下面用极限来描述导数的概念.

3.1.2 导数的概念

1. 导数的定义

定义 3.1 设函数 $y = f(x)$ 在点 x_0 的某个邻域内有定义，当自变量 x 在点 x_0 处取得增量 Δx（点 $x_0 + \Delta x$ 仍在该邻域内）时，相应地函数 y 取得增量 $\Delta y = f(x_0 + \Delta x) - f(x_0)$. 若差商 $\dfrac{\Delta y}{\Delta x}$ 的极限

$$\lim_{\Delta x \to 0} \frac{\Delta y}{\Delta x} = \lim_{\Delta x \to 0} \frac{f(x_0 + \Delta x) - f(x_0)}{\Delta x} \tag{3-4}$$

存在，则称函数 $f(x)$ 在点 x_0 处可导，并称此极限值为函数 $y = f(x)$ 在点 x_0 处的导数，记作

$$f'(x_0)，\quad y'\Big|_{x=x_0}，\quad \frac{\mathrm{d}y}{\mathrm{d}x}\Big|_{x=x_0} 或 \frac{\mathrm{d}f(x)}{\mathrm{d}x}\Big|_{x=x_0}，$$

即

$$f'(x_0)=\lim_{\Delta x\to 0}\frac{\Delta y}{\Delta x}=\lim_{\Delta x\to 0}\frac{f(x_0+\Delta x)-f(x_0)}{\Delta x}.$$

如果令 $x=x_0+\Delta x$，则当 $\Delta x\to 0$ 时，$x\to x_0$，故函数在点 x_0 处的导数也可表示为

$$f'(x_0)=\lim_{x\to x_0}\frac{f(x)-f(x_0)}{x-x_0}. \tag{3-5}$$

这也是常用的一种导数的表示形式. 如果此极限不存在，则称函数 $f(x)$ 在点 x_0 处不可导. 有了导数的概念之后，前面讲解的问题 1～问题 3 就可用导数来表达，它们也分别表示了导数在物理方面和几何方面的意义，具体如下：

导数的物理意义——瞬时速度，即 $v(t_0)=s'(t_0)$；瞬时电流强度，即 $i(t_0)=Q'(t_0)$.

导数的几何意义——切线的斜率，即 $k=f'(x_0)$.

由导数的几何意义，可得 $y=f(x)$ 在点 $P(x_0,y_0)$ 处的切线方程和法线方程分别为

$$y-y_0=f'(x_0)(x-x_0)， \tag{3-6}$$

$$y-y_0=\frac{1}{-f'(x_0)}(x-x_0)\quad(f'(x_0)\neq 0). \tag{3-7}$$

另外，变化率的概念也可延伸到经济领域. 例如，成本函数 $C(q)$ 的导数 $C'(q)$ 称为边际成本，即每一单位新增生产的产品带来的总成本的增量；收入函数 $R(q)$ 的导数 $R'(q)$ 称为边际收入；利润函数 $L(q)$ 的导数 $L'(q)$ 称为边际利润.

2. 左导数和右导数

类似于左、右极限的概念，若 $\lim\limits_{\Delta x\to 0^-}\dfrac{\Delta y}{\Delta x}$ 存在，则称此极限值为 $f(x)$ 在点 x_0 处的左导数；若 $\lim\limits_{\Delta x\to 0^+}\dfrac{\Delta y}{\Delta x}$ 存在，则称此极限值为 $f(x)$ 在点 x_0 处的右导数，分别记作 $f'_-(x_0)$ 和 $f'_+(x_0)$，即

$$f'_-(x_0)=\lim_{\Delta x\to 0^-}\frac{\Delta y}{\Delta x}，\quad f'_+(x_0)=\lim_{\Delta x\to 0^+}\frac{\Delta y}{\Delta x}.$$

显然，函数 $f(x)$ 在点 x_0 处可导的充要条件是 $f'_-(x_0)$ 和 $f'_+(x_0)$ 存在且相等，即

$$f'(x_0)=A \Leftrightarrow f'_-(x_0)=f'_+(x_0)=A.$$

3. 导数与导函数

如果 $f(x)$ 在 (a,b) 内任一点都可导，则称 $f(x)$ 在 (a,b) 内可导，此时 $f(x)$ 的导数 $f'(x)$ 仍是 x 的函数，这个新函数 $f'(x)$ 称为 $f(x)$ 在开区间 (a,b) 内对 x 的**导函数**，记作

$$f'(x)，\quad y'，\quad \frac{\mathrm{d}y}{\mathrm{d}x} 或 \frac{\mathrm{d}f(x)}{\mathrm{d}x}.$$

将式（3-4）中的 x_0 换为 x，即得

$$f'(x) = \lim_{\Delta x \to 0} \frac{\Delta y}{\Delta x} = \lim_{\Delta x \to 0} \frac{f(x + \Delta x) - f(x)}{\Delta x}. \tag{3-8}$$

在不致发生混淆的情况下,导函数简称为导数. 显然,导数 $f'(x_0)$ 就是导函数 $f'(x)$ 在点 x_0 处的函数值.

如果 $f(x)$ 在 (a,b) 内任一点都可导, 且在左端点 a 存在右导数, 在右端点 b 存在左导数, 则称 $f(x)$ 在 $[a,b]$ 上**可导**.

3.1.3　求导举例

利用导数的定义求函数 $y = f(x)$ 的导数 y', 可以分为以下三个步骤.

(1) 求改变量:

$$\Delta y = f(x + \Delta x) - f(x);$$

(2) 算比值:

$$\frac{\Delta y}{\Delta x} = \frac{f(x + \Delta x) - f(x)}{\Delta x};$$

(3) 取极限:

$$\lim_{\Delta x \to 0} \frac{\Delta y}{\Delta x} = \lim_{\Delta x \to 0} \frac{f(x + \Delta x) - f(x)}{\Delta x}.$$

▌例 3.1▐　求常量函数 $f(x) = C$ (C 为常数) 的导数.

解　(1) 求改变量:

$$\Delta y = f(x + \Delta x) - f(x) = C - C = 0;$$

(2) 算比值:

$$\frac{\Delta y}{\Delta x} = 0;$$

(3) 取极限:

$$\frac{\mathrm{d}y}{\mathrm{d}x} = \lim_{\Delta x \to 0} \frac{\Delta y}{\Delta x} = \lim_{\Delta x \to 0} 0 = 0.$$

因此常量的导数等于零, 即

$$C' = 0.$$

▌例 3.2▐　求函数 $f(x) = x^2$ 的导数.

解　(1) 求改变量:

$$\Delta y = (x + \Delta x)^2 - x^2 = 2x\Delta x + (\Delta x)^2;$$

(2) 算比值:

$$\frac{\Delta y}{\Delta x} = 2x + \Delta x;$$

(3) 取极限:

$$\frac{\mathrm{d}y}{\mathrm{d}x} = \lim_{\Delta x \to 0} \frac{\Delta y}{\Delta x} = \lim_{\Delta x \to 0} (2x + \Delta x) = 2x.$$

所以

$$(x^2)' = 2x$$

更一般地, 有

$$(x^n)' = nx^{n-1}.$$

【例 3.3】 求函数 $f(x) = \sin x$ 的导数.

解 （1）求改变量：

$$\Delta y = \sin(x + \Delta x) - \sin x = 2\cos\left(x + \frac{\Delta x}{2}\right)\sin\frac{\Delta x}{2};$$

（2）算比值：

$$\frac{\Delta y}{\Delta x} = \frac{2\cos\left(x + \dfrac{\Delta x}{2}\right)\sin\dfrac{\Delta x}{2}}{\Delta x} = \cos\left(x + \frac{\Delta x}{2}\right)\frac{\sin\dfrac{\Delta x}{2}}{\dfrac{\Delta x}{2}};$$

（3）取极限：

$$\frac{\mathrm{d}y}{\mathrm{d}x} = \lim_{\Delta x \to 0}\frac{\Delta y}{\Delta x} = \lim_{\Delta x \to 0}\cos\left(x + \frac{\Delta x}{2}\right)\frac{\sin\dfrac{\Delta x}{2}}{\dfrac{\Delta x}{2}}$$

$$= \lim_{\Delta x \to 0}\cos\left(x + \frac{\Delta x}{2}\right) \cdot \lim_{\Delta x \to 0}\frac{\sin\dfrac{\Delta x}{2}}{\dfrac{\Delta x}{2}} = \cos x.$$

所以

$$(\sin x)' = \cos x.$$

同理

$$(\cos x)' = -\sin x.$$

【例 3.4】 设 $y = \log_a x(a > 0, a \neq 1)$，求 y'.

解 （1）求改变量：

$$\Delta y = \log_a(x + \Delta x) - \log_a x = \log_a\left(1 + \frac{\Delta x}{x}\right);$$

（2）算比值：

$$\frac{\Delta y}{\Delta x} = \frac{\log_a\left(1 + \dfrac{\Delta x}{x}\right)}{\Delta x} = \frac{1}{\Delta x}\log_a\left(1 + \frac{\Delta x}{x}\right) = \frac{1}{x}\log_a\left(1 + \frac{\Delta x}{x}\right)^{\frac{x}{\Delta x}};$$

（3）取极限：

$$\frac{\mathrm{d}y}{\mathrm{d}x} = \lim_{\Delta x \to 0}\frac{\Delta y}{\Delta x} = \lim_{\Delta x \to 0}\frac{1}{x}\log_a\left(1 + \frac{\Delta x}{x}\right)^{\frac{x}{\Delta x}}$$

$$= \frac{1}{x}\lim_{\Delta x \to 0}\log_a\left(1 + \frac{\Delta x}{x}\right)^{\frac{x}{\Delta x}} = \frac{1}{x}\log_a\left[\lim_{\Delta x \to 0}\left(1 + \frac{\Delta x}{x}\right)^{\frac{x}{\Delta x}}\right]$$

$$= \frac{1}{x}\log_a \mathrm{e} = \frac{1}{x\ln a}.$$

所以

$$(\log_a x)' = \frac{1}{x\ln a}.$$

特殊地，

$$(\ln x)' = \frac{1}{x}.$$

利用导数的定义，可以得到部分基本初等函数的求导公式：

（1）$(C)' = 0$（C 为常数）；　　　　　　（2）$(x^\mu)' = \mu x^{\mu-1}$（μ为常数）；

（3）$(a^x)' = a^x\ln a(a>0且a\neq1)$，特别地，$(e^x)' = e^x$；

（4）$(\log_a x)' = \frac{1}{x\ln a}(a>0且a\neq1)$，特别地，$(\ln x)' = \frac{1}{x}$；

（5）$(\sin x)' = \cos x$；　　　　　　　　（6）$(\cos x)' = -\sin x$.

例 3.5 设 $f(x) = |x| = \begin{cases} x, & x\geqslant0, \\ -x, & x<0, \end{cases}$ 讨论 $f(x)$ 在点 $x=0$ 处的可导性.

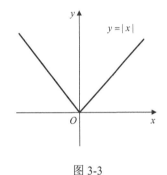

图 3-3

解 由于函数 $f(x)$ 是分段函数，所以要用左、右导数来判断. 因为

$$f_-'(0) = \lim_{x\to0^-}\frac{f(x)-f(0)}{x-0} = \lim_{x\to0^-}\frac{-x-0}{x-0} = \lim_{x\to0^-}\frac{-x}{x} = -1,$$

$$f_+'(0) = \lim_{x\to0^+}\frac{f(x)-f(0)}{x-0} = \lim_{x\to0^+}\frac{x-0}{x} = \lim_{x\to0^+}\frac{x}{x} = 1,$$

所以 $f_-'(0) \neq f_+'(0)$，即 $f'(0)$ 不存在.

如图 3-3 所示，函数 $f(x) = |x|$ 在点 $x=0$ 处连续但不可导，形成了一个"尖点".

3.1.4 可导与连续的关系

连续性与可导性是函数的两个重要性质，那么二者之间的关系如何呢？下面先通过观察图 3-4 从几何直观上进行分析.

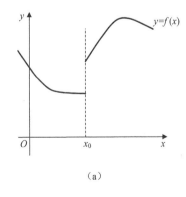

（a）

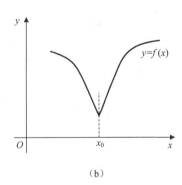

（b）

图 3-4

从图 3-4 中可以看到，图 3-4（a）中的图像 $f(x)$ 在点 x_0 处不连续，$f'(x_0)$ 不存在；图 3-4（b）中 $f(x)$ 在点 x_0 处是连续的，$f'(x_0)$ 也不存在. 所以可以得出下列结论：

定理 3.1　若函数 $y=f(x)$ 在点 x_0 处可导,则 $y=f(x)$ 在点 x_0 处连续.

证明　因为函数 $y=f(x)$ 在点 x_0 处可导,则 $\lim\limits_{\Delta x\to 0}\dfrac{\Delta y}{\Delta x}=f'(x_0)$ 存在,于是

$$\lim_{\Delta x\to 0}\Delta y=\lim_{\Delta x\to 0}\left(\frac{\Delta y}{\Delta x}\Delta x\right)=\lim_{\Delta x\to 0}\frac{\Delta y}{\Delta x}\cdot\lim_{\Delta x\to 0}\Delta x=f'(x)\times 0=0.$$

由函数连续性的定义知,$y=f(x)$ 在点 x_0 处连续.

> **注意**　定理 3.1 的逆命题是不成立的,即若 $y=f(x)$ 在点 x_0 处连续,则函数 $y=f(x)$ 在点 x_0 处可导不一定成立.

‖例 3.6‖　讨论函数 $f(x)=\begin{cases}x\sin\dfrac{1}{x},&x\neq 0,\\0,&x=0\end{cases}$ 在点 $x=0$ 处的连续性与可导性.

解　首先讨论函数 $f(x)$ 的连续性. 函数 $f(x)$ 在点 $x=0$ 处及附近是有定义的,并且

$$\lim_{x\to 0}f(x)=\lim_{x\to 0}x\sin\frac{1}{x}=0=f(0),$$

所以函数 $f(x)$ 在点 $x=0$ 处是连续的. 然后,讨论它在点 $x=0$ 处的可导性. 用导数的定义求出函数在点 $x=0$ 处的导数:

$$y'\Big|_{x=0}=\lim_{x\to 0}\frac{f(x)-f(0)}{x-0}=\lim_{x\to 0}\frac{x\sin\dfrac{1}{x}-0}{x}=\lim_{x\to 0}\sin\frac{1}{x},$$

该导数不存在. 所以函数 y 在点 $x=0$ 处不可导.

由此可见,函数在一点连续是它在该点可导的必要条件而非充分条件.

一般地,如果函数 $y=f(x)$ 的图形在点 x_0 处出现"尖点",那么它在该点不可导. 因此,如果函数在一个区间内可导,则其图形不会出现"尖点",或者说其图形是一条连续的光滑曲线.

‖例 3.7‖　求常数 a,b 使得 $f(x)=\begin{cases}e^x,&x\geq 0,\\ax+b,&x<0\end{cases}$ 在点 $x=0$ 处可导.

解　若使 $f(x)$ 在点 $x=0$ 处可导,必使之连续,故

$$\lim_{x\to 0^+}f(x)=\lim_{x\to 0^-}f(x)=f(0),$$

所以 $e^0=a\times 0+b$,解得 $b=1$.

又若使 $f(x)$ 在点 $x=0$ 处可导,必使之左、右导数存在且相等. 因为

$$f'_-(0)=\lim_{x\to 0^-}\frac{(ax+b)-e^0}{x-0}=a,$$

$$f'_+(0)=\lim_{x\to 0^+}\frac{e^x-e^0}{x-0}=\lim_{x\to 0^+}\frac{e^x-1}{x}=1,$$

所以若有 $a=1$,则 $f'_-(0)=f'_+(0)$,此时 $f(x)$ 在点 $x=0$ 处可导,所以所求常数为 $a=b=1$.

练习 3.1

1. 根据导数的定义，求下列函数的导数：

（1）$f(x) = 2x$；　　　　　　　　　（2）$f(x) = \dfrac{1}{x}$.

2. 求曲线 $y = x^2$ 在点 $(1,1)$ 处的切线方程和法线方程.

3. 求下列函数的导数：

（1）$f(x) = x^3$；　　（2）$f(x) = \cos x$；　　（3）$f(x) = \sqrt{x}$；　　（4）$f(x) = \log_3 x$.

4. 已知 $f'(x_0) = 2$，试用它表示下列极限值.

（1）$\displaystyle\lim_{h \to 0} \dfrac{f(x_0 + 2h) - f(x_0)}{h}$；　　　　（2）$\displaystyle\lim_{h \to 0} \dfrac{f(x_0 + h) - f(x_0 - h)}{h}$.

5. 讨论函数 $y = x^{\frac{1}{3}}$ 在点 $x = 0$ 处的连续性与可导性.

3.2　导数的运算

求初等函数的导数（或微分）是微积分的基本运算. 本节要求熟练掌握导数的基本公式、导数的四则运算和复合函数的求导法则，并理解高阶导数的概念，会求隐函数的导数.

3.2.1　导数的四则运算法则

定理 3.2　设函数 $u(x)$，$v(x)$ 都在点 x 处可导，则函数 $u \pm v$，uv，$\dfrac{u}{v}(v \neq 0)$ 在点 x 处也可导，且

（1）$(u \pm v)' = u' \pm v'$；

（2）$(uv)' = u'v + uv'$；

（3）$\left(\dfrac{u}{v}\right)' = \dfrac{u'v - uv'}{v^2}(v \neq 0)$.

导数的四则运算

推论　（1）$(u_1 \pm u_2 \pm \cdots \pm u_n)' = u_1' \pm u_2' \pm \cdots \pm u_n'$；

（2）$(cu)' = cu'$（c 为常数）；

（3）$(u_1 u_2 \cdots u_n)' = u_1' u_2 \cdots u_n + u_1 u_2' \cdots u_n + \cdots + u_1 u_2 \cdots u_n'$；

（4）$\left(\dfrac{1}{v}\right)' = -\dfrac{v'}{v^2}(v \neq 0)$.

‖例 3.8‖　设 $y = x^2 + \sin x + \ln 2$，求 y'.

解　$y' = (x^2 + \sin x + \ln 2)' = (x^2)' + (\sin x)' + (\ln 2)' = 2x + \cos x$.

‖例 3.9‖　设 $y = x \cos x$，求 y'.

解　$y' = (x \cos x)' = (x)' \cos x + x(\cos x)' = \cos x - x \sin x$.

▌例 3.10▌　设 $y = \dfrac{x-1}{x+1}$，求 y'.

解　$y' = \left(\dfrac{x-1}{x+1}\right)' = \dfrac{(x-1)'(x+1)-(x-1)(x+1)'}{(x+1)^2} = \dfrac{(x+1)-(x-1)}{(x+1)^2} = \dfrac{2}{(x+1)^2}$.

▌例 3.11▌　设 $y = x^2 \ln x$，求 y'.

解　$y' = (x^2 \ln x)' = (x^2)' \ln x + x^2 (\ln x)' = 2x \ln x + x^2 \dfrac{1}{x} = 2x \ln x + x$.

▌例 3.12▌　设 $y = \dfrac{x^2 - x + 2}{x + 3}$，求 $y'(1)$.

解　$y' = \dfrac{(x^2 - x + 2)'(x+3) - (x^2 - x + 2)(x+3)'}{(x+3)^2} = \dfrac{(2x-1)(x+3) - (x^2 - x + 2)}{(x+3)^2}$

$\quad = \dfrac{x^2 + 6x - 5}{(x+3)^2}$.

所以

$$y'(1) = \dfrac{1^2 + 6 \times 1 - 5}{(1+3)^2} = \dfrac{1}{8}.$$

▌例 3.13▌　设 $y = \tan x$，求 y'.

解　$y' = (\tan x)' = \left(\dfrac{\sin x}{\cos x}\right)' = \dfrac{(\sin x)' \cos x - \sin x (\cos x)'}{\cos^2 x}$

$\quad = \dfrac{\cos x \cdot \cos x + \sin x \cdot \sin x}{\cos^2 x} = \dfrac{1}{\cos^2 x} = \sec^2 x$.

所以

$$(\tan x)' = \sec^2 x.$$

同理

$$(\cot x)' = -\csc^2 x.$$

▌例 3.14▌　设 $y = \sec x$，求 y'.

解　$y' = (\sec x)' = \left(\dfrac{1}{\cos x}\right)' = \dfrac{1' \times \cos x - (\cos x)'}{\cos^2 x} = \dfrac{\sin x}{\cos^2 x} = \dfrac{1}{\cos x} \tan x$

$\quad = \sec x \tan x$.

所以

$$(\sec x)' = \sec x \tan x.$$

同理

$$(\csc x)' = -\csc x \cot x.$$

3.2.2　基本初等函数的求导公式

为了运算的方便，下面给出基本初等函数的求导公式，方便读者查阅.

（1）$C' = 0$（C 为常数）；　　　　　　　（2）$(x^\mu)' = \mu x^{\mu-1}$（μ 为常数）；

（3）$(a^x)' = a^x \ln a$（$a > 0$ 且 $a \neq 1$），特别地，$(\mathrm{e}^x)' = \mathrm{e}^x$；

（4）$(\log_a x)' = \dfrac{1}{x\ln a}$ $(a>0$且$a\neq1)$，特别地，$(\ln x)' = \dfrac{1}{x}$；

（5）$(\sin x)' = \cos x$；　　　　　　　（6）$(\cos x)' = -\sin x$；

（7）$(\tan x)' = \sec^2 x$；　　　　　　（8）$(\cot x)' = -\csc^2 x$；

（9）$(\sec x)' = \sec x\tan x$；　　　　（10）$(\csc x)' = -\csc x\cot x$；

（11）$(\arcsin x)' = \dfrac{1}{\sqrt{1-x^2}}$；　　（12）$(\arccos x)' = -\dfrac{1}{\sqrt{1-x^2}}$；

（13）$(\arctan x)' = \dfrac{1}{1+x^2}$；　　（14）$(\operatorname{arccot} x)' = -\dfrac{1}{1+x^2}$.

3.2.3　复合函数的求导法则

由前面的公式我们知道：$(\sin x)' = \cos x$，那么是否有$(\sin 2x)' = \cos 2x$呢？

由二倍角公式及导数的运算法则，有

$$(\sin 2x)' = (2\sin x\cos x)' = 2[(\sin x)'\cdot\cos x + \sin x\cdot(\cos x)']$$
$$= 2(\cos^2 x - \sin^2 x) = 2\cos 2x.$$

这说明$(\sin 2x)' \neq \cos 2x$，其原因在于$y = \sin 2x$是复合函数，它是由$y = \sin u$与$u = 2x$两个函数复合而成的，因此直接用基本公式求复合函数的导数是错误的.

定理 3.3　设$y = f(u)$，$u = \varphi(x)$，若函数$u = \varphi(x)$在点x处可导，$y = f(u)$在对应点$u = \varphi(x)$处可导，则复合函数$y = f[\varphi(x)]$在点x处可导，且

$$\frac{\mathrm{d}y}{\mathrm{d}x} = \frac{\mathrm{d}y}{\mathrm{d}u}\cdot\frac{\mathrm{d}u}{\mathrm{d}x},$$

也可写成$y_x' = y_u'\cdot u_x'$或$y_x' = f'(u)\cdot\varphi'(x)$.

‖例 3.15‖　求下列函数的导数：

（1）$y = \mathrm{e}^{2x}$；　　　　（2）$y = \sin(-2x)$；　　　　（3）$y = (3x^2-1)^4$.

解　（1）将$y = \mathrm{e}^{2x}$看成$y = \mathrm{e}^u$与$u = 2x$复合而成的函数，故

$$\frac{\mathrm{d}y}{\mathrm{d}x} = \frac{\mathrm{d}y}{\mathrm{d}u}\cdot\frac{\mathrm{d}u}{\mathrm{d}x} = (\mathrm{e}^u)_u'\cdot(2x)_x' = 2\mathrm{e}^u = 2\mathrm{e}^{2x}.$$

（2）将$y = \sin(-2x)$看成$y = \sin u$与$u = -2x$复合而成的函数，故

$$\frac{\mathrm{d}y}{\mathrm{d}x} = \frac{\mathrm{d}y}{\mathrm{d}u}\cdot\frac{\mathrm{d}u}{\mathrm{d}x} = (\sin u)_u'\cdot(-2x)_x' = -2\cos u = -2\cos(-2x) = -2\cos 2x.$$

（3）将$y = (3x^2-1)^4$看成$y = u^4$与$u = 3x^2-1$复合而成的函数，故

$$\frac{\mathrm{d}y}{\mathrm{d}x} = \frac{\mathrm{d}y}{\mathrm{d}u}\cdot\frac{\mathrm{d}u}{\mathrm{d}x} = (u^4)_u'\cdot(3x^2-1)_x' = 4u^3\cdot6x = 24x(3x^2-1)^3.$$

在熟悉了复合函数的求导法则后，中间变量可不必写出来.

‖例 3.16‖　求下列函数的导数：

（1）$y = \ln(\sin x)$；　　（2）$y = \mathrm{e}^{\tan\frac{1}{x}}$；　　（3）$y = \sqrt{3-4x^2}$.

解　（1）$y' = \dfrac{1}{\sin x}(\sin x)' = \dfrac{1}{\sin x}\cos x = \cot x$.

（2）$y' = e^{\tan\frac{1}{x}}\left(\tan\frac{1}{x}\right)' = e^{\tan\frac{1}{x}} \cdot \sec^2\left(\frac{1}{x}\right) \cdot \left(\frac{1}{x}\right)' = e^{\tan\frac{1}{x}} \cdot \sec^2\left(\frac{1}{x}\right) \cdot \left(-\frac{1}{x^2}\right)$.

（3）$y' = \frac{1}{2}(3-4x^2)^{-\frac{1}{2}} \cdot (3-4x^2)' = \frac{1}{2}(3-4x^2)^{-\frac{1}{2}} \cdot (-8x) = -\frac{4x}{\sqrt{3-4x^2}}$.

▮例 3.17▮ 求下列函数的导数：

（1）$y = \ln\sqrt{\frac{1+x^2}{1-x^2}}$；　　　　　（2）$y = \ln(x + \sqrt{x^2+1})$.

解　（1）因为

$$y = \ln\sqrt{\frac{1+x^2}{1-x^2}} = \frac{1}{2}[\ln(1+x^2) - \ln(1-x^2)],$$

所以

$$y' = \frac{1}{2}\left[\frac{1}{1+x^2}(1+x^2)' - \frac{1}{1-x^2}(1-x^2)'\right] = \frac{1}{2}\left(\frac{2x}{1+x^2} + \frac{2x}{1-x^2}\right) = \frac{2x}{1-x^4}.$$

（2）$y' = \left[\ln(x+\sqrt{x^2+1})\right]' = \frac{1}{x+\sqrt{x^2+1}}(x+\sqrt{x^2+1})'$

$$= \frac{1}{x+\sqrt{x^2+1}}\left(1+\frac{x}{\sqrt{x^2+1}}\right) = \frac{1}{\sqrt{x^2+1}}.$$

3.2.4　隐函数求导法

用解析法表示函数时，通常有两种形式：一种是把函数 y 直接表示成自变量 x 的函数 $y = f(x)$，称为**显函数**，如 $y = 1-3x$ 等，前面遇到的函数大多是显函数；另一种是函数 y 与自变量 x 的关系由方程 $F(x,y) = 0$ 来确定，即 y 与 x 的函数关系隐含在方程中，这种由未解出因变量的方程 $F(x,y) = 0$ 所确定的 y 与 x 函数关系称为**隐函数**，如 $x^2 + y^2 - a^2 = 0$.

把一个隐函数化成显函数的形式，叫作隐函数的显化. 有些隐函数是可以化为显函数的，有些则不能，那么在隐函数的形式下该如何求其导数呢？下面来解决这个问题.

我们注意到，将方程 $F(x,y) = 0$ 所确定的函数 $y = y(x)$ 代入方程后，方程就成为恒等式 $F(x, y(x)) \equiv 0$，利用复合函数的求导法则，恒等式 $F(x, y(x)) \equiv 0$ 两边对自变量 x 求导，这时把 y 看成中间变量，即可求出 y'.

▮例 3.18▮ 已知 $x^2 + y^2 = a^2$ 所确定的函数 $y = y(x)$，求 y'.

解　方程两边对 x 进行求导，由导数的四则运算和隐函数的求导法则，有

$$(x^2)'_x + (y^2)'_x = (a^2)'_x,$$

即

$$2x + 2y \cdot y'_x = 0,$$

也即

$$2x + 2y \cdot y' = 0.$$

所以

$$y' = -\frac{x}{y}.$$

┃例 3.19┃ 已知隐函数 $ye^x + e^y = x^2$ 所确定的函数 $y = y(x)$，求 y'.

解 方程两边对 x 求导，得

$$(ye^x)' + (e^y)' = (x^2)',$$
$$y'e^x + y(e^x)' + e^y \cdot y' = 2x,$$
$$y'e^x + ye^x + e^y \cdot y' = 2x,$$

解出 y'，得

$$y' = \frac{2x - ye^x}{e^x + e^y}.$$

┃例 3.20┃ 求曲线 $xy + \ln y = 1$ 在点 $M(1,1)$ 处的切线方程.

解 先求出由方程 $xy + \ln y = 1$ 确定的 $y = y(x)$ 的导数. 方程两边对 x 求导，得

$$y + xy' + \frac{1}{y} \cdot y' = 0,$$

解出 y'，得

$$y' = \frac{-y}{x + \frac{1}{y}} = -\frac{y^2}{xy + 1}.$$

在点 $M(1,1)$ 处，有

$$y'\Big|_{\substack{x=1 \\ y=1}} = -\frac{1}{2}.$$

于是，在点 $M(1,1)$ 处的切线方程为

$$y - 1 = -\frac{1}{2}(x - 1),$$

即

$$x + 2y - 3 = 0.$$

3.2.5 对数求导法

有些函数，如由几个因子通过乘、除、乘方、开方所构成的比较复杂的函数，还有幂指函数等，用对数求导法求导比用通常的方法要简便些. 这种方法是先在 $y = f(x)$ 的两端取对数，再利用隐函数求导法求出 y 的导数. 下面通过例子来说明这种方法.

┃例 3.21┃ 求 $y = x^{\sin x}(x > 0)$ 的导数 y'.

分析 这类函数既不是幂函数也不是指数函数，通常称为幂指函数. 为了求这类函数的导数，可先在函数两端取自然对数.

解 在 $y = x^{\sin x}$ 的两端取自然对数，得

$$\ln y = \sin x \cdot \ln x,$$

上式两端分别对 x 求导，得

$$\frac{1}{y} \cdot y' = \cos x \cdot \ln x + \sin x \cdot \frac{1}{x},$$

所以

$$y' = y\left(\cos x \cdot \ln x + \frac{\sin x}{x}\right) = x^{\sin x}\left(\cos x \cdot \ln x + \frac{\sin x}{x}\right).$$

▌**例 3.22**▎ 求 $y = (x-1)\sqrt[3]{(3x+1)^2(x-2)}$ $(x > 2)$ 的导数 y'.

解 对 $y = (x-1)\sqrt[3]{(3x+1)^2(x-2)}$ $(x > 2)$ 的两端取自然对数，得

$$\ln y = \ln(x-1) + \frac{2}{3}\ln(3x+1) + \frac{1}{3}\ln(x-2),$$

两端对 x 求导，得

$$\frac{1}{y} \cdot y' = \frac{1}{x-1} + \frac{2}{3} \times \frac{3}{3x+1} + \frac{1}{3} \times \frac{1}{x-2},$$

所以

$$y' = y\left[\frac{1}{x-1} + \frac{2}{3x+1} + \frac{1}{3(x-2)}\right]$$

$$= (x-1)\sqrt[3]{(3x+1)^2(x-2)}\left[\frac{1}{x-1} + \frac{2}{3x+1} + \frac{1}{3(x-2)}\right].$$

*3.2.6 由参数方程确定的函数的求导法

参数方程

$$\begin{cases} x = \varphi(t), \\ y = \psi(t) \end{cases} \quad (t \text{ 为参数})$$

同样给出了 y 与 x 之间的函数关系. 若要计算出这类由参数方程所确定的函数的导数，通常不需要消去参数 t，化为 y 与 x 的显函数形式去求导，而是可以直接由参数方程计算出它所确定的函数的导数.

定理 3.4 设由参数方程 $\begin{cases} x = \varphi(t), \\ y = \psi(t) \end{cases}$ （t 为参数）确定的函数为 $y = f(x)$，其中 $\varphi'(t)$，$\psi'(t)$ 存在，且 $\varphi'(t) \neq 0$，则函数 $y = f(x)$ 在对应点 x 处可导，且有

$$\frac{dy}{dx} = \frac{\psi'(t)}{\varphi'(t)} \text{ 或 } \frac{dy}{dx} = \frac{\dfrac{dy}{dt}}{\dfrac{dx}{dt}}.$$

▌**例 3.23**▎ 设 $\begin{cases} x = e^t \cos t, \\ y = e^t \sin t, \end{cases}$ 求 y'.

解 $\dfrac{dy}{dx} = \dfrac{\dfrac{dy}{dt}}{\dfrac{dx}{dt}} = \dfrac{e^t(\sin t + \cos t)}{e^t(\cos t - \sin t)} = \dfrac{\sin t + \cos t}{\cos t - \sin t}.$

▌**例 3.24**▎ 求摆线 $\begin{cases} x = a(t - \sin t), \\ y = a(1 - \cos t) \end{cases}$ 在点 $t = \dfrac{\pi}{3}$ 处的切线方程和法线方程.

解 因为

$$\frac{\mathrm{d}y}{\mathrm{d}x} = \frac{\dfrac{\mathrm{d}y}{\mathrm{d}t}}{\dfrac{\mathrm{d}x}{\mathrm{d}t}} = \frac{a\sin t}{a(1-\cos t)} = \frac{\sin t}{1-\cos t},$$

所以

$$\left.\frac{\mathrm{d}y}{\mathrm{d}x}\right|_{t=\frac{\pi}{3}} = \left.\frac{\sin t}{1-\cos t}\right|_{t=\frac{\pi}{3}} = \sqrt{3}.$$

又有当 $t = \frac{\pi}{3}$ 时，$x = a\left(\frac{\pi}{3} - \frac{\sqrt{3}}{2}\right)$，$y = \frac{a}{2}$，即切点坐标为 $\left(a\left(\frac{\pi}{3} - \frac{\sqrt{3}}{2}\right), \frac{a}{2}\right)$.

所以切线方程为

$$y - \frac{a}{2} = \sqrt{3}\left[x - a\left(\frac{\pi}{3} - \frac{\sqrt{3}}{2}\right)\right],$$

即

$$\sqrt{3}x - y + 2a - \frac{\sqrt{3}\pi a}{3} = 0.$$

所以法线方程为

$$y - \frac{a}{2} = -\frac{1}{\sqrt{3}}\left[x - a\left(\frac{\pi}{3} - \frac{\sqrt{3}}{2}\right)\right],$$

即

$$x + \sqrt{3}y - \frac{\pi a}{3} = 0.$$

3.2.7 高阶导数

变速直线运动的速度 $v(t)$ 是路程函数 $s(t)$ 对时间 t 的导数，即

$$v = \frac{\mathrm{d}s}{\mathrm{d}t} \quad \text{或} \quad v = s'.$$

加速度 a 又是速度 v 对时间 t 的变化率，即速度 v 对时间 t 的导数，所以

$$a = \frac{\mathrm{d}v}{\mathrm{d}t} = \frac{\mathrm{d}}{\mathrm{d}t}\left(\frac{\mathrm{d}s}{\mathrm{d}t}\right) \quad \text{或} \quad a = (s')'.$$

这种导函数的导数 $\frac{\mathrm{d}}{\mathrm{d}t}\left(\frac{\mathrm{d}s}{\mathrm{d}t}\right)$ 或 $(s')'$ 叫作二阶导数，记作

$$\frac{\mathrm{d}^2 s}{\mathrm{d}t^2} \quad \text{或} \quad s''(t).$$

所以直线运动的加速度就是路程函数 s 对时间 t 的二阶导数.

一般地，函数 $y = f(x)$ 的导数 $y' = f'(x)$ 仍然是 x 的函数，把函数 $y' = f'(x)$ 的导数叫作函数 $y = f(x)$ 的**二阶导数**，记作 y'' 或 $\frac{\mathrm{d}^2 y}{\mathrm{d}x^2}$，即

$$y'' = (y')' \quad \text{或} \quad \frac{\mathrm{d}^2 y}{\mathrm{d}x^2} = \frac{\mathrm{d}}{\mathrm{d}x}\left(\frac{\mathrm{d}y}{\mathrm{d}x}\right).$$

类似地，二阶导数的导数叫作三阶导数，三阶导数的导数叫作四阶导数……一般地，

$(n-1)$阶导数的导数叫作 n 阶导数，它们分别记作
$$y''',\ y^{(4)},\cdots,\ y^{(n-1)},\ y^{(n)}$$
或
$$\frac{\mathrm{d}^3 y}{\mathrm{d}x^3},\frac{\mathrm{d}^4 y}{\mathrm{d}x^4},\cdots,\frac{\mathrm{d}^{n-1} y}{\mathrm{d}x^{n-1}},\frac{\mathrm{d}^n y}{\mathrm{d}x^n}.$$

二阶及二阶以上的导数统称为**高阶导数**，求高阶导数就是接连地多次求导．所以仍可应用前面学过的求导方法来计算高阶导数．

┃例 3.25┃ 分别求函数 $y=3x^3+2x^2+x+1$ 的各阶导数．

解 $y'=(3x^3+2x^2+x+1)'=9x^2+4x+1$，

$y''=(y')'=(9x^2+4x+1)'=18x+4$，

$y'''=(y'')'=(18x+4)'=18$，

$y^{(4)}=(y''')'=(18)'=0$，

$y^{(5)}=(y^{(4)})'=(0)'=0$，

$\cdots$

$y^{(n)}=0\ (n\geqslant 4)$．

┃例 3.26┃ 设 $y=\mathrm{e}^x\sin x$，求 y'' 及 $y''|_{x=0}$．

解 $y'=\mathrm{e}^x\cdot\sin x+\mathrm{e}^x\cdot\cos x=\mathrm{e}^x(\sin x+\cos x)$，

$y''=[\mathrm{e}^x(\sin x+\cos x)]'=\mathrm{e}^x(\sin x+\cos x)+\mathrm{e}^x(\cos x-\sin x)=2\cos x\cdot\mathrm{e}^x$，

$y''|_{x=0}=2\cos 0\cdot\mathrm{e}^0=2$．

┃例 3.27┃ 设 $y=x^n$ （n 为正整数），求 $y^{(n)}$．

解 $y'=nx^{n-1}$，

$y''=n(n-1)x^{n-2}$，

$y'''=n(n-1)(n-2)x^{n-3}$，

$\cdots$

$y^{(n-1)}=n(n-1)(n-2)\cdots 2x$，

$y^{(n)}=n(n-1)(n-2)\cdots 2\times 1=n!$．

┃例 3.28┃ 设 $y=a^x$ （$a>0$ 且 $a\neq 1$），求 $y^{(n)}$．

解 $y'=a^x\ln a$，

$y''=(a^x\ln a)'=a^x\ln^2 a$，

$\cdots$

$y^{(n)}=a^x\ln^n a$．

特别地，$(\mathrm{e}^x)^{(n)}=\mathrm{e}^x$．

┃例 3.29┃ 设 $y=\sin x$，求 $y^{(n)}$．

解 $y'=\cos x=\sin\left(x+\frac{\pi}{2}\right)$，

$y''=-\sin x=\cos\left(x+\frac{\pi}{2}\right)=\sin\left(x+\frac{\pi}{2}+\frac{\pi}{2}\right)=\sin\left(x+2\times\frac{\pi}{2}\right)$，

$$y''' = -\cos x = \cos(x + \pi) = \sin\left(x + \pi + \frac{\pi}{2}\right) = \sin\left(x + 3 \times \frac{\pi}{2}\right),$$

$$y^{(4)} = \sin x = \sin(x + 2\pi) = \sin\left(x + 4 \cdot \frac{\pi}{2}\right),$$

$$\cdots$$

$$y^{(n)} = \sin\left(x + n \cdot \frac{\pi}{2}\right).$$

同理可得： $\cos^{(n)}(x) = \cos\left(x + n \cdot \frac{\pi}{2}\right).$

练习 3.2

1. 求下列函数的导数：

（1） $y = \log_5 x$ ；　　　　　　　　（2） $y = x^3 \sqrt{x}$ ；

（3） $y = x^3 - 5x^2 + 7$ ；　　　　　（4） $y = 3^x - \sqrt[3]{x} + \ln 6$ ；

（5） $y = x \sin x$ ；　　　　　　　　（6） $y = x \cdot 2^x$.

2. 求曲线 $y = e^x$ 在点 $(0,1)$ 处的切线方程.

3. 设函数 $f(x) = x^3$ ，求 $f'(x)$ ， $f'(1)$ ， $[f(1)]'$.

4. 求下列函数的导数：

（1） $y = \dfrac{(x-1)^2}{\sqrt{x}}$ ；　　　　　（2） $y = \dfrac{ax+b}{cx+d}$ ；

（3） $y = x^2 \cdot \ln x \cdot \sin x$ ；　　　（4） $y = \dfrac{1}{x + \sin x}$ ；

（5） $y = \dfrac{\tan x}{\ln x + 1}$ ；　　　　　（6） $y = \dfrac{x \sin x}{1 + \cos x}$ ；

（7） $y = \dfrac{5 \sin x}{1 + \cos x}$ ；　　　　（8） $y = \dfrac{10^x - 1}{10^x + 1}$.

5. 若曲线 $y = x^2$ 在点 (x_0, y_0) 处的切线的斜率等于 4 ，求点 (x_0, y_0) 的坐标.

6. 求下列函数的导数：

（1） $y = \cos 2x$ ；　　　　　　　（2） $y = e^{-2x}$ ；

（3） $y = (2x - 1)^2$ ；　　　　　　（4） $y = \sqrt{2 - 3x}$ ；

（5） $y = (3x^4 - 1)^7$ ；　　　　　（6） $y = \dfrac{1}{\sqrt{1 - 2x}}$ ；

（7） $y = \arctan(e^x)$ ；　　　　　（8） $y = x^2 \sin \dfrac{1}{x}$.

7. 求由下列方程所确定的隐函数 $y = y(x)$ 的导数.

（1） $x^2 - y^2 = a^2$ ；　　　　　　（2） $xe^y + 2x + y^2 = 5$ ；

（3） $x^3 - y^3 - x - y + xy = 2$ ；　（4） $xy = e^{x+y}$.

8. 求下列函数的导数：

（1）$y = \dfrac{(x-1)(x-2)}{(x-3)(x-4)}$；　　　（2）$y = (x+1)\sqrt[3]{(3x-1)^2(x-3)}(x>3)$；

（3）$y = x^x$；　　　　　　　　（4）$y = (\cos x)^{\tan x}$.

*9. 设 $\begin{cases} x = a\cos t, \\ y = b\sin t, \end{cases} t \in [0, 2\pi]$，求 y'.

10. 求下列函数的二阶导数：

（1）$y = x^2 \ln x$；　　　　　　（2）$y = 5^x$；

（3）$y = x\cos x$；　　　　　　　（4）$y = x\mathrm{e}^x$.

11. 求函数 $y = \mathrm{e}^{5x}$ 的各阶导数.

3.3 函数的微分

在许多实际问题中，不仅需要知道由自变量变化引起的函数变化的快慢程度，还需要计算当自变量在某一点取得一个微小改变量时，函数取得相应改变量的大小. 直接由公式 $\Delta y = f(x_0 + \Delta x) - f(x_0)$ 计算函数的改变量往往是比较复杂的，并且有些问题只需求出函数改变量的近似值. 因此，需要寻找一种既便于计算又有一定精确度的求函数改变量近似值的方法，于是微分的概念就产生了.

本节将学习微分的概念、微分的计算方法及微分的应用.

3.3.1 微分的概念

引例 3.1 一块正方形金属薄片受温度变化的影响，其边长由 x_0 变到 $x_0 + \Delta x$，问：此薄片的面积改变了多少？

设正方形的边长为 x，面积为 A，则 $A = x^2$. 边长由 x_0 变到 $x_0 + \Delta x$ 时，金属薄片的面积改变量为

$$\Delta A = (x_0 + \Delta x)^2 - (x_0)^2 = 2x_0 \Delta x + (\Delta x)^2.$$

几何意义：如图 3-5 所示，$2x_0 \Delta x$ 表示两个长为 x_0、宽为 Δx 的长方形面积；$(\Delta x)^2$ 表示边长为 Δx 的小正方形面积.

数学意义：ΔA 由两部分组成，其中，第一项 $2x_0 \Delta x$ 是关于 Δx 的线性函数，也是 ΔA 的主体部分；第二项 $(\Delta x)^2$ 是当 $\Delta x \to 0$ 时 Δx 的高阶无穷小，即 $(\Delta x)^2 = o(\Delta x)$. 当 $|\Delta x|$ 很小时，$(\Delta x)^2$ 可以忽略不计. 因此

$$\Delta A \approx 2x_0 \Delta x.$$

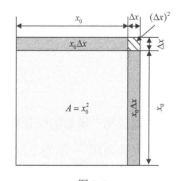

图 3-5

引例 3.2 设函数 $y = x^3$ 的自变量在点 x_0 处有改变量 Δx 时，求函数的改变量 Δy.

显然，

$$\Delta y = (x_0 + \Delta x)^3 - x_0^3 = x_0^3 + 3x_0^2 \cdot \Delta x + 3x_0 \cdot (\Delta x)^2 + (\Delta x)^3 - x_0^3$$
$$= 3x_0^2 \cdot \Delta x + [3x_0 \cdot (\Delta x)^2 + (\Delta x)^3].$$

所以 Δy 由两部分组成, 其中, 第一项 $3x_0^2 \cdot \Delta x$ 是关于 Δx 的线性函数, 也是 Δy 的主体部分; 第二项 $[3x_0 \cdot (\Delta x)^2 + (\Delta x)^3]$ 是当 $\Delta x \to 0$ 时 Δx 的高阶无穷小, 当 $|\Delta x|$ 很小时, 可以忽略不计. 因此,

$$\Delta y \approx 3x_0^2 \cdot \Delta x.$$

定义 3.2 函数 $y = f(x)$ 在点 x_0 的某个邻域内有定义, 当自变量 x 在点 x_0 处取得增量 Δx（点 $x_0 + \Delta x$ 仍在该邻域内）时, 相应地函数 y 取得增量 $\Delta y = f(x_0 + \Delta x) - f(x_0)$, 若

$$\Delta y = A \cdot \Delta x + \alpha,$$

其中, A 是与 Δx 无关的常数, α 是 $\Delta x \to 0$ 时的高阶无穷小, 则称函数 $y = f(x)$ 在点 x_0 处**可微**, $A \cdot \Delta x$ 称为函数 $f(x)$ 在点 x_0 处的**微分**, 记为 $\mathrm{d}y$, 即

$$\mathrm{d}y = A \cdot \Delta x.$$

容易证明, 函数 $y = f(x)$ 在点 x_0 处可微的充分必要条件是函数在点 x_0 处可导, 且 $A = f'(x_0)$. 所以函数 $y = f(x)$ 在点 x_0 处的微分为

$$\mathrm{d}y = f'(x_0)\Delta x.$$

▌例 3.30▌ 求函数 $y = x^2$ 在点 $x = 1$ 处、$\Delta x = 0.01$ 时的改变量和微分.

解 由题得

$$\Delta y = (1 + 0.01)^2 - 1^2 = 0.0201,$$

$$\mathrm{d}y \Big|_{\substack{x=1 \\ \Delta x=0.01}} = y'(1) \cdot \Delta x = 2 \times 0.01 = 0.02.$$

可见

$$\Delta y \approx \mathrm{d}y.$$

函数 $y = f(x)$ 在任意点 x 处的微分称为**函数的微分**, 记为 $\mathrm{d}y$ 或 $\mathrm{d}f(x)$, 即

$$\mathrm{d}y = f'(x)\Delta x.$$

特别地, 对于函数 $y = x$, 其微分为

$$\mathrm{d}y = \mathrm{d}x = (x)'\Delta x = \Delta x,$$

也就是自变量 x 的微分 $\mathrm{d}x$ 等于自变量 x 的改变量 Δx, 即

$$\mathrm{d}x = \Delta x,$$

于是 $f(x)$ 在任意点 x 处的微分 $\mathrm{d}y$ 可写成

$$\mathrm{d}y = f'(x)\mathrm{d}x.$$

即

$$\frac{\mathrm{d}y}{\mathrm{d}x} = f'(x).$$

这说明, 函数的微分与自变量的微分之商等于函数的导数, 所以导数又叫作**微商**, 这也是前面用 $\dfrac{\mathrm{d}y}{\mathrm{d}x}$ 作为导数记号的原因, 现在可以作为分式来处理, 这在以后的运算中会有便利之处.

下面讨论可微与可导之间的关系.

定理 3.5 函数在点 x 处可微的充分必要条件是函数在点 x 处可导.

因此, 求导和求微分的运算统称为**微分法**. 微分和导数虽然有着密切的联系, 却也有本质的区别: 导数是函数在一点处的变化率, 函数 $f(x)$ 在点 x_0 处的导数 $f'(x_0)$ 是一个定

数；微分则是函数在一点处由自变量的改变量所引起的函数改变量的主要部分，$\mathrm{d}y \approx \Delta y$，而 $f(x)$ 在点 x_0 处的微分 $\mathrm{d}y = f'(x_0)\Delta x$ 是 Δx 的线性函数，且当 $\Delta x \to 0$ 时，$\mathrm{d}y$ 是无穷小.

3.3.2 微分的几何意义

图 3-6 所示为函数 $y = f(x)$ 的图像，曲线上两点 $P_0(x_0, y_0)$ 和 $P(x_0 + \Delta x, y_0 + \Delta y)$，$P_0 M = \Delta x$，$MP = \Delta y$，$P_0 N$ 是曲线在点 P_0 处的切线，则

$$NM = P_0 M \cdot \tan\alpha = f'(x_0)\Delta x = \mathrm{d}y .$$

因此，函数 $y = f(x)$ 在点 x_0 处的微分就是曲线在点 $P_0(x_0, y_0)$ 处的切线 $P_0 N$ 的纵坐标的改变量，这也正是**微分的几何意义**. 也就是说，当 $|\Delta x|$ 很小时，在切点附近可以用切线（直线）来代替曲线，这种思想在数学上叫作"以直代曲"，在工程技术里叫作在一点附近把曲线"线性化"或"拉直".

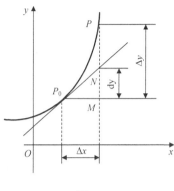

图 3-6

3.3.3 微分的计算

1. 基本微分公式

由关系式 $\mathrm{d}y = f'(x)\mathrm{d}x$ 可知，求出函数的导数，再乘以自变量的微分，就得得到了函数的微分. 因此，由基本导数公式即可得出相应的基本微分公式：

（1）$\mathrm{d}(C) = 0$（C 为常数）；　　　　　　（2）$\mathrm{d}(x^\mu) = \mu x^{\mu-1}\mathrm{d}x$（$\mu$ 为常数）；

（3）$\mathrm{d}(a^x) = a^x \ln a\mathrm{d}x$（$a > 0$ 且 $a \neq 1$），特别地，$\mathrm{d}(\mathrm{e}^x) = \mathrm{e}^x\mathrm{d}x$；

（4）$\mathrm{d}(\log_a x) = \dfrac{1}{x \ln a}\mathrm{d}x$（$a > 0$ 且 $a \neq 1$），特别地，$\mathrm{d}(\ln x) = \dfrac{1}{x}\mathrm{d}x$；

（5）$\mathrm{d}(\sin x) = \cos x\mathrm{d}x$；　　　　　　（6）$\mathrm{d}(\cos x) = -\sin x\mathrm{d}x$；

（7）$\mathrm{d}(\tan x) = \sec^2 x\mathrm{d}x$；　　　　　　（8）$\mathrm{d}(\cot x) = -\csc^2 x\mathrm{d}x$；

（9）$\mathrm{d}(\sec x) = \sec x \tan x\mathrm{d}x$；　　　　（10）$\mathrm{d}(\csc x) = -\csc x \cot x\mathrm{d}x$；

（11）$\mathrm{d}(\arcsin x) = \dfrac{1}{\sqrt{1-x^2}}\mathrm{d}x$；　　（12）$\mathrm{d}(\arccos x) = -\dfrac{1}{\sqrt{1-x^2}}\mathrm{d}x$；

（13）$\mathrm{d}(\arctan x) = \dfrac{1}{1+x^2}\mathrm{d}x$；　　（14）$\mathrm{d}(\mathrm{arccot}\, x) = -\dfrac{1}{1+x^2}\mathrm{d}x$.

2. 微分运算法则

定理 3.6　设 $u = u(x)$，$v = v(x)$ 在点 x 处可微，则 $u \pm v$，$u \cdot v$，$\dfrac{u}{v}$（$v \neq 0$）也在点 x 处可微，且有

（1）$\mathrm{d}(u \pm v) = \mathrm{d}u \pm \mathrm{d}v$；

（2）$\mathrm{d}(uv) = v\mathrm{d}u + u\mathrm{d}v$，$\mathrm{d}(cu) = c\mathrm{d}u$；

（3） $d\left(\dfrac{u}{v}\right)=\dfrac{vdu-udv}{v^2}(v\neq 0)$.

例 3.31 求下列函数的微分：

（1） $y=3x^2-\tan x$ ； （2） $y=e^x\sin x$.

解 （1） $dy=d(3x^2)-d(\tan x)=6xdx-\sec^2 xdx=(6x-\sec^2 x)dx$.

（2） $dy=\sin xd(e^x)+e^xd(\sin x)=(\sin x)e^xdx+e^x\cos xdx=e^x(\sin x+\cos x)dx$.

3. 微分形式的不变性

对于函数 $y=f(u)$ ，当 u 为自变量时，按照定义，其微分形式为
$$dy=f'(u)du.$$

已知函数 $y=f[\varphi(x)]$ 由函数 $y=f(u)$ 和 $u=\varphi(x)$ 复合而成， u 为中间变量，则由微分定义及复合函数求导法则，有
$$dy=\{f[\varphi(x)]\}'dx=f'(u)\varphi'(x)dx=f'(u)d[\varphi(x)]=f'(u)du.$$

由此可见，不论 u 是自变量还是中间变量，函数 $y=f(u)$ 的微分总是同一个形式：
$$dy=f'(u)du,$$

此性质称为**微分形式的不变性**.

例 3.32 求下列函数的微分：

（1） $y=\sin^2 x$ ； （2） $y=\ln(\sin 2x)$.

解 （1） $dy=2\sin xd(\sin x)=2\sin x\cos xdx=\sin 2xdx$.

（2） $dy=\dfrac{1}{\sin 2x}d(\sin 2x)=\dfrac{1}{\sin 2x}\cos 2xd(2x)=2\cot 2xdx$.

例 3.33 求函数 $y=\ln[\sin(1-2x)]$ 的微分.

解 $dy=\dfrac{1}{\sin(1-2x)}d[\sin(1-2x)]=\dfrac{\cos(1-2x)}{\sin(1-2x)}d(1-2x)=-2\dfrac{\cos(1-2x)}{\sin(1-2x)}dx$

$=-2\cot(1-2x)dx$.

例 3.34 在下列等式左端的括号中填入适当的函数，使等式成立.

（1） $d(\quad)=\dfrac{1}{x}dx$ ； （2） $d(\quad)=\cos 2tdt$.

解 （1）因为 $d(\ln x)=\dfrac{1}{x}dx$ ，所以一般地，有
$$d(\ln x+C)=\dfrac{1}{x}dx \quad（C 为任意常数）.$$

（2）因为 $d(\sin 2t)=2\cos 2tdt$ ，所以
$$\cos 2tdt=\dfrac{1}{2}d(\sin 2t)=d\left(\dfrac{1}{2}\sin 2t\right),$$
即
$$d\left(\dfrac{1}{2}\sin 2t\right)=\cos 2tdt .$$

所以一般地，有

$$d\left(\frac{1}{2}\sin 2t + C\right) = \cos 2t\, dt \quad (C\text{ 为任意常数}).$$

3.3.4　微分在近似计算上的应用

微分的应用——热胀冷缩问题

若函数 $y = f(x)$ 在点 x_0 处的导数 $f'(x_0)$ 存在，则当 $|\Delta x|$ 很小时，由微分的定义，得

$$\Delta y \approx dy = f'(x_0)\Delta x. \tag{3-9}$$

因为 $\Delta y = f(x_0 + \Delta x) - f(x_0)$，所以有

$$f(x_0 + \Delta x) - f(x_0) \approx f'(x_0)\Delta x,$$

于是有

$$f(x_0 + \Delta x) \approx f(x_0) + f'(x_0)\Delta x. \tag{3-10}$$

若令 $x = x_0 + \Delta x$，则有

$$f(x) \approx f(x_0) + f'(x_0)(x - x_0). \tag{3-11}$$

式（3-9）～式（3-11）就是常用的三个近似计算公式.

▌例 3.35▌ 求 $\sin 30°30'$ 的近似值.

解 设 $f(x) = \sin x$，则 $f'(x) = \cos x$. 取 $x_0 = 30° = \dfrac{\pi}{6}$，$\Delta x = 30' = \dfrac{\pi}{360}$，因为 $|\Delta x|$ 很小，故由近似公式（3-10），得

$$\sin 30°30' = f(x_0 + \Delta x) \approx f(x_0) + f'(x_0)\Delta x$$
$$= \sin\frac{\pi}{6} + \cos\frac{\pi}{6} \times \frac{\pi}{360}$$
$$\approx 0.5076.$$

▌例 3.36▌ 现有一个半径为 10cm 的金属圆片，加热后半径增大了 0.05cm. 问：此金属圆片的面积增大了多少？

解 半径为 r 的金属圆片的面积为 $A = f(r) = \pi r^2$，因为 $r_0 = 10\text{cm}$，$\Delta r = 0.05\text{cm}$，所以金属圆片面积的增大量为

$$\Delta A = f(r_0 + \Delta r) - f(r_0).$$

因为 $|\Delta r|$ 很小，故由近似公式（3-9），得

$$\Delta A\big|_{(r_0,\Delta r)} \approx dA\big|_{(r_0,\Delta r)} = f'(r_0)\Delta r.$$

因为 $A' = f'(r) = (\pi r^2)' = 2\pi r$，所以

$$\Delta A \approx f'(10) \times 0.05 = 2\pi \times 10 \times 0.05 = \pi.$$

练习 3.3

1. 当 x 由 0 变到 0.02 时，求函数 $y = 2x + 1$ 的改变量和微分.

2. 求下列函数的微分：

（1）$y = x^2 e^x$；　　　　　（2）$y = \ln(\sin 3x)$；　　　　　（3）$y = \dfrac{2}{x} + \sqrt{x}$；

（4）$y = e^{-x}\cos 3x$；　　　（5）$y = 3^{\sqrt{\sin x}}$；　　　　　（6）$y = e^x + e^{-x}$.

3. 将适当的函数填入括号内，使等式成立.

（1）d(　　) = $2x\mathrm{d}x$ ；　　　　（2）d(　　) = $\cos x\mathrm{d}x$ ；　　　（3）d(　　) = $\dfrac{1}{1+x^2}\mathrm{d}x$ ；

（4）d(　　) = $\dfrac{1}{x}\mathrm{d}x$ ；　　　　（5）d(　　) = $\mathrm{e}^x\mathrm{d}x$ ；　　　（6）d(　　) = $\dfrac{1}{\sqrt{1-x^2}}\mathrm{d}x$.

4．求下列各数的近似值：

（1）$\tan 0.05$ ；　　　　　　（2）$\mathrm{e}^{-0.03}$ ；　　　　　　（3）$\sqrt[6]{65}$.

5．水管壁的横截面是一个圆环，设它的内径为 R_0 ，壁厚为 h ，试用微分计算这个圆环面积的近似值.

6．一个充好气的气球，半径为 4m，升入天空后，因外部气压降低使得气球的半径增大了 10cm. 问：气球的体积近似增加了多少？

*3.4　微分中值定理

前面研究了导数的概念及导数的计算方法，本节将建立导数应用的理论基础——微分中值定理.

3.4.1　拉格朗日定理

定理 3.7[拉格朗日（Lagrange）定理]　设函数 $f(x)$ 满足：

（1）在闭区间 $[a,b]$ 上连续；

（2）在开区间 (a,b) 内可导，

则至少存在一点 $\xi \in (a,b)$ ，使得

$$f'(\xi) = \frac{f(b)-f(a)}{b-a}.$$

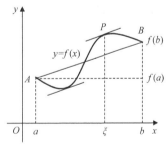

图 3-7

定理 3.7 的几何意义：如图 3-7 所示，如果曲线 $y = f(x)$ 在 $[a,b]$ 上连续，且在 (a,b) 内处处有不垂直于 x 轴的切线（即所谓的"光滑"曲线），则曲线 $y = f(x)$ 在 (a,b) 内至少存在一点 P ，使得过点 P 的切线平行于弦 AB .

因为弦 AB 的斜率为

$$k_{AB} = \frac{f(b)-f(a)}{b-a},$$

设点 P 的横坐标 $x = \xi$ $(a < \xi < b)$ ，所以过点 P 的切线的斜率为 $f'(\xi)$. 这样，上述的几何事实可表示为

$$\frac{f(b)-f(a)}{b-a} = f'(\xi) \quad (a < \xi < b).$$

|例 3.37|　验证函数 $f(x) = x^3$ 在区间 $[-1,1]$ 上满足拉格朗日定理，并求出满足条件的 ξ .

解　$f(x) = x^3$ 是初等函数，它在 $[-1,1]$ 上有定义，所以它在 $[-1,1]$ 上连续. 又因为 $f'(x) = 3x^2$ ，所以 $f(x) = x^3$ 在 $(-1,1)$ 内可导，即 $f(x) = x^3$ 在区间 $[-1,1]$ 上满足拉格朗日定

理的条件. 令

$$f'(x) = 3x^2 = \frac{1^3 - (-1)^3}{1 - (-1)},$$

解得 $x = \pm\frac{\sqrt{3}}{3}$，从而 ξ 的值有两个，分别是 $\frac{\sqrt{3}}{3}$ 和 $-\frac{\sqrt{3}}{3}$.

推论 1　如果在开区间 (a,b) 内，恒有 $f'(x) = 0$，则 $f(x)$ 在 (a,b) 内恒为常数.

证明　设 x_1, x_2 是 (a,b) 内任意两点，不妨设 $x_1 < x_2$，易知 $f(x)$ 在 $[x_1, x_2]$ 上连续，在 (x_1, x_2) 内可导，所以 $f(x)$ 在 $[x_1, x_2]$ 上满足拉格朗日中值的条件，则必有 $\xi \in (x_1, x_2)$，使得

$$f(x_2) - f(x_1) = f'(\xi)(x_2 - x_1).$$

因为 $f'(\xi) = 0$，所以

$$f(x_2) = f(x_1).$$

由于这个等式对 (a,b) 内的任意 x_1, x_2 都成立，所以 $f(x)$ 在 (a,b) 内恒为常数.

推论 2　如果函数 $f(x)$ 与 $g(x)$ 在 (a,b) 内有 $f'(x) = g'(x)$，则函数 $f(x)$ 与 $g(x)$ 在 (a,b) 内最多相差一个常数，即 $f(x) = g(x) + C$（C 为任意常数）.

┃例 3.38┃　证明恒等式 $\arcsin x + \arccos x = \frac{\pi}{2}$，$x \in [-1,1]$.

证明　设 $f(x) = \arcsin x + \arccos x$，$x \in [-1,1]$，则

$$f'(x) = \frac{1}{\sqrt{1-x^2}} - \frac{1}{\sqrt{1-x^2}} = 0，x \in (-1,1)，$$

由推论 1，知 $f(x)$ 在 $[-1,1]$ 上恒为常数. 设 $f(x) = \arcsin x + \arccos x = C$，该式对任意的 $x \in [-1,1]$ 都成立. 不妨令 $x = 1$，得 $\arcsin 1 + \arccos 1 = C$，所以 $C = \frac{\pi}{2}$，即

$$\arcsin x + \arccos x = \frac{\pi}{2}.$$

在拉格朗日定理中，若令 $f(a) = f(b)$，则得到罗尔（Rolle）定理.

3.4.2　罗尔定理

定理 3.8（罗尔定理）　设函数 $f(x)$ 满足：

（1）在闭区间 $[a,b]$ 上连续；

（2）在开区间 (a,b) 内可导；

（3）在区间的端点处函数值相等，即 $f(a) = f(b)$.

则在区间 (a,b) 内至少存在一点 ξ，使得

$$f'(\xi) = 0.$$

罗尔定理的几何意义：如图 3-8 所示，如果在 $[a,b]$ 上连续的曲线 $y = f(x)$ 在两个端点处的纵坐标相等，且在 (a,b) 内处处有不垂直于 x 轴的切线，则在 (a,b) 内，$y = f(x)$ 必有平行于 x 轴的切线，即至少存在一点 ξ，使得其切线平行于

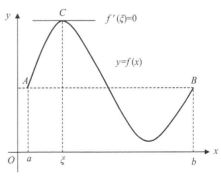

图 3-8

x 轴.

▌例 3.39▏ 证明方程 $5x^4-4x+1=0$ 在 0 与 1 之间至少有一个实根.

证明 设 $F(x)=x^5-2x^2+x$，则 $F'(x)=5x^4-4x+1$，易知，$F(x)$ 在 $[0,1]$ 上连续，在 $(0,1)$ 内可导，且

$$F(0)=F(1)=0 .$$

所以 $F(x)$ 满足罗尔定理的三个条件，由罗尔定理知，在 0 与 1 之间至少有一点 ξ，使得

$$F'(\xi)=0 ,$$

即

$$5\xi^4-4\xi+1=0 .$$

因此方程 $5x^4-4x+1=0$ 在 0 与 1 之间至少有一个实根.

3.4.3 柯西定理

定理 3.9[柯西（Cauchy）定理]   如果函数 $f(x)$ 与 $g(x)$ 满足下列两个条件：

（1）在闭区间 $[a,b]$ 上连续；

（2）在开区间 (a,b) 内可导，且 $g'(x)\neq 0, x\in(a,b)$，则在 (a,b) 内至少存在一点 ξ，使得

$$\frac{f(b)-f(a)}{g(b)-g(a)}=\frac{f'(\xi)}{g'(\xi)} .$$

在柯西定理中，若取 $g(x)=x$，即得拉格朗日定理，所以柯西定理是拉格朗日定理的推广.

以上介绍了拉格朗日定理、罗尔定理和柯西定理，由于三个定理中的 ξ 都是 (a,b) 内的某一值，所以这三个定理统称为微分中值定理.

练习 3.4

1. 试在抛物线 $y=x^2$ 上求一点，使得在该点的切线平行于以 $A(1,1)$，$B(3,9)$ 为端点的弦 AB .

2. 判断函数 $f(x)=3x^2-3x$ 在区间 $[0,2]$ 上是否满足拉格朗日定理的条件，若满足，求出使拉格朗日定理成立的 ξ .

3. 判断下列函数在给定的区间上是否满足拉格朗日定理的条件，如果满足，求出定理中相应的 ξ 值：

（1）$f(x)=\sqrt{x}, x\in[1,4]$；   （2）$f(x)=\ln x, x\in[1,2]$.

3.5 洛必达法则

在极限的计算中会经常遇到两个无穷小量之比 $\left(\text{“}\dfrac{0}{0}\text{”型}\right)$ 或两个无穷大量之比

$\left(\text{“}\dfrac{\infty}{\infty}\text{”型}\right)$ 的极限问题. 这类极限可能存在，也可能不存在，通常称为**未定式**. 例如，

$\lim\limits_{x\to 2}\dfrac{x-2}{x^2-4}$ 是一个 “$\dfrac{0}{0}$” 型未定式，$\lim\limits_{x\to +\infty}\dfrac{\ln x}{x}$ 是一个 “$\dfrac{\infty}{\infty}$” 型未定式，洛必达法则提供了一种简单可行且具有一般性的求未定式极限的方法.

3.5.1 洛必达法则定义

定理 3.10（洛必达法则）   设函数 $f(x),g(x)$ 满足条件：

（1） $f(x),g(x)$ 在点 x_0 处的某去心邻域内可导，且 $g'(x)\neq 0$；

（2） $\lim\limits_{x\to x_0}f(x)=\lim\limits_{x\to x_0}g(x)=0$；

（3） $\lim\limits_{x\to x_0}\dfrac{f'(x)}{g'(x)}=A$（或 ∞），其中 A 为常数，则有

$$\lim_{x\to x_0}\frac{f(x)}{g(x)}=\lim_{x\to x_0}\frac{f'(x)}{g'(x)}=A \quad（或 \infty）.$$

注意

（1）定理 3.10 中的 $x\to x_0$ 换为 $x\to \infty$，$x\to +\infty$，$x\to -\infty$，$x\to x_0^{+}$，$x\to x_0^{-}$ 等，定理仍然成立；

（2）对于 “$\dfrac{\infty}{\infty}$” 型的未定式，也有相应的洛必达法则；

（3）如果 $\lim\dfrac{f'(x)}{g'(x)}$ 仍然是 “$\dfrac{0}{0}$” 型或 “$\dfrac{\infty}{\infty}$” 型未定式，则可继续运用洛必达法则求解.

3.5.2 洛必达法则的应用

定理 3.10 说明，如果符合定理的条件，那么在求 “$\dfrac{0}{0}$” 型或 “$\dfrac{\infty}{\infty}$” 型未定式的极限时，可以先通过分子、分母分别求导，再求极限.

1. “$\dfrac{0}{0}$” 型或 “$\dfrac{\infty}{\infty}$” 型未定式的极限

┃例 3.40┃   求 $\lim\limits_{x\to 0}\dfrac{1-\cos x}{x^2}$.

解   这是 “$\dfrac{0}{0}$” 型未定式，由洛必达法则，有

$$\lim_{x\to 0}\frac{1-\cos x}{x^2}=\lim_{x\to 0}\frac{(1-\cos x)'}{(x^2)'}=\lim_{x\to 0}\frac{\sin x}{2x}=\frac{1}{2}.$$

┃例 3.41┃   求 $\lim\limits_{x\to 0}\dfrac{\ln(1+x)}{x}$.

解   这是 “$\dfrac{0}{0}$” 型未定式，由洛必达法则，有

$$\lim_{x \to 0} \frac{\ln(1+x)}{x} = \lim_{x \to 0} \frac{[\ln(1+x)]'}{x'} = \lim_{x \to 0} \frac{1}{1+x} = 1.$$

【例 3.42】 求 $\lim\limits_{x \to 0} \dfrac{x - \sin x}{x^3}$.

解 这是 "$\dfrac{0}{0}$" 型未定式, 由洛必达法则, 有

$$\lim_{x \to 0} \frac{x - \sin x}{x^3} = \lim_{x \to 0} \frac{(x - \sin x)'}{(x^3)'} = \lim_{x \to 0} \frac{1 - \cos x}{3x^2} \quad (\text{还是 “}\frac{0}{0}\text{” 型})$$

$$= \lim_{x \to 0} \frac{(1 - \cos x)'}{(3x^2)'} = \lim_{x \to 0} \frac{\sin x}{6x} = \frac{1}{6}.$$

【例 3.43】 求下列极限:

（1） $\lim\limits_{x \to +\infty} \dfrac{\ln x}{x^2}$;

（2） $\lim\limits_{x \to +\infty} \dfrac{e^x}{x^2}$.

解 （1）这是 "$\dfrac{\infty}{\infty}$" 型未定式, 由洛必达法则, 有

$$\lim_{x \to +\infty} \frac{\ln x}{x^2} = \lim_{x \to +\infty} \frac{(\ln x)'}{(x^2)'} = \lim_{x \to +\infty} \frac{\dfrac{1}{x}}{2x} = \lim_{x \to +\infty} \frac{1}{2x^2} = 0.$$

（2）这是 "$\dfrac{\infty}{\infty}$" 型未定式, 由洛必达法则, 有

$$\lim_{x \to +\infty} \frac{e^x}{x^2} = \lim_{x \to +\infty} \frac{e^x}{2x} = \lim_{x \to +\infty} \frac{(e^x)'}{(2x)'} = \lim_{x \to +\infty} \frac{e^x}{2} = +\infty.$$

> **注意** 例 3.43 说明当 $x \to +\infty$ 时, 指数函数、幂函数、对数函数趋于无穷大的速度是不一样的, 指数函数最快, 对数函数最慢, 这一点从它们的图像中也可以体现出来.

【例 3.44】 求 $\lim\limits_{x \to 0} \dfrac{\tan x - x}{x^2 \sin x}$.

解 这是 "$\dfrac{0}{0}$" 型未定式, 当 $x \to 0$ 时, $\sin x \sim x$, $\tan x \sim x$. 所以

$$\lim_{x \to 0} \frac{\tan x - x}{x^2 \sin x} = \lim_{x \to 0} \frac{\tan x - x}{x^3} = \lim_{x \to 0} \frac{\sec^2 x - 1}{3x^2} = \lim_{x \to 0} \frac{\tan^2 x}{3x^2} = \lim_{x \to 0} \frac{x^2}{3x^2} = \frac{1}{3}.$$

【例 3.45】 求 $\lim\limits_{x \to 0} \dfrac{x^2 \sin \dfrac{1}{x}}{\sin x}$.

解 这是 "$\dfrac{0}{0}$" 型未定式, 由洛必达法则, 有

$$\lim_{x \to 0} \frac{x^2 \sin \dfrac{1}{x}}{\sin x} = \lim_{x \to 0} \frac{2x \sin \dfrac{1}{x} - \cos \dfrac{1}{x}}{\cos x},$$

此极限不存在. 但事实上,

$$\lim_{x \to 0} \frac{x^2 \sin \dfrac{1}{x}}{\sin x} = \lim_{x \to 0} \frac{x}{\sin x} \cdot \lim_{x \to 0} x \sin \frac{1}{x} = 0 \,.$$

运用洛必达法则求解极限问题时，需注意洛必达法则只是极限存在的充分条件，而非必要条件，所以当 $\lim \dfrac{f'(x)}{g'(x)}$ 不存在时，不能得出 $\lim \dfrac{f(x)}{g(x)}$ 也不存在的结论. 有的极限问题，虽属未定式，但用洛必达法则可能无法解出，此时可以选择其他方法.

┃例 3.46┃　求 $\lim\limits_{x \to +\infty} \dfrac{\sqrt{1+x^2}}{x}$.

解　这是 "$\dfrac{\infty}{\infty}$" 型未定式，所以

$$\lim_{x \to +\infty} \frac{\sqrt{1+x^2}}{x} = \lim_{x \to +\infty} \frac{\dfrac{x}{\sqrt{1+x^2}}}{1} = \lim_{x \to +\infty} \frac{x}{\sqrt{1+x^2}} = \lim_{x \to +\infty} \frac{1}{\dfrac{x}{\sqrt{1+x^2}}} = \lim_{x \to +\infty} \frac{\sqrt{1+x^2}}{x} \,.$$

两次运用洛必达法则后，又回到了原来的形式，这说明洛必达法则失效. 其实此题的极限较容易求得，即

$$\lim_{x \to +\infty} \frac{\sqrt{1+x^2}}{x} = \lim_{x \to +\infty} \sqrt{\frac{1}{x^2} + 1} = 1 \,.$$

2. 其他类型的未定式极限

"$0 \cdot \infty$" "$\infty - \infty$" "0^0" "1^∞" "∞^0" 等未定式，总可以通过适当的变换化为 "$\dfrac{0}{0}$" 型或 "$\dfrac{\infty}{\infty}$" 型未定式，然后应用洛必达法则求解.

┃例 3.47┃　求 $\lim\limits_{x \to +\infty} x \left(\dfrac{\pi}{2} - \arctan x \right)$.

解　这是 "$0 \cdot \infty$" 型未定式，可先将其变为分式形式，再求解. 于是，

$$\lim_{x \to +\infty} x \left(\frac{\pi}{2} - \arctan x \right) = \lim_{x \to +\infty} \frac{\dfrac{\pi}{2} - \arctan x}{\dfrac{1}{x}} \quad （变为 "\frac{0}{0}" 型）$$

$$= \lim_{x \to +\infty} \frac{-\dfrac{1}{1+x^2}}{-\dfrac{1}{x^2}} = \lim_{x \to +\infty} \frac{x^2}{1+x^2} = 1 .$$

┃例 3.48┃　求 $\lim\limits_{x \to 1} \left(\dfrac{1}{\ln x} - \dfrac{1}{x-1} \right)$.

解　这是 "$\infty - \infty$" 型未定式，同样可先将其变为分式形式，再求解.

$$\lim_{x \to 1} \left(\frac{1}{\ln x} - \frac{1}{x-1} \right) = \lim_{x \to 1} \frac{x-1-\ln x}{(x-1)\ln x} \quad （变为 "\frac{0}{0}" 型）$$

$$= \lim_{x \to 1} \frac{1 - \dfrac{1}{x}}{\ln x + \dfrac{x-1}{x}} = \lim_{x \to 1} \frac{\dfrac{1}{x^2}}{\dfrac{1}{x} + \dfrac{1}{x^2}} = \frac{1}{2}.$$

▌例 3.49▌ 求 $\lim\limits_{x \to +\infty} \left(1 + \dfrac{1}{x}\right)^x$.

解 这是 " 1^{∞} " 型未定式，令 $y = \left(1 + \dfrac{1}{x}\right)^x$，两边取对数，得

$$\ln y = x \cdot \ln\left(1 + \frac{1}{x}\right),$$

再取极限，得

$$\lim_{x \to +\infty} \ln y = \lim_{x \to +\infty} \frac{\ln\left(1 + \dfrac{1}{x}\right)}{\dfrac{1}{x}} = \lim_{x \to +\infty} \frac{\dfrac{1}{1 + \dfrac{1}{x}} \cdot \left(-\dfrac{1}{x^2}\right)}{-\dfrac{1}{x^2}} = \lim_{x \to +\infty} \frac{1}{1 + \dfrac{1}{x}} = 1.$$

所以

$$\lim_{x \to +\infty} \left(1 + \frac{1}{x}\right)^x = \lim_{x \to +\infty} y = \lim_{x \to +\infty} e^{\ln y} = e^{\lim\limits_{x \to +\infty} \ln y} = e.$$

▌例 3.50▌ 求 $\lim\limits_{x \to 0^+} x^{\sin x}$.

解 这是 " 0^0 " 型未定式，先将 $y = x^{\sin x}$ 两边取对数，得

$$\ln y = \sin x \ln x,$$

再取极限，得

$$\lim_{x \to 0^+} \ln y = \lim_{x \to 0^+} \sin x \ln x = \lim_{x \to 0^+} \frac{\ln x}{\dfrac{1}{\sin x}} = \lim_{x \to 0^+} \frac{\dfrac{1}{x}}{-\dfrac{\cos x}{\sin^2 x}}$$

$$= -\lim_{x \to 0^+} \frac{\sin^2 x}{x \cos x} = -\lim_{x \to 0^+} \frac{\sin x}{x} \cdot \lim_{x \to 0^+} \frac{\sin x}{\cos x} = 0.$$

所以

$$\lim_{x \to 0^+} x^{\sin x} = e^{\lim\limits_{x \to 0^+} \sin x \ln x} = e^0 = 1.$$

练习 3.5

1. 用洛必达法则求下列极限：

（1） $\lim\limits_{x \to 4} \dfrac{x^2 - 16}{x - 4}$ ；

（2） $\lim\limits_{x \to \infty} \dfrac{-6x^3 + 2x + 1}{3x^3 - 4x^2 + 2x + 3}$ ；

（3） $\lim\limits_{x \to 1} \dfrac{\ln x}{x^2 - 1}$ ；

（4） $\lim\limits_{x \to 0} \left(\dfrac{1}{\sin x} - \dfrac{1}{x}\right)$.

2．用洛必达法则求下列极限：

（1）$\lim\limits_{x \to a} \dfrac{x^m - a^m}{x^n - a^n}$（$a \neq 0$，$m, n$为常数）；　　（2）$\lim\limits_{x \to 0} \dfrac{(1+x)^\alpha - 1}{x}$；

（3）$\lim\limits_{x \to 0} \dfrac{e^x - e^{-x}}{x^2}$；　　　　　　　　　　（4）$\lim\limits_{x \to 0} \dfrac{x - \sin x}{x^3}$；

（5）$\lim\limits_{x \to +\infty} \dfrac{x^3}{e^{2x}}$；　　　　　　　　　　（6）$\lim\limits_{x \to +\infty} \dfrac{(\ln x)^2}{x}$；

（7）$\lim\limits_{x \to 1} \left(\dfrac{x}{x-1} - \dfrac{1}{\ln x} \right)$；　　　　　　（8）$\lim\limits_{x \to 0} \left(\dfrac{1}{x} - \dfrac{1}{e^x - 1} \right)$.

3．讨论函数 $f(x) = \begin{cases} \dfrac{\ln \cos(x-1)}{1 - \sin \dfrac{\pi x}{2}}, & x \neq 1, \\ 1, & x = 1 \end{cases}$ 在点 $x = 1$ 处是否连续？若不连续，请修改

$f(x)$ 在点 $x = 1$ 处的定义，使之连续．

3.6　函数的单调性和极值

本节将利用导数这一工具，讨论函数的单调性、极值、最值等性态，并解决实际生产生活中的求最值问题．

3.6.1　函数的单调性

我们已经学过了函数单调性的概念及判别法．但是，直接用定义判别函数的单调性，通常是比较困难的，本节将介绍利用一阶导数来判别单调性的方法，这种方法简单有效．

从图 3-9 所示的图形可以看出，函数 $f(x)$ 的单调性在几何上表现为曲线沿着 x 轴的正方向上升或下降．

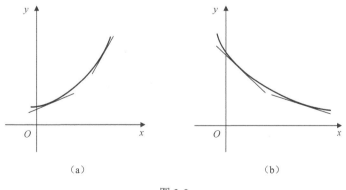

（a）　　　　　　　　　　　　　（b）

图 3-9

由导数的几何意义知，函数 $y = f(x)$ 的一阶导数 $f'(x)$ 是函数曲线上的切线的斜率．当切线斜率为正时，函数曲线随之上升，如图 3-9（a）所示；当切线斜率为负时，函数曲线随之下降，如图 3-9（b）所示．这意味着函数导数的符号与函数的单调性有密切关系．

定理 3.11 设函数 $f(x)$ 在区间 (a,b) 内可导.

（1）若在 (a,b) 内 $f'(x) > 0$，则 $f(x)$ 在区间 (a,b) 内是单调增加的；

（2）若在 (a,b) 内 $f'(x) < 0$，则 $f(x)$ 在区间 (a,b) 内是单调减少的.

如果将定理中的区间 (a,b) 换成其他各种区间（包括无穷区间），定理的结论也是成立的.

┃例 3.51┃ 求函数 $f(x) = x^2 - 2x + 2$ 的单调区间.

解 函数 $f(x) = x^2 - 2x + 2$ 的定义域为 $(-\infty, +\infty)$. 求导，得

$$f'(x) = 2x - 2 = 2(x - 1).$$

令

$$f'(x) = 2(x - 1) = 0,$$

解得 $x = 1$.

以 $x = 1$ 为分界点，将定义域分为两个子区间： $(-\infty, 1)$， $[1, +\infty)$.

当 $x \in (1, +\infty)$ 时， $f'(x) > 0$，即 $[1, +\infty)$ 为 $f(x)$ 的单调增加区间；

当 $x \in (-\infty, 1)$ 时， $f'(x) < 0$，即 $(-\infty, 1]$ 为 $f(x)$ 的单调减少区间.

在例 3.51 的求解过程中可以看到， $x = 1$ 是一个很重要的点，它把区间 $(-\infty, +\infty)$ 分成了两个单调区间，并且在 $x = 1$ 处有 $f'(x) = 0$.

一般地，函数 $f(x)$ 的导数 $f'(x) = 0$ 的点，称为该函数的**驻点**.

函数在单调增加区间内导数大于零，在单调减少区间内导数小于零，而在驻点处导数等于零. 因此在多数情况下，单调增加和单调减少区间通常以驻点为分界点，但实际上情形并非总是如此.

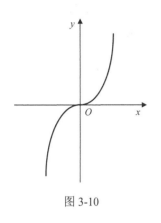

图 3-10

┃例 3.52┃ 讨论函数 $f(x) = x^3$ 的单调性.

解 函数 $f(x) = x^3$ 的定义域为 $(-\infty, +\infty)$. 由于 $f'(x) = 3x^2$，所以当 $x = 0$ 时， $f'(x) = 0$，即 $x = 0$ 为 $f(x)$ 的驻点，但对于任何 $x \neq 0$ 的点，均有 $f'(x) > 0$，即 $f(x)$ 在 $(-\infty, +\infty)$ 内单调增加，如图 3-10 所示.

虽然 $x = 0$ 是函数 $f(x) = x^3$ 的驻点，但由于其左、右两侧均为单调增加区间，所以 $x = 0$ 并没有成为单调区间的分界点.

若在 (a,b) 内 $f'(x) \geqslant 0$ （或 $f'(x) \leqslant 0$），且等号只在个别点处成立，则函数 $y = f(x)$ 仍然在区间 (a,b) 内单调增加（或单调减少）.

┃例 3.53┃ 讨论函数 $f(x) = x^{\frac{2}{3}}$ 的单调性.

解 函数 $f(x) = x^{\frac{2}{3}}$ 的定义域为 $(-\infty, +\infty)$. 由于 $f'(x) = \frac{2}{3} x^{-\frac{1}{3}} = \frac{2}{3} \frac{1}{\sqrt[3]{x}}$，因此，当 $x > 0$ 时， $f'(x) > 0$，函数单调增加；当 $x < 0$ 时， $f'(x) < 0$，函数单调减少.

在例 3.53 中， $x = 0$ 为函数 $f(x) = x^{\frac{2}{3}}$ 单调区间的分界点. 但在 $x = 0$ 处， $f'(x)$ 无意义，因此 $x = 0$ 是一个非驻点的分界点，如图 3-11 所示.

一般地,可按以下步骤来确定函数 $f(x)$ 的单调性:

(1) 求函数 $f(x)$ 的定义域;

(2) 求 $f'(x)$(将其化为最简形式);

(3) 求出 $f'(x)=0$ 的点(驻点)和 $f'(x)$ 不存在的点(不可导点),由这些点将定义域分为若干子区间;

(4) 列表考察 $f'(x)$ 在各子区间的符号,以此确定函数 $f(x)$ 的单调性.

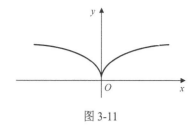

图 3-11

┃**例 3.54**┃ 讨论函数 $y=3x^{\frac{2}{3}}-x$ 的单调性.

解　(1) 函数 $y=3x^{\frac{2}{3}}-x$ 的定义域为 $(-\infty,+\infty)$.

(2) 求导,得

$$y'=2x^{-\frac{1}{3}}-1=\frac{2-\sqrt[3]{x}}{\sqrt[3]{x}}.$$

(3) 令 $y'=0$,得 $x=8$. 当 $x=0$ 时,y' 不存在. $x=0$ 和 $x=8$ 将定义域分为三个子区间:$(-\infty,0)$,$(0,8)$ 和 $(8,+\infty)$.

(4) 列表(表 3-1)确定函数的单调性.

表 3-1

x	$(-\infty,0)$	0	$(0,8)$	8	$(8,+\infty)$
y'	—	不存在	+	0	—
y	↘		↗		↘

所以函数 $f(x)$ 在 $(-\infty,0)$,$(8,+\infty)$ 内是单调减少的;在 $(0,8)$ 内是单调增加的.

3.6.2 函数的极值

1. 极值的概念

函数的极值也是我们已接触过的问题,定义如下.

定义 3.3　设函数 $y=f(x)$ 在点 x_0 的某个邻域内有定义,若对该邻域中任意点 x $(x\neq x_0)$,恒有 $f(x_0)<f(x)$ [或 $f(x_0)>f(x)$],则称 $f(x_0)$ 是函数 $f(x)$ 的一个**极小值**(或**极大值**),点 x_0 称为函数 $f(x)$ 的**极小值点**(或**极大值点**).

极大值和极小值统称为**极值**,极大值点和极小值点统称为**极值点**.

在图 3-12 所示的函数中,$f(x_1)$ 和 $f(x_4)$ 是极大值,$f(x_2)$ 和 $f(x_5)$ 是极小值,$f(x_3)$ 不是极值.

显然,函数极值是一个局部性的概念,它只是与极值点左、右邻近点的函数值比较而言的,并不意味着它是整个定义区间内的最大值和最小值,有时极小值可能大于极大值,如图 3-12 中 $f(x_5)>f(x_1)$. 而且,极值只能在区间的内部取得,不能在区间的端点处取得. 另外,点 x_3 处虽然有水平切线,但 $f(x_3)$ 不是极值.

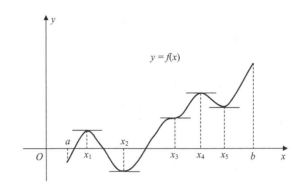

图 3-12

下面来讨论极值的求法.

2. 极值的求法

根据极值点的定义，可以给出极值的第一种判别方法.

定理 3.12（极值的必要条件） 设 $f(x)$ 在点 x_0 处有导数，且在 x_0 处取得极值，那么 $f'(x_0)=0$.

定理 3.13（极值的第一判别法） 设 x_0 是函数 $f(x)$ 的驻点或不可导点.

（1）如果当 $x<x_0$ 时 $f'(x)>0$，当 $x>x_0$ 时 $f'(x)<0$，则 $f(x_0)$ 为函数 $f(x)$ 的极大值，如图 3-13（a）所示.

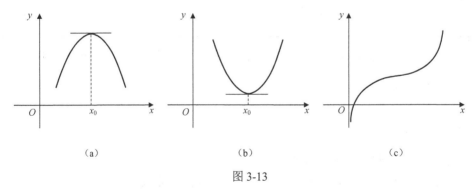

(a)　　　　　　　　(b)　　　　　　　　(c)

图 3-13

（2）如果当 $x<x_0$ 时 $f'(x)<0$，当 $x>x_0$ 时 $f'(x)>0$，则 $f(x_0)$ 为函数 $f(x)$ 的极小值，如图 3-13（b）所示.

（3）如果当 $x<x_0$ 和 $x>x_0$ 时 $f'(x)$ 不变号，则 $f(x_0)$ 不是函数 $f(x)$ 的极值，如图 3-13（c）所示.

若 $f(x)$ 在驻点 x_0 处的二阶导数 $f''(x_0)$ 存在且不等于零，还可用如下方法判别 x_0 是极大值点还是极小值点.

定理 3.14（极值的第二判别法） 设 $f(x)$ 在点 x_0 处具有二阶导数，且 $f'(x_0)=0$.

（1）如果 $f''(x_0)>0$，则 $f(x_0)$ 为函数 $f(x)$ 的极小值；

（2）如果 $f''(x_0)<0$，则 $f(x_0)$ 为函数 $f(x)$ 的极大值；

（3）如果 $f''(x_0)=0$，则此判别法失效.

▌例 3.55▐ 求函数 $f(x)=x^3-6x^2+9x$ 的极值.

解法一（第一判别法）

函数 $f(x)$ 的定义域为 $(-\infty,+\infty)$，且
$$f'(x)=3x^2-12x+9=3(x-1)(x-3).$$

令 $f'(x)=0$，得 $x_1=1$，$x_2=3$．$x_1=1$ 和 $x_2=3$ 将定义区间分为三个子区间：$(-\infty,1)$，$(1,3)$，$(3,+\infty)$．于是通过列表（表 3-2）来确定函数的单调性.

表 3-2

x	$(-\infty,1)$	1	$(1,3)$	3	$(3,+\infty)$
y'	$+$	0	$-$	0	$+$
y	↗	4（极大值）	↘	0（极小值）	↗

由表 3-2 可知，函数 $f(x)=x^3-6x^2+9x$ 在 $x=1$ 处取得极大值 $f(1)=4$；在 $x=3$ 处取得极小值 $f(3)=0$．

解法二（第二判别法）

函数 $f(x)$ 定义域为 $(-\infty,+\infty)$，且
$$f'(x)=3x^2-12x+9=3(x-1)(x-3).$$

令 $f'(x)=0$，得 $x_1=1$，$x_2=3$．

又有
$$f''(x)=6x-12,$$
且
$$f''(1)=-6<0，\quad f''(3)=6>0.$$

所以函数 $f(x)=x^3-6x^2+9x$ 在 $x=1$ 处取得极大值 $f(1)=4$；在 $x=3$ 处取得极小值 $f(3)=0$．

对 $f'(x_0)=f''(x_0)=0$ 的点或不可导点 x_0，均不能用第二判别法来判断 $f(x_0)$ 是否为极值，此时仍然要用第一判别法来判断.

▌例 3.56▐ 求函数 $f(x)=\dfrac{1}{2}\cos 2x+\sin x$ $(0\leqslant x\leqslant\pi)$ 的极值.

解 求导，得
$$f'(x)=-\sin 2x+\cos x=\cos x(1-2\sin x).$$

令 $f'(x)=0$，即 $\cos x(1-2\sin x)=0$ $(0\leqslant x\leqslant\pi)$，得 $x_1=\dfrac{\pi}{6}$，$x_2=\dfrac{\pi}{2}$，$x_3=\dfrac{5\pi}{6}$．

又 $f''(x)=-2\cos 2x-\sin x$，所以
$$f''\left(\frac{\pi}{6}\right)=f''\left(\frac{5\pi}{6}\right)=-\frac{3}{2}<0,\quad f''\left(\frac{\pi}{2}\right)=1>0.$$

由第二判别法知，$f(x)$ 在 $x_1=\dfrac{\pi}{6}$，$x_3=\dfrac{5\pi}{6}$ 处取得极大值，极大值为 $f\left(\dfrac{\pi}{6}\right)=f\left(\dfrac{5\pi}{6}\right)=\dfrac{3}{4}$；$f(x)$ 在 $x_2=\dfrac{\pi}{2}$ 处取得极小值，极小值为 $f\left(\dfrac{\pi}{2}\right)=\dfrac{1}{2}$．

▌例 3.57▐ 求函数 $f(x)=(x-1)^2(x+1)^3$ 的极值.

解 函数 $f(x)$ 的定义域为 $(-\infty, +\infty)$ ，且

$$f'(x) = (x-1)(x+1)^2(5x-1).$$

令 $f'(x) = 0$ ，得驻点 $x_1 = 1$ ， $x_2 = \dfrac{1}{5}$ ， $x_3 = -1$.

因为

$$\begin{aligned}f''(x) &= (x+1)^2(5x-1) + 2(x-1)(x+1)(5x-1) + 5(x-1)(x+1)^2 \\ &= 4(x+1)(5x^2 - 2x - 1).\end{aligned}$$

可得 $f''(1) = 16 > 0$ ， $f''\left(\dfrac{1}{5}\right) = -\dfrac{144}{25} < 0$ ， $f''(-1) = 0$ ，所以由第二判别法知， $f(x)$ 在

$x_1 = 1$ 处取得极小值，极小值为 $f(1) = 0$ ； $f(x)$ 在 $x_2 = \dfrac{1}{5}$ 处取得极大值，极大值为

$f\left(\dfrac{1}{5}\right) = \dfrac{3456}{3125}$.

由于 $f''(-1) = 0$ ，所以不能用第二判别法判别 $x_3 = -1$ 是否为极值点，于是改用第一判别法：当 $x \in (-\infty, -1)$ 时， $f'(x) > 0$ ；当 $x \in \left(-1, \dfrac{1}{5}\right)$ 时， $f'(x) > 0$. 故由第一判别法知， $x_3 = -1$ 不是的极值点.

3.6.3　函数的最大值与最小值

在工业生产、工程技术及商业活动中，常常会遇到这样一类问题：在一定的条件下，如何使"产量最高""用料最少""成本最低""利润最大"．这类问题在数学上常常可以归结为求函数的最大值和最小值问题．

首先，由闭区间上连续函数的性质有，当函数 $f(x)$ 在闭区间 $[a, b]$ 上连续时，必有最大值和最小值．其次，如果最大值和最小值在区间的内部取得，那么这个最大值（最小值）一定也是函数的极大值（极小值）．当然，函数的最大值和最小值也可能在区间的端点处取得．因此，可用如下方法求出函数 $f(x)$ 在闭区间 $[a, b]$ 上的最大值和最小值，即求出所有**驻点**、**不可导点**和**区间端点**处的函数值，其中最大者就是函数 $f(x)$ 在 $[a, b]$ 上的最大值，最小者就是函数 $f(x)$ 在 $[a, b]$ 上的最小值．

‖例 3.58‖　求函数 $f(x) = x^3 - 6x^2 + 9x$ 在 $[-2, 4]$ 上的最大值和最小值.

解　由例 3.55 知，函数 $f(x) = x^3 - 6x^2 + 9x$ 在 $x = 1$ 处取得极大值 $f(1) = 4$ ；在 $x = 3$ 处取得极小值 $f(3) = 0$.

又有函数端点处的函数值为

$$f(-2) = -50 ， \quad f(4) = 4 ，$$

所以函数 $f(x)$ 在 $[-2, 4]$ 上的最大值为 $f(1) = f(4) = 4$ ，最小值 $f(-2) = -50$.

‖例 3.59‖　求函数 $f(x) = x(x-1)^{\frac{1}{3}}$ 在 $[-2, 2]$ 上的最大值和最小值.

解　因为

$$f'(x) = (x-1)^{\frac{1}{3}} + \frac{1}{3}x(x-1)^{-\frac{2}{3}} = \frac{4x - 3}{3\sqrt[3]{(x-1)^2}}.$$

令 $f'(x)=0$，得驻点 $x=\dfrac{3}{4}$，且导数不存在点为 $x=1$．计算在端点、驻点及导数不存在的点处的函数值，得 $f(-2)=2.88$，$f(2)=2$，$f\left(\dfrac{3}{4}\right)=-0.47$，$f(1)=0$．

所以函数 $f(x)$ 在 $[-2,2]$ 上的最大值为 $f(-2)=2.88$，最小值为 $f\left(\dfrac{3}{4}\right)=-0.47$．

关于实际问题的最值问题，有如下结论：如果一个实际问题可以预先断定必存在最值，并且函数在定义域内只有唯一极值点，则不需要判别即可断定，该极值点的函数值必为所求最值．这个结论在实际问题中有着非常广泛的应用．

实际问题求解步骤：先建立目标函数，再求最值．

┃例 3.60┃　有一矩形纸板的长、宽分别为 16cm 和 10cm．现从矩形的四角截去四个相同的小正方形，做成一个无盖的盒子．问：截去的小正方形的边长为多少时，盒子的容积最大？

解　如图 3-14 所示，令截去的小正方形的边长为 x（cm），盒子容积为 y（cm³），则

图 3-14

$$y=(10-2x)(16-2x)x$$
$$=4(5-x)(8-x)x=4(x^3-13x^2+40x),\ 0<x<5,$$

求导得

$$y'=4(3x-20)(x-2).$$

令 $y'=0$，得 $x_1=2$，$x_2=\dfrac{20}{3}$（舍去）．

因为在定义域内函数仅有唯一驻点，由常识推测，在定义域内函数必有最大值，所以该点即为最大值点，所以当截去小正方形边长为 2cm 时，盒子容积最大．

┃例 3.61┃　如图 3-15 所示，铁路线 AB 段的距离为 100km．工厂 C 距 A 处为 20km，AC 垂直于 AB．为了运输需要，要在 AB 线上选定一点 D 向工厂修筑一条公路．已知铁路每千米货运的运费与公路每千米货运的运费之比为 $3:5$，为了使货物从供应站 B 运到工厂 C 的运费最省．问：点 D 应选在何处？

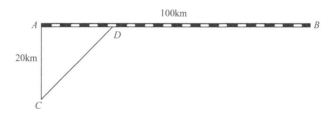

图 3-15

解　设 $AD=x$(km)，则

$$DB=(100-x)(\text{km})，\quad CD=\sqrt{20^2+x^2}=\sqrt{400+x^2}(\text{km}).$$

再设从点 B 到点 C 需要的总运费为 y，那么 $y=5k\cdot CD+3k\cdot DB$（k 是某个正数），于是目标函数为

$$y=5k\sqrt{400+x^2}+3k(100-x)\quad(0\leqslant x\leqslant 100).$$

于是问题归结为 x 在 $[0,100]$ 内取何值时目标函数 y 的值最小.

先求 y 对 x 的导数:

$$y' = k\left(\frac{5x}{\sqrt{400+x^2}} - 3\right).$$

令 $y' = 0$,得 $x = 15$(km). 由于 $y|_{x=0} = 400k$, $y|_{x=15} = 380k$, $y|_{x=100} = 500k\sqrt{1+\frac{1}{5^2}}$,

其中 $y|_{x=15} = 380k$ 最小,因此当 $AD = x = 15$(km) 时总运费最省.

【例 3.62】 如图 3-16 所示,把一根直径为 d 的圆木锯成截面为矩形的梁. 问:矩形截面的高 h 和宽 b 应如何选择才能使梁的抗弯截面模量 $W(W = \frac{1}{6}bh^2)$ 最大?

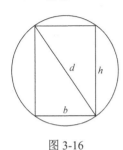

图 3-16

解 由图 3-16 知 h 与 b 的关系为

$$h^2 = d^2 - b^2.$$

目标函数为

$$W = \frac{1}{6}b(d^2 - b^2) \quad (0 < b < d).$$

于是问题转化为当 b 为何值时目标函数 W 取得最大值.

为此,求 W 对 b 的导数,即

$$W' = \frac{1}{6}(d^2 - 3b^2).$$

令 $W' = 0$,得驻点 $b = \sqrt{\frac{1}{3}}d$.

由于梁的最大抗弯截面模量一定存在,且在 $(0,d)$ 内部取得,又函数 $W = \frac{1}{6}b(d^2 - b^2)$

在 $(0,d)$ 内只有一个驻点,所以当 $b = \sqrt{\frac{1}{3}}d$ 时,W 的值最大. 此时

$$h^2 = d^2 - b^2 = d^2 - \frac{1}{3}d^2 = \frac{2}{3}d^2,$$

即 $h = \sqrt{\frac{2}{3}}d$.

所以 $d:h:b = \sqrt{3}:\sqrt{2}:1$.

【例 3.63】 某快餐店每月对汉堡的需求与价格的关系为 $P(x) = \frac{60000-x}{20000}$,其中 x 为需求量,P 为价格. 又设生产 x 个汉堡的成本为 $C(x) = 5000 + 0.56x$ $(0 \leqslant x \leqslant 50000)$. 问:当产量为多少时,快餐店才能获得最大利润?

解 当销售 x 个汉堡时,总收益函数为

$$R = R(x) = xP(x) = \frac{60000x - x^2}{20000}.$$

总利润函数,即目标函数为

$$L = L(x) = R(x) - C(x) = \frac{60000x - x^2}{20000} - 5000 - 0.56x$$

$$= 2.44x - \frac{x^2}{20000} - 5000 \quad (0 \leqslant x \leqslant 50000).$$

令 $L'(x) = 2.44 - \frac{x}{10000} = 0$，得唯一的驻点 $x = 24400$．因为该问题显然有最大值，所以此驻点一定是最大值点．所以当 $x = 24400$ 时，快餐店可以获得最大利润．

3.6.4 建模案例：客房的定价问题

某宾馆有 150 个客房，经过一段时间的试运营，经理得到了一些数据：每间客房定价为 160 元时，入住率为 55%；每间客房定价为 140 元时，入住率为 65%；每间客房定价为 120 元时，入住率为 75%；每间客房定价为 100 元时，入住率为 85%．欲使宾馆每天的收入最高，每间客房应如何定价？

1. 模型分析

客房定价越高，入住率越低；反之，客房定价越低，入住率越高．需要确定一个定价，使宾馆收入最高．

2. 模型假设

（1）每间客房的最高定价为 160 元；
（2）据经理提供的数据，随着房价的下降，入住率呈线性增长；
（3）宾馆每间客房定价相等．

3. 模型建立与求解

设 y 表示宾馆一天的总收入，与 160 元相比每间客房的房价降低 x 元．由假设（2）可得，房价每降低 1 元，入住率就增加 $10\% \div 20 = 0.005$．因此，
$$y = 150 \times (160 - x) \times (0.55 + 0.005x).$$

由 $0 \leqslant 0.55 + 0.005x \leqslant 1$，得 $0 \leqslant x \leqslant 90$．于是，问题转化为当 $0 \leqslant x \leqslant 90$ 时，y 的最大值是多少？求导，得

$$y' = \frac{75}{2} - \frac{3}{2}x.$$

令 $y' = 0$，得 $x = 25$，所以当 $x = 25$ 时，y 取最大值，即最大收入对应的住房定价为 135 元，相应的入住率为 $0.55 + 0.005 \times 25 = 67.5\%$，最大收入为 $150 \times 135 \times 67.5\% = 13668.75$（元）．

4. 模型分析与检验

（1）容易验证，此收入在已知各种定价对应的收入中是最大的．如果为了便于管理，定价为 140 元/(间·天)也是可以的，因为此时它与最大收入之差仅为 18.75 元．
（2）如果定价为 180 元/(间·天)，入住率应为 45%，其相应收入只有 12150 元．因此假设（1）是合理的，这是由于二次函数在[0,90]内只有一个极大值点 $x = 25$．

练习 3.6

1. 求下列函数的单调区间：

（1）$y = x^3 - 3x^2$；

（2）$y = x^2 - 5x + 6$；

（3）$y = x^3 - 9x^2 + 27x - 27$；

（4）$y = 2x^2 - \ln x$；

（5）$y = x - e^x$；

（6）$y = \dfrac{x}{1+x}$.

2. 求下列函数极值：

（1）$y = 2x^3 - 6x^2 - 18x + 7$；

（2）$y = (x-5)^2 \cdot \sqrt[3]{(x+1)^2}$；

（3）$y = x^2 \ln x$；

（4）$y = x^2 e^{-x^2}$.

3. 求下列函数在给定区间上的最大值与最小值：

（1）$y = 2 + x - x^2$，$x \in [0,5]$；

（2）$y = \ln(x^2 + 1)$，$x \in [-1,2]$.

4. 利用函数的单调性证明下列不等式：

（1）$3 - \dfrac{1}{x} < 2\sqrt{x}$ $(x > 1)$；

（2）$\sin x < x \left(0 < x < \dfrac{\pi}{2} \right)$.

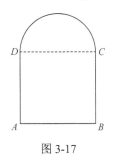

图 3-17

5. 欲制作一个体积为 30m^3 的圆柱形无盖容器，其底用钢板，侧面用铝板，若已知每平方米钢板的价格为铝板的 3 倍，试问如何取圆柱的高和半径才能使造价最低？

6. 一窗户的形状是一半圆加一矩形，如图 3-17 所示，若要使窗户所围的面积为 5m^2. 问：AB 和 BC 的长各为多少时，能使做窗户所用材料最少？

7. 某工厂生产某种产品，每批生产 q 个产品的成本函数为 $C(q) = 3 + q$（单位：百元），可得总收入函数为 $R(q) = 6q - q^2$（单位：百元）. 问：每批生产多少个产品时才能使利润最大？最大利润是多少？

3.7 函数的凹凸性与拐点

1. 曲线凹凸性及拐点的概念

在图 3-18 中，虽然两条曲线弧从 A 到 B 都是上升的，但图形却有明显的不同，通常称曲线弧 $\overgroup{ACB}$ 是凸的，曲线弧 $\overgroup{ADB}$ 是凹的. 为了准确刻画函数图形的这个特点，需要研究曲线的凹凸性及其判别法.

根据曲线与其上各点切线的位置关系，对于曲线的特性给出如下定义.

定义 3.4 在区间 (a,b) 内，如果 $y = f(x)$ 的曲线位于其任意一点处的切线的上方，那么曲线在 (a,b) 内是**凹**的；如果 $y = f(x)$ 的曲线位于其任意一点处的切线的下

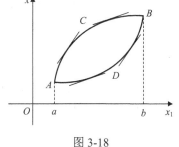

图 3-18

方，那么曲线在 (a,b) 内是**凸的**.

定义 3.5　连续曲线上的凹弧与凸弧的分界点称为曲线的**拐点**.

2. 曲线凹凸性及拐点的判断

如图 3-19（a）所示，对于凹的曲线，切线的斜率 $f'(x)$ 随 x 的增大而增大，故 $f'(x)$ 是单调递增的，因而 $f''(x)>0$；如图 3-19（b）所示，对于凸的曲线，切线的斜率 $f'(x)$ 随 x 的增大而减小，故 $f'(x)$ 是单调递减的，因而 $f''(x)<0$ ．这表明曲线的凹凸性可由 $f''(x)$ 的符号来确定．

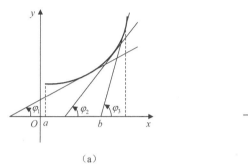
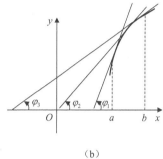

（a）　　　　　　　　　　　　　（b）

图 3-19

定理 3.15　设 $y=f(x)$ 在 $[a,b]$ 上连续，在 (a,b) 内具有一阶和二阶导数.

（1）若在 (a,b) 内，$f''(x)>0$ ，则 $f(x)$ 在 $[a,b]$ 上的图形是凹的；

（2）若在 (a,b) 内，$f''(x)<0$ ，则 $f(x)$ 在 $[a,b]$ 上的图形是凸的.

由于拐点是曲线凹凸的分界点，所以拐点左、右邻近的二阶导数符号必相反．因此，在拐点 (x_0,y_0) 处有 $f''(x_0)=0$ 或 $f''(x_0)$ 不存在.

可按以下步骤来确定函数 $f(x)$ 的凹凸性和拐点：

（1）确定函数 $f(x)$ 的定义域；

（2）求 $f'(x)$ ，$f''(x)$ （将其化为最简形式）；

（3）求出 $f''(x)=0$ 的点和 $f''(x)$ 不存在点，由这些点将定义域分为若干子区间；

（4）列表考察 $f''(x)$ 在各子区间的符号，以此确定函数 $f(x)$ 的凹凸性；

（5）函数 $f(x)$ 凹凸性发生改变的点即为 $f(x)$ 的拐点.

┃例 3.64┃　判断曲线 $y=\ln x$ 的凹凸性.

解　函数 $y=\ln x$ 的定义域为 $(0,+\infty)$ ．因为

$$y'=\frac{1}{x}, \qquad y''=-\frac{1}{x^2},$$

所以在 $(0,+\infty)$ 内，$y''<0$ ，所以曲线 $y=\ln x$ 是凸的.

┃例 3.65┃　判断曲线 $y=x^3$ 的凹凸性.

解　函数 $y=x^3$ 的定义域为 $(-\infty,+\infty)$ ，且

$$y'=3x^2, \quad y''=6x.$$

令 $y''=0$ ，得 $x=0$ ．当 $x<0$ 时，$y''<0$ ；当 $x>0$ 时，$y''>0$ ．所以曲线在 $(-\infty,0]$ 内为凸的，在 $[0,+\infty)$ 内为凹的.

┃例 3.66┃ 判定曲线 $y = \dfrac{1}{x}$ 的凹凸性及拐点.

解　函数的定义域为 $(-\infty,0)\bigcup(0,+\infty)$. 因为

$$y' = -\frac{1}{x^2}, \quad y'' = \frac{2}{x^3},$$

所以当 $x>0$ 时，$y''>0$；当 $x<0$ 时，$y''<0$. 因此，曲线在 $(-\infty,0)$ 内是凸的，在 $(0,+\infty)$ 内是凹的. 但由于函数 $y = \dfrac{1}{x}$ 在点 $x=0$ 处无意义，故曲线无拐点.

┃例 3.67┃ 确定函数 $f(x) = 3x^4 - 4x^3 + 1$ 的凹凸区间及拐点.

解　函数 $f(x)$ 的定义域为 $(-\infty,+\infty)$，且

$$f'(x) = 12x^3 - 12x^2, \quad f''(x) = 36x^2 - 24x = 12x(3x-2).$$

令 $f''(x) = 0$，得 $x_1 = 0$，$x_2 = \dfrac{2}{3}$.

列表（表 3-3）讨论如下（其中"$\cup$"表示曲线是凹的，"$\cap$"表示曲线是凸的）：

表 3-3

x	$(-\infty,0)$	0	$\left(0,\dfrac{2}{3}\right)$	$\dfrac{2}{3}$	$\left(\dfrac{2}{3},+\infty\right)$
$f''(x)$	+	0	−	0	+
$f(x)$	$\cup$	拐点	$\cap$	拐点	$\cup$

由表 3-3 可知，曲线 $f(x)$ 在区间 $\left(0,\dfrac{2}{3}\right)$ 上是凸的，在区间 $(-\infty,0)$，$\left(\dfrac{2}{3},+\infty\right)$ 上是凹的；拐点为 $(0,1)$ 和 $\left(\dfrac{2}{3},\dfrac{11}{27}\right)$.

练习 3.7

1. 求函数 $y = 3x - x^3$ 的凹凸区间及拐点.

2. 讨论下列函数的凹凸区间，并求出拐点：

（1）$f(x) = \dfrac{10}{3}x^3 + 5x^2 + 10$；　　　（2）$f(x) = x^2 \ln x$；

（3）$f(x) = \dfrac{1}{1+x^2}$；　　　（4）$f(x) = xe^{-x}$.

*3.8　函数图形的描绘

3.8.1　曲线的渐近线

为较准确地描绘函数图形，除了知道曲线的单调性与极值、凹凸性及拐点等性态外，还需要了解无限远离坐标原点时曲线的变化情况，这就是接下来要讨论的曲线的渐近线问题.

1. 垂直渐近线（垂直于 x 轴的渐近线）

定义 3.5　如果 $\lim\limits_{x \to a} f(x) = \infty$ 或 $\lim\limits_{x \to a^+} f(x) = \infty$ 或 $\lim\limits_{x \to a^-} f(x) = \infty$，那么 $x = a$ 就是曲线 $y = f(x)$ 的一条垂直渐近线.

例如，曲线 $y = \dfrac{1}{x}$ 有一条垂直渐近线 $x = 0$.

2. 水平渐近线（平行于 x 轴的渐近线）

定义 3.6　如果 $\lim\limits_{x \to \infty} f(x) = b$ 或 $\lim\limits_{x \to +\infty} f(x) = b$ 或 $\lim\limits_{x \to -\infty} f(x) = b$（$b$ 为常数），那么 $y = b$ 就是曲线 $y = f(x)$ 的一条水平渐近线.

例如，曲线 $y = \arctan x$ 有两条水平渐近线 $y = \dfrac{\pi}{2}$，$y = -\dfrac{\pi}{2}$.

┃例 3.68┃　求曲线 $y = \dfrac{1}{x - 5}$ 的水平渐近线和垂直渐近线.

解　因为 $\lim\limits_{x \to \infty} \dfrac{1}{x - 5} = 0$，所以 $y = 0$ 是曲线的水平渐近线.

又因为 $x = 5$ 是函数 $y = \dfrac{1}{x - 5}$ 的间断点，且 $\lim\limits_{x \to 5} \dfrac{1}{x - 5} = \infty$，所以 $x = 5$ 是曲线的垂直渐近线.

┃例 3.69┃　求曲线 $y = \dfrac{x}{(x + 2)(x - 3)}$ 的水平渐近线和垂直渐近线.

解　因为 $\lim\limits_{x \to \infty} \dfrac{x}{(x + 2)(x - 3)} = 0$，所以 $y = 0$ 是曲线的水平渐近线.

又因为 $\lim\limits_{x \to -2} \dfrac{x}{(x + 2)(x - 3)} = \infty$，所以 $x = -2$ 是曲线的垂直渐近线；同理 $x = 3$ 也是曲线的垂直渐近线.

3.8.2　函数作图

在初等数学中通常运用描点法作函数的图形，但是图形上的一些关键点（如极值点和拐点），却往往得不到反映. 现在我们掌握了利用导数来分析函数的主要性态，并且也可以求出曲线的渐近线，从而对函数图形的变化有了较全面的了解. 因此，结合描点法可以较准确地描绘出函数的图形.

描绘函数图形的具体步骤如下：

（1）确定函数的定义域；

（2）确定曲线关于坐标轴的对称性；

（3）判断函数的单调区间与极值；

（4）确定函数的凹凸区间和拐点；

（5）求出曲线的渐近线；

（6）求出曲线特殊点（与坐标轴的交点、极值点、拐点等）；

（7）列表讨论并描绘函数的图形.

【例 3.70】 作函数 $f(x)=\dfrac{1}{\sqrt{2\pi}}\mathrm{e}^{-\frac{1}{2}x^2}$ 的图形.

解 函数 $f(x)$ 为偶函数，定义域为 $(-\infty,+\infty)$，图形关于 y 轴对称. 求导，得

$$f'(x)=-\dfrac{x}{\sqrt{2\pi}}\mathrm{e}^{-\frac{1}{2}x^2},\quad f''(x)=\dfrac{(x+1)(x-1)}{\sqrt{2\pi}}\mathrm{e}^{-\frac{1}{2}x^2}.$$

令 $f'(x)=0$，得驻点 $x=0$；再令 $f''(x)=0$，得 $x_1=-1$ 和 $x_2=1$.

列表 3-4 分析如下：

表 3-4

x	$(-\infty,-1)$	-1	$(-1,0)$	0	$(0,1)$	1	$(1,+\infty)$
$f'(x)$	+	+	+	0	−	−	−
$f''(x)$	+	0	−	−	−	0	+
$f(x)$	↗∪	$\left(-1,\dfrac{1}{\sqrt{2\pi e}}\right)$拐点	↗∩	$\dfrac{1}{\sqrt{2\pi}}$ 极大值	↘∩	$\left(1,\dfrac{1}{\sqrt{2\pi e}}\right)$拐点	↘∪

因为 $\lim\limits_{x\to\infty}\dfrac{1}{\sqrt{2\pi}}\mathrm{e}^{-\frac{1}{2}x^2}=0$，所以曲线有水平渐近线 $y=0$. 先作出区间 $(0,+\infty)$ 内的图形，然后利用对称性作出区间 $(-\infty,0)$ 内的图形，如图 3-20 所示.

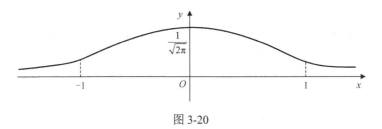

图 3-20

练习 3.8

1. 求下列曲线的渐近线：

（1）$y=\dfrac{(x-1)^3}{(x+1)^3}$；　　（2）$y=\dfrac{x+3}{(x-1)(x-2)}$；　　（3）$y=\dfrac{\ln x}{\sqrt{x}}$；　　（4）$y=\dfrac{\mathrm{e}^x}{1+x}$.

2. 描绘下列函数的图形：

（1）$y=\dfrac{x^3}{3}-x$；　　　　　　　　（2）$y=x-\ln(1+x)$.

■■■■■■■■■■ **数学实验：用MATLAB求导数和极值** ■■■■■■■■■■

用 MATLAB 求导数和极值的格式如下：

```
diff(f(x),x,n)
```

作用 求函数 $f(x)$ 对 x 的 n 阶导数，diff(f(x)) 表示 $f(x)$ 对 x 的一阶导数.

▌例1▐ 求 $y = e^x \sin x$ 的一阶导数.

解 代码和运行结果如下:

```
>> syms x
>> diff(exp(x)*sin(x))
ans =
     exp(x)*sin(x)+exp(x)*cos(x)
```

所以 $(e^x \sin x)' = e^x \sin x + e^x \cos x$.

▌例2▐ 求 $y = x^5 \ln x$ 的二阶导数.

解 代码和运行结果如下:

```
>> syms x y
>> y=x^5*log(x);                %在语句末加分号,表示结果不显示
>> diff(y,x,2)
ans =
     20*x^3*log(x)+9*x^3
```

所以 $(x^5 \ln x)'' = 20x^3 \ln x + 9x^3$.

小实验 求 $y = \sin x^2$ 的二阶导数.

▌拓展阅读

微积分的创立及其历史意义

人类文明的每一次飞跃,总是以数学成果的井喷式涌现为前奏.当现有的数学工具无法满足社会生产、生活的需要时,也就意味着数学上新的瓶颈需要突破.当历史的车轮来到 17 世纪,天文、航海、运动、光学、几何学等诸多领域积压了大量难题,人们归纳为以下四类.

拓展阅读:微积分的创立及其历史意义

第一类 瞬时速度问题.当物体做变速运动时,运动路程表示为时间的函数,那么,如何求物体在任意时刻的速度和加速度?

第二类 切线问题.光线射入透镜的入射角就是光线与镜面曲线法线(法线是过切点且垂直于切线的直线)的夹角,那么,如何求出该入射角,以便应用光的反射和折射定律?还有,在研究物体的曲线运动时,如何确定其轨迹上任一点的运动方向(即轨迹的切线方向)等问题.

第三类 最优值问题.生产实践中常遇到求最值问题,如炮弹发射时,发射角多大炮弹可获得最大射程?又如一定条件下,如何才能使收益最大、成本最低、效率最高等.

第四类 求曲线长、曲线围成的面积、曲面围成的体积、物体的重心等问题.

17 世纪下半叶,牛顿和莱布尼茨在前人工作的基础上分别从运动学和几何学的角度独自完成了微积分的总结性工作.这标志着微积分学的诞生.

恩格斯说:"在一切理论成就中,未必再有什么像 17 世纪下半叶微积分的发现那样被看作人类精神的最高胜利了."

微积分学创造性地使用了"微小的区间里以直代曲或以恒定代替非恒定"的方法,解决了束缚各科学领域发展的四大难题.这也告诉我们,面对困难,不要放弃,要认真研究、大胆设想、适当简化、小心求证,问题就可能迎刃而解.

━━━━━━━━━━━━━━━━━ **本模块知识要点** ━━━━━━━━━━━━━━━━━

一、基础知识脉络

$$一元函数微分学及应用 \begin{cases} 导数 \begin{cases} 导数的概念（变化率问题）：f'(x_0) = \lim\limits_{\Delta x \to 0} \dfrac{\Delta y}{\Delta x} \\ 导数的几何意义：f'(x_0) = k_{切} \\ 导数的物理意义 \\ 高阶导数 \\ 求导运算（基本公式、四则运算、复合函数求导等） \end{cases} \\ 微分 \begin{cases} 微分的概念：\Delta y的线性主部 \\ 微分的计算：dy = f'(x)dx \\ 微分在近似计算上的应用：\Delta y \approx dy \end{cases} \\ 导数的应用 \begin{cases} 用洛必达法则求极限 \\ 利用导数判断函数单调性、求极值和最值 \\ 利用导数判断曲线的凹凸性和拐点 \end{cases} \\ 知识拓展：建立实际问题的最优值模型并求解 \end{cases}$$

二、重点与难点

1. 重点

（1）理解导数的概念，掌握其几何意义、物理意义及可导与连续的关系；
（2）熟练导数的运算（基本求导公式、四则运算、复合函数和隐函数的求导等）；
（3）理解微分的概念，会计算函数的微分，并了解凑微分运算；
（4）掌握导数的应用（洛必达法则、函数的单调性和极值、曲线的凹凸性和拐点）.

2. 难点

（1）隐函数的求导和对数求导法；
（2）凑微分运算；
（3）建立实际问题的最优值模型并求解.

━━━━━━━━━━━━━━━━ **习题 3** ━━━━━━━━━━━━━━━━

A 组

1. 选择题：
（1）若 $f(x) = x^2 + 2x + 3$，则 $f'(x) = ($ 　　$)$.

A. $2x+2$　　　B. $2x$　　　C. x^2+3　　　D. 2

（2）曲线 $y=\dfrac{1}{2}(x+\sin x)$ 在点 $x=0$ 处的切线方程为（　　）.

A. $y=x$　　　B. $y=-x$　　　C. $y=x-1$　　　D. $y=-x-1$

（3）曲线 $y=x-e^x$ 在点（　　）处的切线平行于 x 轴.

A. $(1,1)$　　　B. $(-1,1)$　　　C. $(0,-1)$　　　D. $(0,1)$

（4）下列函数在区间 $(-\infty,+\infty)$ 上单调增加的有（　　）.

A. $y=\sin x$　　　B. $y=x^2$　　　C. $y=e^x$　　　D. $y=3-x$

（5）下列结论正确的是（　　）.

A. 若 x_0 是 $f(x)$ 的极值点，且 $f'(x_0)$ 存在，则必有 $f'(x_0)=0$

B. 若 x_0 是 $f(x)$ 的极值点，则 x_0 必是 $f(x)$ 的驻点

C. 若 $f'(x_0)=0$，则 x_0 必是 $f(x)$ 的极值点

D. 使 $f'(x)$ 不存在的点 x_0，一定是 $f(x)$ 的极值点

（6）若 $f'(x_0)=0$，则 x_0 必是函数 $f(x)$ 的（　　）.

A. 驻点　　　B. 极大值点　　　C. 极小值点　　　D. 最大值点

2. 填空题：

（1）已知 $f(x)=x^3+3^x$，则 $f'(3)=$ _____.

（2）已知 $f(x)=x\sqrt{x}+\ln x$，则 $f''(x)=$ _____.

（3）曲线 $f(x)=\ln(1+x^2)$ 在点 $x=0$ 处的切线的斜率是 _____.

（4）函数 $f(x)=x+\dfrac{1}{x}$ 在区间 _____ 内是单调减少的.

（5）若函数 $f(x)$ 在 $[a,b]$ 内恒有 $f'(x)>0$，则 $f(x)$ 在 $[a,b]$ 上的最小值为 _____.

3. 设 $y=(1+\cos x+2x^2)^{10}$，求 y'.

4. 设 $y=x\sqrt{x}+\ln\cos x$，求 $\mathrm{d}y$.

5. 方程 $x^3=y^4+\sin y+1$ 确定了 y 是 x 的函数，求 y'.

6. 试求曲线 $x^2+4y^2=9$ 在点 $(1,\sqrt{2})$ 处的切线方程与法线方程.

7. 求下列极限：

（1）$\lim\limits_{x\to 0}\dfrac{\ln(1+2x^2)}{x\sin x}$；　　　（2）$\lim\limits_{x\to\infty}x\left(e^{\frac{1}{x}}-1\right)$.

8. 讨论函数 $f(x)=\sqrt{2x-x^2}$ 的单调性，并指出单调区间.

9. 求函数 $f(x)=x-\ln(x+1)$ 的极值.

10. 求曲线 $y=x+x^{\frac{5}{3}}$ 的凹凸区间及拐点.

11. 求函数 $y=e^{2x-x^2}$ 的单调区间、极值、曲线的凹凸区间及拐点.

12. 求函数 $f(x)=\dfrac{x-1}{x+1}$ 在闭区间 $[0,4]$ 上的最大值和最小值.

13. 某农场要围建一个面积为 $512\mathrm{m}^2$ 的矩形晒谷场，一边可以利用原来的石条沿，其他三边需要砌新的石条沿. 问：晒谷场的长及宽各为多少时用料最省？

B 组

1. 选择题：

（1）若 $f(x+1)=x^2+2x+4$ ，则 $f'(x)=$ （　　）.

    A. $2x+2$ B. $2x$ C. x^2+3 D. 2

（2）设 $y=f(x)$ 是可微函数，则 $\mathrm{d}f(\cos 2x)=$ （　　）.

    A. $2f'(\cos 2x)\mathrm{d}x$ B. $2f'(\cos 2x)\sin 2x\,\mathrm{d}(2x)$

    C. $-2f'(\cos 2x)\sin 2x\,\mathrm{d}x$ D. $-2f'(\cos 2x)\sin 2x\,\mathrm{d}(2x)$

（3）设 $f(x)=\mathrm{e}^{\sqrt{x}}$ ，则 $\lim\limits_{x\to 0}\dfrac{f(1+\Delta x)-f(1)}{\Delta x}=$ （　　）.

    A. $2\mathrm{e}$ B. e C. $\dfrac{1}{4}\mathrm{e}$ D. $\dfrac{1}{2}\mathrm{e}$

2. 填空题：

（1）已知函数 $f(x)$ 在 $x=0$ 的邻域内有定义，且 $f(0)=0$ ， $f'(0)=0$ ，则 $\lim\limits_{x\to 0}\dfrac{f(x)}{x}=$ _____.

（2）已知某种产品的成本函数为 $C(q)=100+\dfrac{q^2}{2}$ ，则边际成本为_____.

3. 求下列函数的导数：

（1）$y=\ln[\ln(\ln x)]$ ；   （2）$y=\sqrt{\ln^2 x+1}$ ；

（3）$y=x\sqrt{1-x^2}+\arcsin x$ ；   （4）$y=\dfrac{\mathrm{e}^x-\mathrm{e}^{-x}}{\mathrm{e}^x+\mathrm{e}^{-x}}$ ；

（5）$y=\dfrac{\cot 3x}{1-x^2}$ ；   （6）$y=\sqrt{x\sqrt{x\sqrt{x}}}$ ；

（7）$y=\mathrm{e}^{ax}\sin bx$ ；   （8）$y=\ln\left(\tan\dfrac{x}{2}\right)$.

4. 已知 $f'(x)$ 存在，且 $y=f(\sin x)$ ，求 y'' .

5. 求下列方程所确定的隐函数 $y=y(x)$ 的导数 y' .

（1）$x\mathrm{e}^y-y\mathrm{e}^x=x$ ；   （2）$\dfrac{x}{y}=\ln(xy)$.

6. 求下列函数的导数：

（1）$y=\sqrt{\dfrac{x(x-1)}{(x-2)(x+3)}}$ ；   （2）$y=\left(1+\dfrac{1}{x}\right)^x$.

7. 求星型线 $\begin{cases}x=a\cos^3 t,\\ y=b\sin^3 t\end{cases}$ 上任一点处切线的斜率.

8. 将适当的函数填入括号内，使等式成立.

（1）$\mathrm{d}(\quad)=\dfrac{1}{\sqrt{x}}\mathrm{d}x$ ； （2）$\mathrm{d}(\quad)=\cos 3x\,\mathrm{d}x$ ；   （3）$\mathrm{d}(\quad)=-\dfrac{1}{x^2}\mathrm{d}x$ ；

（4）$\mathrm{d}(\quad)=\mathrm{e}^{2x}\mathrm{d}x$ ； （5）$\mathrm{d}(\quad)=\sec^2 2x\,\mathrm{d}x$ ；   （6）$\mathrm{d}(\quad)=\dfrac{1}{x\ln x}\mathrm{d}x$.

9. 用洛必达法则求下列极限:

（1）$\lim\limits_{x\to 0}\dfrac{e^{x^3}-1-x^3}{\sin^6(2x)}$;

（2）$\lim\limits_{x\to 0^+}\dfrac{\ln(\sin 3x)}{\ln(\sin 2x)}$;

（3）$\lim\limits_{x\to\infty}x\left(e^{\frac{1}{x}}-1\right)$;

（4）$\lim\limits_{x\to 0^+}x^x$.

10. 有一批半径为 1cm 的球，为了提高球面的光洁度，要镀上一层铜，厚度为 0.01cm，试估计每只球需用铜多少克？（铜的密度为 8.9g/cm³）

11. 某学生在一家面包店打工，经过一段时间的统计发现，某种面包以每个 2 元的价格销售时，每天能卖 500 个，价格每提高 1 角，每天就少卖 10 个，面包店每天的固定开销为 40 元，每个面包的成本为 1.5 元. 问：如何确定面包的价格，才能使每天获得的利润最大？最大利润是多少？

模块3习题解答

一元函数积分学及应用

一元函数积分学
导学

微积分产生的科学背景是自然科学的革命、运动与变化的研究、解析几何和函数概念的建立. 微分学的基本问题：已知一个函数，求它的导数. 但在科学技术领域中会遇到与此相反的问题，如曲边图形的面积与曲顶形体的体积，以及变速运动已知瞬时速度求路程等. 已知一个函数的导数，要求原来的函数，由此就产生了积分学. 积分学由不定积分和定积分两个基本部分组成，本章主要讨论不定积分和定积分的概念、性质、基本积分方法以及定积分的应用.

4.1 原函数与不定积分

4.1.1 原函数与不定积分的定义

定义 4.1 设 $f(x)$ 是定义在区间 D 上的一个函数，如果存在一个函数 $F(x)$，对于每一点 $x \in D$ 都有 $F'(x) = f(x)$，则称 $F(x)$ 为 $f(x)$ 在区间 D 上的一个**原函数**.

例如，$\left(\dfrac{1}{2}x^2\right)' = x$，所以 $\dfrac{1}{2}x^2$ 是 x 的一个原函数，$x \in (-\infty, +\infty)$.

又如，$(\sin x)' = \cos x$，所以 $\sin x$ 是 $\cos x$ 的一个原函数.

再如，$(\sqrt{x})' = \dfrac{1}{2\sqrt{x}}$，所以 $\sqrt{x}$ 是 $\dfrac{1}{2\sqrt{x}}$ 的一个原函数.

关于原函数，有如下说明：

（1）如果函数 $f(x)$ 在定义区间上是连续的，那么在这个区间上存在可导函数 $F(x)$，使得 $F'(x) = f(x)$；

（2）如果 $F(x)$ 是 $f(x)$ 在某区间上的一个原函数，则函数族 $F(x) + C$（C 为任意常数）都是 $f(x)$ 在该区间上的原函数，因为 $[F(x) + C]' = F'(x) = f(x)$；

（3）如果 $F(x)$ 是 $f(x)$ 在某区间上的一个原函数，则 $F(x) + C$ 包含 $f(x)$ 在该区间上的所有原函数.

定义 4.2 $f(x)$ 在区间 D 上的全体原函数称为 $f(x)$ 在 D 上的**不定积分**. 记作：

$$\int f(x)\mathrm{d}x.$$

称 $\int$ 为积分号，$f(x)$ 为被积函数，$f(x)\mathrm{d}x$ 为被积表达式，x 为积分变量.

显然，若 $F(x)$ 为 $f(x)$ 的一个原函数，则
$$\int f(x)\mathrm{d}x = F(x) + C，$$
其中，C 为任意常数，也可称为积分常数.

注意不定积分是已知导函数 $f(x)$，求其所有原函数的运算，是求导运算的逆运算.

┃例 4.1┃ 求不定积分 $\int x^4 \mathrm{d}x$.

解　因为 $\left(\dfrac{1}{5}x^5\right)' = x^4$，所以不定积分 $\int x^4 \mathrm{d}x = \dfrac{1}{5}x^5 + C$.

┃例 4.2┃ 求不定积分 $\int \dfrac{1}{x}\mathrm{d}x$.

解　因为当 $x > 0$ 时，$(\ln x)' = \dfrac{1}{x}$，所以
$$\int \frac{1}{x}\mathrm{d}x = \ln x + C\,(x > 0)；$$
又因为当 $x < 0$ 时，$[\ln(-x)]' = \dfrac{1}{-x}\cdot(-1) = \dfrac{1}{x}$，所以
$$\int \frac{1}{x}\mathrm{d}x = \ln(-x) + C\,(x < 0).$$

合并，得
$$\int \frac{1}{x}\mathrm{d}x = \ln|x| + C\,(x \neq 0).$$

4.1.2　不定积分基本公式

由不定积分的定义可知，不定积分与求导互逆，因此可以从导数公式推出相应的不定积分公式. 下面列出不定积分基本公式及其对应的求导公式（表 4-1）.

不定积分基本公式

表 4-1

对应导数公式	基本积分公式
$(kx)' = k$	$\int k\mathrm{d}x = kx + C$
$(x^{a+1})' = (a+1)x^a$，即 $\left(\dfrac{1}{a+1}x^{a+1}\right)' = x^a$	$\int x^a \mathrm{d}x = \dfrac{1}{a+1}x^{a+1} + C\ \ (a \neq -1)$
$(\ln x)' = \dfrac{1}{x}$	$\int \dfrac{1}{x}\mathrm{d}x = \ln|x| + C$
$(a^x)' = a^x \ln a$，即 $\left(\dfrac{a^x}{\ln a}\right)' = a^x$	$\int a^x \mathrm{d}x = \dfrac{a^x}{\ln a} + C$
$(\mathrm{e}^x)' = \mathrm{e}^x$	$\int \mathrm{e}^x \mathrm{d}x = \mathrm{e}^x + C$
$(\cos x)' = -\sin x$，即 $(-\cos x)' = \sin x$	$\int \sin x\mathrm{d}x = -\cos x + C$
$(\sin x)' = \cos x$	$\int \cos x\mathrm{d}x = \sin x + C$
$(\tan x)' = \sec^2 x$	$\int \sec^2 x\mathrm{d}x = \int \dfrac{1}{\cos^2 x}\mathrm{d}x = \tan x + C$

对应导数公式	基本积分公式
$(\cot x)' = -\csc^2 x$ 即 $(-\cot x)' = \csc^2 x$	$\displaystyle\int \csc^2 x\,dx = \int \frac{1}{\sin^2 x}\,dx = -\cot x + C$
$(\sec x)' = \sec x \tan x$	$\displaystyle\int \sec x \tan x\,dx = \sec x + C$
$(\csc x)' = -\csc x \cot x$ 即 $(-\csc x)' = \csc x \cot x$	$\displaystyle\int \csc x \cot x\,dx = -\csc x + C$
$(\arctan x)' = \dfrac{1}{1+x^2}$	$\displaystyle\int \frac{1}{1+x^2}\,dx = \arctan x + C$
$(\arcsin x)' = \dfrac{1}{\sqrt{1-x^2}}$	$\displaystyle\int \frac{1}{\sqrt{1-x^2}}\,dx = \arcsin x + C$

以上基本积分公式表是求不定积分的基础, 必须牢记. 在实际应用中, 有时需要对被积函数作适当的变形.

┃例 4.3┃ 求不定积分 $\displaystyle\int x^3 \sqrt{x}\,dx$.

分析 把被积函数 $x^3 \sqrt{x}$ 化成 x^a 的形式, 再应用公式 $\displaystyle\int x^a\,dx = \frac{x^{a+1}}{a+1} + C\ (a \neq -1)$ 求解.

解 由于 $x^3 \sqrt{x} = x^3 x^{\frac{1}{2}} = x^{3+\frac{1}{2}} = x^{\frac{7}{2}}$, 所以

$$\int x^3 \sqrt{x}\,dx = \int x^{\frac{7}{2}}\,dx = \frac{1}{\frac{7}{2}+1} x^{\frac{7}{2}+1} + C = \frac{2}{9} x^{\frac{9}{2}} + C.$$

┃例 4.4┃ 求不定积分 $\displaystyle\int 5^x e^x\,dx$.

分析 把被积函数 $5^x e^x$ 化成 a^x 的形式, 再应用公式 $\displaystyle\int a^x\,dx = \frac{a^x}{\ln a} + C$ 求导.

解 由于 $5^x e^x = (5e)^x$, 所以

$$\int 5^x e^x\,dx = \int (5e)^x\,dx = \frac{(5e)^x}{\ln(5e)} + C.$$

4.1.3 不定积分的性质

性质 1 积分运算与求导 (或微分) 运算互为逆运算:

(1) $\left[\displaystyle\int f(x)\,dx\right]' = f(x)$ 或 $d\displaystyle\int f(x)\,dx = f(x)\,dx$;

(2) $\displaystyle\int F'(x)\,dx = F(x) + C$ 或 $\displaystyle\int dF(x) = F(x) + C$.

性质 2 (线性性质) 若 $f(x)$ 和 $g(x)$ 是可积函数, k 是常数, 则

(1) $\displaystyle\int [f(x) \pm g(x)]\,dx = \int f(x)\,dx \pm \int g(x)\,dx$;

(2) $\displaystyle\int kf(x)\,dx = k \int f(x)\,dx$.

不定积分的线性性质对于有限个函数的代数和也是成立的.

┃例 4.5┃ 求下列不定积分:

(1) $\displaystyle\int \frac{(x+1)^2}{x^2}\,dx$;

(2) $\displaystyle\int \frac{1}{x^2(x^2+1)}\,dx$;

（3）$\int \dfrac{1}{\sin^2 x \cos^2 x} dx$ ；　　　　　　　　（4）$\int \dfrac{\cos 2x}{\cos^2 x} dx$.

解　（1）由 $\dfrac{(x+1)^2}{x^2} = \dfrac{x^2 + 2x + 1}{x^2} = 1 + \dfrac{2}{x} + \dfrac{1}{x^2}$ ，得

$$\int \frac{(x+1)^2}{x^2} dx = \int \left(1 + \frac{2}{x} + \frac{1}{x^2}\right) dx = x + 2\ln|x| - \frac{1}{x} + C .$$

（2）由 $\dfrac{1}{x^2(x^2+1)} = \dfrac{(x^2+1) - x^2}{x^2(x^2+1)} = \dfrac{1}{x^2} - \dfrac{1}{x^2+1}$ ，得

$$\int \frac{1}{x^2(x^2+1)} dx = \int \left(\frac{1}{x^2} - \frac{1}{x^2+1}\right) dx = -\frac{1}{x} - \arctan x + C .$$

（3）由 $\dfrac{1}{\sin^2 x \cos^2 x} = \dfrac{\sin^2 x + \cos^2 x}{\sin^2 x \cos^2 x} = \dfrac{1}{\cos^2 x} + \dfrac{1}{\sin^2 x}$ ，得

$$\int \frac{1}{\sin^2 x \cos^2 x} dx = \int \left(\frac{1}{\cos^2 x} + \frac{1}{\sin^2 x}\right) dx = \tan x - \cot x + C .$$

（4）由二倍角公式 $\cos 2x = 2\cos^2 x - 1$ ，得

$$\int \frac{\cos 2x}{\cos^2 x} dx = \int \frac{2\cos^2 x - 1}{\cos^2 x} dx = \int \left(2 - \frac{1}{\cos^2 x}\right) dx = 2x - \tan x + C .$$

上述不定积分的计算都是对被积函数做适当恒等变形，再运用不定积分基本公式和线性性质求解的，这种方法称为**直接积分法**.

练习 4.1

1. 求下列不定积分：

（1）$\int x^2 dx$ ；　　　　　　（2）$\int \sqrt{x}\, dx$ ；　　　　　　（3）$\int \dfrac{1}{x^2} dx$ ；

（4）$\int 2^x dx$ ；　　　　　　（5）$\int x^2 \sqrt{x}\, dx$ ；　　　　　（6）$\int 3^x e^x dx$.

2. 已知 $\int f(x) dx = x^2 + C$ ，其中 C 为任意常数，则 $\int f(x^2) dx = ($　　　$)$.

　　A.　$x^5 + C$　　　　　B.　$x^4 + C$　　　　　C.　$\dfrac{1}{2} x^4 + C$　　　　　D.　$\dfrac{2}{3} x^3 + C$

3. 设 $F(x)$ 是可导函数 $f(x)$ 的一个原函数，C 为任意常数，则下列等式不正确的是（　　　）.

　　A.　$\int f'(x) dx = f(x) + C$　　　　　　　B.　$\left[\int f(x) dx\right]' = f(x)$

　　C.　$\int f(x) dx = F(x) + C$　　　　　　　D.　$\int F(x) dx = f(x) + C$

4. 已知 $\ln(1+x^2)$ 是函数 $f(x)$ 的一个原函数，则 $\int f'(x) dx = $ _____ .

5. 求下列不定积分：

（1）$\int (x^2 - 2x + 5) dx$ ；　　　（2）$\int \dfrac{2x^2 + 1}{x^2(x^2+1)} dx$ ；　　　（3）$\int \tan^2 x dx$ ；

（4）$\int \dfrac{e^{2x}-1}{e^{x}-1}dx$ ；　　　　　（5）$\int \cot^{2}xdx$ ；　　　　　（6）$\int \dfrac{\cos 2x}{\cos x-\sin x}dx$.

4.2　定积分的概念

前面学习了不定积分的概念，接下来了解定积分的概念（在学习中要注意两者的区别）.

4.2.1　引例（求总量模型）

引例 4.1（曲边梯形的面积）　曲边梯形是指将直角梯形（图 4-1）的斜边换成曲线所得到的图形. 设 $y=f(x)$ 在 $[a,b]$ 上非负、连续，由曲线 $y=f(x)$，直线 $x=a$、$x=b$ 和 x 轴所围成的图形称为曲边梯形（图 4-2），区间 $[a,b]$ 称为曲边梯形的底边，曲线 $y=f(x)$ 称为曲边梯形的曲边. 那么，如何计算曲边梯形的面积呢？

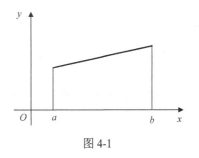
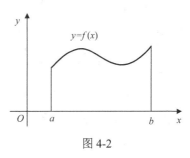

图 4-1　　　　　　　　　　　　　　　　图 4-2

问题分析　曲边梯形的高 $f(x)$ 在 $[a,b]$ 上是变动的，不方便直接计算，但高 $f(x)$ 是连续的，故在小范围内，高 $f(x)$ 变化很小，近似不变.

解决思路　把大的曲边梯形分割成小的曲边梯形，每个小曲边梯形可用小矩形近似代替，所有小矩形构成一个阶梯形，当曲边梯形无限细分时，阶梯形就会无限逼近曲边梯形，因此曲边梯形的面积可以用阶梯形的面积逼近.

模型建立和求解

（1）分割：把曲边梯形分割成 n 个小曲边梯形.

在区间 $[a,b]$ 上任意插入 $n-1$ 个分点，即

$$a=x_{0}<x_{1}<x_{2}<\cdots<x_{n-1}<x_{n}=b .$$

过各分点作垂直于 x 轴的直线，将整个曲边梯形分成 n 个小曲边梯形（图 4-3），第 i 个小曲边梯形的面积记为 ΔA_{i}，$i=1,2,\cdots,n$.

（2）近似代替：将每个小曲边梯形用小矩形近似代替.

在每个小区间 $[x_{i-1},x_{i}]$ 上任取一点 ξ_{i}，作以 $[x_{i-1},x_{i}]$ 为底、$f(\xi_{i})$ 为高的小矩形，并用它近似代替同底的小曲边梯形（图 4-4）. 令 $\Delta x_{i}=x_{i}-x_{i-1}$，则

$$\Delta A_{i}\approx f(\xi_{i})\Delta x_{i},\ i=1,2,\cdots,n .$$

（3）求和：求所有小矩形构成的阶梯形的面积.

阶梯形的面积是 n 个小矩形的面积之和，可作为曲边梯形面积 A 的近似值：

$$A = \sum_{i=1}^{n} \Delta A_i \approx \sum_{i=1}^{n} f(\xi_i) \Delta x_i.$$

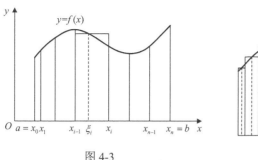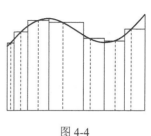

图 4-3　　　　　　　　　　　图 4-4

（4）取极限：无限细分，小矩形的面积之和逼近曲边梯形的精确面积.

记 $\lambda = \max\{\Delta x_1, \Delta x_2, \cdots, \Delta x_n\}$，则当 $\lambda \to 0$ 时，所有小区间 $[x_{i-1}, x_i]$ 的宽度 Δx_i 均趋向于零. 此时阶梯形的面积 $\sum_{i=1}^{n} f(\xi_i) \Delta x_i$ 趋向于曲边梯形的面积 A，即

$$A = \lim_{\lambda \to 0} \sum_{i=1}^{n} f(\xi_i) \Delta x_i.$$

引例 4.2（汽车的行驶路程）　如果汽车以变速度行驶，设汽车的瞬时速度 $v(t)$ 是一个连续函数，汽车出发时刻为 T_1，到达时刻为 T_2，求汽车的行驶路程 S.

问题分析　汽车的瞬时速度 $v(t)$ 在 $[T_1, T_2]$ 上是变动的，不方便直接计算，但在小范围内，$v(t)$ 变化很小，近似不变.

解决思路　把 $[T_1, T_2]$ 分割成很多小区间，在每个小区间上可近似看作匀速运动，求出每个小区间上的小路程，当无限细分时，小路程的和会无限逼近总路程 S.

模型建立和求解

（1）分割：如图 4-5 所示，把时间区间 $[T_1, T_2]$ 分成 n 个小时间区间 $[t_{i-1}, t_i], i = 1, 2, \cdots, n$，路程相应地被分为 n 个小路程 $\Delta S_i, i = 1, 2, \cdots, n$.

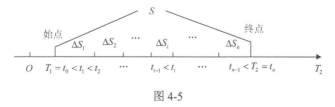

图 4-5

（2）近似代替：在小区间 $[t_{i-1}, t_i]$ 上任取一时刻 τ_i，以 $v(\tau_i)$ 近似代替这个小时间段上的平均速度，得

$$\Delta S_i \approx v(\tau_i) \Delta t_i, \quad i = 1, 2, \cdots, n.$$

（3）求和：将所有小路程 ΔS_i 的近似值加起来，便得到总路程 S 的近似值，即

$$S \approx \sum_{i=1}^{n} v(\tau_i) \Delta t_i.$$

（4）取极限：无限细分，上述和式将逼近于总路程 S 的精确值.

令 $\lambda = \max\limits_{1 \leqslant i \leqslant n}\{\Delta t_i\}$，则

$$S = \lim_{\lambda \to 0}\sum_{i=1}^{n}v(\tau_i)\Delta t_i .$$

4.2.2 定积分的定义

求总量模型可总结为"分割—近似代替—求和—取极限"几个步骤，从中可抽象出定积分的概念.

定积分的定义

定义 4.3 设函数 $f(x)$ 在闭区间 $[a,b]$ 上有定义. 用分点

$$a = x_0 < x_1 < x_2 < \cdots < x_{n-1} < x_n = b$$

把区间 $[a,b]$ 分成 n 个小区间

$$[x_{i-1}, x_i], \quad i = 1, 2, \cdots, n .$$

每个小区间 $[x_{i-1}, x_i]$ 的长度记为

$$\Delta x_i = x_i - x_{i-1}, \quad i = 1, 2, \cdots, n .$$

在每个小区间 $[x_{i-1}, x_i]$ 上任取一点 $\xi_i (i = 1, 2, \cdots, n)$，作乘积的和式

$$\sum_{i=1}^{n}f(\xi_i)\Delta x_i .$$

记 $\lambda = \max\{\Delta x_1, \Delta x_2, \cdots, \Delta x_n\}$，当 $\lambda \to 0$ 时，如果和式 $\sum\limits_{i=1}^{n}f(\xi_i)\Delta x_i$ 趋向于一个定数 I，

则称函数 $f(x)$ 在 $[a,b]$ 上可积，极限值 I 称为 $f(x)$ 在 $[a,b]$ 上的**定积分**，记作 $\int_a^b f(x)\mathrm{d}x$，即

$$\int_a^b f(x)\mathrm{d}x = \lim_{\lambda \to 0}\sum_{i=1}^{n}f(\xi_i)\Delta x_i = I .$$

称 $\int$ 为**积分号**，$f(x)$ 为**被积函数**，$f(x)\mathrm{d}x$ 为**被积表达式**，x 为**积分变量**，$[a,b]$ 为**积分区间**，a，b 分别为**积分下限**和**积分上限**.

根据定积分的定义，引例 4.1 和引例 4.2 都可以表示为定积分：

（1）由闭区间 $[a,b]$ 上连续曲线 $y = f(x) \geqslant 0$，直线 $x = a$、$x = b$ 和 x 轴所围成的曲边梯形的面积为

$$A = \int_a^b f(x)\mathrm{d}x .$$

（2）以连续的速度 $v(t)$ 做变速直线运动的物体，从时刻 T_1 到时刻 T_2 通过的路程为

$$S = \int_{T_1}^{T_2}v(t)\mathrm{d}t .$$

定积分定义的几点说明：

（1）定积分 $\int_a^b f(x)\mathrm{d}x$ 是一个数，它只与被积函数和积分区间有关，与积分变量用什么字母表示无关. 例如，

$$\int_a^b f(x)\mathrm{d}x = \int_a^b f(u)\mathrm{d}u = \int_a^b f(t)\mathrm{d}t .$$

（2）上述定积分定义中要求 $a < b$，为了便于计算和应用，规定：

① $\int_a^a f(x)\mathrm{d}x = 0;$ ② $\int_a^b f(x)\mathrm{d}x = -\int_b^a f(x)\mathrm{d}x.$

4.2.3　定积分的几何意义

假设 $f(x)$ 在 $[a,b]$ 上可积，由曲线 $y=f(x)$，直线 $x=a$、$x=b$ 和 x 轴所围成的曲边梯形的面积记为 A，则定积分有如下几何意义：

（1）当 $f(x) \geqslant 0$ 时，$\displaystyle\int_a^b f(x)\mathrm{d}x = A$；

（2）当 $f(x) \leqslant 0$ 时，$\displaystyle\int_a^b f(x)\mathrm{d}x = -A$；

（3）如果 $f(x)$ 在 $[a,b]$ 上的取值有正有负，那么曲边梯形可分成几个部分，每部分都在上半平面或在下半平面，此时定积分表示上半平面部分的面积减去下半平面部分的面积：

$$\int_a^b f(x)\mathrm{d}x = A_1 - A_2 + A_3，$$

其中，A_1,A_2,A_3 分别是图 4-6 中三部分曲边梯形的面积.

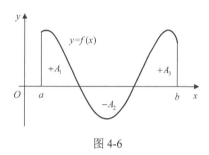

图 4-6

【例 4.6】　利用定积分的几何意义计算 $\displaystyle\int_0^1 \sqrt{1-x^2}\,\mathrm{d}x$.

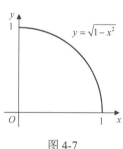

图 4-7

解　由 $y=\sqrt{1-x^2}$ 在 $[0,1]$ 上的图像（图 4-7）得，由曲线 $y=\sqrt{1-x^2}$，直线 $x=0$ 和 x 轴围成的曲边梯形是 1/4 单位圆，由定积分的几何意义，得

$$\int_0^1 \sqrt{1-x^2}\,\mathrm{d}x = \frac{\pi}{4}.$$

【例 4.7】　利用定积分的几何意义说明下列等式成立：

（1）$\displaystyle\int_{-1}^1 x^3 \mathrm{d}x = 0$；

（2）$\displaystyle\int_{-1}^1 x^2 \mathrm{d}x = 2\int_0^1 x^2 \mathrm{d}x$.

解　（1）因为积分区间 $[-1,1]$ 关于原点对称，且被积函数 $y=x^3$ 是连续奇函数，所以由曲线 $y=x^3$，直线 $x=-1$、$x=1$ 和 x 轴所围成的曲边梯形关于原点对称，如图 4-8 所示，从而该曲边梯形在上半平面部分的面积与在下半平面部分的面积相等，两者相减等于 0. 于是由定积分的几何意义，得

$$\int_{-1}^1 x^3 \mathrm{d}x = -A + A = 0.$$

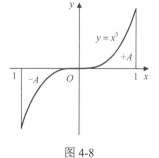

图 4-8

（2）因为积分区间 $[-1,1]$ 关于原点对称，且被积函数 $y=x^2$ 是连续偶函数，所以由曲线 $y=x^2$，直线 $x=-1$、$x=1$ 和 x 轴所围成的曲边梯形关于 y 轴对称，如图 4-9 所示，从而整个曲边梯形的面积是其在右半平面部分面积的两倍. 于是，由定积分的几何意义，得

$$\int_{-1}^1 x^2 \mathrm{d}x = 2\int_0^1 x^2 \mathrm{d}x.$$

一般地，有如下结论：设函数 $f(x)$ 在对称区间 $[-a,a]$ 上连续.

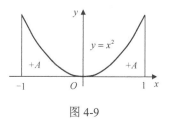

图 4-9

（1）若 $f(x)$ 是奇函数，则 $\int_{-a}^{a} f(x)\mathrm{d}x = 0$;

（2）若 $f(x)$ 是偶函数，则 $\int_{-a}^{a} f(x)\mathrm{d}x = 2\int_{0}^{a} f(x)\mathrm{d}x$.

例如，$\int_{-1}^{1} x\sqrt{1-x^2}\mathrm{d}x = 0$ ，$\int_{-1}^{1} \sqrt{1-x^2}\mathrm{d}x = 2\int_{0}^{1} \sqrt{1-x^2}\mathrm{d}x = 2\times\dfrac{\pi}{4} = \dfrac{\pi}{2}$.

4.2.4 定积分的基本性质

假设 $f(x)$ 和 $g(x)$ 在所讨论的区间上可积，k 和 h 是常数. 下面介绍定积分的几个基本性质.

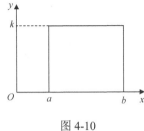

图 4-10

性质 1　常数函数的定积分为矩形的面积（图 4-10），即
$$\int_{a}^{b} k\mathrm{d}x = k(b-a).$$

推论　$\int_{a}^{b} 1\mathrm{d}x = \int_{a}^{b}\mathrm{d}x = b - a$ 和 $\int_{0}^{1} k\mathrm{d}x = k$.

性质 2　代数和的定积分等于定积分的代数和，即
$$\int_{a}^{b}\left[f(x)\pm g(x)\right]\mathrm{d}x = \int_{a}^{b} f(x)\mathrm{d}x \pm \int_{a}^{b} g(x)\mathrm{d}x .$$

▌例 4.8▐　已知 $\int_{0}^{\frac{\pi}{2}}\sin^2 x\mathrm{d}x = \int_{0}^{\frac{\pi}{2}}\cos^2 x\mathrm{d}x$ ，求 $\int_{0}^{\frac{\pi}{2}}\sin^2 x\mathrm{d}x$ 和 $\int_{0}^{\frac{\pi}{2}}\cos^2 x\mathrm{d}x$.

解　记 $A = \int_{0}^{\frac{\pi}{2}}\sin^2 x\mathrm{d}x = \int_{0}^{\frac{\pi}{2}}\cos^2 x\mathrm{d}x$ ，则

$$2A = A + A = \int_{0}^{\frac{\pi}{2}}\sin^2 x\mathrm{d}x + \int_{0}^{\frac{\pi}{2}}\cos^2 x\mathrm{d}x = \int_{0}^{\frac{\pi}{2}}(\sin^2 x + \cos^2 x)\mathrm{d}x = \int_{0}^{\frac{\pi}{2}} 1\mathrm{d}x = \frac{\pi}{2} .$$

故 $A = \dfrac{\pi}{4}$ ，从而

$$\int_{0}^{\frac{\pi}{2}}\sin^2 x\mathrm{d}x = \int_{0}^{\frac{\pi}{2}}\cos^2 x\mathrm{d}x = \frac{\pi}{4} .$$

性质 3　常数因子可提到定积分号前面，即
$$\int_{a}^{b} k f(x)\mathrm{d}x = k\int_{a}^{b} f(x)\mathrm{d}x .$$

性质 2 和性质 3 统称为定积分的线性性质.

▌例 4.9▐　计算定积分 $\int_{0}^{1}\left(5 + 4\sqrt{1-x^2}\right)\mathrm{d}x$.

解　由定积分的线性性质、常数的定积分和例 4.6，得
$$\int_{0}^{1}\left(5 + 4\sqrt{1-x^2}\right)\mathrm{d}x = \int_{0}^{1} 5\mathrm{d}x + 4\int_{0}^{1}\sqrt{1-x^2}\mathrm{d}x = 5 + 4\times\frac{\pi}{4} = 5 + \pi .$$

性质 4（区间可加性）　如图 4-11 所示，如果把区间 $[a, b]$ 分为两个区间 $[a, c]$ 和 $[c, b]$，则
$$\int_{a}^{b} f(x)\mathrm{d}x = \int_{a}^{c} f(x)\mathrm{d}x + \int_{c}^{b} f(x)\mathrm{d}x .$$

▌例 4.10▐　已知 $f(x) = \begin{cases} 7, & -4\leqslant x\leqslant 2, \\ 3, & 2\leqslant x\leqslant 6, \end{cases}$ 计算 $\int_{-4}^{6} f(x)\mathrm{d}x$.

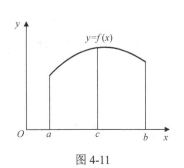

图 4-11

解　$\int_{-4}^{6} f(x)\mathrm{d}x = \int_{-4}^{2} f(x)\mathrm{d}x + \int_{2}^{6} f(x)\mathrm{d}x$

$= \int_{-4}^{2} 7\mathrm{d}x + \int_{2}^{6} 3\mathrm{d}x = 7 \times [2-(-4)] + 3 \times (6-2) = 54.$

性质 5（比较性质）　若在 $[a,b]$ 上有 $f(x) \leqslant g(x)$

（图 4-12），则

$$\int_{a}^{b} f(x)\mathrm{d}x \leqslant \int_{a}^{b} g(x)\mathrm{d}x .$$

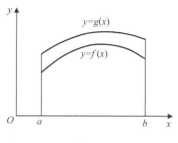

图 4-12

| 例 4.11 |　比较 $\int_{0}^{\frac{\pi}{4}} \sin x \mathrm{d}x$ 与 $\int_{0}^{\frac{\pi}{4}} \cos x \mathrm{d}x$ 的大小.

解　在区间 $\left[0, \dfrac{\pi}{4}\right]$ 上，$\sin x \leqslant \cos x$，由定积分的比较性质，得

$$\int_{0}^{\frac{\pi}{4}} \sin x \mathrm{d}x \leqslant \int_{0}^{\frac{\pi}{4}} \cos x \mathrm{d}x .$$

比较性质可得出如下推论：

推论　若 $f(x)$ 在 $[a,b]$ 上的最小值和最大值分别为 m 和 M，如图 4-13 所示，则

$$m(b-a) \leqslant \int_{a}^{b} f(x)\mathrm{d}x \leqslant M(b-a) .$$

性质 6（积分中值定理）　如果函数 $f(x)$ 在 $[a,b]$ 上连续，则在 $[a,b]$ 上至少存在一点 ξ，使得

$$\int_{a}^{b} f(x)\mathrm{d}x = f(\xi)(b-a) .$$

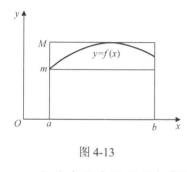

图 4-13

积分中值定理的几何解释：在 $[a,b]$ 上至少存在一点 ξ，使得以 $[a,b]$ 为底、以 $y = f(x)$ 为高的曲边梯形的面积等于同底而高为 $f(\xi)$ 的矩形的面积.

若 $f(x)$ 在 $[a,b]$ 上可积，则 $f(x)$ 在 $[a,b]$ 上的平均值定义为

$$\frac{1}{b-a} \int_{a}^{b} f(x)\mathrm{d}x .$$

于是，积分中值定理可重述为，若函数 $f(x)$ 在 $[a,b]$ 上连续，则在 $[a,b]$ 上至少存在一点 ξ，使得 $f(\xi)$ 等于 $f(x)$ 在 $[a,b]$ 上的平均值，如图 4-14 所示.

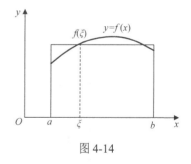

图 4-14

练习 4.2

1. 计算下列式子的值：

（1）$\int_{0}^{\pi} \sin x \mathrm{d}x - \int_{0}^{\pi} \sin u \mathrm{d}u$；　　（2）$\int_{1}^{\mathrm{e}} x\ln x \mathrm{d}x + \int_{\mathrm{e}}^{1} x\ln x \mathrm{d}x$；　　（3）$\int_{3}^{3} \mathrm{e}^{x^2} \mathrm{d}x$.

2. 根据定积分的几何意义，计算 $\int_{0}^{2} \sqrt{4-x^2}\,\mathrm{d}x = $ _____.

3. 根据函数的奇偶性和定积分的几何意义，计算 $\int_{-2}^{2} (|x| + \sin x)\mathrm{d}x = $ _____.

4. 已知 $\int_0^{\frac{\pi}{2}} \dfrac{\sin x}{\sin x + \cos x} dx = \int_0^{\frac{\pi}{2}} \dfrac{\cos x}{\sin x + \cos x} dx$ ，则 $\int_0^{\frac{\pi}{2}} \dfrac{\sin x}{\sin x + \cos x} dx = $ _____，

$\int_0^{\frac{\pi}{2}} \dfrac{\cos x}{\sin x + \cos x} dx = $ _____．

5. 计算定积分 $\int_{-2}^3 f(x)dx = $ _____，其中 $f(x) = \begin{cases} 4, & x \leqslant 0, \\ 5, & x > 0. \end{cases}$

6. 由曲线 $y = \cos x$ ，直线 $x = 0$ 、$x = \dfrac{\pi}{2}$ 和 x 轴所围成的曲边梯形的面积用定积分可

表示为_____．

4.3 微积分基本公式

微积分基本公式

4.3.1 积分上限函数

若 $f(t)$ 在 $[a,b]$ 上连续（图 4-15），任取 $[a,b]$ 上的一点 x ，$f(t)$ 在 $[a,x]$ 上连续，从而可积，构造函数

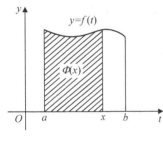

图 4-15

$$\Phi(x) = \int_a^x f(t)dt, \quad a \leqslant x \leqslant b.$$

$\Phi(x)$ **称为积分上限函数，或变上限积分函数．**

定理 4.1（积分上限函数的性质） 如果函数 $f(x)$ 在 $[a,b]$ 上连续，则积分上限函数 $\Phi(x) = \int_a^x f(t)dt$ 在 $[a,b]$ 上可导，并且

$$\Phi'(x) = \left[\int_a^x f(t)dt\right]' = f(x), \quad a \leqslant x \leqslant b.$$

‖例 4.12‖ 求下列函数的导数：

（1）$y = \int_0^x \sin(t^2)dt$ ； （2）$y = \int_x^\pi t\cos t dt$ ； （3）$y = \int_0^{x^3} \cos t dt$ ．

解 （1）$y' = \left[\int_0^x \sin(t^2)dt\right]' = \sin(x^2)$ ．

（2）交换积分上下限，$y = \int_x^\pi t\cos t dt = -\int_\pi^x t\cos t dt$ ，从而

$$y' = \left(-\int_\pi^x t\cos t dt\right)' = -\left(\int_\pi^x t\cos t dt\right)' = -x\cos x.$$

（3）将 $y = \int_0^{x^3} \cos t dt$ 看作 $y = \int_0^u \cos t dt$ 和 $u = x^3$ 的复合函数，由链式法则，得

$$\frac{dy}{dx} = \frac{dy}{du} \cdot \frac{du}{dx} = \left(\int_0^u \cos t dt\right)' \cdot (x^3)' = \cos u \cdot (3x^2) = 3x^2 \cos(x^3).$$

‖例 4.13‖ 求极限 $\lim\limits_{x\to 0} \dfrac{\int_0^x \sin(t^2)dt}{x^3}$ ．

解 因为 $\lim\limits_{x\to 0} x^3 = 0$ ，$\lim\limits_{x\to 0} \int_0^x \sin(t^2)dt = 0$ ，所以该极限是 "$\dfrac{0}{0}$" 型未定式，由洛必达

法则和等价无穷小 $\sin(x^2) \sim x^2$ $(x \to 0)$，得

$$\lim_{x \to 0} \frac{\int_0^x \sin(t^2)\mathrm{d}t}{x^3} = \lim_{x \to 0} \frac{\left(\int_0^x \sin(t^2)\mathrm{d}t\right)'}{(x^3)'} = \lim_{x \to 0} \frac{\sin(x^2)}{3x^2} = \lim_{x \to 0} \frac{x^2}{3x^2} = \frac{1}{3}.$$

4.3.2 牛顿-莱布尼茨公式

定理 4.2 如果函数 $f(x)$ 在闭区间 $[a,b]$ 上连续，且 $F'(x) = f(x)$，则

$$\int_a^b f(x)\mathrm{d}x = F(x)\big|_a^b = [F(x)]_a^b = F(b) - F(a).$$

上式称为**牛顿-莱布尼茨公式**.

┃例 4.14┃ 计算下列定积分：

（1）$\int_1^4 x^2 \mathrm{d}x$ ； （2）$\int_0^\pi \cos x \mathrm{d}x$ ； （3）$\int_0^1 \mathrm{e}^x \mathrm{d}x$.

解 （1）$\int_1^4 x^2 \mathrm{d}x = \frac{1}{3}x^3\big|_1^4 = \frac{1}{3} \times 4^3 - \frac{1}{3} \times 1^3 = 21$.

（2）$\int_0^\pi \cos x \mathrm{d}x = \sin x\big|_0^\pi = \sin \pi - \sin 0 = 0$.

（3）$\int_0^1 \mathrm{e}^x \mathrm{d}x = \mathrm{e}^x\big|_0^1 = \mathrm{e}^1 - \mathrm{e}^0 = \mathrm{e} - 1$.

┃例 4.15┃ 计算下列定积分：

（1）$\int_0^1 x^3 \mathrm{d}x$ ； （2）$\int_0^{\frac{\pi}{2}} (\mathrm{e}^x + \cos x)\, \mathrm{d}x$ ； （3）$\int_1^{\mathrm{e}} x(x+1)\, \mathrm{d}x$.

解 （1）$\int_0^1 x^3 \mathrm{d}x = \frac{1}{4}x^4\bigg|_0^1 = \frac{1}{4} \times 1^4 - \frac{1}{4} \times 0^4 = \frac{1}{4}$.

（2）$\int_0^{\frac{\pi}{2}} (\mathrm{e}^x + \cos x)\, \mathrm{d}x = \left[\mathrm{e}^x + \sin x\right]_0^{\frac{\pi}{2}} = \left(\mathrm{e}^{\frac{\pi}{2}} + \sin \frac{\pi}{2}\right) - \left(\mathrm{e}^0 + \sin 0\right) = \mathrm{e}^{\frac{\pi}{2}}$.

（3）$\int_1^{\mathrm{e}} x(x+1)\, \mathrm{d}x = \int_1^{\mathrm{e}} (x^2 + x)\, \mathrm{d}x = \left[\frac{1}{3}x^3 + \frac{1}{2}x^2\right]_1^{\mathrm{e}}$

$\qquad = \left(\frac{1}{3}\mathrm{e}^3 + \frac{1}{2}\mathrm{e}^2\right) - \left(\frac{1}{3} + \frac{1}{2}\right) = \frac{1}{3}\mathrm{e}^3 + \frac{1}{2}\mathrm{e}^2 - \frac{5}{6}$.

练习 4.3

1. 求下列函数的导数：

（1）已知 $y = \int_0^x \mathrm{e}^{t^2} \mathrm{d}t$ ，则 $y' = $ _____；

（2）已知 $y = \int_x^0 \sqrt{1+t^3}\, \mathrm{d}t$ ，则 $y' = $ _____；

（3）已知 $y = \int_0^{x^4} \sin t \mathrm{d}t$ ，则 $y' = $ _____.

2. 求极限 $\displaystyle\lim_{x \to 0} \frac{\int_0^x \tan(t^3)\mathrm{d}t}{x^4}$.

3. 计算下列定积分：

（1）$\int_0^1 x\mathrm{d}x$；　　　　　（2）$\int_0^1 \dfrac{1}{1+x^2}\mathrm{d}x$；　　　　　（3）$\int_0^{\frac{\pi}{4}} \dfrac{1}{\cos^2 x}\mathrm{d}x$.

4. 已知 $\varPhi(x)=\int_0^x \mathrm{e}^{\sin t}\mathrm{d}t$，则 $\varPhi'(0)=$＿＿＿＿，$\varPhi'\left(\dfrac{\pi}{2}\right)=$＿＿＿＿.

5. 设函数 $f(x)=\int_{\ln x}^2 \mathrm{e}^{t^2}\mathrm{d}t$，则 $f'(\mathrm{e}^2)=$＿＿＿＿.

6. 计算下列定积分：

（1）$\int_0^1 x^n\mathrm{d}x$；　　　　　（2）$\int_1^3 \dfrac{1}{x}\mathrm{d}x$；

（3）$\int_0^{\pi} \sin x\mathrm{d}x$；　　　　　（4）$\int_0^1 \dfrac{1}{\sqrt{1-x^2}}\mathrm{d}x$；

（5）$\int_{-1}^1 (3x^7+9x^5+5x^4-8x^3-4x+2)\mathrm{d}x$（提示：利用奇偶性）.

4.4　第一类换元积分法

在求复合函数 $F[\varphi(x)]$ 的导数时，可以引进中间变量，设 $u=\varphi(x)$，如果 $F'(u)=f(u)$，则 $\{F[\varphi(x)]\}'=F'(u)\cdot u'=f(u)\varphi'(x)=f[\varphi(x)]\varphi'(x)$.

在求复合函数的积分时，可以类似地引进中间变量，下面研究换元积分法.

4.4.1　不定积分的第一类换元法

定理 4.3　假设 $F(u)$ 是 $f(u)$ 的一个原函数且 $u=\varphi(x)$ 连续可导，则

$$\int f[\varphi(x)]\varphi'(x)\mathrm{d}x=\int f[\varphi(x)]\mathrm{d}[\varphi(x)]=\int f(u)\mathrm{d}u=F(u)+C=F[\varphi(x)]+C.$$

因为要设 $\varphi(x)=u$，必须用到凑微分 $\varphi'(x)\mathrm{d}x=\mathrm{d}[\varphi(x)]$，因此**第一类换元积分法**也叫**凑微分法**.

┃例 4.16┃　求 $\int 2x\cos(x^2)\mathrm{d}x$.

解　$\begin{aligned}\int 2x\cos(x^2)\mathrm{d}x&=\int \cos(x^2)\cdot(x^2)'\mathrm{d}x\\&=\int \cos(x^2)\mathrm{d}(x^2)\qquad（令 u=x^2）\\&=\int \cos u\mathrm{d}u\\&=\sin u+C\\&=\sin(x^2)+C.\end{aligned}$

注意　对于 $\int 2xf(x^2)\mathrm{d}x$ 型的不定积分，可作凑微分 $2x\mathrm{d}x=\mathrm{d}(x^2)$.

┃例 4.17┃　求 $\int (3x+7)^{43}\mathrm{d}x$.

解　$\mathrm{d}(3x+7)=(3x+7)'\mathrm{d}x=3\mathrm{d}x$，故 $\mathrm{d}x=\dfrac{1}{3}\mathrm{d}(3x+7)$，则

$$\int (3x+7)^{43}\mathrm{d}x = \int (3x+7)^{43}\cdot\frac{1}{3}\mathrm{d}(3x+7) \qquad (\diamondsuit\, u=3x+7)$$

$$= \frac{1}{3}\int u^{43}\mathrm{d}u$$

$$= \frac{1}{3}\times\frac{1}{44}u^{44}+C$$

$$= \frac{1}{132}(3x+7)^{44}+C.$$

> **注意**　对于 $\int f(ax+b)\mathrm{d}x$ 型的不定积分，可作凑微分 $\mathrm{d}x=\dfrac{1}{a}\mathrm{d}(ax+b)$.

在对凑微分法熟悉后，可以不用写出中间变量.

▌例 4.18▌　求不定积分 $\displaystyle\int\frac{1}{5x-3}\mathrm{d}x$.

解　$\displaystyle\int\frac{1}{5x-3}\mathrm{d}x=\frac{1}{5}\int\frac{1}{5x-3}\mathrm{d}(5x-3)=\frac{1}{5}\ln|5x-3|+C$.

一般地，我们有

$$\int\frac{1}{ax+b}\mathrm{d}x=\frac{1}{a}\ln|ax+b|+C \quad (\text{其中}\, a\neq 0).$$

▌例 4.19▌　求不定积分 $\displaystyle\int\frac{\mathrm{e}^{x}}{\mathrm{e}^{x}+1}\mathrm{d}x$.

解　$\displaystyle\int\frac{\mathrm{e}^{x}}{\mathrm{e}^{x}+1}\mathrm{d}x=\int\frac{1}{\mathrm{e}^{x}+1}\mathrm{d}(\mathrm{e}^{x}+1)=\ln|\mathrm{e}^{x}+1|+C=\ln(\mathrm{e}^{x}+1)+C$.

用凑微分法求不定积分需要一定的技巧，熟记一些常用的凑微分公式是有益的，下面是根据基本微分公式导出的**常用凑微分公式**.

（1）$\mathrm{d}x=\dfrac{1}{a}\mathrm{d}(ax+b)$;

（2）$x\mathrm{d}x=\dfrac{1}{2}\mathrm{d}(x^{2})$;

（3）$\dfrac{1}{\sqrt{x}}\mathrm{d}x=2\mathrm{d}(\sqrt{x})$;

（4）$\dfrac{1}{x^{2}}\mathrm{d}x=-\mathrm{d}\left(\dfrac{1}{x}\right)$;

（5）$\dfrac{1}{x}\mathrm{d}x=\mathrm{d}(\ln x)$;

（6）$\mathrm{e}^{x}\mathrm{d}x=\mathrm{d}(\mathrm{e}^{x})$;

（7）$\cos x\mathrm{d}x=\mathrm{d}(\sin x)$;

（8）$\sin x\mathrm{d}x=-\mathrm{d}(\cos x)$;

（9）$\dfrac{1}{\cos^{2}x}\mathrm{d}x=\mathrm{d}(\tan x)$;

（10）$\dfrac{1}{\sin^{2}x}\mathrm{d}x=-\mathrm{d}(\cot x)$;

（11）$\dfrac{1}{\sqrt{1-x^{2}}}\mathrm{d}x=\mathrm{d}(\arcsin x)$;

（12）$\dfrac{1}{1+x^{2}}\mathrm{d}x=\mathrm{d}(\arctan x)$.

有些不定积分需要对被积函数作适当的代数恒等变形或三角恒等变形后，才能用凑微分法求解.

▌例 4.20▌　求不定积分 $\displaystyle\int\frac{1}{x^{2}+5x+6}\mathrm{d}x$.

解 $\dfrac{1}{x^2+5x+6}=\dfrac{1}{(x+2)(x+3)}=\dfrac{(x+3)-(x+2)}{(x+2)(x+3)}=\dfrac{1}{x+2}-\dfrac{1}{x+3}$ ，故

$$\int\dfrac{1}{x^2+5x+6}\mathrm{d}x=\int\left(\dfrac{1}{x+2}-\dfrac{1}{x+3}\right)\mathrm{d}x=\ln|x+2|-\ln|x+3|+C .$$

【例 4.21】 求不定积分 $\int\cos^2 x\mathrm{d}x$.

解 $\int\cos^2 x\mathrm{d}x=\int\left(\dfrac{1}{2}+\dfrac{1}{2}\cos 2x\right)\mathrm{d}x=\dfrac{1}{2}x+\dfrac{1}{4}\sin 2x+C$.

【例 4.22】 求不定积分 $\int\cot x\mathrm{d}x$.

解 $\int\cot x\mathrm{d}x=\int\dfrac{\cos x}{\sin x}\mathrm{d}x=\int\dfrac{1}{\sin x}\mathrm{d}(\sin x)=\ln|\sin x|+C$.

【例 4.23】 求不定积分 $\int\sec x\mathrm{d}x$.

解 $\int\sec x\mathrm{d}x=\int\dfrac{\sec x(\sec x+\tan x)}{\sec x+\tan x}\mathrm{d}x=\int\dfrac{\sec^2 x+\sec x\tan x}{\sec x+\tan x}\mathrm{d}x$

$$=\int\dfrac{1}{\sec x+\tan x}\mathrm{d}(\sec x+\tan x)=\ln|\sec x+\tan x|+C .$$

4.4.2 定积分的第一类换元法

定理 4.4 若 $u=\varphi(x)$ 在 $[a,b]$ 上连续可导，且 $f(u)$ 在 $u=\varphi(x)(a\leqslant x\leqslant b)$ 的值域上连续，那么

$$\int_a^b f[\varphi(x)]\varphi'(x)\mathrm{d}x=\int_{\varphi(a)}^{\varphi(b)}f(u)\mathrm{d}u .$$

【例 4.24】 计算积分 $\int_0^{\frac{\pi}{2}}\sin^7 x\cos x\mathrm{d}x$.

解 凑微分 $\cos x\mathrm{d}x=\mathrm{d}(\sin x)$ ，令 $u=\sin x$ ，当 $x=0$ 时， $u=\sin 0=0$ ；当 $x=\dfrac{\pi}{2}$ 时， $u=\sin\dfrac{\pi}{2}=1$. 于是

$$\int_0^{\frac{\pi}{2}}\sin^7 x\cos x\mathrm{d}x=\int_0^{\frac{\pi}{2}}(\sin x)^7\mathrm{d}(\sin x)=\int_0^1 u^7\mathrm{d}u=\dfrac{1}{8}u^8\Big|_0^1=\dfrac{1}{8} .$$

【例 4.25】 计算积分 $\int_0^1 x(x^2+1)^4\mathrm{d}x$.

解 令 $u=x^2+1$ ，则当 $x=0$ 时， $u=1$ ；当 $x=1$ 时， $u=2$. 于是

$$\int_0^1 x(x^2+1)^4\mathrm{d}x=\dfrac{1}{2}\int_0^1(x^2+1)^4\mathrm{d}(x^2+1)=\dfrac{1}{2}\int_1^2 u^4\mathrm{d}u=\dfrac{1}{10}u^5\Big|_1^2=\dfrac{31}{10} .$$

【例 4.26】 计算积分 $\int_1^{\mathrm{e}^2}\dfrac{\ln x}{x}\mathrm{d}x$.

解 $\int_1^{\mathrm{e}^2}\dfrac{\ln x}{x}\mathrm{d}x=\int_1^{\mathrm{e}^2}\ln x\mathrm{d}(\ln x)\xlongequal{\text{令}u=\ln x}\int_0^2 u\mathrm{d}u=\dfrac{1}{2}u^2\Big|_0^2=2$.

【例 4.27】 计算积分 $\int_0^1\dfrac{x}{x^2+6}\mathrm{d}x$.

解 $\int_0^1 \dfrac{x}{x^2+6}dx = \dfrac{1}{2}\int_0^1 \dfrac{1}{x^2+6}d(x^2+6) = \dfrac{1}{2}[\ln(x^2+6)]\Big|_0^1 = \dfrac{1}{2}\ln 7 - \dfrac{1}{2}\ln 6$.

【例 4.28】 计算积分 $\int_0^1 \dfrac{e^x}{4e^x+3}dx$.

解 $\int_0^1 \dfrac{e^x}{4e^x+3}dx = \dfrac{1}{4}\int_0^1 \dfrac{1}{4e^x+3}d(4e^x+3) = \dfrac{1}{4}[\ln(4e^x+3)]\Big|_0^1$

$$= \dfrac{1}{4}\ln(4e+3) - \dfrac{1}{4}\ln 7 .$$

练习 4.4

1. 填空题：

（1）凑微分 $2xdx = d(\underline{\quad\quad})$，不定积分 $\int 2xe^{x^2}dx = \underline{\quad\quad}$.

（2）凑微分 $dx = \underline{\quad\quad} d(2x+3)$，不定积分 $\int (2x+3)^4 dx = \underline{\quad\quad}$.

（3）凑微分 $dx = \underline{\quad\quad} d(3x+4)$，不定积分 $\int \dfrac{1}{3x+4}dx = \underline{\quad\quad}$.

（4）凑微分 $e^x dx = d(\underline{\quad\quad})$，不定积分 $\int e^x \cos(e^x)dx = \underline{\quad\quad}$.

（5）分解 $\dfrac{1}{x^2+3x+2} = \underline{\quad\quad}$，不定积分 $\int \dfrac{1}{x^2+3x+2}dx = \underline{\quad\quad}$.

（6）降幂公式 $\sin^2 x = \underline{\quad\quad}$，不定积分 $\int \sin^2 xdx = \underline{\quad\quad}$.

（7）凑微分 $\cos xdx = d(\underline{\quad\quad})$，定积分 $\int_0^{\frac{\pi}{2}} \sin^4 x \cos xdx = \underline{\quad\quad}$.

（8）凑微分 $\dfrac{1}{x}dx = d(\underline{\quad\quad})$，定积分 $\int_e^{e^2} \dfrac{1}{x\ln x}dx = \underline{\quad\quad}$.

（9）凑微分 $xdx = \underline{\quad\quad} d(x^2+8)$，定积分 $\int_3^5 \dfrac{x}{x^2+8}dx = \underline{\quad\quad}$.

（10）凑微分 $e^x dx = \underline{\quad\quad} d(5e^x+6)$，定积分 $\int_0^1 \dfrac{e^x}{5e^x+6}dx \underline{\quad\quad}$.

2. 用 $2xdx = d(x^2)$ 或 $xdx = \dfrac{1}{2}d(x^2+C)$，求下列积分：

（1）$\int \dfrac{x}{x^2+1}dx$；
（2）$\int \dfrac{2x+1}{x^2+1}dx$；
（3）$\int x\sin(x^2+3)dx$；

（4）$\int_2^3 \dfrac{x}{x^2+1}dx$；
（5）$\int_0^1 \dfrac{x}{x^4+1}dx$；
（6）$\int_2^3 x\sqrt{x^2-3}dx$.

3. 用 $dx = \dfrac{1}{a}d(ax+b)$，求下列积分：

（1）$\int (5x-3)^7 dx$；
（2）$\int \dfrac{1}{\sqrt{4x-3}}dx$；
（3）$\int e^{-x}dx$；

（4）$\int_0^\pi \cos\dfrac{x}{2}dx$；
（5）$\int_1^5 \dfrac{1}{3x+4}dx$；
（6）$\int_0^1 e^{5-2x}dx$.

4. 用 $\dfrac{1}{x}\mathrm{d}x = \mathrm{d}(\ln x)$ 或 $\dfrac{1}{x}\mathrm{d}x = \dfrac{1}{a}\mathrm{d}(a\ln x + b)$ ，求下列积分：

（1）$\displaystyle\int \dfrac{\cos(\ln x)}{x}\mathrm{d}x$ ；　　　　　（2）$\displaystyle\int \dfrac{1}{x\ln^3 x}\mathrm{d}x$ ；　　　　　（3）$\displaystyle\int_1^{\mathrm{e}} \dfrac{1}{x(3+2\ln x)}\mathrm{d}x$.

5. 先裂项，再用公式 $\displaystyle\int \dfrac{1}{ax+b}\mathrm{d}x = \dfrac{1}{a}\ln|ax+b| + C$ ，求下列不定积分：

（2）$\displaystyle\int \dfrac{1}{x^2+4x+3}\mathrm{d}x$ ；　　　　　（2）$\displaystyle\int \dfrac{1}{x^2-1}\mathrm{d}x$ ；　　　　　（3）$\displaystyle\int \dfrac{1}{x(2x+1)}\mathrm{d}x$.

6. 求下列积分：

（1）$\displaystyle\int \cos^3 x\mathrm{d}x$ ；[提示：$\cos^3 x\mathrm{d}x = \cos^2 x \cdot \cos x\mathrm{d}x = (1-\sin^2 x)\mathrm{d}(\sin x)$]

（2）$\displaystyle\int \dfrac{\cos x}{2+3\sin x}\mathrm{d}x$ ；　　　（3）$\displaystyle\int_0^{\frac{\pi}{2}} \sin^3 x\mathrm{d}x$ ；　　　（4）$\displaystyle\int_0^{\frac{\pi}{4}} \dfrac{\cos x - \sin x}{\cos x + \sin x}\mathrm{d}x$.

4.5　第二类换元积分法

当被积函数含有根式，且用直接积分法和第一类换元积分法无法求解时，可考虑用第二类换元积分法，即引入新的积分变量，去根号再求解.

4.5.1　不定积分的第二类换元法

定理 4.5　如果 $x = \varphi(t)$ 可导且存在反函数 $t = \varphi^{-1}(x)$ ，则
$$\int f(x)\mathrm{d}x = \int f[\varphi(t)]\varphi'(t)\mathrm{d}t.$$

先求出等式右边的不定积分，再代入 $t = \varphi^{-1}(x)$ 即得所求的不定积分.

‖例 4.29‖　求不定积分 $\displaystyle\int \dfrac{\mathrm{d}x}{1+\sqrt{x}}$.

解　令 $x = t^2\ (t \geqslant 0)$ ，则 $\sqrt{x} = t$ ，$\mathrm{d}x = \mathrm{d}(t^2) = (t^2)'\mathrm{d}t = 2t\mathrm{d}t$ ，从而
$$\int \dfrac{\mathrm{d}x}{1+\sqrt{x}} = \int \dfrac{2t\mathrm{d}t}{1+t} = \int \left(2 - 2\dfrac{1}{1+t}\right)\mathrm{d}t$$
$$= 2t - 2\ln|1+t| + C = 2\sqrt{x} - 2\ln\left(1+\sqrt{x}\right) + C.$$

‖例 4.30‖　求不定积分 $\displaystyle\int \dfrac{\sqrt{x+3}}{x+4}\mathrm{d}x$.

解　令 $t = \sqrt{x+3}$ ，则 $x = t^2 - 3$ ，$\mathrm{d}x = \mathrm{d}(t^2-3) = (t^2-3)'\mathrm{d}t = 2t\mathrm{d}t$. 于是
$$\int \dfrac{\sqrt{x+3}}{x+4}\mathrm{d}x = \int \dfrac{t}{t^2+1}2t\mathrm{d}t = \int 2\dfrac{t^2}{1+t^2}\mathrm{d}t = \int \left(2 - 2\dfrac{1}{1+t^2}\right)\mathrm{d}t$$
$$= 2t - 2\arctan t + C = 2\sqrt{x+3} - 2\arctan\sqrt{x+3} + C.$$

‖例 4.31‖　求不定积分 $\displaystyle\int \dfrac{\mathrm{d}x}{(1+\sqrt[3]{x})\sqrt{x}}$.

解　令 $t = \sqrt[6]{x}$ ，则 $x = t^6$ ，$\mathrm{d}x = 6t^5\mathrm{d}t$ ，从而

$$\int \frac{\mathrm{d}x}{\left(1+\sqrt[3]{x}\right)\sqrt{x}} = \int \frac{6t^5}{\left(1+t^2\right)t^3}\mathrm{d}t = 6\int \frac{t^2}{1+t^2}\mathrm{d}t = 6\int\left(1-\frac{1}{1+t^2}\right)\mathrm{d}t$$
$$= 6(t-\arctan t)+C = 6\left(\sqrt[6]{x}-\arctan\sqrt[6]{x}\right)+C.$$

> **注意**　形如 $\int f\left(x,\sqrt[n]{ax+b},\sqrt[m]{ax+b}\right)\mathrm{d}x$ 的积分，通过变换 $t=\sqrt[p]{ax+b}$ 可消去根号，其中 p 是 m,n 的最小公倍数.

┃例 4.32┃　求 $\int\sqrt{a^2-x^2}\mathrm{d}x\,(a>0)$.

解　令 $x=a\sin t,t\in\left(-\frac{\pi}{2},\frac{\pi}{2}\right)$，则

$$\sqrt{a^2-x^2}=\sqrt{a^2-a^2\sin^2 t}=a\cos t，\quad \mathrm{d}x=a\cos t\mathrm{d}t.\ 于是$$
$$\int\sqrt{a^2-x^2}\mathrm{d}x=\int a\cos t\cdot a\cos t\mathrm{d}t=a^2\int\cos^2 t\mathrm{d}t=\frac{a^2}{2}t+\frac{1}{2}(a\sin t)(a\cos t)+C.$$

由 $x=a\sin t$，$t\in\left(-\frac{\pi}{2},\frac{\pi}{2}\right)$，得

$$t=\arcsin\frac{x}{a}，\quad a\cos t=\sqrt{a^2-(a\sin t)^2}=\sqrt{a^2-x^2}.$$

所以

$$\int\sqrt{a^2-x^2}\mathrm{d}x=\int\sqrt{a^2-x^2}\mathrm{d}x=\frac{a^2}{2}\arcsin\frac{x}{a}+\frac{1}{2}x\sqrt{a^2-x^2}+C.$$

> **注意**　当被积函数含有形如 $\sqrt{a^2-x^2}$，$\sqrt{a^2+x^2}$，$\sqrt{x^2-a^2}$ 的二次根式时，可作相应的换元：$x=a\sin t$，$x=a\tan t$，$x=a\sec t$ 将根号去掉.

4.5.2　定积分的第二类换元法

定理 4.6　假设 $f(x)$ 在 $[a,b]$ 上连续，且 $x=\varphi(t)$ 满足：
（1）$\varphi(\alpha)=a,\varphi(\beta)=b$；
（2）$\varphi(t)$ 在 $[\alpha,\beta]$ 或 $[\beta,\alpha]$ 上连续可导且值域为 $[a,b]$，则
$$\int_a^b f(x)\mathrm{d}x=\int_\alpha^\beta f[\varphi(t)]\varphi'(t)\mathrm{d}t.$$
上式称为定积分的换元公式，在应用时换元和换限要同步进行.

┃例 4.33┃　计算定积分 $\int_0^8\frac{1}{1+\sqrt[3]{x}}\mathrm{d}x$.

解　令 $t=\sqrt[3]{x}$，则 $x=t^3$，$\mathrm{d}x=\mathrm{d}(t^3)=(t^3)'\mathrm{d}t=3t^2\mathrm{d}t$.
当 $x=0$ 时，$t=\sqrt[3]{0}=0$；当 $x=8$ 时，$t=\sqrt[3]{8}=2$，于是
$$\int_0^8\frac{1}{1+\sqrt[3]{x}}\mathrm{d}x=\int_0^2\frac{1}{1+t}3t^2\mathrm{d}t=3\int_0^2\left(t-1+\frac{1}{t+1}\right)\mathrm{d}t$$
$$=3\left[\frac{1}{2}t^2-t+\ln(t+1)\right]\Big|_0^2=3\ln 3.$$

|例 4.34| 计算定积分 $\int_0^a \sqrt{a^2 - x^2}\,\mathrm{d}x\ (a > 0)$.

解 令 $x = a\sin t\left(0 \le t \le \dfrac{\pi}{2}\right)$，则 $\sqrt{a^2 - x^2} = a\cos t, \mathrm{d}x = a\cos t\,\mathrm{d}t$.

当 $x = 0$ 时，$t = 0$；当 $x = a$ 时，$t = \dfrac{\pi}{2}$. 于是

$$\int_0^a \sqrt{a^2 - x^2}\,\mathrm{d}x = \int_0^{\frac{\pi}{2}} a\cos t \cdot a\cos t\,\mathrm{d}t = a^2 \int_0^{\frac{\pi}{2}} \cos^2 t\,\mathrm{d}t$$

$$= a^2 \left(\frac{1}{2}t + \frac{1}{4}\sin 2t\right)\bigg|_0^{\frac{\pi}{2}} = \frac{\pi}{4}a^2.$$

> **注意** 例 4.34 也可用定积分的几何意义来做，几何法显然要简单一些.

练习 4.5

1. 求下列不定积分：

（1）$\displaystyle\int \frac{\mathrm{d}x}{x + \sqrt{x}}$；

（2）$\displaystyle\int \frac{1}{(x+6)\sqrt{x+5}}\,\mathrm{d}x$；

（3）$\displaystyle\int \frac{\mathrm{d}x}{\sqrt{x} + \sqrt[3]{x}}$；

（4）$\displaystyle\int x\sqrt{x-2}\,\mathrm{d}x$；

（5）$\displaystyle\int \frac{\sqrt{x}}{1+x}\,\mathrm{d}x$；

（6）$\displaystyle\int \frac{1}{\sqrt{x} + \sqrt[4]{x}}\,\mathrm{d}x$.

2. 计算下列定积分：

（1）$\displaystyle\int_0^{16} \frac{1}{1+\sqrt{x}}\,\mathrm{d}x$；

（2）$\displaystyle\int_0^1 \frac{1}{(x+1)\sqrt{x}}\,\mathrm{d}x$；

（3）$\displaystyle\int_0^4 \frac{x}{1+\sqrt{x}}\,\mathrm{d}x$；

（4）$\displaystyle\int_0^{2^6} \frac{1}{\sqrt{x} + \sqrt[3]{x}}\,\mathrm{d}x$.

4.6 分部积分法

前面介绍的换元积分法虽然可以解决许多求积分的问题，但有些积分，如 $\int x\cos x\,\mathrm{d}x, \int xe^x\,\mathrm{d}x$ 等，利用前面的方法无法求解. 本节要介绍另一种积分方法——分部积分法.

设函数 $u = u(x)$ 和 $v = v(x)$ 具有连续导数，则

$$\mathrm{d}(uv) = u\mathrm{d}v + v\mathrm{d}u.$$

移项，得

$$u\mathrm{d}v = \mathrm{d}(uv) - v\mathrm{d}u.$$

两边积分，得

$$\int u\mathrm{d}v = \int \mathrm{d}(uv) - \int v\mathrm{d}u = uv - \int v\mathrm{d}u.$$

4.6.1　不定积分的分部积分法

定理 4.7　若函数 $u(x)$ 和 $v(x)$ 具有连续的导数，则

$$\int u(x)\mathrm{d}v(x)=u(x)v(x)-\int v(x)\mathrm{d}u(x).$$

上式称为不定积分的**分部积分公式**.

例 4.35　求不定积分 $\int x\cos x\mathrm{d}x$.

解　$\int x\cos x\mathrm{d}x=\int x\mathrm{d}(\sin x)=x\sin x-\int\sin x\mathrm{d}x=x\sin x+\cos x+C$.

例 4.36　求下列不定积分：

（1）$\int x\mathrm{e}^x\mathrm{d}x$；　　　　（2）$\int x^2\mathrm{e}^x\mathrm{d}x$.

解　（1）$\int x\mathrm{e}^x\mathrm{d}x=\int x\mathrm{d}(\mathrm{e}^x)=x\mathrm{e}^x-\int\mathrm{e}^x\mathrm{d}x=x\mathrm{e}^x-\mathrm{e}^x+C$.

（2）$\int x^2\mathrm{e}^x\mathrm{d}x=\int x^2\mathrm{d}(\mathrm{e}^x)=x^2\mathrm{e}^x-\int\mathrm{e}^x\mathrm{d}(x^2)=x^2\mathrm{e}^x-2\int x\mathrm{e}^x\mathrm{d}x$

$\qquad=x^2\mathrm{e}^x-2\int x\mathrm{d}(\mathrm{e}^x)=x^2\mathrm{e}^x-2\left(x\mathrm{e}^x-\int\mathrm{e}^x\mathrm{d}x\right)=x^2\mathrm{e}^x-2(x\mathrm{e}^x-\mathrm{e}^x)+C$

$\qquad=(x^2-2x+2)\mathrm{e}^x+C$.

例 4.37　求不定积分 $\int x^3\ln x\mathrm{d}x$.

解　$\int x^3\ln x\mathrm{d}x=\int\ln x\cdot x^3\mathrm{d}x=\int\ln x\mathrm{d}\left(\dfrac{x^4}{4}\right)=\dfrac{1}{4}x^4\ln x-\int\dfrac{1}{4}x^4\mathrm{d}(\ln x)$

$\qquad=\dfrac{1}{4}x^4\ln x-\int\dfrac{1}{4}x^4\cdot\dfrac{1}{x}\mathrm{d}x=\dfrac{1}{4}x^4\ln x-\dfrac{1}{4}\int x^3\mathrm{d}x$

$\qquad=\dfrac{1}{4}x^4\ln x-\dfrac{1}{16}x^4+C$.

例 4.38　求不定积分 $\int\ln x\mathrm{d}x$.

解　$\int\ln x\mathrm{d}x=x\ln x-\int x\mathrm{d}(\ln x)=x\ln x-\int x\cdot(\ln x)'\mathrm{d}x=x\ln x-\int x\cdot\dfrac{1}{x}\mathrm{d}x$

$\qquad=x\ln x-\int\mathrm{d}x=x\ln x-x+C$.

例 4.39　求不定积分 $\int\mathrm{e}^x\sin x\mathrm{d}x$.

解　$\int\mathrm{e}^x\sin x\mathrm{d}x=\int\sin x\mathrm{d}(\mathrm{e}^x)=\mathrm{e}^x\sin x-\int\mathrm{e}^x\mathrm{d}(\sin x)=\mathrm{e}^x\sin x-\int\mathrm{e}^x\cos x\mathrm{d}x$

$\qquad=\mathrm{e}^x\sin x-\int\cos x\mathrm{d}\mathrm{e}^x=\mathrm{e}^x\sin x-\left[\mathrm{e}^x\cos x-\int\mathrm{e}^x\mathrm{d}(\cos x)\right]$

$\qquad=\mathrm{e}^x(\sin x-\cos x)-\int\mathrm{e}^x\sin x\mathrm{d}x$.

所以

$$2\int\mathrm{e}^x\sin x\mathrm{d}x=\mathrm{e}^x(\sin x-\cos x)+C_1,$$

所以

$$\int\mathrm{e}^x\sin x\mathrm{d}x=\dfrac{\mathrm{e}^x}{2}(\sin x-\cos x)+C.$$

分部积分法常用于以下两种情形：

（1）若被积函数是两个函数的乘积，则选择其中一个与 dx 凑 dv，再用分部积分法求解. 选择顺序时可用口诀"反、对，幂，三、指"，越排在后面的，越优先与 dx 凑 dv.

（2）若被积函数是单个的对数函数或反三角函数，则直接将被积函数视为 u，dx 视为 dv，用分部积分公式求解.

4.6.2　定积分的分部积分法

定理 4.8　设函数 $u(x),v(x)$ 在区间 $[a,b]$ 上具有连续导数，则

$$\int_a^b u(x)dv(x)=\left[u(x)v(x)\right]_a^b-\int_a^b v(x)du(x).$$

定积分分部积分法

该式称为定积分的分部积分公式.

定积分与不定积分的分部积分比较可发现，u 与 dv 的选择是类似的，只是定积分的分部积分有积分下限、上限的问题.

‖例 4.40‖　求定积分 $\int_0^\pi x\cos xdx$.

解　$\int_0^\pi x\cos xdx=\int_0^\pi xd(\sin x)=x\sin x\big|_0^\pi-\int_0^\pi \sin xdx$

$\qquad\qquad =\cos x\big|_0^\pi=\cos\pi-\cos 0=-2.$

‖例 4.41‖　求定积分 $\int_1^e \ln xdx$.

解　$\int_1^e \ln xdx=(x\ln x)\big|_1^e-\int_1^e xd(\ln x)=e-\int_1^e dx=e-(e-1)=1.$

‖例 4.42‖　求定积分 $\int_0^{\frac{\pi^2}{4}}\cos\sqrt{x}dx$.

解　令 $t=\sqrt{x}$，则 $x=t^2$，$dx=2tdt$. 当 $x=0$ 时，$t=0$；当 $x=\dfrac{\pi^2}{4}$ 时，$t=\dfrac{\pi}{2}$. 于是

$$\int_0^{\frac{\pi^2}{4}}\cos\sqrt{x}dx=\int_0^{\frac{\pi}{2}}\cos t\cdot 2tdt=2\int_0^{\frac{\pi}{2}}t\cos tdt=2(t\sin t+\cos t)\big|_0^{\frac{\pi}{2}}=\pi-2.$$

练习 4.6

1. 求下列不定积分：

（1）$\int x\sin xdx$；
（2）$\int x^2\ln xdx$；
（3）$\int x^2\sin xdx$；

（4）$\int x\cos(x+2)dx$；
（5）$\int x\sin 3xdx$；
（6）$\int xe^{3x}dx$；

（7）$\int xe^{-x}dx$；
（8）$\int\sqrt{x}\ln xdx$；
（9）$\int\ln(1+x^2)dx$.

2. 求下列定积分：

（1）$\int_0^{\frac{\pi}{2}}x\sin xdx$；
（2）$\int_0^{e-1}\ln(x+1)dx$；
（3）$\int_0^1 xe^{3x}dx$；

（4）$\int_0^1 x2^xdx$；
（5）$\int_{-\pi}^\pi x\sin 3xdx$；
（6）$\int_1^4 \dfrac{\ln x}{\sqrt{x}}dx$；

（7）$\int_{e^{-1}}^e |\ln x|dx$；
（8）$\int_0^1 \arctan xdx$.

3. 求下列不定积分：（提示：可先换元，令 $x = \mathrm{e}^t$.）

（1）$\displaystyle\int \sin(\ln x)\mathrm{d}x$；　　　　（2）$\displaystyle\int \cos(\ln x)\mathrm{d}x$；　（3）$\displaystyle\int x\sin(\ln x)\mathrm{d}x$.

4.7　定积分在几何上的应用

4.7.1　微元法

定积分的应用问题（求总量模型），一般可按"**分割—近似—求和—取极限**"这四个步骤把所求总量表示为定积分的形式.

在这四个步骤中，最关键是第二步近似代替，即在局部微小范围内"以直代曲""以常代变". 下面将这个过程简化成微元法，它在实际应用中更方便.

现在以曲边梯形的面积为例，说明微元法的步骤.

（1）**分割**　把区间 $[a,b]$ 分成 $n(n\to\infty)$ 个微小区间，任取其中一个微小区间 $[x, x+\mathrm{d}x]$，用 ΔA 表示小区间 $[x, x+\mathrm{d}x]$ 上小曲边梯形的面积，于是，所求面积 $A = \sum \Delta A$.

（2）**近似**　取小区间 $[x, x+\mathrm{d}x]$ 的左端点 x 为 ξ_i，以点 x 处的函数值 $f(x)$ 为高、以小区间的宽 $\mathrm{d}x$ 为宽作矩形，矩形的面积 $f(x)\mathrm{d}x$ 称为**面积微元**（图 4-16），记为 $\mathrm{d}A$，则

$$\Delta A \approx \mathrm{d}A = f(x)\mathrm{d}x.$$

（3）**求和并取极限**

$$A = \lim \sum \mathrm{d}A = \int_a^b f(x)\mathrm{d}x.$$

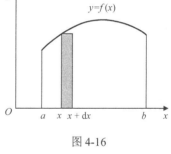

图 4-16

由上述分析，可以抽象出将所求量 F（总量）表示为定积分的方法——**微元法**（元素法）. 这个方法的主要步骤如下：

（1）根据具体问题和分割方法，选取一个积分变量，如取 x 为积分变量，并确定它的变化区间（积分区间）$[a,b]$；

（2）取 $[a,b]$ 内的一个微小区间 $[x, x+\mathrm{d}x]$，求出相应于这个微小区间上的部分量的近似值 $\mathrm{d}F = f(x)\mathrm{d}x$；

（3）写出总量 F 的定积分

$$F = \int_a^b \mathrm{d}F = \int_a^b f(x)\mathrm{d}x.$$

微元法在几何学、物理学、经济学中都有广泛应用，下面介绍微元法在几何学方面的主要应用.

4.7.2　平面图形的面积

1. 以 x 为积分变量

问题 1　若在区间 $[a,b]$ 上，$f(x) \geqslant g(x)$，求由上曲边 $y = f(x)$、下曲边 $y = g(x)$、直线 $x = a$ 和直线 $x = b$ 围成的平面图形的面积 A.

利用微元法，选 x 为积分变量，其变化区间（积分区间）为$[a,b]$，在$[a,b]$上任取微小区间$[x,x+\mathrm{d}x]$，该区间上的部分量的近似值（图 4-17）即面积微元为

$$\mathrm{d}A=[f(x)-g(x)]\mathrm{d}x.$$

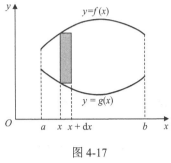

以面积微元为被积表达式，在$[a,b]$上积分，得所求平面图形的面积为

$$A=\int_a^b[f(x)-g(x)]\mathrm{d}x.$$

图 4-17

2. 以 y 为积分变量

问题 2 若在区间$[c,b]$上，$\varphi(y)\geqslant\psi(y)$，求由右曲边 $x=\varphi(y)$、左曲边 $x=\psi(y)$、直线 $y=c$ 和直线 $y=d$ 围成的平面图形的面积 S.

利用微元法，选 y 为积分变量，其变化区间（积分区间）为$[c,d]$，在$[c,d]$上任取微小区间$[y,y+\mathrm{d}y]$，该区间上的部分量的近似值（图 4-18）即面积微元为

$$\mathrm{d}S=[\varphi(y)-\psi(y)]\mathrm{d}y.$$

以面积微元为被积表达式，在$[c,d]$上积分，得所求平面图形的面积为

$$S=\int_c^d[\varphi(y)-\psi(y)]\mathrm{d}y.$$

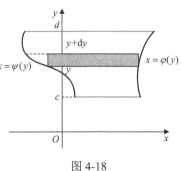

图 4-18

▎例 4.43▎ 计算抛物线 $y=x^2$ 与 $y^2=x$ 所围成的图形的面积.

解 画图（图 4-19）. 由图可知，积分变量：x；积分区间：$[0,1]$.

上曲边：$y^2=x\xrightarrow{\text{化为以}x\text{为自变量的显函数式}}y=\sqrt{x}$；下曲边：$y=x^2$.

面积微元：$\mathrm{d}A=\left(\sqrt{x}-x^2\right)\mathrm{d}x.$

所以所求面积为

$$A=\int_a^b\mathrm{d}A=\int_0^1\left(\sqrt{x}-x^2\right)\mathrm{d}x=\left[\frac{2}{3}x^{\frac{3}{2}}-\frac{1}{3}x^3\right]_0^1=\frac{1}{3}.$$

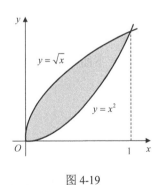

图 4-19

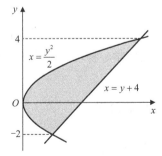

图 4-20

▎例 4.44▎ 计算抛物线 $y^2=2x$ 与直线 $x-y-4=0$ 所围成的图形的面积.

解　画图（图 4-20）. 由图可知，积分变量：y；积分区间：$[-2,4]$.

右曲边：$x-y-4=0$ —— 化为以y为自变量的显函数式 —— $x=y+4$；

左曲边：$y^2=2x$ —— 化为以y为自变量的显函数式 —— $x=\dfrac{1}{2}y^2$.

面积微元：$\mathrm{d}A=\left(y+4-\dfrac{1}{2}y^2\right)\mathrm{d}y$.

所以所求面积为

$$A=\int_c^d \mathrm{d}A=\int_{-2}^4\left(y+4-\frac{1}{2}y^2\right)\mathrm{d}y=\left[\frac{1}{2}y^2+4y-\frac{1}{6}y^3\right]_{-2}^4=18.$$

⎟例 4.45⎟　求由 $y=\mathrm{e}^x$ 与 $y=\mathrm{e}^{-x}$ 及 $x=1$ 所围成的平面图形的面积 A.

解　由 $\begin{cases}y=\mathrm{e}^x,\\ y=\mathrm{e}^{-x},\end{cases}$ 解得两曲线的交点为 $(0,1)$.

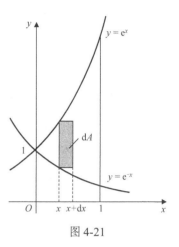

如图 4-21 所示，选 x 为积分变量，其变化区间为 $[0,1]$. 在 $[0,1]$ 上任取一个小区间 $[x,x+\mathrm{d}x]$，其对应的面积元素 $\mathrm{d}A=(\mathrm{e}^x-\mathrm{e}^{-x})\mathrm{d}x$，于是

$$A=\int_0^1(\mathrm{e}^x-\mathrm{e}^{-x})\mathrm{d}x=(\mathrm{e}^x+\mathrm{e}^{-x})\big|_0^1=\mathrm{e}+\mathrm{e}^{-1}-2.$$

图 4-21

4.7.3　旋转体的体积

旋转体是由平面内的一个图形绕平面内的一条定直线旋转一周而生成的立体. 这条定直线称为旋转体的**旋转轴**.

用定积分求旋转体的体积

例如，圆柱可视为由矩形绕它的一条边旋转一周而生成的立体，圆锥可视为直角三角形绕它的一条直角边旋转一周而生成的立体，球体可视为半圆绕它的直径旋转一周而生成的立体. 接下来，探讨以 x 轴为旋转轴生成的旋转体.

设旋转体是由连续曲线 $y=f(x)$，直线 $x=a$、$x=b$ 与 x 轴所围成的曲边梯形绕 x 轴旋转一周而成的（图 4-22），求旋转体的体积 V.

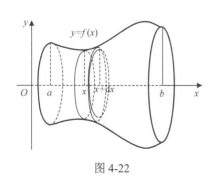

图 4-22

取 x 为自变量，其变化区间为 $[a,b]$. 设想用垂直于 x 轴的平面将旋转体分成 n 个小薄片，即把 $[a,b]$ 分成 n 个区间元素，其中任一区间元素 $[x,x+\mathrm{d}x]$ 所对应的小薄片的体积可近似视为以 $f(x)$ 为底半径、$\mathrm{d}x$ 为高的扁圆柱体的体积，即该旋转体的体积元素为

$$\mathrm{d}V=\pi[f(x)]^2\mathrm{d}x.$$

从而，所求旋转体的体积为

$$V=\pi\int_a^b[f(x)]^2\mathrm{d}x.$$

用与上面类似的方法可以推出：由连续曲线 $x=g(y)$，直线 $y=c$、$y=d$ 与 y 轴

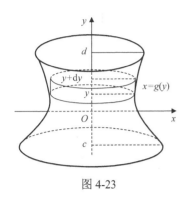

图 4-23

所围成的曲边梯形绕 y 轴旋转一周而生成的旋转体（图 4-23）的体积为

$$V = \pi \int_c^d [g(y)]^2 \mathrm{d}y .$$

为方便区分，以 x 轴为旋转轴的旋转体体积可记为 V_x，以 y 轴为旋转轴的旋转体体积可记为 V_y。

▎例 4.46▎ 连接坐标原点 O 及点 $P(h,r)$ 的直线、直线 $x=h$ 及 x 轴围成一个直角三角形. 将该直角三角形绕 x 轴旋转一周构成一个底面半径为 r、高为 h 的圆锥体，计算该圆锥体的体积.

解 生成的圆锥体如图 4-24 所示，直线 OP 的方程为 $y = \dfrac{r}{h}x$，旋转轴为 x 轴，故取 x 为积分变量，积分区间为 $[0,h]$，在 $[0,h]$ 上任取小区间 $[x, x+\mathrm{d}x]$，该小区间所对应的圆锥体中薄片的体积即体积微元为

$$\mathrm{d}V = \pi\left(\frac{r}{h}x\right)^2 \mathrm{d}x ,$$

故所求圆锥的体积为

$$V = \int_0^h \pi\left(\frac{r}{h}x\right)^2 \mathrm{d}x = \frac{\pi r^2}{h^2}\left[\frac{x^3}{3}\right]_0^h = \frac{\pi h r^2}{3} .$$

为提高效率，曲边梯形绕其底边旋转一周所形成的旋转体的体积可直接由公式求得.

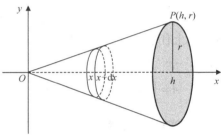

图 4-24

▎例 4.47▎ 求由 $y = \sin x$、x 轴和 $x = \dfrac{\pi}{2}$ 所围曲边梯形绕 x 轴旋转一周所得旋转体的体积.

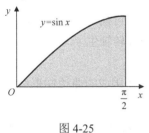

图 4-25

解 如图 4-25 所示，以 $y = \sin x$ 为曲边，x 轴上区间 $\left[0, \dfrac{\pi}{2}\right]$ 为底边的曲边梯形绕 x 轴旋转一周所得旋转体的体积为

$$V_x = \int_0^{\frac{\pi}{2}} \pi \sin^2 x \,\mathrm{d}x = \frac{\pi^2}{4} .$$

▎例 4.48▎ 求由 $y = x^3$、y 轴和 $y = 8$ 所围曲边梯形绕 y 轴旋转一周所得旋转体的体积.

解 如图 4-26 所示，旋转体以 y 轴为旋转轴，选取 y 为积分变量，则积分区间为 $[0,8]$，曲边 $y = x^3$ 改写成 y 作自变量的函数式 $x = y^{\frac{1}{3}}$，体积微元 $\mathrm{d}V_y = \pi y^{\frac{2}{3}} \mathrm{d}y$. 从而所求旋转体的体积为

$$V_y = \int_0^8 \mathrm{d}V_y = \int_0^8 \pi y^{\frac{2}{3}} \mathrm{d}y = \frac{3}{5}\pi y^{\frac{5}{3}}\bigg|_0^8 = \frac{96}{5}\pi .$$

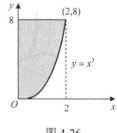

图 4-26

▎例 4.49▎ 求由 $y^2 = 8x$ 和 $y = x^2$ 所围图形绕 y 轴旋转一周所得旋转体的体积.

解　如图 4-27 所示，这是由两条曲线相交部分旋转生成的旋转体，它可看作一个大旋转体（以 $y = x^2$ 为曲边，以 y 轴上的区间 $[0,4]$ 为底边）挖掉一个小旋转体（以 $y^2 = 8x$ 为曲边，以 y 轴上的区间 $[0,4]$ 为底边）.

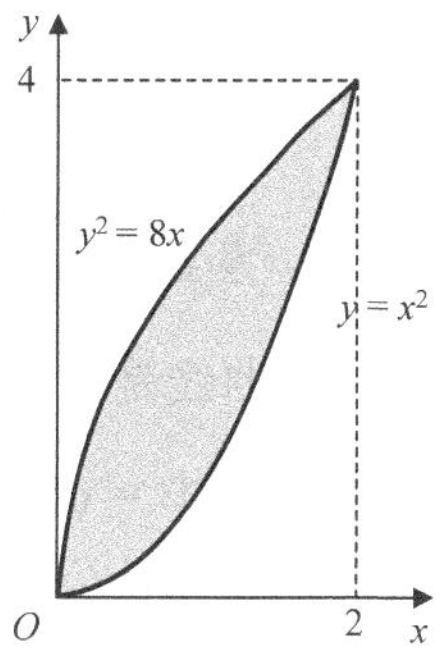

旋转体以 y 轴为旋转轴，选取 y 为积分变量，则积分区间为 $[0,4]$，且

$$y = x^2 \Leftrightarrow x = \sqrt{y} ,$$

$$y^2 = 8x \Leftrightarrow x = \frac{1}{8} y^2 .$$

所以大、小旋转体的体积分别为

$$V_{大} = \pi \int_0^4 \left(\sqrt{y} \right)^2 \mathrm{d}y = \pi \int_0^4 y \mathrm{d}y = \frac{\pi}{2} y^2 \Big|_0^4 = 8\pi ;$$

$$V_{小} = \pi \int_0^4 \left(\frac{1}{8} y^2 \right)^2 \mathrm{d}y = \pi \int_0^4 \frac{1}{64} y^4 \mathrm{d}y = \frac{\pi}{64} \cdot \frac{1}{5} y^5 \Big|_0^4 = \frac{16}{5} \pi .$$

所以所求旋转体的体积为

$$V_y = V_{大} - V_{小} = 8\pi - \frac{16}{5} \pi = \frac{24}{5} \pi .$$

图 4-27

*4.7.4　平面曲线的弧长

过曲线上的点 $A(x,y)$ 作切线，将点 $A(x,y)$ 沿切线作无穷小位移 $(\mathrm{d}x, \mathrm{d}y)$ 到点 $B(x + \mathrm{d}x, y + \mathrm{d}y)$，则以 AB 为斜边，两直角边平行于两坐标轴的直角三角形 ABC 称为曲线在点 $A(x,y)$ 处的**微分三角形**，如图 4-28 所示.

曲线的弧长微元定义为微分三角形斜边的长度 $\mathrm{d}s$，即

$$\mathrm{d}s = \sqrt{(\mathrm{d}x)^2 + (\mathrm{d}y)^2} .$$

1. 函数形式

设曲线是由函数 $y = y(x)$，$x \in [a,b]$ 确定的，则由 $\mathrm{d}y = y' \mathrm{d}x$，得弧长微元为

$$\mathrm{d}s = \sqrt{(\mathrm{d}x)^2 + (y' \mathrm{d}x)^2} = \sqrt{1 + (y')^2} \mathrm{d}x ,$$

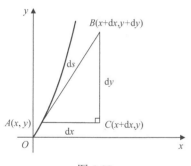

图 4-28

从而弧长公式为

$$s = \int_a^b \mathrm{d}s = \int_a^b \sqrt{1 + (y')^2} \mathrm{d}x .$$

【例 4.50】　计算曲线 $y = \frac{2}{3}(x-1)^{\frac{3}{2}}$ 上相应于 x 从 1 到 4 的弧段的长度（图 4-29）.

解　由 $y' = (x-1)^{\frac{1}{2}}$，$1 + (y')^2 = x$，得弧长微元为

$$\mathrm{d}s = \sqrt{1 + (y')^2} \mathrm{d}x = \sqrt{x} \mathrm{d}x .$$

从而所求弧长为

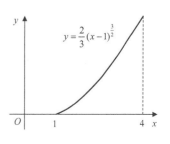

图 4-29

$$s = \int_1^4 \mathrm{d}s = \int_1^4 x^{\frac{1}{2}} \mathrm{d}x = \frac{2}{3} x^{\frac{3}{2}} \Big|_1^4 = \frac{14}{3}.$$

2. 参数形式

设曲线是由参数形式 $x = x(t)$，$y = y(t)$，$t \in [a,b]$ 确定的，则弧长微元为
$$\mathrm{d}s = \sqrt{(\mathrm{d}x)^2 + (\mathrm{d}y)^2} = \sqrt{[x'(t)\mathrm{d}t]^2 + [y'(t)\mathrm{d}t]^2} = \sqrt{[x'(t)]^2 + [y'(t)]^2} \mathrm{d}t,$$
从而弧长公式为
$$s = \int_a^b \mathrm{d}s = \int_a^b \sqrt{[x'(t)]^2 + [y'(t)]^2} \mathrm{d}t.$$

【例 4.51】 计算摆线 $\begin{cases} x = a(t - \sin t), \\ y = a(1 - \cos t), \end{cases}$ $t \in [0, 2\pi]$ 的长度（其中 $a > 0$）.

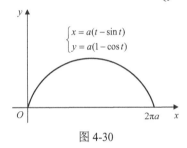

图 4-30

解 如图 4-30 所示，由 $x'(t) = a(1 - \cos t)$，$y'(t) = a \sin t$，得
$$[x'(t)]^2 + [y'(t)]^2 = 2a^2(1 - \cos t) = \left(2a \sin \frac{t}{2}\right)^2.$$

从而所求弧长为
$$s = \int_0^{2\pi} \mathrm{d}s = \int_0^{2\pi} 2a \sin \frac{t}{2} \mathrm{d}t = -4a \left(\cos \frac{t}{2}\right)\Big|_0^{2\pi} = 8a.$$

练习 4.7

1. 计算由抛物线 $y = x^2$ 与直线 $y = x$ 所围成的图形的面积.

2. 计算由抛物线 $y^2 = x$ 与直线 $x + y - 2 = 0$ 所围成的图形的面积.

3. 求下列曲线所围成的图形的面积：

（1）$y = x^2$ 和 $y = 2x + 3$ ；　　　　（2）$y = -x^2 + 2x + 3$ 和 $y = 0$ ；

（3）$y^2 = 2x$ 和 $x = 8$ ；　　　　　　（4）$y = x^2$，$y = 2x^2$ 和 $y = 1$.

4. 求由曲线 $y = \cos x \left(0 \leqslant x \leqslant \dfrac{\pi}{2}\right)$、$x$ 轴和 y 轴所围成的曲边梯形绕 x 轴旋转一周所得旋转体的体积.

5. 求由抛物线 $y = x^2 (x \geqslant 0)$，y 轴和 $y = 9$ 所围成的曲边梯形绕 y 轴旋转一周所得旋转体的体积.

6. 求由 $y^2 = x$ 和 $y = x^2$ 所围成的图形绕 y 轴旋转一周所得旋转体的体积.

7. 求由曲线 $y = x^3$ 和直线 $x = 1$ 及 $y = 0$ 所围成的平面图形分别绕 x 轴和 y 轴旋转一周而成的旋转体的体积.

*8. 计算曲线 $y = \dfrac{1}{4} x^2 - \dfrac{1}{2} \ln x$ 上相应于 x 从 1 到 e 的一段弧的长度.

*9. 计算圆的渐伸线 $\begin{cases} x = a(\cos t + t \sin t), \\ y = a(\sin t - t \cos t), \end{cases}$ $t \in [0, 2\pi]$ 的长度（其中 $a > 0$）.

*4.8 定积分在物理上的应用

若 $f(x)$ 表示 $F(x)$ 关于 x 的变化率，即 $f(x)=F'(x)$，由牛顿-莱布尼茨公式可知，在区间 $[a,b]$ 内，$F(x)$ 的改变量为

$$F(b)-F(a)=\int_a^b f(x)\mathrm{d}x,$$

从而，在 $x=b$ 处 $F(x)$ 的总量为

$$F(b)=F(a)+\int_a^b f(x)\mathrm{d}x.$$

数学建模案例

4.8.1 变速直线运动的加速度、速度和位移

加速度 $a(t)$ 是速度 $v(t)$ 关于时间 t 的变化率，即 $a(t)=v'(t)$. 若已知加速度 $a(t)$，则在时间段 $[t_0,t_1]$ 内，速度的改变量为 $v(t_1)-v(t_0)=\int_{t_0}^{t_1}a(t)\mathrm{d}t$，从而在 t_1 时刻的速度为

$$v(t_1)=v(t_0)+\int_{t_0}^{t_1}a(t)\mathrm{d}t.$$

同理，速度 $v(t)$ 是位移 $s(t)$ 关于时间 t 的变化率，即 $v(t)=s'(t)$. 若已知速度 $v(t)$，则在时间段 $[t_0,t_1]$ 内位移的改变量为 $s(t_1)-s(t_0)=\int_{t_0}^{t_1}v(t)\mathrm{d}t$，从而在 t_1 时刻的位移为

$$s(t_1)=s(t_0)+\int_{t_0}^{t_1}v(t)\mathrm{d}t.$$

【例 4.52】（匀加速直线运动） 若质点以加速度 $a\,(\mathrm{m/s^2})$ 做匀加速直线运动，且已知质点的初始速度 $v(0)=v_0$ 和初始位移 $s(0)=s_0$，求质点在 t 时刻的速度 $v(t)$ 和位移 $s(t)$.

解 质点以加速度 $a\,(\mathrm{m/s^2})$ 做匀加速直线运动，则质点在 t 时刻的速度为

$$v(t)=v(0)+\int_0^t a(t)\mathrm{d}t=v_0+\int_0^t a\mathrm{d}t=v_0+at\,(\mathrm{m/s}).$$

从而质点在 t 时刻的位移为

$$s(t)=s(0)+\int_0^t v(t)\mathrm{d}t=s_0+\int_0^t (v_0+at)\mathrm{d}t=s_0+v_0t+\frac{1}{2}at^2\,(\mathrm{m}).$$

> **说明** 在例 4.52 的求解过程中，符号 t 既作为积分变量又作为积分上限，这在数学中是不允许的，但在物理中是常见的，此处及本节遵循物理写法.

4.8.2 建模案例1：飞行跑道的设计模型

问题1 已知某客机起飞时的速度为 $360\mathrm{km/h}$，如果要求它在 $50\mathrm{s}$ 内匀加速地将速度提到起飞速度. 问：设计的跑道至少应多长？

1. 模型准备

先进行单位换算，$50\mathrm{s}=\dfrac{50}{3600}\mathrm{h}=\dfrac{1}{72}\mathrm{h}$.

2. 模型假设与变量说明

（1）假设飞行跑道为直线型跑道；

（2）假设飞机在跑道上匀加速行驶 50s，起飞时的速度为 360km/h；

（3）假设飞机在跑道上行驶的匀加速度为 a（km/h²），a 为常数，t 时刻的速度为 $v(t)$，跑道长度为 S，t 时刻飞机行驶的路程为 $s(t)$.

3. 模型的分析、建立与求解

由速度与加速度的关系，知 $a = \dfrac{\mathrm{d}v}{\mathrm{d}t}$，即 $v = \int_0^t a\mathrm{d}t$. 根据题意，飞机要在 $t = \dfrac{1}{72}$h 内匀加速地将速度提到 360km/h，则有

$$360 = \int_0^{\frac{1}{72}} a\mathrm{d}t .$$

即

$$360 = \frac{1}{72}a ,$$

解得 $a = 360 \times 72 = 25920$（km/h²）.

因为 $v(0) = 0$，所以速度为

$$v(t) = 25920t .$$

再利用路程与速度之间的关系 $v(t) = \dfrac{\mathrm{d}s(t)}{\mathrm{d}t}$，得路程 $s(t)$ 为

$$s(t) = \int_0^t 25920t\mathrm{d}t = 12960t^2 .$$

将 $t = \dfrac{1}{72}$ 代入，得跑道的最短长度为

$$S = s\left(\frac{1}{72}\right) = 12960 \times \left(\frac{1}{72}\right)^2 = 2.5 \text{（km）}.$$

所以设计飞行跑道的最短距离为 2.5km.

4.8.3　变力沿直线做功

若质点在常力 F 的作用下，沿力的方向产生位移 s，则常力 F 对质点做的功 $W = Fs$. 现在考虑变力 $F(x)$ 做功的情况. 如果物体在变力 $F(x)$ 作用下沿 x 轴由 a 处移动到 b 处，那么变力 $F(x)$ 所做的功又该如何计算呢？

如图 4-31 所示，采用微元法分析可得，在小区间 $[x, x+\mathrm{d}x]$ 上，变力所做功的近似值即功微元为

$$\mathrm{d}W = F(x)\mathrm{d}x ,$$

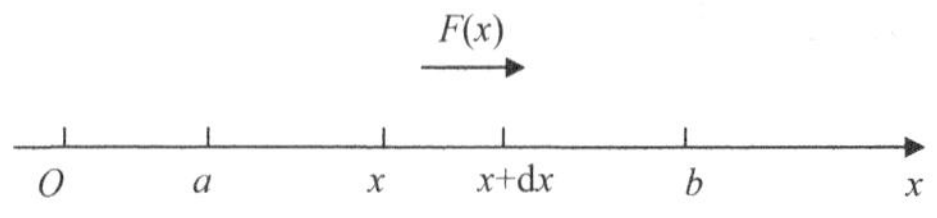

图 4-31

因此在位移 x 从 a 变到 b 的过程中，变力 $F(x)$ 做的功为

$$W = \int_a^b F(x)\,\mathrm{d}x .$$

▌**例 4.53**　有一弹簧，原长 $1\mathrm{m}$，已知每压缩 $1\mathrm{cm}$ 需用力 $4.9 \times 10^{-2}\,\mathrm{N}$，若将该弹簧自 $80\mathrm{cm}$ 压缩至 $60\mathrm{cm}$. 问：外力做功多少？

解　设弹簧的压缩量为 x，则 $F = kx$，将 $x = 0.01$，$F = 4.9 \times 10^{-2}$ 代入，得 $k = 4.9$，所以 $F = 4.9x$. 取 x 为积分变量，则积分区间为 $[0.2,0.4]$，微元为 $\mathrm{d}W = 4.9x\mathrm{d}x$，此时外力做功

$$W = \int_{0.2}^{0.4} 4.9x\mathrm{d}x = 4.9\frac{x^2}{2}\Big|_{0.2}^{0.4} = 0.294(\mathrm{J}).$$

所以将该弹簧自 $80\mathrm{cm}$ 压缩至 $60\mathrm{cm}$，外力做功 $0.294\mathrm{J}$.

▌**例 4.54**　一容器装满水，容器的形状为抛物线 $x^2 = 4py$ 与 y 轴和 $y = p$ 所围图形绕 y 轴旋转一周所成的旋转体（图 4-32），若将水从容器顶部全部抽出. 问：至少需做多少功？

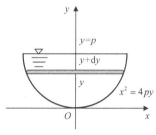

图 4-32

解　设 y 为积分变量，积分区间为 $[0, p]$，在积分区间上任取一个小区间 $[y, y+\mathrm{d}y]$，将其对应的薄层水抽出去所做的功，即为功的微元. 由于 $\mathrm{d}F = \rho g\mathrm{d}V = \rho g \pi x^2 \mathrm{d}y = 4\pi\rho gpy\mathrm{d}y$，则功的微元为

$$\mathrm{d}W = (p - y)\mathrm{d}F = (p - y) \cdot 4\pi\rho gpy\mathrm{d}y = 4\pi\rho gpy(p - y)\mathrm{d}y ,$$

所以变力做的功为

$$W = \int_0^p 4\pi\rho gpy(p - y)\mathrm{d}y = 4\pi\rho gp\int_0^p (py - y^2)\mathrm{d}y = 4\pi\rho gp\left(\frac{p}{2}y^2 - \frac{1}{3}y^3\right)\Big|_0^p$$

$$= \frac{2}{3}\pi\rho gp^4 .$$

4.8.4　建模案例 2：第二宇宙速度

问题 2　质量为 $m(\mathrm{kg})$ 的物体，从地面垂直升到离地面 $h(\mathrm{m})$ 的高度. 计算在该过程中，物体克服地球引力做的功，并讨论为使物体脱离地球（可看作 $h \to \infty$），则物体从地面发射的初始速度 v_0 至少是多少？

1. 模型准备

（1）地表重力加速度 $g = 9.8\mathrm{m/s}^2 = 9.8 \times 10^{-3}\,\mathrm{km/s}^2$；

（2）地球半径 $R = 6371\mathrm{km}$.

2. 模型假设与变量说明

（1）假设地球是圆的；

（2）假设物体在运动过程中没有能量损耗；

（3）假设引力常数为 G，地球质量为 M；

（4）假设物体位移为 s 时，物体所受的地球引力为 $F(s)$，物体的始末位移分别为 s_0

和 s_1 ;

（5）假设在物体从地面垂直升到离地面 h 高度的过程中，物体克服地球引力做的功为 $W(h)$.

3. 模型的分析、建立与求解

由假设（1）知地球是圆的，如图 4-33 所示，以地球中心为原点，物体运动方向为正方向建立 s 轴. 由万有引力定律，当物体的位移为 s 时，物体所受的地球引力为

$$F(s) = G\frac{mM}{s^2} .$$

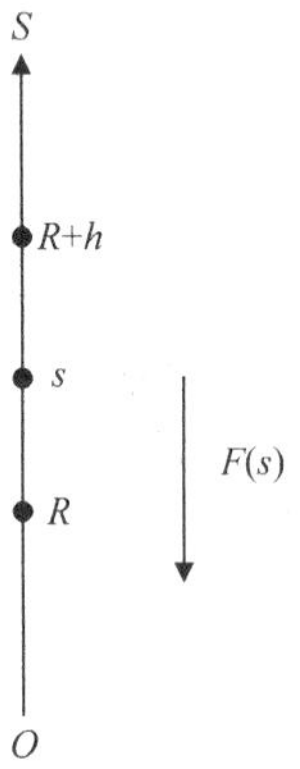

物体从地面垂直升到离地面 h 的高度相当于位移 s 从 R 变到 $R+h$ ，该过程中物体克服地球引力做的功为

$$W(h) = \int_{s_0}^{s_1} F(s)\mathrm{d}s = \int_R^{R+h} G\frac{mM}{s^2}\mathrm{d}s = -\frac{GmM}{s}\bigg|_R^{R+h} = G\frac{mM}{R}\cdot\frac{h}{R+h} .$$

在地球表面，物体所受的地球引力 $F(R) = mg$ ，即 $G\frac{mM}{R^2} = mg$ ，故

图 4-33 $\quad G\frac{mM}{R} = mgR$. 从而所求的功为

$$W(h) = mgR\frac{h}{R+h} .$$

当物体脱离地球，即 $h \to \infty$ 时， $W(h) = mgR\dfrac{h}{R+h} \to mgR$ ，此时物体克服地球引力做功 $W_\infty = mgR$. 由假设（2）即物体在运动过程中没有能量损耗，可知为使物体脱离地球，物体的初始动能 $\frac{1}{2}mv_0^2 \geqslant mgR$ ，即 $v_0 \geqslant \sqrt{2gR}$.代入 $R = 6371\mathrm{km}$ 和 $g = 9.8\times10^{-3}\mathrm{km/s^2}$ ，即得第二宇宙速度

$$v_0 \approx 11.2\mathrm{km/s} .$$

练习 4.8

1. 质点以 $3\mathrm{m/s^2}$ 的加速度做匀加速直线运动，且初始速度 $v(0) = 2\mathrm{m/s}$ 和初始位移 $s(0) = 4\mathrm{m}$.则在 $t=1$ 时，质点的速度 $v(t) = $ _____ ，位移 $s(t) = $ _____ .

2. 已知某客机起飞时的速度为 $360\mathrm{km/h}$ ，如果要求它在 $45\mathrm{s}$ 内匀加速地将速度提到起飞速度，则设计的跑道的长度至少应为 _____ .

3. 已知在弹簧拉伸过程中，弹力 F （单位：N）与伸长量 s （单位：cm）成正比，即

$$F = ks \text{（其中 } k \text{ 为比例常数）} .$$

如果把弹簧由原长拉伸 $4\mathrm{cm}$ ，求弹力所做的功.

4. 一圆柱形储水桶的高为 $3\mathrm{m}$ ，底圆半径为 $2\mathrm{m}$ ，桶内盛满了水. 求把桶内的水全部吸出需做多少功？

5. 假设电量为 $+q$ 的点电荷位于 s 轴坐标原点处,其所产生的电场力使 s 轴上的一个单位正电荷从 $s=a$ 处移动到 $s=b(a<b)$ 处,求电场力对单位正电荷所做的功.(提示:在电量为 $+q$ 的点电荷所产生的电场中,距离点电荷 s 处的单位正电荷所受到的电场力的大小为 $F(s)=k\dfrac{q}{s^2}$,其中 k 是常数.)

4.9　无穷区间的广义积分

4.9.1　广义积分的定义

引例 4.3　求由 x 轴、y 轴及曲线 $y=\mathrm{e}^{-x}$ 所围成的延伸到无穷远处的图形的面积 A.

解　先求由 x 轴、y 轴及曲线 $y=\mathrm{e}^{-x}$ 以及 $x=b(b>0)$ 所围成的平面图形的面积 A_b(图 4-34).由定积分的几何意义,有

$$A_b=\int_0^b \mathrm{e}^{-x}\mathrm{d}x.$$

再求极限 $\lim\limits_{b\to+\infty}A_b$.若该极限存在,则极限值就是所求的面积 A.

为解决上述问题,本节将定积分 $\int_a^b f(x)\mathrm{d}x$ 的概念由有限闭区间 $[a,b]$ 推广到无穷区间 $[a,+\infty)$,$(-\infty,b]$ 和 $(-\infty,+\infty)$,其主要想法是将无穷区间看作有限闭区间的极限,如 $[a,+\infty)=\lim\limits_{b\to\infty}[a,b]$.

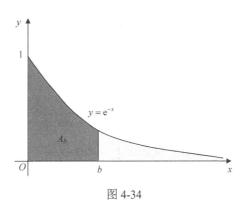

图 4-34

为方便讨论,假设 $y=f(x)$ 在所讨论的无穷区间上连续,且 $a<b$.

(1)如果极限 $\lim\limits_{b\to+\infty}\int_a^b f(x)\mathrm{d}x$ 存在,则称此极限值为 $f(x)$ 在 $[a,+\infty)$ 上的**广义积分**,记作 $\int_a^{+\infty}f(x)\mathrm{d}x$,即

$$\int_a^{+\infty}f(x)\mathrm{d}x=\lim\limits_{b\to+\infty}\int_a^b f(x)\mathrm{d}x.$$

通常,若极限 $\lim\limits_{b\to+\infty}\int_a^b f(x)\mathrm{d}x$ 存在,则称广义积分 $\int_a^{+\infty}f(x)\mathrm{d}x$ 收敛;否则,称广义积分 $\int_a^{+\infty}f(x)\mathrm{d}x$ 发散.

(2)函数 $f(x)$ 在 $(-\infty,b]$ 上的广义积分 $\int_{-\infty}^b f(x)\mathrm{d}x$ 定义为

$$\int_{-\infty}^b f(x)\mathrm{d}x=\lim\limits_{a\to-\infty}\int_a^b f(x)\mathrm{d}x.$$

(3)函数 $f(x)$ 在无穷区间 $(-\infty,+\infty)$ 上的广义积分 $\int_{-\infty}^{+\infty}f(x)\mathrm{d}x$ 定义为

$$\int_{-\infty}^{+\infty}f(x)\mathrm{d}x=\int_{-\infty}^a f(x)\mathrm{d}x+\int_a^{+\infty}f(x)\mathrm{d}x.$$

其中，a 为任意实数. 只有广义积分 $\int_{-\infty}^{a} f(x)\mathrm{d}x$ 和 $\int_{a}^{+\infty} f(x)\mathrm{d}x$ 都收敛，$\int_{-\infty}^{+\infty} f(x)\mathrm{d}x$ 才收敛；如果其中有一个广义积分发散，则称 $\int_{-\infty}^{+\infty} f(x)\mathrm{d}x$ 发散.

4.9.2 广义积分的计算

如果 $F(x)$ 是 $f(x)$ 的原函数，则

$$\int_{a}^{+\infty} f(x)\mathrm{d}x = \lim_{b\to+\infty}\int_{a}^{b} f(x)\mathrm{d}x = \lim_{b\to+\infty}\left[F(x)\big|_{a}^{b} \right] = \lim_{b\to+\infty} F(b) - F(a).$$

可采用如下简记形式：

$$\int_{a}^{+\infty} f(x)\mathrm{d}x = F(x)\big|_{a}^{+\infty} = \lim_{x\to+\infty} F(x) - F(a).$$

类似地，

$$\int_{-\infty}^{b} f(x)\mathrm{d}x = F(x)\big|_{-\infty}^{b} = F(b) - \lim_{x\to-\infty} F(x);$$

$$\int_{-\infty}^{+\infty} f(x)\mathrm{d}x = F(x)\big|_{-\infty}^{+\infty} = \lim_{x\to+\infty} F(x) - \lim_{x\to-\infty} F(x).$$

‖例 4.55‖ 计算广义积分 $\int_{0}^{+\infty} \mathrm{e}^{-x}\mathrm{d}x$.

解 由于

$$\int_{0}^{+\infty} \mathrm{e}^{-x}\mathrm{d}x = \lim_{b\to+\infty}\int_{0}^{b} \mathrm{e}^{-x}\mathrm{d}x = \lim_{b\to+\infty}\left[-\int_{0}^{b} \mathrm{e}^{-x}\mathrm{d}(-x) \right] = \lim_{b\to+\infty}(-\mathrm{e}^{-x}\big|_{0}^{b})$$

$$= \lim_{b\to+\infty}(-\mathrm{e}^{-b} + \mathrm{e}^{0}) = \lim_{b\to+\infty}\left(1 - \frac{1}{\mathrm{e}^{b}} \right) = 1,$$

所以广义积分 $\int_{0}^{+\infty} \mathrm{e}^{-x}\mathrm{d}x$ 收敛，且其值为 1，即引例 4.3 中的面积 A 为 1.

‖例 4.56‖ 计算广义积分 $\int_{1}^{+\infty} \frac{1}{x^2}\mathrm{d}x$.

解 $\int_{1}^{+\infty} \frac{1}{x^2}\mathrm{d}x = \left(-\frac{1}{x} \right)\Big|_{1}^{+\infty} = \lim_{x\to+\infty}\left(-\frac{1}{x} \right) - (-1) = 0 + 1 = 1.$

‖例 4.57‖ 讨论广义积分 $\int_{1}^{+\infty} \frac{1}{x^p}\mathrm{d}x$ 的敛散性.

解 当 $p > 1$ 时，$\int_{1}^{+\infty} \frac{1}{x^p}\mathrm{d}x = \int_{1}^{+\infty} x^{-p}\mathrm{d}x = \frac{1}{1-p}x^{1-p}\Big|_{1}^{+\infty} = \frac{1}{p-1}$；

当 $p = 1$ 时，$\int_{1}^{+\infty} \frac{1}{x^p}\mathrm{d}x = \int_{1}^{+\infty} \frac{1}{x}\mathrm{d}x = \ln x\big|_{1}^{+\infty} = +\infty$；

当 $p < 1$ 时，$\int_{1}^{+\infty} \frac{1}{x^p}\mathrm{d}x = \int_{1}^{+\infty} x^{-p}\mathrm{d}x = \frac{1}{1-p}x^{1-p}\Big|_{1}^{+\infty} = +\infty.$

因此

$$\int_{1}^{+\infty} \frac{1}{x^p}\mathrm{d}x = \begin{cases} \dfrac{1}{p-1}, & \text{当 } p > 1\text{时,} \\ \text{发散}, & \text{当 } p \leqslant 1\text{时.} \end{cases}$$

定积分的性质和积分法在广义积分收敛的情况下也是适用的.

【例 4.58】　计算广义积分 $\int_0^{+\infty} \dfrac{\arctan x}{1+x^2}\mathrm{d}x$.

解　凑微分 $\dfrac{\arctan x}{1+x^2}\mathrm{d}x = \arctan x\,\mathrm{d}(\arctan x)$. 令 $u = \arctan x$，则当 $x=0$ 时，$u=0$；当 $x \to +\infty$ 时，$u \to \dfrac{\pi}{2}$. 故

$$\int_0^{+\infty} \frac{\arctan x}{1+x^2}\mathrm{d}x = \int_0^{\frac{\pi}{2}} u\,\mathrm{d}u = \frac{1}{2}u^2 \Big|_0^{\frac{\pi}{2}} = \frac{1}{8}\pi^2.$$

【例 4.59】　计算广义积分 $\int_{-\infty}^0 \mathrm{e}^x \mathrm{d}x$.

解　$\int_{-\infty}^0 \mathrm{e}^x \mathrm{d}x = \mathrm{e}^x \Big|_{-\infty}^0 = \mathrm{e}^0 - \lim\limits_{x\to-\infty} \mathrm{e}^x = 1 - 0 = 1.$

【例 4.60】　计算广义积分 $\int_{-\infty}^{+\infty} \dfrac{1}{1+x^2}\mathrm{d}x$.

解　$\int_{-\infty}^{+\infty} \dfrac{1}{1+x^2}\mathrm{d}x = \arctan x \Big|_{-\infty}^{+\infty} = \lim\limits_{x\to+\infty} \arctan x - \lim\limits_{x\to+\infty} \arctan x = \dfrac{\pi}{2} - \left(-\dfrac{\pi}{2}\right) = \pi.$

练习 4.9

1. 计算广义积分 $\int_1^{+\infty} \dfrac{1}{x^6}\mathrm{d}x$.

2. 判断下列广义积分的敛散性，若该积分收敛，则求其值.

（1）$\int_{-\infty}^0 2^x \mathrm{d}x$；　　　　（2）$\int_0^{+\infty} \dfrac{(\arctan x)^2}{1+x^2}\mathrm{d}x$；　　　（3）$\int_{-\infty}^{+\infty} \dfrac{\mathrm{e}^x}{1+\mathrm{e}^{2x}}\mathrm{d}x$.

3. 判断下列广义积分的敛散性，若该积分收敛，则求其值.

（1）$\int_1^{+\infty} \dfrac{1}{x^5}\mathrm{d}x$；　　　　（2）$\int_1^{+\infty} \dfrac{1}{\sqrt{x}}\mathrm{d}x$；　　　　（3）$\int_0^{+\infty} \mathrm{e}^{-4x}\mathrm{d}x$；

（4）$\int_0^{+\infty} \mathrm{e}^{1-2x}\mathrm{d}x$；　　　（5）$\int_0^{+\infty} \cos x\,\mathrm{d}x$；　　　　（6）$\int_{-\infty}^0 \dfrac{\mathrm{e}^x}{1+\mathrm{e}^x}\mathrm{d}x$.

■■■■■■ **数学实验：用 MATLAB 求一元函数的积分** ■■■■■■

用 MATLAB 求一元函数的积分格式如下.

不定积分格式：

```
int(f(x),x)
```

作用　求 $f(x)$ 关于 x 的一个原函数，若 $f(x)$ 只有 x 一个符号，可用 int(f(x)).

【例 1】　求不定积分 $\int \dfrac{x^4}{1+x^2}\mathrm{d}x$.

解 代码和运行结果如下:

```
>> syms x
>> int(x^4/(1+x^2))
 ans =
     1/3*x^3-x+atan(x)
```

所以

$$\int \frac{x^4}{1+x^2}dx = \frac{1}{3}x^3 - x + \arctan x + C.$$

小实验 1 求不定积分 $\int \frac{x^3}{1+x^2}dx$.

定积分格式:

```
int(f(x),x,a,b)
```

作用 求 $\int_a^b f(x)dx$,若 $f(x)$ 只有 x 一个符号,可用 int(f(x),a,b).

|例 2| 求定积分 $\int_0^1 x^4\sqrt{1-x^2}dx$.

解 代码和运行结果如下:

```
>> syms x
>> int(x^4*sqrt(1-x^2),0,1)
 ans =
     1/32*pi
```

所以

$$\int_0^1 x^4\sqrt{1-x^2}dx = \frac{1}{32}\pi.$$

小实验 2 求定积分 $\int_0^1 x^2\sqrt{1-x^3}dx$.

|例 3| 求广义积分 $\int_0^{+\infty} \frac{x^3}{e^x-1}dx$.

解 代码和运行结果如下:

```
>> syms x
>> int(x^3/(exp(x)-1),0,inf)
 ans =
     1/15*pi^4
```

所以

$$\int_0^{+\infty} \frac{x^3}{e^x-1}dx = \frac{1}{15}\pi^4.$$

小实验 3 求广义积分 $\int_0^{+\infty} e^{-x^2}dx$.

┃拓展阅读

祖冲之父子与祖暅原理

祖冲之(429—500 年),字文远,生于丹阳郡建康县(今江苏南京),籍贯范阳郡道县(今河北省涞水县),南北朝时期杰出的数学家、天文学家. 祖冲之从很小的时候起便"专功数术,搜烁古今",他把从

拓展阅读:祖冲之
父子与祖暅原理

上古时期到他生活的时代的各种文献、记录、资料，几乎全都搜罗来进行考察，每每"亲量圭尺，躬察仪漏，目尽毫厘，心穷筹策"，他在刘徽开创的"割圆术"的基础上，首次将"圆周率"精算到小数第七位，即在 3.1415926 和 3.1415927 之间，他提出的"祖率"对数学的研究有重大贡献. 祖冲之写过《缀术》五卷，被收入著名的《算经十书》中，书中祖冲之提出了"开差幂"和"开差立"的问题，其中已知圆柱体、球体的体积来求它们的直径的问题所用到的计算方法已是用三次方程求解正根的问题了，是一项了不起的创举.

祖冲之之子祖暅（456—536 年）也是古代伟大的数学家之一，由于家学渊源，祖暅从小也钻研数学. 祖暅有巧思入神之妙，当他读书思考时，十分专一，即使有雷霆之声，他也听不到. 有一次，他边走路边思考数学问题，走着走着，竟然撞上了对面过来的仆射徐勉. "仆射"可是很高的官，徐勉也是朝廷要人，倒被这位年轻小子撞得够呛，不禁大叫起来. 这时祖暅方才醒悟.

祖暅同父亲祖冲之一起，提出"幂势既同则积不容异"，即等高的两个立体，若其任意高处的水平截面面积相等，则这两个立体的体积相等，这就是著名的祖暅原理. 祖暅应用这个原理，求出了柱、锥、台、球等的体积，推出了刘徽尚未解决的球体积公式. 该原理在西方直到 17 世纪才由意大利数学家卡瓦列利发现，比祖暅晚 1100 多年.

本模块知识要点

一、基础知识脉络

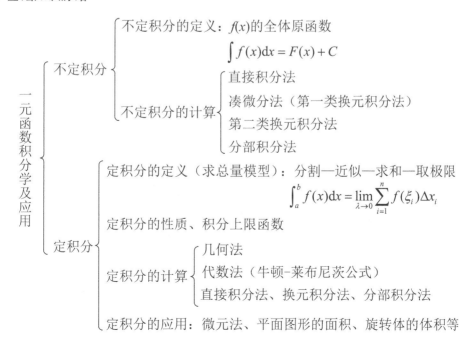

二、重点与难点

1. 重点

（1）理解不定积分的概念，会计算不定积分；

（2）理解定积分的定义，会计算定积分；

（3）理解微元法，会用微元法分析和解决几何、物理等领域的问题．

2. 难点

（1）较复杂的积分计算；

（2）建立实际问题的求总量模型并求解．

▀▀▀▀▀▀▀▀▀▀▀▀▀▀▀ 习题 4 ▀▀▀▀▀▀▀▀▀▀▀▀▀▀▀

A 组

1. 填空题：

（1）函数 $f(x)$ 在 $[a,b]$ 上连续是 $f(x)$ 在 $[a,b]$ 上可积的_____条件（充分、必要、充要）．

（2）计算 $\mathrm{d}\left(\int \mathrm{e}^{-x^2}\mathrm{d}x\right) = $_____．

（3）计算 $\dfrac{\mathrm{d}}{\mathrm{d}x}\left(\int_x^b \mathrm{e}^{t^2}\mathrm{d}t\right) = $_____．

（4）若 $\int_0^{+\infty} \mathrm{e}^{kx}\mathrm{d}x = 2$，则 $k = $_____．

（5）设 $f(x) = \begin{cases} 0, & x < 0, \\ \mathrm{e}^{-x}, & x > 0, \end{cases}$ 则广义积分 $\int_{-\infty}^{\infty} f(x)\mathrm{d}x = $_____．

2. 选择题：

（1）若 $\int f(x)\mathrm{d}x = x^2 + C$，则 $\int xf(1-x^2)\mathrm{d}x = ($ $)$．

   A. $2(1-x^2)^2 + C$ B. $-2(1-x^2)^2 + C$

   C. $\dfrac{1}{2}(1-x^2)^2 + C$ D. $-\dfrac{1}{2}(1-x^2)^2 + C$

（2）设 $f(x)$ 在区间 $[-1,1]$ 上可导，C 为任意常数，则 $\int \sin x f'(\cos x)\mathrm{d}x = ($ $)$．

   A. $\cos x f(\cos x) + C$ B. $-\cos x f(\cos x) + C$

   C. $f(\cos x) + C$ D. $-f(\cos x) + C$

（3）设 $F(x)$ 是 $f(x)$ 的一个原函数，C 为任意常数，则 $\int f(2x)\mathrm{d}x = ($ $)$．

   A. $F(x) + C$ B. $F(2x) + C$ C. $\dfrac{1}{2}F(2x) + C$ D. $2F(2x) + C$

（4）若 $f(x)$ 和 $F(x)$ 满足 $F'(x) = f(x)$ $(x \in \mathbf{R})$，则下列等式成立的是（ ）．

A.　$\int \dfrac{1}{x} F(2\ln x + 1)\mathrm{d}x = 2f(2\ln x + 1) + C$

B.　$\int \dfrac{1}{x} F(2\ln x + 1)\mathrm{d}x = \dfrac{1}{2} f(2\ln x + 1) + C$

C.　$\int \dfrac{1}{x} f(2\ln x + 1)\mathrm{d}x = 2F(2\ln x + 1) + C$

D.　$\int \dfrac{1}{x} f(2\ln x + 1)\mathrm{d}x = \dfrac{1}{2} F(2\ln x + 1) + C$

（5）已知 $f(x)$ 在 $[0,2]$ 上连续，且 $\int_0^2 xf(x)\mathrm{d}x = 4$，则 $\int_0^4 f(\sqrt{x})\mathrm{d}x = $（　　）.

A.　2　　　　　　　　B.　4　　　　　　　　C.　6　　　　　　　　D.　8

3. 已知 $f(x) = \int_0^x \cos(t^2)\mathrm{d}t$.

（1）求 $f'(0)$；

（2）判断函数 $f(x)$ 的奇偶性，并说明理由；

（3）证明：当 $x > 0$ 时，$f(x) > x - \dfrac{1+\lambda}{3\lambda} x^3$，其中 $\lambda > 0$.

4. 已知定义在区间 $[0, +\infty)$ 内的非负可导函数 $f(x)$ 满足

$$f^2(x) = \int_0^x \frac{1 + f^2(t)}{1 + t^2}\mathrm{d}t \quad (x \geqslant 0).$$

判断函数 $f(x)$ 是否存在极值，并说明理由.

5. 计算下列不定积分：

（1）$\int (10^x + x^{10})\mathrm{d}x$；　　　　（2）$\int (x-1)(x-2)\mathrm{d}x$；　　　　（3）$\int \dfrac{\cos 2x}{\cos x - \sin x}\mathrm{d}x$；

（4）$\int \dfrac{1}{x(1-x)}\mathrm{d}x$；　　　　（5）$\int \dfrac{\sqrt{x+2}}{x+3}\mathrm{d}x$；　　　　（6）$\int \dfrac{1}{(x+2)\sqrt{x+3}}\mathrm{d}x$；

（7）$\int \arctan x\,\mathrm{d}x$；　　　　（8）$\int x\arctan x\,\mathrm{d}x$；　　　　（9）$\int \dfrac{\sin^3 x}{\cos^2 x}\mathrm{d}x$.

6. 计算下列定积分：

（1）$\int_0^2 \sqrt{1+4x}\,\mathrm{d}x$；　　　　（2）$\int_{\frac{\pi}{3}}^{\pi} \sin\left(x + \dfrac{\pi}{3}\right)\mathrm{d}x$；　　　　（3）$\int_0^{e-1} \dfrac{x}{1+x}\mathrm{d}x$；

（4）$\int_0^1 xe^{-x^2}\mathrm{d}x$；　　　　（5）$\int_0^{\frac{\pi}{2}} \dfrac{\cos x}{1+\sin x}\mathrm{d}x$；　　　　（6）$\int_0^1 e^x \cos(e^x)\mathrm{d}x$.

7. 求曲线 $y = x^3$ 与直线 $y = 4x$ 所围图形的面积.

8. 计算由抛物线 $y = x^2$、直线 $x = 2$ 与 x 轴所围的图形分别绕 x 轴和 y 轴旋转一周而成的两个旋转体的体积.

B 组

1. 计算下列不定积分：

（1）$\int \ln^2 x\,\mathrm{d}x$；　　　　（2）$\int x^3 \ln^2 x\,\mathrm{d}x$；　　　　（3）$\int \dfrac{1}{x^2 \sqrt{x^2 - 1}}\mathrm{d}x \ (x > 1)$；

（4）$\int \arcsin x \mathrm{d}x$ ； （5）$\int x \arcsin x \mathrm{d}x$ ； （6）$\int x \sin(5x)\sin(3x)\mathrm{d}x$ ．

2. 先作换元 $u = \sqrt{x}$ 或 $u = x^2$ ，再用分部积分法求下列不定积分：

（1）$\int_0^1 \mathrm{e}^{\sqrt{x}}\mathrm{d}x$ ； （2）$\int x\mathrm{e}^{\sqrt{x}}\mathrm{d}x$ ； （3）$\int_0^1 \arctan\left(\sqrt{x}\right)\mathrm{d}x$ ；

（4）$\int 2x^3 \cos(x^2)\mathrm{d}x$ ； （5）$\int x^3 \sin(x^2)\mathrm{d}x$ ； （6）$\int (2x^3 + 6x)\mathrm{e}^{x^2}\mathrm{d}x$ ．

3. 求曲线 $y = 1 + \dfrac{\sqrt{x}}{1+x}$ 和直线 $y = 0$ ，$x = 0$ 及 $x = 1$ 围成的平面图形的面积．

4. 求曲线 $y = x\cos(2x)$ 和直线 $y = 0$ ，$x = 0$ 及 $x = \dfrac{\pi}{4}$ 围成的平面图形的面积．

5. 过原点作抛物线 $y = x^2 + 4$ 的切线，该切线与抛物线所围图形为 D ．求 D 绕 x 轴旋转一周而成的旋转体的体积．

6. 已知抛物线 $x^2 = (p-4)y + a^2$ （$p \neq 4, a > 0$），求 p 和 a 的值使满足：

（1）抛物线与 $y = x + 1$ 相切；

（2）抛物线与 x 轴围成的图形绕 x 轴旋转有最大的体积．

*7. 求曲线 $y = \dfrac{2}{3}x^{\frac{3}{2}}$ 上相应于 $0 \leqslant x \leqslant 1$ 的弧段长度 s ．

*8. 求由参数方程确定的曲线 $x = 3t^2$ 和 $y = 3t - t^3$ （$t \in [0,1]$）的长度．

模块 4 习题解答

常微分方程

常微分方程导学

在科学研究和生产实践中，常常需要建立与问题有关的各变量之间的函数关系. 在大量实际问题中，往往不能直接得到所求的函数关系，有时只能根据一些基本科学原理，构建出含有所求函数及其变化率之间的关系式，即微分方程，然后从中解出所求函数. 因此，微分方程是描述客观事物数量关系的一种重要数学模型.

本模块首先介绍微分方程的一些基本概念，然后讨论常见的微分方程的类型与解法. 不同类型的微分方程有不同的求解方法，读者要注意不同类型的微分方程之间的区别与联系，求解时，应先弄清方程所属的类型，再选择正确的求解方法. 最后结合实例来说明微分方程的应用.

5.1 微分方程的基本概念

什么是微分方程呢？下面通过几何学、物理学的几个实例来具体说明微分方程的基本概念.

5.1.1 认识微分方程

▎**例 5.1**▎ 已知一条曲线过点 $(0,2)$ ，且在该曲线上任意点 $P(x,y)$ 处的切线斜率为 $2x$ ，求该曲线方程.

解 设所求的曲线方程为 $y=y(x)$ ，根据导数的几何意义，知 $y=y(x)$ 应满足：

$$\frac{\mathrm{d}y}{\mathrm{d}x}=2x \quad 或 \quad \mathrm{d}y=2x\mathrm{d}x .$$

这是一个含有所求未知函数 y 的导数或微分的方程. 要求出 $y(x)$ ，只需对上式两端积分，得

$$y=\int 2x\mathrm{d}x .$$

即

$$y=x^2+C\,(C\text{为任意常数}) .$$

由于曲线过点 $(0,2)$ ，即当 $x=0$ 时，$y=2$ ，或 记为 $y|_{x=0}=2$. 将该条件代入 $y=x^2+C$ ，即得 $C=2$. 故所求曲线的方程为

$$y=x^2+2 .$$

▎**例 5.2**▎ 已知某列车在平直轨道上以 20m/s 的速度行驶，当列车制动时，其加速

度为 -0.4m/s^2，求制动后列车的运动规律.

解 设列车制动后 t（s）内行驶了 S（m），设 $S = S(t)$，由二阶导数的物理意义，得

$$\frac{\mathrm{d}^2 S}{\mathrm{d}t^2} = -0.4 .$$

这是一个含有所求未知函数 S 的二阶导数的方程. 要求出 $S(t)$，只需对上式两端进行两次积分，分别得

$$\frac{\mathrm{d}S}{\mathrm{d}t} = -0.4t + C_1 , \quad S = -0.2t^2 + C_1 t + C_2 .$$

由于列车制动开始时的速度为 20m/s，即满足条件：当 $t = 0$ 时，$v = 20$，或记为 $S'|_{t=0} = 20$. 假定路程 S 是从开始制动算起，即满足条件：当 $t = 0$ 时，$S = 0$ 或记为 $S|_{t=0} = 0$.

将需要满足的两个条件代入 $\begin{cases} \dfrac{\mathrm{d}S}{\mathrm{d}t} = -0.4t + C_1, \\ S = -0.2t^2 + C_1 t + C_2, \end{cases}$ 得 $C_1 = 20$，$C_2 = 0$. 故制动后列车的运动规律为

$$S = -0.2t^2 + 20t .$$

上述例 5.1 和例 5.2 都是先建立未知函数的导数（或微分）所满足的方程，即微分方程，再求解未知函数，从而解决问题.

5.1.2 微分方程的基本概念

在例 5.1 和例 5.2 中，所列方程 $\dfrac{\mathrm{d}y}{\mathrm{d}x} = 2x$ 和 $\dfrac{\mathrm{d}^2 S}{\mathrm{d}t^2} = -0.4$ 都含有未知函数的导数或微分，这样的方程就称为**微分方程**. 于是给出如下定义.

定义 5.1 含有未知函数的导数或微分的方程，称为**微分方程**. 微分方程中未知函数的导数的最高阶数，称为**微分方程的阶**.

未知函数是一元函数的微分方程，称为**常微分方程**. 未知函数是多元函数的微分方程，称为**偏微分方程**.

例如，$\dfrac{\mathrm{d}y}{\mathrm{d}x} = 2x$，$\left(\dfrac{\mathrm{d}y}{\mathrm{d}x}\right)^2 + x\dfrac{\mathrm{d}y}{\mathrm{d}x} + y = 0$ 是一阶常微分方程或简称一阶微分方程，$\dfrac{\mathrm{d}^2 S}{\mathrm{d}t^2} = -0.4$，$\dfrac{\mathrm{d}^2 y}{\mathrm{d}x^2} + b\dfrac{\mathrm{d}y}{\mathrm{d}x} + cy = f(x)$ 是二阶常微分方程或简称二阶微分方程.

本书主要讨论常微分方程，后文将常微分方程简称为微分方程.

n 阶常微分方程的一般形式可表示为

$$F(x, y, y', \cdots, y^{(n)}) = 0 ,$$

其中，x 为自变量；y 为 x 的未知函数；y'，y''，$\cdots$，$y^{(n)}$ 依次为未知函数的一阶、二阶、$\cdots$、n 阶导数. 并且，式中必须含有 $y^{(n)}$，而 x，y'，y''，$\cdots$，$y^{(n-1)}$ 可以不含有.

定义 5.2 将一个函数代入微分方程中，若能使微分方程成为恒等式，则称这个函数为**微分方程的解**. 如果微分方程的解中含有任意常数，且所含独立任意常数的个数与方程的阶数相同，那么这样的解称为**微分方程的通解**. 不含任意常数的解称为**微分方程**

的特解.

┃例 5.3┃ 验证 $y=\dfrac{\sin x}{x}$ 为方程 $xy'+y=\cos x$ 的解.

解　由于 $y=\dfrac{\sin x}{x}$，$y'=\dfrac{x\cos x-\sin x}{x^2}$，代入方程 $xy'+y=\cos x$ 的左边，得

$$\text{左边}=x\cdot\frac{x\cos x-\sin x}{x^2}+\frac{\sin x}{x}=\cos x=\text{右边}.$$

即函数式 $y=\dfrac{\sin x}{x}$ 满足微分方程 $xy'+y=\cos x$，故 $y=\dfrac{\sin x}{x}$ 为方程 $xy'+y=\cos x$ 的解.

又由于解 $y=\dfrac{\sin x}{x}$ 中不含任意常数，所以该解是所给微分方程的特解.

例如，例 5.1 中，$y=x^2+C$ 是方程 $\dfrac{\mathrm{d}y}{\mathrm{d}x}=2x$ 的通解；例 5.2 中，$S=-0.2t^2+C_1t+C_2$ 也是方程 $\dfrac{\mathrm{d}^2S}{\mathrm{d}t^2}=-0.4$ 的通解.

> **注意**　通解中说是独立的，其含义是它们不能合并从而使得任意常数的个数减少. 例如，在 $y=(C_1+C_2)x$ 中，C_1,C_2 实质上就不是任意的两个常数，因为 C_1+C_2 可合并成一个常数 C.

对于微分方程的求解，有时会给出某些具体条件，然后求解. 当自变量取某值时，要求未知函数或其导数取给定值，这种条件称为**初始条件**.

例如，例 5.1 中的 $y|_{x=0}=2$，例 5.2 中的 $S'|_{t=0}=20$ 和 $S|_{t=0}=0$ 均为初始条件.

通过初始条件确定了通解中任意常数的值，这样的解叫作微分方程满足该初始条件的特解. 例如，例 5.1 中，$y=x^2+2$ 是微分方程 $\dfrac{\mathrm{d}y}{\mathrm{d}x}=2x$ 满足初始条件 $y|_{x=0}=2$ 的特解. 例 5.2 中，$S=-0.2t^2+20t$ 是微分方程 $\dfrac{\mathrm{d}^2S}{\mathrm{d}t^2}=-0.4$ 满足初始条件 $\begin{cases}S|_{t=0}=0,\\ S'|_{t=0}=20\end{cases}$ 的特解.

练习 5.1

1. 选择题：

（1）微分方程 $xyy''+x(y')^3-y^4y'=0$ 的阶数是（　　）.

　　A. 3　　　　　　B. 4　　　　　　C. 5　　　　　　D. 2

（2）微分方程 $y'''-x^2y''-x^5=1$ 的通解中应含的独立常数的个数为（　　）.

　　A. 3　　　　　　B. 5　　　　　　C. 4　　　　　　D. 2

（3）微分方程 $y'=3y^{\frac{2}{3}}$ 的一个特解是（　　）.

　　A. $y=x^3+1$　　B. $y=(x+2)^3$　　C. $y=(x+C)^2$　　D. $y=C(1+x)^3$

（4）微分方程 $y'=y$ 满足 $y|_{x=0}=2$ 的特解是（　　）.

　　A. $y=\mathrm{e}^x+1$　　B. $y=2\mathrm{e}^x$　　C. $y=2\mathrm{e}^{\frac{x}{2}}$　　D. $y=3\mathrm{e}^x$

（5）在下列函数中，（　　）是微分方程 $y'' + y = 0$ 的解.

    A. $y = 1$ B. $y = x$ C. $y = \sin x$ D. $y = e^x$

2. 下列方程中哪些是微分方程？并指出它们的阶数.

（1）$y'' - 3y' + 2y = x$；   （2）$y^2 - 3y + 2 = 0$；   （3）$y' = 2x + 6$；

（4）$y = 2x + 6$；   （5）$dy = (2x + 6)dx$；   （6）$\dfrac{d^2 y}{dx^2} = \sin x$.

（7）$\dfrac{dy}{dx} + \dfrac{\sqrt{1-y^2}}{\sqrt{1-x^2}} = 0$；   （8）$\left(\dfrac{d^3 y}{dx^3}\right)^2 - y^4 = e^x$；   （9）$y - x^4 y' = y^2 + y'''$.

3. 在下列各题中，验证右边的函数是否为左边的微分方程的解.

（1）$yy' = x - 2x^3$，$y = x\sqrt{1-x^2}$；

（2）$(x - y)dx + xdy = 0$，$y = x(C - \ln x)$；

（3）$y' = \dfrac{1+y^2}{1+x^2}$，$y = \dfrac{1+x}{1-x}$.

5.2　可分离变量的微分方程

微分方程的类型是多种多样的，它们的解法也各不相同. 从本节开始将根据微分方程的不同类型，给出相应的解法. 本节将介绍可分离变量的微分方程以及一些可以化为这类方程的微分方程，如齐次方程.

5.2.1　可分离变量的微分方程概念及求解

形如

$$\frac{dy}{dx} = f(x)\varphi(y) \qquad\qquad (5\text{-}1)$$

的方程，称为**可分离变量的微分方程**，这里的 $f(x)$，$\varphi(y)$ 分别是关于 x, y 的连续函数.

如果 $\varphi(y) \neq 0$，那么可以把 $\dfrac{dy}{dx} = f(x)\varphi(y)$ 改写为

$$\frac{1}{\varphi(y)}dy = f(x)dx.$$

这样，变量就"分离"开来了，此时两边同时积分，有

$$\int \frac{dy}{\varphi(y)} = \int f(x)dx + C.$$

这里把积分常数 C 明确写出来，把 $\int \dfrac{dy}{\varphi(y)}$、$\int f(x)dx$ 分别理解为 $\dfrac{1}{\varphi(y)}$、$f(x)$ 的原函数.

┃例 5.4┃ 求解微分方程 $\dfrac{dy}{dx} = \dfrac{x}{y}$.

解　分离变量，得

$$ydy = xdx.$$

两端积分，得

$$\frac{y^2}{2} = \frac{x^2}{2} + \frac{C}{2}.$$

整理后可得通解为

$$y^2 - x^2 = C,$$

其中 C 为任意常数.

┃例 5.5┃　求微分方程 $\mathrm{d}x + xy\mathrm{d}y = y^2\mathrm{d}x + y\mathrm{d}y$ 的通解.

解　先合并 $\mathrm{d}x$ 及 $\mathrm{d}y$ 的各项，得

$$y(x-1)\mathrm{d}y = (y^2 - 1)\mathrm{d}x.$$

设 $y^2 - 1 \neq 0$，$x - 1 \neq 0$，分离变量，得

$$\frac{y}{y^2 - 1}\mathrm{d}y = \frac{1}{x-1}\mathrm{d}x.$$

两端积分，得

$$\int \frac{y}{y^2 - 1}\mathrm{d}y = \int \frac{1}{x-1}\mathrm{d}x,$$

即

$$\frac{1}{2}\ln|y^2 - 1| = \ln|x - 1| + \ln|C_1|,$$

于是

$$y^2 - 1 = \pm C_1^2(x-1)^2.$$

记 $C = \pm C_1^2$，所以题设方程的通解为

$$y^2 - 1 = C(x-1)^2.$$

> **注意**　在用分离变量法解可分离变量的微分方程的过程中，在假定 $g(y) \neq 0$ 的前提下，用它除方程两边，这样得到的通解不包含使 $g(y) = 0$ 的特解. 但是，如果扩大任意常数 C 的取值范围，那么其失去的解就重新包含在通解中. 例如，在例 5.5 中，得到的通解中应该满足 $C \neq 0$，但这样方程就失去了特解 $y = \pm 1$，而如果允许 $C = 0$，那么 $y = \pm 1$ 就包含在通解 $y^2 - 1 = C(x-1)^2$ 中了.

┃例 5.6┃　求方程 $\dfrac{\mathrm{d}y}{\mathrm{d}x} = -\dfrac{x(1+y^2)}{y(1+x^2)}$ 满足初始条件 $y|_{x=1} = 1$ 的特解.

解　分离变量，得

$$\frac{y}{1+y^2}\mathrm{d}y = -\frac{x}{1+x^2}\mathrm{d}x.$$

两端积分，得

$$\int \frac{y}{1+y^2}\mathrm{d}y = -\int \frac{x}{1+x^2}\mathrm{d}x,$$

即

$$\frac{1}{2}\int \frac{1}{1+y^2}\mathrm{d}(1+y^2) = -\frac{1}{2}\int \frac{1}{1+x^2}\mathrm{d}(1+x^2).$$

所以 $\frac{1}{2}\ln(1+y^2) = -\frac{1}{2}\ln(1+x^2) + \frac{1}{2}\ln C$，化简整理，得

$$(1+x^2)(1+y^2) = C.$$

即为原方程的通解，将初始条件 $y|_{x=1} = 1$ 代入，得 $C = 4$.

所以原方程满足初始条件的特解为

$$(1+x^2)(1+y^2) = 4.$$

【例 5.7】 设一物体的温度为 $100℃$，将其放置在空气温度为 $20℃$ 的环境中冷却. 试求物体的温度随时间 t 的变化规律.

解 设物体的温度 T 与时间 t 的函数关系为 $T = T(t)$，建立该问题的数学模型：

$$\begin{cases} \dfrac{\mathrm{d}T}{\mathrm{d}t} = -k(T-20), \\ T|_{t=0} = 100. \end{cases}$$

其中，$k(k>0)$ 为比例常数. 下面来求上述初值问题的解. 分离变量，得 $\dfrac{\mathrm{d}T}{T-20} = -k\mathrm{d}t$.

两边积分，得 $\displaystyle\int \frac{1}{T-20}\mathrm{d}T = \int -k\mathrm{d}t$，

即

$$\ln|T-20| = -kt + C_1 \quad (\text{其中 } C_1 \text{ 为任意常数}),$$

即

$$T - 20 = \pm\mathrm{e}^{-kt+C_1} = \pm\mathrm{e}^{C_1}\mathrm{e}^{-kt} = C\mathrm{e}^{-kt} \quad (\text{其中 } C = \pm\mathrm{e}^{C_1}).$$

从而

$$T = 20 + C\mathrm{e}^{-kt},$$

再将条件代入，得

$$C = 100 - 20 = 80.$$

所以物体的温度随时间 t 的变化规律为 $T = 20 + 80\mathrm{e}^{-kt}$.

【例 5.8】 已知某厂的纯利润 L 对广告费 x 的变化率 $\dfrac{\mathrm{d}L}{\mathrm{d}x}$ 与正常数 A 和纯利润 L 之差成正比. 当 $x=0$ 时，$L = L_0\ (0 < L_0 < A)$，试求纯利润 L 与广告费 x 之间的函数关系.

解 由题意列出方程为

$$\begin{cases} \dfrac{\mathrm{d}L}{\mathrm{d}x} = k(A-L), \\ L|_{x=0} = L_0, \end{cases} \quad \text{其中 } k > 0 \text{ 为比例常系数.}$$

分离变量，得

$$\frac{\mathrm{d}L}{A-L} = k\mathrm{d}x,$$

两边积分

$$\int \frac{\mathrm{d}L}{A-L} = \int k\mathrm{d}x,$$

得

$$-\ln(A-L)=kx-\ln C,$$

即

$$A-L=Ce^{-kx},$$

所以

$$L=A-Ce^{-kx}.$$

由初始条件 $L|_{x=0}=L_0$，解得 $C=A-L_0$，故纯利润与广告费之间的函数关系为

$$L=A-(A-L_0)e^{-kx},$$

显然，纯利润 L 随广告费 x 的增加而趋于常数 A.

5.2.2　齐次方程

形如

齐次微分方程

$$\frac{\mathrm{d}y}{\mathrm{d}x}=f\left(\frac{y}{x}\right) \tag{5-2}$$

的微分方程称为**齐次方程**.

例如，微分方程 $y'=\dfrac{y}{x}+\tan\dfrac{y}{x}$ 就是齐次方程. 又如，方程 $x\dfrac{\mathrm{d}y}{\mathrm{d}x}+y=2\sqrt{xy}$ 可变形为 $\dfrac{\mathrm{d}y}{\mathrm{d}x}=2\sqrt{\dfrac{y}{x}}-\dfrac{y}{x}$，也是齐次方程.

对于齐次方程 $\dfrac{\mathrm{d}y}{\mathrm{d}x}=f\left(\dfrac{y}{x}\right)$，令 $u=\dfrac{y}{x}$，则 $y=xu$. 因此 $y'=u+xu'$，从而

$$\frac{\mathrm{d}y}{\mathrm{d}x}=u+x\frac{\mathrm{d}u}{\mathrm{d}x}.$$

代回方程 $\dfrac{\mathrm{d}y}{\mathrm{d}x}=f\left(\dfrac{y}{x}\right)$，得

$$u+x\frac{\mathrm{d}u}{\mathrm{d}x}=f(u).$$

可分离变量为

$$\frac{\mathrm{d}u}{f(u)-u}=\frac{\mathrm{d}x}{x},$$

于是将齐次方程化成了可分离变量的方程，然后两边积分求解.

例 5.9 求解微分方程 $\dfrac{\mathrm{d}y}{\mathrm{d}x}=\dfrac{y}{x}+\tan\dfrac{y}{x}$ 满足初始条件 $y|_{x=1}=\dfrac{\pi}{6}$ 的特解.

解 题设方程为齐次方程，设 $u=\dfrac{y}{x}$，则 $\dfrac{\mathrm{d}y}{\mathrm{d}x}=u+x\dfrac{\mathrm{d}u}{\mathrm{d}x}$，代入原方程，得

$$u+x\frac{\mathrm{d}u}{\mathrm{d}x}=u+\tan u,$$

分离变量，得

$$\cot u\,\mathrm{d}u=\frac{1}{x}\mathrm{d}x.$$

两边积分，得

$$\ln |\sin u| = \ln |x| + \ln |C|,$$

即 $\sin u = Cx$. 将 $u = \dfrac{y}{x}$ 回代，则得到题设方程的通解为

$$\sin \frac{y}{x} = Cx.$$

利用初始条件 $y|_{x=1} = \dfrac{\pi}{6}$，得到 $C = \dfrac{1}{2}$. 从而所求题设方程的特解为

$$\sin \frac{y}{x} = \frac{1}{2}x.$$

┃例 5.10┃ 求解方程 $x\dfrac{\mathrm{d}y}{\mathrm{d}x} + y = 2\sqrt{xy}$.

解 原方程可化为

$$\frac{\mathrm{d}y}{\mathrm{d}x} = 2\sqrt{\frac{y}{x}} - \frac{y}{x}.$$

令 $u = \dfrac{y}{x}$，则 $\dfrac{\mathrm{d}y}{\mathrm{d}x} = u + x\dfrac{\mathrm{d}u}{\mathrm{d}x}$，代入上式，可得

$$u + x\frac{\mathrm{d}u}{\mathrm{d}x} = 2\sqrt{u} - u.$$

分离变量，得

$$\frac{\mathrm{d}u}{2(u - \sqrt{u})} = -\frac{\mathrm{d}x}{x}.$$

两端分别关于 u 和 x 积分，得

$$\int \frac{1}{2\sqrt{u}(\sqrt{u} - 1)}\mathrm{d}u = -\int \frac{\mathrm{d}x}{x}.$$

从而

$$\ln(\sqrt{u} - 1) + \ln x = \ln C, \quad \text{即 } x(\sqrt{u} - 1) = C.$$

将 $u = \dfrac{y}{x}$，代回，得原方程的通解为

$$\sqrt{xy} - x = C.$$

┃例 5.11┃ 求解微分方程 $y^2 + x^2\dfrac{\mathrm{d}y}{\mathrm{d}x} = xy\dfrac{\mathrm{d}y}{\mathrm{d}x}$.

解 原方程变形为

$$\frac{\mathrm{d}y}{\mathrm{d}x} = \frac{y^2}{xy - x^2} = \frac{\left(\dfrac{y}{x}\right)^2}{\dfrac{y}{x} - 1}. \text{（齐次方程）}$$

令 $u = \dfrac{y}{x}$，则 $y = ux$，$\dfrac{\mathrm{d}y}{\mathrm{d}x} = u + x\dfrac{\mathrm{d}u}{\mathrm{d}x}$，故原方程变为

$$u + x\frac{\mathrm{d}u}{\mathrm{d}x} = \frac{u^2}{u - 1}, \quad \text{即 } x\frac{\mathrm{d}u}{\mathrm{d}x} = \frac{u}{u - 1}.$$

分离变量，得

$$\left(1-\frac{1}{u}\right)\mathrm{d}u=\frac{\mathrm{d}x}{x}.$$

两边积分，得

$$u-\ln|u|+C=\ln|x|\quad 或\quad \ln|xu|=u+C.$$

回代 $u=\dfrac{y}{x}$，便得所给方程的通解为

$$\ln|y|=\frac{y}{x}+C.$$

练习 5.2

1. 选择题：

（1）下列微分方程中，可分离变量的是（　　）.

    A. $\dfrac{\mathrm{d}y}{\mathrm{d}x}+\dfrac{y}{x}=\mathrm{e}$ B. $\dfrac{\mathrm{d}y}{\mathrm{d}x}=k(x-a)(b-y)$（$k$，$a$，$b$ 是常数）

    C. $\dfrac{\mathrm{d}y}{\mathrm{d}x}-\sin y=x$ D. $y'+xy=y^2\cdot\mathrm{e}^x$

（2）微分方程 $x\mathrm{d}x+y\mathrm{d}y=0$ 的通解为（　　）.

    A. $x+y=C$ B. $x^2+y^2=C$

    C. $Cx+y=0$ D. $Cx^2+y=0$

（3）微分方程 $2y\mathrm{d}y-\mathrm{d}x=0$ 的通解为（　　）.

    A. $y^2-x=C$ B. $y-\sqrt{x}=C$

    C. $y=x+C$ D. $y=-x+C$

（4）微分方程 $\cos y\mathrm{d}y=\sin x\mathrm{d}x$ 的通解为（　　）.

    A. $\sin x+\cos y=C$ B. $\cos y-\sin x=C$

    C. $\cos x-\sin y=C$ D. $\cos x+\sin y=C$

2. 求下列微分方程的通解：

（1）$\dfrac{\mathrm{d}y}{\mathrm{d}x}=2x^2y$；   （2）$\sqrt{1-x^2}\,y'=2\sqrt{1-y^2}$；

（3）$\sec^2 x\cdot\tan y\mathrm{d}x-2\sec^2 y\cdot\tan x\mathrm{d}y=0$；   （4）$\dfrac{\mathrm{d}y}{\mathrm{d}x}-5xy=xy^2$.

3. 解初值问题 $\begin{cases}xy\mathrm{d}x+(x^2+1)\mathrm{d}y=0,\\ y(0)=1.\end{cases}$

4. 求齐次微分方程 $\dfrac{\mathrm{d}y}{\mathrm{d}x}=\dfrac{x+y}{x}$ 的通解.

5. 求下列微分方程的特解：

（1）$y'=2\mathrm{e}^{2x-y}$，$y|_{x=0}=1$；   （2）$xy'+4y=y^2$，$y|_{x=1}=\dfrac{3}{2}$.

5.3 一阶线性微分方程

5.3.1 一阶线性微分方程的概念及求解

形如

$$\frac{\mathrm{d}y}{\mathrm{d}x} + P(x)y = Q(x) \tag{5-3}$$

的方程叫作**一阶线性微分方程**，其中，$P(x)$ 和 $Q(x)$ 是已知的连续函数.

> **注意** 所谓线性是指其中未知函数 y 及未知函数的导数 y' 都是一次的.

如果 $Q(x) \equiv 0$，则方程（5-3）变为

$$\frac{\mathrm{d}y}{\mathrm{d}x} + P(x)y = 0. \tag{5-4}$$

称方程（5-4）为（一阶）齐次线性微分方程，方程（5-3）为（一阶）非齐次线性微分方程.

例如，$y' - xy = x$ 是一阶非齐次线性微分方程；又如，$\dfrac{\mathrm{d}y}{\mathrm{d}x} + \dfrac{x^2}{x-1}y = 0$ 是一阶齐次线性微分方程.

> **注意** 方程（5-4）也叫作对应于原非齐次线性方程（5-3）的齐次线性方程. 例如，非齐次线性方程 $y' - xy = x$ 所对应的齐次线性方程为 $y' - xy = 0$.

1. 齐次线性方程的解法

齐次线性方程 $\dfrac{\mathrm{d}y}{\mathrm{d}x} + P(x)y = 0$ 是变量可分离方程. 分离变量后，得

$$\frac{\mathrm{d}y}{y} = -P(x)\mathrm{d}x,$$

两边积分，得

$$\ln|y| = -\int P(x)\mathrm{d}x + C_1 \quad \text{或} \quad y = C\mathrm{e}^{-\int P(x)\mathrm{d}x} \ (C = \pm\mathrm{e}^{C_1}),$$

这就是**齐次线性方程的通解**（积分中不再加任意常数）.

|例 5.12| 求方程 $\dfrac{\mathrm{d}y}{\mathrm{d}x} - \dfrac{y}{x-2} = 0$ 的通解.

解 这是齐次线性方程，分离变量，得

$$\frac{\mathrm{d}y}{y} = \frac{\mathrm{d}x}{x-2},$$

两边积分，得

$$\ln|y| = \ln|x-2| + \ln C.$$

所以方程的通解为
$$y = C(x - 2).$$

2. 非齐次线性方程的解法

将齐次线性方程通解中的常数换成关于 x 的未知函数 $u(x)$，把
$$y = u(x)\mathrm{e}^{-\int P(x)\mathrm{d}x}$$
设想成非齐次线性方程（5-3）的通解. 代入非齐次线性方程，求得
$$u'(x)\mathrm{e}^{-\int P(x)\mathrm{d}x} - u(x)\mathrm{e}^{-\int P(x)\mathrm{d}x}P(x) + P(x)u(x)\mathrm{e}^{-\int P(x)\mathrm{d}x} = Q(x),$$
化简，得
$$u'(x) = Q(x)\mathrm{e}^{\int P(x)\mathrm{d}x},$$
$$u(x) = \int Q(x)\mathrm{e}^{\int P(x)\mathrm{d}x}\mathrm{d}x + C.$$

于是非齐次线性方程的通解为
$$y = \mathrm{e}^{-\int P(x)\mathrm{d}x}\left[\int Q(x)\mathrm{e}^{\int P(x)\mathrm{d}x}\mathrm{d}x + C\right], \tag{5-5}$$
或
$$y = C\mathrm{e}^{-\int P(x)\mathrm{d}x} + \mathrm{e}^{-\int P(x)\mathrm{d}x}\int Q(x)\mathrm{e}^{\int P(x)\mathrm{d}x}\mathrm{d}x.$$

非齐次线性方程的通解等于对应的齐次线性方程的通解与非齐次线性方程的一个特解之和.

▌例 5.13▌ 求方程 $\dfrac{\mathrm{d}y}{\mathrm{d}x} - \dfrac{2y}{x+1} = (x+1)^{\frac{5}{2}}$ 的通解.

解法一（常数变易法）　先求对应的齐次线性方程 $\dfrac{\mathrm{d}y}{\mathrm{d}x} - \dfrac{2y}{x+1} = 0$ 的通解.

分离变量，得
$$\frac{\mathrm{d}y}{y} = \frac{2\mathrm{d}x}{x+1},$$
两边积分，得
$$\ln y = 2\ln(x+1) + \ln C.$$
所以齐次线性方程的通解为
$$y = C(x+1)^2.$$

再用常数变易法求原方程的通解. 把 C 换成 u，即令 $y = u(x+1)^2$，代入所给的非齐次线性方程，得
$$u'(x+1)^2 + 2u(x+1) - \frac{2}{x+1}u(x+1)^2 = (x+1)^{\frac{5}{2}},$$
即
$$u' = (x+1)^{\frac{1}{2}}.$$
两边积分，得

$$u = \frac{2}{3}(x+1)^{\frac{3}{2}} + C.$$

代入 $y=u(x+1)^2$ 中，即得所求方程的通解为

$$y = (x+1)^2\left[\frac{2}{3}(x+1)^{\frac{3}{2}} + C\right].$$

解法二（公式法）　这里 $P(x) = -\frac{2}{x+1}$，$Q(x) = (x+1)^{\frac{5}{2}}$.

因为

$$\int P(x)\mathrm{d}x = \int\left(-\frac{2}{x+1}\right)\mathrm{d}x = -2\ln(x+1),$$

$$\mathrm{e}^{-\int P(x)\mathrm{d}x} = \mathrm{e}^{2\ln(x+1)} = (x+1)^2,$$

$$\int Q(x)\mathrm{e}^{\int P(x)\mathrm{d}x}\mathrm{d}x = \int(x+1)^{\frac{5}{2}}(x+1)^{-2}\mathrm{d}x = \int(x+1)^{\frac{1}{2}}\mathrm{d}x = \frac{2}{3}(x+1)^{\frac{3}{2}},$$

所以由式（5-5）得所求方程的通解为

$$y = \mathrm{e}^{-\int P(x)\mathrm{d}x}\left[\int Q(x)\mathrm{e}^{\int P(x)\mathrm{d}x}\mathrm{d}x + C\right] = (x+1)^2\left[\frac{2}{3}(x+1)^{\frac{3}{2}} + C\right].$$

▌例 5.14▌　求微分方程 $y' - \frac{y}{x} = x^2$ 的通解.

解法一（常数变易法）　先解对应的齐次方程 $y' - \frac{y}{x} = 0$，分离变量，得 $\frac{\mathrm{d}y}{y} = \frac{\mathrm{d}x}{x}$，

两边积分，得

$$\ln|y| = \ln|x| + C_1,$$

即 $\mathrm{e}^{\ln|y|} = \mathrm{e}^{\ln|x|+C_1}$，即 $|y| = \mathrm{e}^{C_1}|x|$，所以对应齐次方程的通解为

$$y = Cx \quad (\text{其中 } C = \pm\mathrm{e}^{C_1}).$$

设非齐次方程有解 $y = u(x)x$，代入非齐次方程，有

$$u'(x)x + u(x) - u(x) = x^2,$$

即 $u'(x) = x$. 故 $u(x) = \frac{1}{2}x^2 + C$，所以非齐次微分方程的通解

$$y = x\left(\frac{x^2}{2} + C\right).$$

解法二（公式法）　这里 $P(x) = -\frac{1}{x}$，$Q(x) = x^2$. 所以原方程的通解为

$$y = \mathrm{e}^{\int\frac{1}{x}\mathrm{d}x}\left(\int x^2\mathrm{e}^{-\int\frac{1}{x}\mathrm{d}x}\mathrm{d}x + C\right) = \mathrm{e}^{\ln x}\left(\int x^2\mathrm{e}^{-\ln x}\mathrm{d}x + C\right)$$

$$= x\left(\int x\mathrm{d}x + C\right) = x\left(\frac{x^2}{2} + C\right).$$

▌例 5.15▌　求微分方程 $y' + \frac{y}{x} = \frac{\sin x}{x}$，$y|_{x=\pi} = 1$ 的特解.

解　由式（5-5），得

$$y = e^{-\int \frac{1}{x}dx}\left(\int \frac{\sin x}{x}\cdot e^{\int \frac{1}{x}dx}dx + C\right) = e^{-\ln x}\left(\int \frac{\sin x}{x}\cdot e^{\ln x}dx + C\right)$$

$$= \frac{1}{x}\left(\int \sin x dx + C\right) = \frac{1}{x}(-\cos x + C).$$

代入初始条件 $y(\pi) = 1$ ，得 $c = \pi - 1$. 所以原方程满足初始条件的特解为

$$y = \frac{1}{x}(\pi - \cos x - 1).$$

5.3.2　一阶线性微分方程的应用

▎**例 5.16**▎ 跳伞员跳伞时，降落伞张开后所受阻力与下降速度成正比（比例系数为常数 $k>0$ ），且伞张开时（ $t=0$ ）的速度为 0，求降落伞下落的速度 v 与时间 t 之间的函数关系.

解 设下落速度为 $v(t)$ ，则加速度 $a = v'(t)$ ，所受的外力为 $F = mg - kv$ ，由牛顿第二定律， $F = ma = mv'$ ，得

$$mv' = mg - kv,$$

又由题意得初始条件

$$v|_{t=0} = 0,$$

于是得初值问题

$$\begin{cases} mv' = mg - kv, \\ v(0) = 0. \end{cases} \tag{5-6}$$

其中式（5-6）是一阶线性非齐次微分方程，将其化为标准形式为

$$\begin{cases} v' + \dfrac{k}{m}v = g, \\ v(0) = 0. \end{cases} \tag{5-7}$$

由式（5-5），得

$$v = e^{-\int \frac{k}{m}dt}\left(\int g e^{\int \frac{k}{m}dt}dt + C\right) = e^{-\frac{k}{m}t}\left(\int g e^{\frac{k}{m}t}dt + C\right)$$

$$= e^{-\frac{k}{m}t}\left[g\frac{m}{k}\int e^{\frac{k}{m}t}d\left(\frac{k}{m}t\right) + C\right]$$

$$= e^{-\frac{k}{m}t}\left(g\frac{m}{k}e^{\frac{k}{m}t} + C\right) = \frac{mg}{k} + C e^{-\frac{k}{m}t}.$$

由 $v(0) = 0$ ，得 $C = -\dfrac{mg}{k}$.

所以特解为

$$v = \frac{mg}{k}(1 - e^{-\frac{k}{m}t}),$$

即为降落伞下落的速度 v 与时间 t 之间的函数关系.

▎**例 5.17**▎ 某电路的电路简图如图 5-1 所示,其中电源电动势 $E = E_m \sin \omega t$（ E_m , ω 都是常数）,电阻 R 和电感 L 都是常

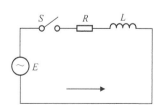

图 5-1

量，求电流 $i(t)$.

解　由电学的知识知道，当电流变化时，L 上有感应电动势 $-L\dfrac{\mathrm{d}i}{\mathrm{d}t}$. 由回路电压定律，得

$$E - L\frac{\mathrm{d}i}{\mathrm{d}t} - iR = 0 \text{，}$$

即

$$\frac{\mathrm{d}i}{\mathrm{d}t} + \frac{R}{L}i = \frac{E}{L} \text{.}$$

把 $E = E_{\mathrm{m}}\sin\omega t$ 代入上式，得

$$\frac{\mathrm{d}i}{\mathrm{d}t} + \frac{R}{L}i = \frac{E_{\mathrm{m}}}{L}\sin\omega t \text{.} \tag{5-8}$$

初始条件为 $i|_{t=0}=0$. 因为方程（5-8）为非齐次线性方程，其中

$$P(t) = \frac{R}{L} \text{，} \quad Q(t) = \frac{E_{\mathrm{m}}}{L}\sin\omega t \text{，}$$

所以由通解公式（5-5），得

$$i(t) = \mathrm{e}^{-\int P(t)\mathrm{d}t}\left[\int Q(t)\mathrm{e}^{\int P(t)\mathrm{d}t}\mathrm{d}t + C\right] = \mathrm{e}^{-\int \frac{R}{L}\mathrm{d}t}\left[\int \frac{E_{\mathrm{m}}}{L}\sin\omega t \cdot \mathrm{e}^{\int \frac{R}{L}\mathrm{d}t}\mathrm{d}t + C\right]$$

$$= \frac{E_{\mathrm{m}}}{L}\mathrm{e}^{-\frac{R}{L}t}\left[\int \sin\omega t \cdot \mathrm{e}^{\frac{R}{L}t}\mathrm{d}t + C\right]$$

$$= \frac{E_{\mathrm{m}}}{R^2 + \omega^2 L^2}(R\sin\omega t - \omega L\cos\omega t) + C\mathrm{e}^{-\frac{R}{L}t} \text{，}$$

其中，C 为任意常数.

将初始条件 $i|_{t=0}=0$ 代入通解，得

$$C = \frac{\omega LE_{\mathrm{m}}}{R^2 + \omega^2 L^2} \text{，}$$

因此，所求函数 $i(t)$ 为

$$i(t) = \frac{\omega LE_{\mathrm{m}}}{R^2 + \omega^2 L^2}\mathrm{e}^{-\frac{R}{L}t} + \frac{E_{\mathrm{m}}}{R^2 + \omega^2 L^2}(R\sin\omega t - \omega L\cos\omega t) \text{.}$$

练习 5.3

1. 判断下列方程是否是线性方程，若是，则判断是齐次还是非齐次.

（1）$(x-2)\dfrac{\mathrm{d}y}{\mathrm{d}x} = y$；

（2）$y' + y\cos x = \mathrm{e}^{-\sin x}$；

（3）$\dfrac{\mathrm{d}y}{\mathrm{d}x} = 10^{x+y}$；

（4）$(y+1)^2\dfrac{\mathrm{d}y}{\mathrm{d}x} + x^3 = 0$.

2. 选择题：

（1）方程 $(1-x^2)y - xy' = 0$ 的通解是（　　　）.

A.　$y = C\sqrt{1-x^2}$
B.　$y = \dfrac{C}{\sqrt{1-x^2}}$

C.　$y = -\dfrac{1}{2}x^3 + Cx$
D.　$y = Cxe^{-\frac{1}{2}x^2}$

（2）微分方程 $xy' + y = 3$ 的通解是（　　）.

A.　$y = \dfrac{C}{x} + 3$
B.　$y = \dfrac{3}{x} + C$

C.　$y = -\dfrac{C}{x} - 3$
D.　$y = \dfrac{C}{x} - 3$

（3）微分方程 $y' + \dfrac{y}{x} = \dfrac{1}{x(x^2+1)}$ 的通解是（　　）.

A.　$y = \arctan x + C$
B.　$y = \dfrac{1}{x}(\arctan x + C)$

C.　$y = \dfrac{1}{x}\arctan x + C$
D.　$y = \arctan x + \dfrac{C}{x}$

（4）微分方程 $y' - y = 1$ 的通解是（　　）.

A.　$y = C \cdot e^x$
B.　$y = C \cdot e^x + 1$

C.　$y = C \cdot e^x - 1$
D.　$y = (C+1) \cdot e^x$

3. 求下列微分方程的通解：

（1）$y' - \dfrac{y}{x} = x^3$；

（2）$(x^2 - 1)y' + 2xy - \cos x = 0$；

（3）$y \ln y \mathrm{d}x + (x - \ln y)\mathrm{d}y = 0$；

（4）$\dfrac{\mathrm{d}y}{\mathrm{d}x} = \dfrac{y}{x} + x^2$.

4. 求下列微分方程的特解：

（1）$y' - y\tan x = \sec x$，$y|_{x=0} = 1$；

（2）$\dfrac{\mathrm{d}y}{\mathrm{d}x} = 4e^{-y}\sin x - 1$，$y|_{x=1} = 1$；

（3）$y' - \dfrac{y}{x} = x$，$y|_{x=1} = 2$；

（4）$y' + \dfrac{y}{x} = \dfrac{\sin x}{x}$，$y|_{x=\pi} = 1$.

5. 已知某曲线过原点，且在点 (x, y) 处的切线的斜率为 $2x + y$，求该曲线方程.

5.4　二阶常系数线性微分方程

5.4.1　二阶常系数线性微分方程的解的结构

1. 二阶常系数线性微分方程的概念

形如

$$y'' + py' + qy = f(x) \tag{5-9}$$

的方程称为**二阶常系数线性微分方程**. 其中 p，q 均为实数，$f(x)$ 为已知的连续函数.

如果 $f(x) \equiv 0$，则方程式（5-9）变成

$$y'' + py' + qy = 0 . \tag{5-10}$$

称方程（5-10）为**二阶常系数齐次线性微分方程**，如果 $f(x)$ 不恒为 0，称方程（5-9）为**二阶常系数非齐次线性微分方程**.

2. 二阶常系数线性微分方程的解的性质

（1）齐次线性方程的解的结构.

定义 5.3 设 $y_1 = y_1(x)$ 与 $y_2 = y_2(x)$ 是定义在区间 (a,b) 内的函数，如果存在两个不全为零的常数 k_1, k_2，使得对于 (a,b) 内的任一 x，恒有 $k_1 y_1 + k_2 y_2 = 0$ 成立，则称 y_1 与 y_2 在 (a,b) 内**线性相关**，否则称为**线性无关**.

由定义 5.3 知，y_1 与 y_2 线性相关的充分必要条件是

$$\frac{y_2(x)}{y_1(x)} = k, x \in (a, b) .$$

若 $\dfrac{y_2}{y_1}$ 不恒为常数，则 y_1 与 y_2 线性无关. 例如，e^x 与 e^{2x} 线性无关 $\left(\dfrac{\mathrm{e}^x}{\mathrm{e}^{2x}} = \mathrm{e}^{-x} \right)$，$\mathrm{e}^x$ 与 $2\mathrm{e}^x$ 线性相关 $\left(\dfrac{\mathrm{e}^x}{2\mathrm{e}^x} = \dfrac{1}{2} \right)$.

定理 5.1（齐次线性方程解的叠加原理） 如果函数 y_1 与 y_2 是二阶常系数齐次线性微分方程（5-10）的两个解，则 $y = C_1 y_1 + C_2 y_2$ 也是方程（5-10）的解，其中 C_1 与 C_2 是任意常数，且当 y_1 与 y_2 线性无关时，$y = C_1 y_1 + C_2 y_2$ 就是方程（5-10）的**通解**.

由定理 5.1 可知，要求二阶常系数齐次线性微分方程（5-10）的通解，只要求出方程（5-10）的两个线性无关的特解即可.

（2）非齐次线性方程解的结构.

定理 5.2（非齐次线性方程解的结构） 若 y^* 为非齐次线性方程（5-9）的某个特解，Y 为方程（5-9）所对应的齐次线性方程（5-10）的通解，则 $y = Y + y^*$ 为非齐次线性方程（5-9）的**通解**.

5.4.2 二阶常系数齐次线性微分方程的解法

由于指数函数 $y = \mathrm{e}^{rx}$（r 为常数）和它的各阶导数都只差一个常数因子，根据指数函数的这个特点，可用 $y = \mathrm{e}^{rx}$ 来尝试看能否通过选取适当的常数 r，使 $y = \mathrm{e}^{rx}$ 满足方程（5-10）.

将 $y = \mathrm{e}^{rx}$ 求导，得

$$y' = r\mathrm{e}^{rx}, y'' = r^2 \mathrm{e}^{rx} .$$

把 y、y'、y'' 代入方程（5-10），得

$$(r^2 + pr + q)\mathrm{e}^{rx} = 0 .$$

因为 $\mathrm{e}^{rx} \neq 0$，所以只有

$$r^2 + pr + q = 0 . \tag{5-11}$$

因此，只要 r 满足方程（5-11），$y = \mathrm{e}^{rx}$ 就是方程（5-10）的解.

把方程（5-11）叫作方程（5-10）的**特征方程**，特征方程是一个代数方程，其中 r^2、r 的系数及常数项恰好依次是方程（5-10）中 y''、y'、y 的系数.

特征方程（5-11）的两个根为 $r_{1,2}=\dfrac{-p\pm\sqrt{p^2-4q}}{2}$，因此方程（5-10）的通解有下列三种不同的情形.

（1）当 $p^2-4q>0$ 时，r_1、r_2 是两个不相等的实根，即

$$r_1=\frac{-p+\sqrt{p^2-4q}}{2}, \quad r_2=\frac{-p-\sqrt{p^2-4q}}{2}.$$

所以 $y_1=\mathrm{e}^{r_1 x}$、$y_2=\mathrm{e}^{r_2 x}$ 是方程（5-10）的两个特解. 又有 $\dfrac{y_1}{y_2}=\mathrm{e}^{(r_1-r_2)x}\neq$ 常数，所以 y_1 与 y_2 线性无关. 根据定理 5.1，得方程（5-10）的通解为

$$y=C_1\mathrm{e}^{r_1 x}+C_2\mathrm{e}^{r_2 x}.$$

（2）当 $p^2-4q=0$ 时，r_1、r_2 是两个相等的实根，即

$$r_1=r_2=-\frac{p}{2}.$$

这时只能得到方程（5-10）的一个特解 $y_1=\mathrm{e}^{r_1 x}$，还需求出另一个解 y_2，因为 $\dfrac{y_2}{y_1}\neq$ 常数，所以可设 $\dfrac{y_2}{y_1}=u(x)$，则

$$y_2=\mathrm{e}^{r_1 x}u(x),$$
$$y_2'=\mathrm{e}^{r_1 x}(u'+r_1 u),$$
$$y_2''=\mathrm{e}^{r_1 x}(u''+2r_1 u'+r_1^2 u).$$

将 y_2、y_2'、y_2'' 代入方程（5-10），得

$$\mathrm{e}^{r_1 x}\left[(u''+2r_1 u'+r_1^2 u)+p(u'+r_1 u)+qu\right]=0.$$

整理，得

$$\mathrm{e}^{r_1 x}[u''+(2r_1+p)u'+(r_1^2+pr_1+q)u]=0.$$

由于 $\mathrm{e}^{r_1 x}\neq0$，所以

$$u''+(2r_1+p)u'+(r_1^2+pr_1+q)u=0.$$

因为 r_1 是特征方程（5-11）的二重根，所以

$$r_1^2+pr_1+q=0, \quad 2r_1+p=0,$$

从而有

$$u''=0.$$

因为只需一个不为常数的解，不妨取 $u=x$，于是可得到方程（5-10）的另一个解

$$y_2=x\mathrm{e}^{r_1 x}.$$

所以方程（5-10）的通解为

$$y=C_1\mathrm{e}^{r_1 x}+C_2 x\mathrm{e}^{r_1 x},$$

即

$$y=(C_1+C_2 x)\mathrm{e}^{r_1 x}.$$

（3）当 $p^2-4q<0$ 时，特征方程（5-11）有一对共轭复根，即

$$r_1=\alpha+\mathrm{i}\beta, r_2=\alpha-\mathrm{i}\beta \quad (\beta\neq0).$$

于是

$$y_1 = e^{(\alpha+i\beta)x}, y_2 = e^{(\alpha-i\beta)x}.$$

利用欧拉公式 $e^{ix} = \cos x + i\sin x$ 把 y_1、y_2 改写为

$$y_1 = e^{(\alpha+i\beta)x} = e^{\alpha x} \cdot e^{i\beta x} = e^{\alpha x}(\cos\beta x + i\sin\beta x),$$

$$y_2 = e^{(\alpha-i\beta)x} = e^{\alpha x} \cdot e^{-i\beta x} = e^{\alpha x}(\cos\beta x - i\sin\beta x).$$

y_1、y_2 之间为共轭关系，取

$$\overline{y}_1 = \frac{1}{2}(y_1 + y_2) = e^{\alpha x}\cos\beta x,$$

$$\overline{y}_2 = \frac{1}{2i}(y_1 - y_2) = e^{\alpha x}\sin\beta x.$$

方程（5-10）的解具有叠加性，所以 $\overline{y}_1$、$\overline{y}_2$ 仍是方程（5-10）的解，并且

$$\frac{\overline{y}_2}{\overline{y}_1} = \frac{e^{\alpha x}\sin\beta x}{e^{\alpha x}\cos\beta x} = \tan\beta x \neq 常数,$$

所以方程（5-10）的通解为

$$y = e^{\alpha x}(C_1\cos\beta x + C_2\sin\beta x).$$

综上所述，求二阶常系数线性齐次方程通解的步骤如下：

（1）写出方程（5-10）的特征方程

$$r^2 + pr + q = 0;$$

（2）求特征方程的两个根 r_1、r_2；

（3）根据 r_1、r_2 的不同情形，按表 5-1 写出方程（5-10）的通解.

表 5-1

特征方程 $r^2 + pr + q = 0$ 的两个根 r_1、r_2	方程 $y'' + py' + qy = 0$ 的通解
两个不相等的实根 $r_1 \neq r_2$	$y = C_1 e^{r_1 x} + C_2 e^{r_2 x}$
两个相等的实根 $r_1 = r_2$	$y = (C_1 + C_2 x)e^{r_1 x}$
一对共轭复根 $r_{1,2} = \alpha \pm i\beta$	$y = e^{\alpha x}(C_1\cos\beta x + C_2\sin\beta x)$

【例 5.18】　求方程 $y'' + 2y' + 5y = 0$ 的通解.

解　所给方程的特征方程为

$$r^2 + 2r + 5 = 0,$$

解得

$$r_1 = -1 + 2i, \ r_2 = -1 - 2i.$$

所以所求的通解为

$$y = e^{-x}(C_1\cos 2x + C_2\sin 2x).$$

【例 5.19】　求方程 $\dfrac{d^2 S}{dt^2} + 2\dfrac{dS}{dt} + S = 0$ 满足初始条件 $S\big|_{t=0} = 4$, $S'\big|_{t=0} = -2$ 的特解.

解　所给方程的特征方程为

$$r^2 + 2r + 1 = 0,$$

解得

$$r_1 = r_2 = -1.$$

所以原方程的通解为
$$S = (C_1 + C_2 t)e^{-t}.$$

将初始条件 $S|_{t=0} = 4$ 代入，得 $C_1 = 4$，于是
$$S = (4 + C_2 t)e^{-t},$$

对其求导，得
$$S' = (C_2 - 4 - C_2 t)e^{-t}.$$

将初始条件 $S'|_{t=0} = -2$ 代入上式，得
$$C_2 = 2.$$

所以所求的特解为
$$S = (4 + 2t)e^{-t}.$$

例 5.20　求方程 $y'' + 2y' - 3y = 0$ 的通解.

解　所给方程的特征方程为
$$r^2 + 2r - 3 = 0,$$

其根为
$$r_1 = -3, r_2 = 1.$$

所以原方程的通解为
$$y = C_1 e^{-3x} + C_2 e^x.$$

对于二阶常系数非齐次线性微分方程的解法，因篇幅所限，本书不做讨论，对该内容感兴趣的读者可查阅相关文献.

练习 5.4

1. 选择题：

（1）下列微分方程中，属于二阶常系数齐次线性微分方程的是（　　）.

　　A. $y'' - 2y = 0$　　　　　　　　　　B. $y'' - xy' + 3y^2 = 0$

　　C. $5y'' - 4x = 0$　　　　　　　　　　D. $y'' - 2y' + 1 = 0$

（2）微分方程 $y'' = e^{-x}$ 的通解为（　　）.

　　A. $-e^{-x}$　　　B. e^{-x}　　　C. $e^{-x} + C_1 x + C_2$　　　D. $-e^{-x} + C_1 x + C_2$

（3）按照微分方程通解的定义，$y'' = \sin x$ 的通解为（　　）.

　　A. $-\sin x + C_1 x + C_2$　　　　　　B. $-\sin x + C_1 + C_2$

　　C. $\sin x + C_1 x + C_2$　　　　　　　D. $\sin x + C_1 + C_2$

2. 求下列二阶常系数线性齐次微分方程的解：

（1）$y'' - 2y' - 3y = 0$；　　　（2）$y'' - 2y' + y = 0$；　　　（3）$y'' - 2y' + 5y = 0$；

（4）$y'' - 4y' + 8y = 0$；　　　（5）$y'' - y' - 2y = 0$；　　　（6）$y'' + 2y' + y = 0$.

3. 求解初值问题 $\begin{cases} \dfrac{d^2 s}{dt^2} + 2\dfrac{ds}{dt} + s = 0, \\ s\bigg|_{t=0} = 4, \ \dfrac{ds}{dt}\bigg|_{t=0} = -2. \end{cases}$

5.5 数学建模案例——人口增长模型

根据某地区 1800～2000 年的人口数据（表 5-2），建立模型并估计该地区 2010 年的人口数，同时画出拟合效果的图形.

表 5-2

年份	人口数/百万	年份	人口数/百万	年份	人口数/百万
1800	7.2	1870	48.6	1940	172.2
1810	13.8	1880	58.1	1950	189.8
1820	17.2	1890	73.3	1960	230.5
1830	17.6	1900	89.8	1970	246.7
1840	24.7	1910	105.6	1980	262.1
1850	33.6	1920	125.9	1990	271.2
1860	36.2	1930	149.1	2000	280.3

1. 符号说明

$x(t)$：t 时刻的人口数量；

x_0：初始时刻的人口数量；

r：人口增长率；

x_m：环境所能容纳的最大人口数量，即 $r(x_m) = 0$.

2. 问题分析

首先，运用 MATLAB 软件编写的绘制 1800～2000 年的人口数据图的代码如下：

```
x=1800:10:2000;
y=[7.2 13.8 17.2 17.6 24.7 33.6 36.2 48.6 58.1 73.3 89.8 105.6 125.9
149.1 172.2 189.8 230.5 246.7 262.1 271.2 280.3];
figure;
plot(x,y,'r*');
```

1800～2000 年的人口数据图如图 5-2 所示.

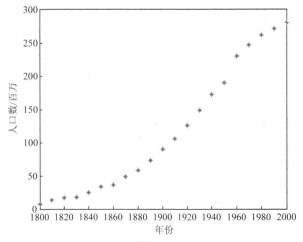

图 5-2

从图 5-2 中可以看出，1800～2000 年的人口数是呈现增长趋势的，而且是类似二次函数的增长. 所以可以建立一个二次函数模型，并用最小二乘法对已有数据进行拟合，从而得到模型的具体参数.

3. 模型建立

模型一（二次函数模型）

假设该地区 t 时刻的人口数量 $x(t)$ 是时间 t 的二次函数，即

$$x(t) = at^2 + bt + c.$$

可以根据最小二乘法，利用已有数据拟合得到具体参数，即要求 a，b 和 c，使得以下函数达到最小值：

$$E(a,b,c) = \sum_{i=1}^{n}(at_i^2 + bt_i + c - x_i)^2,$$

其中，x_i 是 t_i 时刻该地区的人口数，即有

$$E(a,b,c) = (a \cdot 1800^2 + b \cdot 1800 + c - 7.2)^2 + \cdots + (a \cdot 2000^2 + b \cdot 2000 + c - 280.3)^2.$$

4. 模型求解

令 $\dfrac{\partial E}{\partial a} = 0, \dfrac{\partial E}{\partial b} = 0, \dfrac{\partial E}{\partial c} = 0$，可以得到三个关于 a、b、c 的一次方程，从而可解出 a、b、c 的值.

用 MATLAB 编写的线性增长模型的拟合代码如下：

```
x=1800:10:2000;
y=[7.2 13.8 17.2 17.6 24.7 33.6 36.2 48.6 58.1 73.3 89.8 105.6 125.9
149.1 172.2 189.8 230.5 246.7 262.1 271.2 280.3];
plot(x,y,'r*');                %画点,红色
hold on;                       %使得以下图形画在同一个窗口
p = polyfit(x,y,2)             %多项式拟合,返回系数 p
xn = 1800:5:2010;              %定义新的横坐标
yn = polyval(p,xn);            %估计多项式 p 的函数值
plot(xn,yn)  % 把(x,yn)定义的数据点依次连起来
%给图形加上图例
xlabel('年份');
ylabel('人口数/百万');
legend('原始数据','拟合函数',2);
box on;
grid on;
x1=2030;
y1 = polyval(p,x1)            %估计多项式 p 在未知点的函数值
```

通过计算，解得 $a = 0.006018$，$b = -21.357$，$c = 18948$，即

$$x(t) = 0.006018t^2 - 21.357t + 18948, \tag{5-12}$$

从而可以预测 2010 年的人口数约为 333.8668（百万）.

二次函数模型和原数据点的拟合效果图如图 5-3 所示. 从图 5-3 中可以看出，拟合的效果在 1950 年之前还可以，但是对后期的数据拟合效果不好.

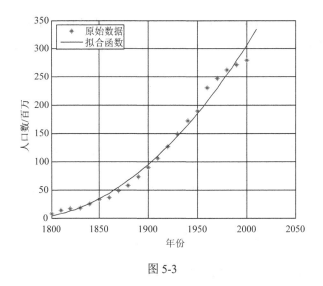

图 5-3

5. 模型改进

模型二（阻滞增长模型）

假设人口增长率 r 是人口数 x 的线性减少函数，即随着人口数的增加，人口增长速度会慢慢下降：

$$r(x) = r_0 - sx.$$

人口数量最终会达到饱和，且趋于一个常数 x_m，当 $x = x_m$ 时，增长率为 0，即

$$r_0 - sx_m = 0.$$

由上面的关系式可得出

$$r(x) = r_0\left(1 - \frac{x}{x_m}\right).$$

把上式代入指数增长模型的方程（5-12）中，并利用初始条件 $x(1800) = 7.2$，可以得到

$$\begin{cases} \dfrac{dx}{dt} = r_0\left(1 - \dfrac{x}{x_m}\right)x, \\ x(1800) = 7.2. \end{cases}$$

解得

$$x(t) = \frac{x_m}{1 + \left(\dfrac{10x_m}{72} - 1\right)e^{-r(t-1800)}}.$$

阻滞增长模型的拟合代码如下：

```
clc;        %清屏幕
clear;      %清除以前的变量
%数据点(t,y)
t=1800:10:2000;
y=[7.2 13.8 17.2 17.6 24.7 33.6 36.2 48.6 58.1 73.3 89.8 105.6 125.9
149.1 172.2 189.8 230.5 246.7 262.1 271.2 280.3];
plot(t,y,'b*');
%定义需要拟合的函数类型myfun(a,t),a是参数列表,t是变量
```

```
myfun = @(a,t)[a(1)./(1+(a(1)./7.2-1)*exp(a(2)*(t-1800)))];
a0=[500,1];  %初始值
```
%非线性拟合.最重要的函数,第 1 个参数是以上定义的函数名,第 2 个参数是初值,第 3、4 个参数是已知数据点
```
a=lsqcurvefit(myfun,a0,t,y);
disp(['a=' num2str(a)]);  %显示得到的参数
%画出拟合得到的函数的图形
ti=1800:10:2010;
yi=myfun(a,ti);
hold on;
plot(ti,yi,'r');
%给图形加上图例
xlabel('年份');
ylabel('人口数/百万');
legend('原始数据','拟合函数',2);
box on;
grid on;
tn=2010;  %预测在未知点的函数值
yn=myfun(a,tn);
disp(['yn=' num2str(yn)]);  %显示得到的参数
```

利用已有数据拟合求解得

$$x_{\mathrm{m}} = 334.36， \quad r = -0.027958.$$

因此可以预测 2010 年的人口数为 $x(2010) = 296.3865$ （百万）.

6. 模型检验

图 5-4 所示为阻滞增长模型的拟合效果图，从图 5-4 中可以看出，本节建立的模型对该地区的人口数据拟合得很好. 阻滞增长模型可以更客观地反映人口的增长规律，各数据基本都在拟合曲线上，拟合效果好，特别是后期的数据非常吻合，所以利用此模型来预测未来的人口数是很适合的，结果也更准确，对未来的预测结果比指数增长模型更为优越.

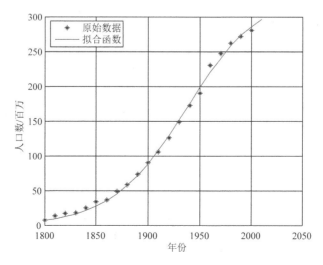

图 5-4

数学实验：MATLAB 在常微分方程中的应用

MATLAB 在常微分方程中的应用格式如下：

```
dsolve('微分方程','自变量')              %求通解
dsolve('微分方程','初始条件','自变量')    %求特解
```

说明　y 的一阶导数表示为 Dy，二阶导数表示为 D2y，依次类推．

┃例 1┃　求微分方程 $y' - y\cot x = 2x\sin x$ 的通解．

解代码和运行结果如下：

```
>> dsolve('Dy-y*cot(x)=2*x*sin(x)','x')
ans =
    sin(x)*x^2+sin(x)*C1
```

所以所求通解为

$$y = x^2\sin x + C_1\sin x.$$

小实验 1　求微分方程 $xy' - 2y = x^3$ 的通解．

┃例 2┃　求微分方程 $y'' - 5y' + 6y = 0$，$y(0) = 3$，$y'(0) = 4$ 的特解．

解代码和运行结果如下：

```
>> dsolve('D2y-5*Dy+6*y=0','y(0)=3,Dy(0)=4','x')
ans =
    -2*exp(3*x)+5*exp(2*x)
```

所以所求的特解为

$$y = -2e^{3x} + 5e^{2x}.$$

小实验 2　求微分方程 $y'' - 5y' + 4y = 0$，$y(0) = 2$，$y'(0) = 5$ 的特解．

┃拓展阅读┃

数学笔尖上了不起的成就——海王星的发现

1781 年发现天王星后，天文学家注意到它所在的位置总是和万有引力定律计算出来的结果不符．英国天文学家约翰·亚当斯（John Adams，1819—1892 年）在剑桥大学学习期间，注意到了天王星轨道运动的反常问题．1843 年，亚当斯仔细研究了当时的观测资料，计算了天王星轨道被一颗当时尚未发现的行星影响的可能性，并根据资料数据建立起微分方程，推算出这颗未知行星的轨道．他分别向剑桥大学天文台和格林尼治天文台提交了他的计算结果，但并未引起重视．1846 年 9 月，

拓展阅读：数学笔尖上了不起的成就——海王星的发现

法国天文学家奥本·勒维耶（Urbain Le Verrier，1811—1877 年）向柏林天文台提交了他的独立计算结果，德国天文学家约翰·伽勒（Johann Galle，1812—1910 年）等很快在其预言的位置上找到了海王星．消息传出后，很快轰动了全世界．格林尼治天文台的台长艾里深为懊恼，他们错失了首先发现海王星的良机．

海王星是第一个在观测之前就被数学预测的行星．在弹性理论和天文学研究中，许多问题都涉及了微分方程组，两个物体在引力下运动的研究引出了"n 体问题"的研究，这样引出了多个微分方程．由于许多实际问题可以归为微分方程的求

解问题,因此微分方程在数学的应用中具有重要地位.

虽然因为籍籍无名而被忽视,但亚当斯并不气馁,此后,他在月球运动问题中取得了比较大的成功,对地球磁场、狮子座流星群轨道等问题的研究也取得了一些重要成果. 他于1851~1853年、1874~1876年两次当选英国皇家天文学会主席,1861年担任剑桥大学天文台台长,1866 年获得英国皇家天文学会金质奖章. 为了纪念亚当斯,海王星的一条光环以及第 1996 号小行星都以他的姓氏命名. 剑桥大学还设立了亚当斯奖,用于表彰在数学领域做出突出贡献的英国数学家.

■■■■■■■■■■■■■■■■ **本模块知识要点** ■■■■■■■■■■■■■■■

一、基础知识脉络

常微分方程
- 微分方程的概念
  - 微分方程的定义:含有未知函数的导数或微分的方程
  - 微分方程的阶
  - 微分方程的通解和特解
- 一阶微分方程
  - 可分离变量的微分方程
  - 齐次微分方程
  - 一阶线性微分方程
- 二阶常系数线性微分方程
  - 二阶常系数齐次线性微分方程
  - 二阶常系数非齐次线性微分方程
- 知识拓展:建立实际问题的微分模型并求解

二、重点与难点

1. 重点

(1)理解微分方程、微分方程的阶、微分方程的通解和特解的概念;
(2)会解可分离变量的微分方程、齐次微分方程、一阶线性微分方程;
(3)会解二阶常系数齐次和非齐次线性微分方程;
(4)了解微分方程的应用.

2. 难点

(1)二阶常系数非齐次线性微分方程的求解;
(2)建立实际问题的微分方程模型并求解.

■■■■■■■■■■■■■■■■■ 习题 5 ■■■■■■■■■■■■■■■■■■

A 组

1. 选择题:

(1) 下列方程中,( ) 是常微分方程.

    A. $x^2 + y^2 = a^2$ B. $y + \dfrac{\mathrm{d}}{\mathrm{d}x}(\mathrm{e}^{\arctan x}) = 0$ C. $\dfrac{\partial^2 z}{\partial x^2} + \dfrac{\partial^2 a}{\partial y^2} = 0$ D. $y'' = x^2 + y^2$

(2) 下列方程中,( ) 是二阶微分方程.

    A. $y'' + x^2 y' + x^2 = 0$ B. $(y')^2 + 3x^2 y = x^3$

    C. $y''' + 3y'' + y = 0$ D. $y' - y^2 = \sin x$

(3) 设 C 是任意常数,则微分方程 $y' = 3y^{\frac{2}{3}}$ 的一个特解是 ( ).

    A. $y = (x + 2)^3$ B. $y = x^3 + 1$ C. $y = (x + C)^3$ D. $y = C(x + 1)^3$

(4) 微分方程 $y'' - 4y' + 4y = 0$ 的两个线性无关的解是 ( ).

    A. e^{2x} 与 $2\mathrm{e}^{2x}$ B. e^{-2x} 与 $x\mathrm{e}^{-2x}$ C. e^{2x} 与 $x\mathrm{e}^{2x}$ D. e^{-2x} 与 $4\mathrm{e}^{-2x}$

(5) 微分方程 $y \ln x \mathrm{d}x = x \cdot \ln y \mathrm{d}y$ 满足 $y|_{x=1} = 1$ 的特解是 ( ).

    A. $\ln^2 x = \ln^2 y$ B. $\ln^2 x + \ln^2 y = 1$

    C. $\ln^2 x + \ln^2 y = 0$ D. $\ln^2 x = \ln^2 y + 1$

(6) 微分方程 $(1 + x^2)\mathrm{d}y + (1 + y^2)\mathrm{d}x = 0$ 的通解是 ( ).

    A. $\arctan x + \arctan y = C$ B. $\tan x + \tan y = C$

    C. $\ln x + \ln y = C$ D. $\cot x + \cot y = C$

2. 填空题:

(1) 微分方程 $y'' + \sin x y' - x = \cos x$ 的通解中应含_____个独立常数.

(2) 微分方程 $y'' = \mathrm{e}^{-2x}$ 的通解是_____.

(3) 微分方程 $xy' - (1 + x^2)y = 0$ 的通解为_____.

3. 求下列微分方程的通解:

(1) $\sqrt{1 - x^2}\, y' = \sqrt{1 - y^2}$;   (2) $\sec^2 x \cdot \tan y \mathrm{d}x + \sec^2 y \cdot \tan x \mathrm{d}y = 0$;

(3) $(x^3 + y^3)\mathrm{d}x - 3xy^2 \mathrm{d}y = 0$;   (4) $y' - \dfrac{y}{x} = x^2$;

(5) $\dfrac{\mathrm{d}y}{\mathrm{d}x} + \dfrac{y}{x} = \sin x$;   (6) $(x^2 - 1)y' + 2xy - \cos x = 0$;

(7) $y' + \dfrac{1}{x} y = \dfrac{\sin x}{x}$;   (8) $y'' - 5y' = 0$;

(9) $y'' - 4y' + 4y = 0$;   (10) $y'' - 5y' + 6y = 0$;

(11) $y'' - 2y' - 3y = 0$;   (12) $y'' - 2y' + y = 0$.

4. 求下列微分方程的特解:

（1）$\dfrac{\mathrm{d}y}{\mathrm{d}x} + 3y = 0$，$y\big|_{x=0} = 2$；　　　（2）$\dfrac{\mathrm{d}y}{\mathrm{d}x} + 2xy = 4x$，$y\big|_{x=0} = 2$；

（3）$y' = \mathrm{e}^{2x-y}$，$y\big|_{x=0} = 0$；　　　（4）$xy' + y = y^2$，$y\big|_{x=1} = \dfrac{1}{2}$；

（5）$y' - y\tan x = \sec x$，$y\big|_{x=0} = 0$；

（6）$y'' + 2y' + 10y = 0$，$y\big|_{x=0} = 1$，$y'\big|_{x=0} = 2$；

（7）$\dfrac{\mathrm{d}^2 x}{\mathrm{d}t} + \dfrac{\mathrm{d}x}{\mathrm{d}t} - 3x = 0$，$x\big|_{t=0} = 0$，$x'\big|_{t=0} = 1$.

5．验证函数 $y = C \cdot \mathrm{e}^{-3x} + \mathrm{e}^{-2x}$（$C$ 为任意常数）是方程 $\dfrac{\mathrm{d}y}{\mathrm{d}x} = \mathrm{e}^{-2x} - 3y$ 的通解，并求出满足初始条件 $y\big|_{x=0} = 0$ 的特解.

6．求微分方程 $y' + y \cdot \cos x = \mathrm{e}^{-\sin x}$ 的通解.

7．求微分方程 $\begin{cases} (x+1)y' - 2y - (x+1)^{\frac{7}{2}} = 0, \\ y\big|_{x=0} = 1 \end{cases}$ 的特解.

8．试求 $y'' = x$ 的经过点 $M(0,1)$ 且在此点与直线 $y = \dfrac{x}{2} + 1$ 相切的积分曲线.

B 组

1．验证 $y = Cx^3$（C 为任意常数）是方程 $3y - xy' = 0$ 的通解，并求满足初始条件 $y(1) = \dfrac{1}{3}$ 的特解.

2．已知某曲线通过点 $(4,7)$，且在该曲线上任一点 $M(x, y)$ 处的切线的斜率为 $3x$，求该曲线的方程.

3．写出下列条件确定的曲线所满足的微分方程.

（1）曲线在点 (x, y) 处的切线的斜率等于该点横坐标的立方；

（2）曲线在点 $P(x, y)$ 处的切线与 y 轴的交点为 Q，PQ 的长度为 2，且曲线过点 $(2,0)$.

4．求下列微分方程的通解：

（1）$xy' = 2y\left(\ln\dfrac{y}{x} + 1\right)$；　　　（2）$(x^3 + y^3)\mathrm{d}x - 2xy^2\mathrm{d}y = 0$.

模块 5 习题解答

5．求下列微分方程的特解：

（1）$\dfrac{\mathrm{d}y}{\mathrm{d}x} = \dfrac{xy}{x^2 - y^2}$，$y\big|_{x=0} = 1$；　　　（2）$(y^2 - 3x^2)\mathrm{d}y + 2xy\mathrm{d}x = 0$，$y\big|_{x=0} = 1$.

6．如图 5-5 所示，电路中 $E=20\mathrm{V}$，$C=0.5\mathrm{F}$，$L=0.6\mathrm{H}$，$R=4.8\Omega$，且开关 S 在拨向 A、B 之前，电容 C 上的电压 $u_C = 0$.

（1）开关 S 先拨向 A，求电容 C 上的电压随时间的变化规律 $u_C(t)$；

（2）达到稳定状态后再将开关拨向 B，求 $u_C(t)$.

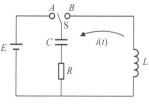

图 5-5

模块 *6*

线性代数初步

最古老的线性问题是线性方程组的解法，在《九章算术·方程》中，已经对此做了比较完整的叙述. 由于费马和笛卡尔的工作，现代意义的线性代数出现于 17 世纪. 矩阵是线性代数的重要内容，也是一个非常重要的数学工具.在自然科学、工程技术及生产实际中有大量的问题与矩阵有关，可通过对矩阵的研究得到解决. 矩阵的概念和描述问题的方式还可以应用于如数据库系统、计算机图形设计、计算机网络分析、计算机图像处理等领域. 本模块主要讨论矩阵的概念与性质、矩阵的初等行变换、线性方程组的求解及应用.

线性代数初步导学

6.1 矩阵的概念及运算

矩阵是从实际问题的计算中抽象出来的一个数学概念，也是一种重要的数学工具.

引例 6.1（田忌赛马） 战国时期，齐王与大将田忌赛马，双方约定：各自出三匹马，一回赛三次，每次输者给赢者一千两黄金. 马分为三个等级，即上等马、中等马、下等马各一匹. 已知齐王每个等级的马都比田忌同等级的马好，但田忌的上等马比齐王的中等马好，中等马比齐王的下等马好. 那么田忌如何安排马匹参赛才能获胜？

解 由于齐王同等级的马都比田忌的马好，用 1 表示田忌赢得一千两黄金，用-1 表示田忌输掉一千两黄金，这样齐王与田忌选择不同的马匹参赛所有可能性如表 6-1 所示.

表 6-1

田忌的马	赢得黄金/千两		
	齐王上等马	齐王中等马	齐王下等马
上等马	-1	1	1
中等马	-1	-1	1
下等马	-1	-1	-1

表格中的数据可以写成如下数表：

$$\begin{pmatrix} -1 & 1 & 1 \\ -1 & -1 & 1 \\ -1 & -1 & -1 \end{pmatrix}.$$

认识矩阵

由数表的数据可知，田忌输多赢少，且只有当田忌用上等马对齐王的中等马、中等马对齐王的下等马，才能获胜. 这种数表在数学上称为矩阵. 本节将介绍矩阵的定义及一些简单的矩阵的计算.

引例 6.2 小明、小花、小钢本月的收支情况如表 6-2 所示.

表 6-2   单位：元

姓名	本月收入	本月开支
小明	3000	1800
小花	2800	1500
小钢	3000	2550

将表 6-2 中的数据按原来的顺序排列成一个矩形数表如下：

$$\begin{pmatrix} 3000 & 1800 \\ 2800 & 1500 \\ 3000 & 2550 \end{pmatrix}.$$

6.1.1 矩阵的概念

定义 6.1 由 $m \times n$ 个数 $a_{ij}(i=1,2,\cdots,m, j=1,2,\cdots,n)$ 排成 m 行 n 列的数表，称为 m 行 n 列矩阵，简称 $m \times n$ **矩阵**，记作

$$\begin{bmatrix} a_{11} & a_{12} & \cdots & a_{1n} \\ a_{21} & a_{22} & \cdots & a_{2n} \\ \vdots & \vdots & & \vdots \\ a_{m1} & a_{m2} & \cdots & a_{mn} \end{bmatrix} \quad 或 \quad \begin{pmatrix} a_{11} & a_{12} & \cdots & a_{1n} \\ a_{21} & a_{22} & \cdots & a_{2n} \\ \vdots & \vdots & & \vdots \\ a_{m1} & a_{m2} & \cdots & a_{mn} \end{pmatrix}.$$

其中，a_{ij} 叫作矩阵的**元素**（简称**元**），第一个下标 i 表示元素所在的行，第二个下标 j 表示元素所在的列，矩阵通常用大写字母 $\boldsymbol{A}, \boldsymbol{B}, \boldsymbol{C}, \cdots$，或 (a_{ij}) 表示. 为标明矩阵的行数 m 和矩阵的列数 n，也用 $\boldsymbol{A}_{m \times n}$ 或 $(a_{ij})_{m \times n}$ 表示.

元素为实数的矩阵称为**实矩阵**，元素为复数的矩阵称为**复矩阵**. 本书只讨论实矩阵.

> **注意** 矩阵两边的符号可用中括号或小括号，不能用其他符号.

下面介绍一些特殊的矩阵.

（1）当 $n=1$ 时，矩阵只有一列，这时矩阵为

$$\boldsymbol{A} = \begin{pmatrix} a_{11} \\ a_{21} \\ \vdots \\ a_{m1} \end{pmatrix},$$

称为**列矩阵**.

（2）当 $m=1$ 时，矩阵只有一行，这时矩阵为

$$\boldsymbol{A} = (a_{11} \quad a_{12} \quad \cdots \quad a_{1n}),$$

称为**行矩阵**.

（3）元素都是零的矩阵，称为**零矩阵**，$m \times n$ 零矩阵记作 $\boldsymbol{O}_{m \times n}$ 或 $\boldsymbol{O}$.

（4）矩阵 $\boldsymbol{A}$ 的行数与列数相等，即 $m=n$ 时，矩阵 $\boldsymbol{A}$ 称为 n **阶方阵**，记作 $\boldsymbol{A}_n$. 从左

上角到右下角的连线称为**主对角线**，主对角线上的元素 $a_{11}, a_{22}, \cdots, a_{nn}$ 称为**主对角线元素**；从右上角到左下角的连线称为**次对角线**.

（5）主对角线以下的元素全为零的方阵称为**上三角矩阵**，即

$$\begin{pmatrix} a_{11} & a_{12} & \cdots & a_{1n} \\ 0 & a_{22} & \cdots & a_{2n} \\ \vdots & \vdots & & \vdots \\ 0 & 0 & \cdots & a_{nn} \end{pmatrix}.$$

（6）主对角线以上的元素全为零的方阵称为**下三角矩阵**，即

$$\begin{pmatrix} a_{11} & 0 & \cdots & 0 \\ a_{21} & a_{22} & \cdots & 0 \\ \vdots & \vdots & & \vdots \\ a_{n1} & a_{n2} & \cdots & a_{nn} \end{pmatrix}.$$

（7）不在主对角上的元素全为零的方阵称为**对角矩阵**，即

$$\begin{pmatrix} a_{11} & 0 & \cdots & 0 \\ 0 & a_{22} & \cdots & 0 \\ \vdots & \vdots & & \vdots \\ 0 & 0 & \cdots & a_{nn} \end{pmatrix}.$$

（8）主对角线上的元素都为 1 的 n 阶对角矩阵，称为**单位矩阵**，记作 E_n 或 E，即

$$E_n = \begin{pmatrix} 1 & 0 & \cdots & 0 \\ 0 & 1 & \cdots & 0 \\ \vdots & \vdots & & \vdots \\ 0 & 0 & \cdots & 1 \end{pmatrix}.$$

6.1.2 矩阵的运算

如果两个矩阵的行数相同，列数也相同，称这两个矩阵为**同型矩阵**.

定义 6.2 若两个 m 行 n 列的矩阵 $A = (a_{ij})_{m \times n}$ 与 $B = (b_{ij})_{m \times n}$ 的对应元素相等，即 $a_{ij} = b_{ij}(i=1,2,\cdots,m; j=1,2,\cdots,n)$，则称矩阵 A 与矩阵 B 相等，记为 $A = B$.

‖例 6.1‖ 设矩阵 $A = \begin{pmatrix} a & -1 & 3 \\ 0 & b & -4 \\ -5 & 8 & 7 \end{pmatrix}$，$B = \begin{pmatrix} -2 & -1 & c \\ 0 & 1 & -4 \\ d & 8 & 7 \end{pmatrix}$，且 $A = B$，求 a,b,c,d.

解 因为 $A = B$，所以它们对应元素相等，即 $a = -2$，$b = 1$，$c = 3$，$d = -5$.

1. 矩阵的加法与减法

定义 6.3 设有两个 $m \times n$ 矩阵 $A = (a_{ij})_{m \times n}$，$B = (b_{ij})_{m \times n}$，则

$$A + B = (a_{ij} + b_{ij})_{m \times n};$$
$$A - B = (a_{ij} - b_{ij})_{m \times n}.$$

也就是说，两个同型矩阵相加减，就是对应位置上的元素相加或相减，结果还是一个 $m \times n$ 的矩阵.

> **说明** 只有同型矩阵才能进行加减运算.

【例 6.2】 已知 $A = \begin{pmatrix} 0 & 2 & 3 \\ -2 & 0 & 4 \\ -3 & -4 & 0 \end{pmatrix}$，$B = \begin{pmatrix} 0 & -2 & -3 \\ 2 & 0 & -4 \\ 3 & 4 & 0 \end{pmatrix}$，求 $A+B$，$A-B$.

解 $A+B = \begin{pmatrix} 0 & 2 & 3 \\ -2 & 0 & 4 \\ -3 & -4 & 0 \end{pmatrix} + \begin{pmatrix} 0 & -2 & -3 \\ 2 & 0 & -4 \\ 3 & 4 & 0 \end{pmatrix} = \begin{pmatrix} 0+0 & 2-2 & 3-3 \\ -2+2 & 0+0 & 4-4 \\ -3+3 & -4+4 & 0+0 \end{pmatrix} = \begin{pmatrix} 0 & 0 & 0 \\ 0 & 0 & 0 \\ 0 & 0 & 0 \end{pmatrix}$；

$A-B = \begin{pmatrix} 0 & 2 & 3 \\ -2 & 0 & 4 \\ -3 & -4 & 0 \end{pmatrix} - \begin{pmatrix} 0 & -2 & -3 \\ 2 & 0 & -4 \\ 3 & 4 & 0 \end{pmatrix} = \begin{pmatrix} 0-0 & 2+2 & 3+3 \\ -2-2 & 0-0 & 4+4 \\ -3-3 & -4-4 & 0-0 \end{pmatrix} = \begin{pmatrix} 0 & 4 & 6 \\ -4 & 0 & 8 \\ -6 & -8 & 0 \end{pmatrix}$.

不难证明，矩阵的加减运算满足如下运算律.

（1）**交换律**：$A+B = B+A$；

（2）**结合律**：$(A+B)+C = A+(B+C)$；

（3）**存在零矩阵**：$A+O = A$（O 表示与 A 同型的零矩阵，下同）；

（4）**存在负矩阵**：$A+(-A) = O$；

（5）$A-B = A+(-B)$.

2. 数与矩阵的乘法

定义 6.4 以数 k 乘矩阵 A 的每一个元素所得到的矩阵，叫作数 k 与矩阵 A 的积，记作 Ak 或 kA. 如果 $A = (a_{ij})_{m \times n}$，则

$$kA = \begin{pmatrix} ka_{11} & ka_{12} & \cdots & ka_{1n} \\ ka_{21} & ka_{22} & \cdots & ka_{2n} \\ \vdots & \vdots & & \vdots \\ ka_{m1} & ka_{m2} & \cdots & ka_{mn} \end{pmatrix}.$$

> **注意** 数乘矩阵是数与矩阵中的每一个元素相乘. 另外，我们也把矩阵的加减和数乘运算统称为矩阵的线性运算.

数与矩阵相乘满足以下运算律：

（1）**分配律**：$k(A+B) = kA + kB$；$(k_1+k_2)A = k_1 A + k_2 A$.

（2）**结合律**：$k_1(k_2 A) = (k_1 k_2)A$.

其中，A, B 均为 $m \times n$ 矩阵，k_1, k_2 为任意常数.

【例 6.3】 已知 $A = \begin{pmatrix} 3 & 4 & 5 \\ 1 & 5 & 7 \end{pmatrix}$，$B = \begin{pmatrix} 5 & 2 & 3 \\ 1 & -3 & -1 \end{pmatrix}$，求 $\frac{1}{2}(A+B)$.

解 $\frac{1}{2}(A+B) = \frac{1}{2}\left(\begin{pmatrix} 3 & 4 & 5 \\ 1 & 5 & 7 \end{pmatrix} + \begin{pmatrix} 5 & 2 & 3 \\ 1 & -3 & -1 \end{pmatrix} \right)$

$$= \frac{1}{2}\begin{pmatrix} 8 & 6 & 8 \\ 2 & 2 & 6 \end{pmatrix} = \begin{pmatrix} 4 & 3 & 4 \\ 1 & 1 & 3 \end{pmatrix}.$$

【例 6.4】 设 $A = \begin{pmatrix} 3 & 0 \\ -2 & 1 \\ 1 & -4 \end{pmatrix}$，$B = \begin{pmatrix} 0 & 2 \\ 1 & 1 \\ -3 & 2 \end{pmatrix}$，$C = \begin{pmatrix} -1 & 1 \\ 1 & 3 \\ -2 & 0 \end{pmatrix}$，求 $2A + B - 3C$.

解　$2A + B - 3C = 2\begin{pmatrix} 3 & 0 \\ -2 & 1 \\ 1 & -4 \end{pmatrix} + \begin{pmatrix} 0 & 2 \\ 1 & 1 \\ -3 & 2 \end{pmatrix} - 3\begin{pmatrix} -1 & 1 \\ 1 & 3 \\ -2 & 0 \end{pmatrix}$

$$= \begin{pmatrix} 6 & 0 \\ -4 & 2 \\ 2 & -8 \end{pmatrix} + \begin{pmatrix} 0 & 2 \\ 1 & 1 \\ -3 & 2 \end{pmatrix} - \begin{pmatrix} -3 & 3 \\ 3 & 9 \\ -6 & 0 \end{pmatrix}$$

$$= \begin{pmatrix} 6+0+3 & 0+2-3 \\ -4+1-3 & 2+1-9 \\ 2-3+6 & -8+2-0 \end{pmatrix} = \begin{pmatrix} 9 & -1 \\ -6 & -6 \\ 5 & -6 \end{pmatrix}.$$

3. 矩阵的乘法

引例 6.3　矩阵 A 表示某商场的三个分场家电、服装两类商品本月的营业额，矩阵 B 表示两种商品的国税率、地税率．其中，

$$A = \begin{pmatrix} a_{11} & a_{12} \\ a_{21} & a_{22} \\ a_{31} & a_{32} \end{pmatrix}\begin{matrix} 一 \\ 二 \\ 三 \end{matrix}, \quad B = \begin{pmatrix} b_{11} & b_{12} \\ b_{21} & b_{22} \end{pmatrix}\begin{matrix} 家电 \\ 服装 \end{matrix},$$
$$\qquad\quad 家电\ \ 服装 \qquad\qquad 国税率\ \ 地税率$$

求出各分场应向国家财政和地方财政上交的税额.

解　分析得各分场应向国家财政和地方财政上交的税额为

$$C = \begin{pmatrix} a_{11}b_{11}+a_{12}b_{21} & a_{11}b_{12}+a_{12}b_{22} \\ a_{21}b_{11}+a_{22}b_{21} & a_{21}b_{12}+a_{22}b_{22} \\ a_{31}b_{11}+a_{32}b_{21} & a_{31}b_{12}+a_{32}b_{22} \end{pmatrix}\begin{matrix} 一 \\ 二 \\ 三 \end{matrix}$$
$$\qquad\qquad 国税额 \qquad\qquad 地税额$$

定义 6.5　设 A 是一个 $m \times s$ 矩阵，B 是 $s \times n$ 矩阵，即

$$A = \begin{pmatrix} a_{11} & a_{12} & \cdots & a_{1s} \\ a_{21} & a_{22} & \cdots & a_{2s} \\ \vdots & \vdots & & \vdots \\ a_{m1} & a_{m2} & \cdots & a_{ms} \end{pmatrix}, \quad B = \begin{pmatrix} b_{11} & b_{12} & \cdots & b_{1n} \\ b_{21} & b_{22} & \cdots & b_{2n} \\ \vdots & \vdots & & \vdots \\ b_{s1} & b_{s2} & \cdots & b_{sn} \end{pmatrix},$$

则矩阵

$$AB = \begin{pmatrix} c_{11} & c_{12} & \cdots & c_{1n} \\ c_{21} & c_{22} & \cdots & c_{2n} \\ \vdots & \vdots & & \vdots \\ c_{m1} & c_{m2} & \cdots & c_{mn} \end{pmatrix}$$

称为矩阵 A 与矩阵 B 的**乘积矩阵**，记作

$$C = AB,$$

其中，C 的第 i 行第 j 列的元素 C_{ij} 等于 A 的第 i 行元素与 B 的第 j 列对应元素的乘积之和，即

$$C_{ij} = a_{i1}b_{1j} + a_{i2}b_{2j} + \cdots + a_{is}b_{sj} = \sum_{k=1}^{s} a_{ik}b_{kj}(i=1,2,\cdots,m;\ j=1,2,\cdots,n).$$

由此可知，两矩阵 A 与 B 相乘时，第一个矩阵 A 的列数与第二个矩阵 B 的行数必须相等，此时称 A 与 B **可乘**，并且 AB 的行数等于矩阵 A 的行数，AB 的列数等于矩阵 B 的列数. 否则，称矩阵 A 与 B **不可乘**，AB 无意义.

|例 6.5| 设 $A = \begin{pmatrix} 1 & 2 & -1 \\ 2 & -3 & 1 \end{pmatrix}$，$B = \begin{pmatrix} 1 & 3 \\ -1 & 2 \\ 3 & 1 \end{pmatrix}$，求 AB，BA.

解 $AB = \begin{pmatrix} 1 & 2 & -1 \\ 2 & -3 & 1 \end{pmatrix} \cdot \begin{pmatrix} 1 & 3 \\ -1 & 2 \\ 3 & 1 \end{pmatrix}$

$= \begin{pmatrix} 1\times1+2\times(-1)+(-1)\times3 & 1\times3+2\times2+(-1)\times1 \\ 2\times1+(-3)\times(-1)+1\times3 & 2\times3+(-3)\times2+1\times1 \end{pmatrix}$

$= \begin{pmatrix} -4 & 6 \\ 8 & 1 \end{pmatrix};$

$BA = \begin{pmatrix} 1 & 3 \\ -1 & 2 \\ 3 & 1 \end{pmatrix} \cdot \begin{pmatrix} 1 & 2 & -1 \\ 2 & -3 & 1 \end{pmatrix}$

$= \begin{pmatrix} 1\times1+3\times2 & 1\times2+3\times(-3) & 1\times(-1)+3\times1 \\ (-1)\times1+2\times2 & (-1)\times2+2\times(-3) & (-1)\times(-1)+2\times1 \\ 3\times1+1\times2 & 3\times2+1\times(-3) & 3\times(-1)+1\times1 \end{pmatrix}$

$= \begin{pmatrix} 7 & -7 & 2 \\ 3 & -8 & 3 \\ 5 & 3 & -2 \end{pmatrix}.$

|例 6.6| 设矩阵

$$A = \begin{pmatrix} -2 & 4 \\ 1 & -2 \end{pmatrix},\ B = \begin{pmatrix} 2 & 4 \\ -3 & -6 \end{pmatrix},\ C = \begin{pmatrix} -2 & 0 \\ -5 & -8 \end{pmatrix},$$

求 AB，AC，BA.

解 $AB = \begin{pmatrix} -2 & 4 \\ 1 & -2 \end{pmatrix}\begin{pmatrix} 2 & 4 \\ -3 & -6 \end{pmatrix} = \begin{pmatrix} -16 & -32 \\ 8 & 16 \end{pmatrix};$

$AC = \begin{pmatrix} -2 & 4 \\ 1 & -2 \end{pmatrix}\begin{pmatrix} -2 & 0 \\ -5 & -8 \end{pmatrix} = \begin{pmatrix} -16 & -32 \\ 8 & 16 \end{pmatrix};$

$BA = \begin{pmatrix} 2 & 4 \\ -3 & -6 \end{pmatrix}\begin{pmatrix} -2 & 4 \\ 1 & -2 \end{pmatrix} = \begin{pmatrix} 0 & 0 \\ 0 & 0 \end{pmatrix}.$

|例 6.7| 设 $A = \begin{pmatrix} a_{11} & a_{12} & a_{13} \\ a_{21} & a_{22} & a_{23} \\ a_{31} & a_{32} & a_{33} \end{pmatrix}$，$E = \begin{pmatrix} 1 & 0 & 0 \\ 0 & 1 & 0 \\ 0 & 0 & 1 \end{pmatrix}$，求 AE 和 EA.

解　$AE = \begin{pmatrix} a_{11} & a_{12} & a_{13} \\ a_{21} & a_{22} & a_{23} \\ a_{31} & a_{32} & a_{33} \end{pmatrix} \cdot \begin{pmatrix} 1 & 0 & 0 \\ 0 & 1 & 0 \\ 0 & 0 & 1 \end{pmatrix} = \begin{pmatrix} a_{11} & a_{12} & a_{13} \\ a_{21} & a_{22} & a_{23} \\ a_{31} & a_{32} & a_{33} \end{pmatrix} = A$；

$EA = \begin{pmatrix} 1 & 0 & 0 \\ 0 & 1 & 0 \\ 0 & 0 & 1 \end{pmatrix} \cdot \begin{pmatrix} a_{11} & a_{12} & a_{13} \\ a_{21} & a_{22} & a_{23} \\ a_{31} & a_{32} & a_{33} \end{pmatrix} = \begin{pmatrix} a_{11} & a_{12} & a_{13} \\ a_{21} & a_{22} & a_{23} \\ a_{31} & a_{32} & a_{33} \end{pmatrix} = A$.

由例 6.5 和例 6.6 可以看出：

（1）矩阵的乘法不满足交换律，即在一般情况下，$AB \neq BA$；如果 $AB = BA$ 成立，则称 A 与 B 是可交换的.

（2）矩阵的乘法不满足消去律，即若 $AB = AC$ 且 $A \neq O$，一般地不能由此得出 $B = C$ 的结论.

（3）两个元素不全为零的矩阵，其乘积可能为零矩阵. 所以一般地不能由 $AB = O$ 推出 $A = O$ 或 $B = O$.

（4）单位矩阵 E 在矩阵的乘法中所起的作用与普通代数中 1 所起的作用类似.

矩阵乘法满足如下运算律（假设所有的运算都是有意义的）：

（1）分配律：
$$A(B + C) = AB + AC；$$
$$(B + C)A = BA + CA.$$

（2）结合律：
$$(AB)C = A(BC)；$$
$$k(AB) = (kA)B = A(kB).$$

4. 矩阵的转置

定义 6.6　把矩阵 A 的行与列依次互换所得的矩阵称为 A 的**转置矩阵**，记作 A^{T}. 设

$A = \begin{pmatrix} a_{11} & a_{12} & \cdots & a_{1n} \\ a_{21} & a_{22} & \cdots & a_{2n} \\ \vdots & \vdots & & \vdots \\ a_{m1} & a_{m2} & \cdots & a_{mn} \end{pmatrix}$，则 $A^{\mathrm{T}} = \begin{pmatrix} a_{11} & a_{21} & \cdots & a_{m1} \\ a_{12} & a_{22} & \cdots & a_{m2} \\ \vdots & \vdots & & \vdots \\ a_{1n} & a_{2n} & \cdots & a_{mn} \end{pmatrix}$.

由此可知，一个 m 行 n 列的矩阵 A 的转置矩阵 A^{T} 是一个 n 行 m 列的矩阵.

矩阵的转置有下列法则：

（1）$(A^{\mathrm{T}})^{\mathrm{T}} = A$；　　　　　　（2）$(kA)^{\mathrm{T}} = kA^{\mathrm{T}}$；

（3）$(A + B)^{\mathrm{T}} = A^{\mathrm{T}} + B^{\mathrm{T}}$；　　　　（4）$(AB)^{\mathrm{T}} = B^{\mathrm{T}}A^{\mathrm{T}}$.

定义 6.7　如果方阵 A 满足 $A^{\mathrm{T}} = A$，则称 A 为对称矩阵.

例如，

$$A = \begin{pmatrix} 1 & 2 & -8 \\ 2 & -1 & 4 \\ -8 & 4 & 0 \end{pmatrix}, \quad B = \begin{pmatrix} 5 & 3 & 0 & -8 \\ 3 & 3 & 4 & -6 \\ 0 & 4 & 0 & 7 \\ -8 & -6 & 7 & 1 \end{pmatrix},$$

A，B 均为对称矩阵.

> **注意**　对称矩阵的特点：以主对角线元素为对称轴的各个元素均相等.

[例 6.8]　若 $A = \begin{pmatrix} 1 & -1 & 3 \\ 2 & 0 & 1 \end{pmatrix}$，$C = \begin{pmatrix} -1 & 3 \\ 2 & 1 \\ 0 & 2 \end{pmatrix}$，求 A^{T}、C^{T}、$(AC)^{\mathrm{T}}$ 及 $C^{\mathrm{T}}A^{\mathrm{T}}$.

解　由转置矩阵的定义，有

$$A^{\mathrm{T}} = \begin{pmatrix} 1 & 2 \\ -1 & 0 \\ 3 & 1 \end{pmatrix}; \quad C^{\mathrm{T}} = \begin{pmatrix} -1 & 2 & 0 \\ 3 & 1 & 2 \end{pmatrix};$$

$$(AC)^{\mathrm{T}} = \left[\begin{pmatrix} 1 & -1 & 3 \\ 2 & 0 & 1 \end{pmatrix} \begin{pmatrix} -1 & 3 \\ 2 & 1 \\ 0 & 2 \end{pmatrix} \right]^{\mathrm{T}} = \begin{pmatrix} -3 & 8 \\ -2 & 8 \end{pmatrix}^{\mathrm{T}} = \begin{pmatrix} -3 & -2 \\ 8 & 8 \end{pmatrix};$$

$$C^{\mathrm{T}} A^{\mathrm{T}} = \begin{pmatrix} -1 & 2 & 0 \\ 3 & 1 & 2 \end{pmatrix} \begin{pmatrix} 1 & 2 \\ -1 & 0 \\ 3 & 1 \end{pmatrix} = \begin{pmatrix} -3 & -2 \\ 8 & 8 \end{pmatrix}.$$

练习 6.1

1. 若等式 $\begin{pmatrix} a & b \\ 2c & d \end{pmatrix} + \begin{pmatrix} 2b & -a \\ d & 1 \end{pmatrix} = \begin{pmatrix} 0 & 3 \\ 2 & 3 \end{pmatrix}$，求 a, b, c, d 的值.

2. 设矩阵 $A = \begin{pmatrix} 0 & 1 & 2 & 1 \\ -2 & 3 & -2 & 0 \\ 2 & 3 & 1 & 1 \end{pmatrix}$，$B = \begin{pmatrix} 3 & 1 & -1 & 2 \\ 0 & 0 & 4 & 1 \\ -3 & 2 & 1 & 1 \end{pmatrix}$，求：

（1）$2A + B$；（2）$3A - 2B$.

3. 设 $A = \begin{pmatrix} 1 & -2 & 3 \\ 4 & 1 & 0 \end{pmatrix}$，$B = \begin{pmatrix} 3 & 2 & 4 \\ 0 & -3 & 5 \end{pmatrix}$，$C = \begin{pmatrix} 1 & -1 \\ 2 & 0 \\ 1 & 3 \end{pmatrix}$，求：

（1）$A - B$；（2）$2A + 3B$；（3）AC；（4）CB.

4. 设 A 为 $m \times s$ 矩阵，B 为 $t \times n$ 矩阵，则乘积 AB 有意义的充分必要条件是什么？设 $C = AB$，则矩阵 C 的行数和列数分别是多少？

5. 设 $A = \begin{pmatrix} 1 & 0 \\ 2 & 3 \\ 4 & 5 \end{pmatrix}$，$B = \begin{pmatrix} 2 & 1 \\ 4 & 3 \end{pmatrix}$，求 AB，$(AB)^{\mathrm{T}}$，$B^{\mathrm{T}} A^{\mathrm{T}}$.

6.2 矩阵的初等行变换及其应用

6.2.1 矩阵的初等变换

引例 6.4 《孙子算经》中记载了有趣的"鸡兔同笼"问题：今有雉兔同笼，上有三十五头，下有九十四足，问雉兔各几何？

解 设笼中有鸡 x_1 只，有兔 x_2 只，则得

$$\begin{cases} x_1 + x_2 = 35, \\ 2x_1 + 4x_2 = 94. \end{cases}$$

下面用中学学过的消元法求解，注意观察方程组的变化和方程组的系数及等式右边常数所组成的矩阵的变化.

$$\begin{cases} x_1 + x_2 = 35 & \cdots① \\ 2x_1 + 4x_2 = 94 & \cdots② \end{cases} \qquad \begin{pmatrix} 1 & 1 & 35 \\ 2 & 4 & 94 \end{pmatrix}$$

第二行乘以 $\dfrac{1}{2}$，即 $\dfrac{1}{2}$② $\qquad \dfrac{1}{2}r_2$（r_i 代表矩阵的第 i 行）

$$\begin{cases} x_1 + x_2 = 35 & \cdots① \\ x_1 + 2x_2 = 47 & \cdots② \end{cases} \qquad \begin{pmatrix} 1 & 1 & 35 \\ 1 & 2 & 47 \end{pmatrix}$$

②$+(-1)$① $\qquad r_2 + (-1)r_1$

$$\begin{cases} x_1 + x_2 = 35 & \cdots① \\ x_2 = 12 & \cdots② \end{cases} \qquad \begin{pmatrix} 1 & 1 & 35 \\ 0 & 1 & 12 \end{pmatrix}$$

①$+(-1)$② $\qquad r_1 + (-1)r_2$

$$\begin{cases} x_1 = 23 & \cdots① \\ x_2 = 12 & \cdots② \end{cases} \qquad \begin{pmatrix} 1 & 0 & 23 \\ 0 & 1 & 12 \end{pmatrix}$$

所以笼中有鸡 23 只，有兔 12 只.

用消元法解线性方程组，常用到三种同解变换：两个方程交换位置；某方程两端同时乘以一非零数；用一非零数乘某一方程后加到另一个方程上去. 类似的做法运用到矩阵上，称为矩阵的初等行变换.

定义 6.8 以下三种变换叫作矩阵的**初等行变换**：

（1）两行互换（第 i 行与第 j 行互换，记作 $r_i \leftrightarrow r_j$）；

（2）某一行的每一个元素都乘以一个不等于零的常数 k（第 i 行的每一个元素都乘以 k，记作 kr_i）；

（3）将某一行所有元素的 k 倍加到另一行的对应元素上（第 j 行的 k 倍加到第 i 行上，记作 $r_i + kr_j$）.

若把对矩阵实施的三种"行"变换改为"列"变换，就能得到对矩阵的三种列变换，称为矩阵的**初等列变换**. 矩阵的初等行变换与初等列变换统称为矩阵的**初等变换**.

为简便起见，本书仅讨论初等行变换.

> **说明**　对一个矩阵实施初等行变换后所得到的矩阵一般不与原矩阵相等，而是矩阵的演变，因此这两个矩阵之间不能用等号来连接，我们常用"→"来连接变换后的矩阵，并在"→"上方标明所实施的变换.

当矩阵 A 经过初等变换变成矩阵 B 时，记作 $A \to B$.

|例 6.9|　用初等行变换的方法将矩阵 $A = \begin{pmatrix} 2 & 3 & 1 \\ 0 & 1 & 3 \\ 1 & 2 & 5 \end{pmatrix}$ 化为单位矩阵.

解　$A = \begin{pmatrix} 2 & 3 & 1 \\ 0 & 1 & 3 \\ 1 & 2 & 5 \end{pmatrix} \xrightarrow{r_1 \leftrightarrow r_3} \begin{pmatrix} 1 & 2 & 5 \\ 0 & 1 & 3 \\ 2 & 3 & 1 \end{pmatrix}$

$\xrightarrow{r_3 + (-2)r_1} \begin{pmatrix} 1 & 2 & 5 \\ 0 & 1 & 3 \\ 0 & -1 & -9 \end{pmatrix} \xrightarrow{r_3 + r_2} \begin{pmatrix} 1 & 2 & 5 \\ 0 & 1 & 3 \\ 0 & 0 & -6 \end{pmatrix} \xrightarrow{\left(-\frac{1}{6}\right)r_3} \begin{pmatrix} 1 & 2 & 5 \\ 0 & 1 & 3 \\ 0 & 0 & 1 \end{pmatrix}$

$\xrightarrow[r_1 + (-5)r_3]{r_2 + (-3)r_3} \begin{pmatrix} 1 & 2 & 0 \\ 0 & 1 & 0 \\ 0 & 0 & 1 \end{pmatrix} \xrightarrow{r_1 + (-2)r_2} \begin{pmatrix} 1 & 0 & 0 \\ 0 & 1 & 0 \\ 0 & 0 & 1 \end{pmatrix}$.

6.2.2　行阶梯形矩阵

定义 6.9　满足下列条件的矩阵称为**行阶梯形矩阵**：

（1）矩阵若有零行（元素全部为零的行），零行全部在下方；

（2）各非零行的第一个不为零的元素（称为首非零元）所在列下方和左下方的元素全为零.

如果行阶梯形矩阵还满足下面两个条件，则称为**行简化阶梯形矩阵**：

（1）各非零行的首非零元都是 1；

（2）每个首非零元所在列的其余元素都是零.

例如，给出下列矩阵：

$$A = \begin{pmatrix} 1 & 1 & 1 & -1 \\ 0 & -1 & 2 & 3 \\ 0 & 0 & 5 & 1 \end{pmatrix}, \quad B = \begin{pmatrix} 1 & 1 & 2 & 0 \\ 0 & 0 & 1 & 2 \\ 0 & 0 & 0 & 1 \end{pmatrix}, \quad C = \begin{pmatrix} 1 & 7 & 0 & -1 \\ 0 & 0 & 5 & 2 \\ 0 & 0 & 0 & 0 \end{pmatrix},$$

$$D = \begin{pmatrix} 3 & 1 & 1 & -1 \\ 0 & 0 & 3 & 2 \\ 0 & 2 & 0 & 1 \end{pmatrix}, \quad E = \begin{pmatrix} 3 & 1 & 1 & -1 \\ 0 & 0 & 0 & 0 \\ 0 & 2 & 0 & 1 \end{pmatrix}, \quad F = \begin{pmatrix} 1 & 0 & 2 & 0 & 2 \\ 0 & 1 & 1 & 0 & 4 \\ 0 & 0 & 0 & 1 & 2 \end{pmatrix},$$

其中，A，B，C，F 是行阶梯形矩阵；D，E 则不是，而 F 同时又是行简化阶梯形矩阵.

定理 6.1　任意一个矩阵都可通过有限次初等行变换化为行阶梯形矩阵，并可进一步化为行简化阶梯形矩阵.

【例 6.10】 用初等行变换化下面矩阵 $A = \begin{pmatrix} 2 & 0 & -1 & 3 \\ 1 & 2 & -2 & 4 \\ 0 & 1 & 3 & -1 \end{pmatrix}$ 为行简化阶梯形矩阵.

解

$$A = \begin{pmatrix} 2 & 0 & -1 & 3 \\ 1 & 2 & -2 & 4 \\ 0 & 1 & 3 & -1 \end{pmatrix} \xrightarrow{r_1 \leftrightarrow r_2} \begin{pmatrix} 1 & 2 & -2 & 4 \\ 2 & 0 & -1 & 3 \\ 0 & 1 & 3 & -1 \end{pmatrix} \xrightarrow{r_2 + (-2)r_1} \begin{pmatrix} 1 & 2 & -2 & 4 \\ 0 & -4 & 3 & -5 \\ 0 & 1 & 3 & -1 \end{pmatrix}$$

$$\xrightarrow{r_2 \leftrightarrow r_3} \begin{pmatrix} 1 & 2 & -2 & 4 \\ 0 & 1 & 3 & -1 \\ 0 & -4 & 3 & -5 \end{pmatrix} \xrightarrow{r_3 + 4r_2} \begin{pmatrix} 1 & 2 & -2 & 4 \\ 0 & 1 & 3 & -1 \\ 0 & 0 & 15 & -9 \end{pmatrix} \xrightarrow{\frac{1}{15}r_3} \begin{pmatrix} 1 & 2 & -2 & 4 \\ 0 & 1 & 3 & -1 \\ 0 & 0 & 1 & -\frac{3}{5} \end{pmatrix}$$

$$\xrightarrow[r_2 + (-3)r_3]{r_1 + 2r_3} \begin{pmatrix} 1 & 2 & 0 & \frac{14}{5} \\ 0 & 1 & 0 & \frac{4}{5} \\ 0 & 0 & 1 & -\frac{3}{5} \end{pmatrix} \xrightarrow{r_1 + (-2)r_2} \begin{pmatrix} 1 & 0 & 0 & \frac{6}{5} \\ 0 & 1 & 0 & \frac{4}{5} \\ 0 & 0 & 1 & -\frac{3}{5} \end{pmatrix}.$$

一个矩阵对应的行阶梯形矩阵不是唯一的, 例 6.10 计算过程中的后 4 个矩阵, 都可作为矩阵 A 对应的行阶梯形矩阵, 但其对应的行阶梯形矩阵的非零行的行数是确定的, 并且由初等行变换得到的行简化阶梯形矩阵是唯一的.

6.2.3 矩阵的秩

定义 6.10 设 A 为 $m \times n$ 矩阵, 则 A 对应的行阶梯形矩阵中非零行的个数 r 称为**矩阵的秩**, 记为 $R(A) = r$.

由矩阵秩的定义知, 矩阵的秩是唯一的.

例如: 矩阵 $A = \begin{pmatrix} 1 & 2 & 3 & -1 \\ 0 & 2 & 1 & 1 \\ 0 & 0 & 0 & 3 \end{pmatrix}$ 的秩为 3, $B = \begin{pmatrix} 2 & 0 & -1 & 3 & -4 \\ 0 & 2 & 1 & 0 & 0 \\ 0 & 0 & 0 & 0 & 0 \\ 0 & 0 & 0 & 0 & 0 \end{pmatrix}$ 的秩为 2.

定理 6.2 设 A 为 $m \times n$ 矩阵, 则

(1) $0 \leqslant R(A) \leqslant \min\{m, n\}$;

(2) $R(A) = R(A^{\mathrm{T}})$.

用初等行变换求矩阵的秩的步骤:

(1) 对矩阵 A 进行初等行变换, 化为阶梯形矩阵 B;

(2) 阶梯形矩阵 B 中非零行的行数, 即为矩阵 A 的秩.

【例 6.11】 求矩阵 $A = \begin{pmatrix} -2 & 1 & 1 \\ 1 & -2 & 1 \\ 1 & 1 & -2 \end{pmatrix}$ 的秩.

解 因为

$$A=\begin{pmatrix}-2&1&1\\1&-2&1\\1&1&-2\end{pmatrix}\xrightarrow{r_1\leftrightarrow r_2}\begin{pmatrix}1&-2&1\\-2&1&1\\1&1&-2\end{pmatrix}\xrightarrow[r_2+2r_1]{r_3+(-1)r_1}\begin{pmatrix}1&-2&1\\0&-3&3\\0&3&-3\end{pmatrix}\xrightarrow{r_3+r_2}\begin{pmatrix}1&-2&1\\0&-3&3\\0&0&0\end{pmatrix}.$$

所以矩阵 A 的秩为 2，即 $R(A)=2$．

┃例 6.12┃ 求下列矩阵的秩.

$$（1）\ A=\begin{pmatrix}2&0&3\\3&4&5\\1&1&2\end{pmatrix}; \qquad （2）\ B=\begin{pmatrix}1&3&2\\-2&-1&1\\2&-1&-3\\3&5&4\\1&-3&-2\end{pmatrix}.$$

解 （1）因为

$$A=\begin{pmatrix}2&0&3\\3&4&5\\1&1&2\end{pmatrix}\xrightarrow{r_1\leftrightarrow r_3}\begin{pmatrix}1&1&2\\3&4&5\\2&0&3\end{pmatrix}\xrightarrow[r_3+(-2)r_1]{r_2+(-3)r_1}\begin{pmatrix}1&1&2\\0&1&-1\\0&-2&-1\end{pmatrix}\xrightarrow{r_3+2r_2}\begin{pmatrix}1&1&2\\0&1&-1\\0&0&-3\end{pmatrix},$$

所以

$$R(A)=3.$$

矩阵 A 这种秩等于其行数及列数的方阵叫作**满秩方阵**.

（2）因为

$$B=\begin{pmatrix}1&3&2\\-2&-1&1\\2&-1&-3\\3&5&4\\1&-3&-2\end{pmatrix}\xrightarrow[\substack{r_3+(-2)r_1\\r_4+(-3)r_1\\r_5+(-1)r_1}]{r_2+2r_1}\begin{pmatrix}1&3&2\\0&5&5\\0&-7&-7\\0&-4&-2\\0&-6&-4\end{pmatrix}\xrightarrow{\frac{1}{5}r_2}\begin{pmatrix}1&3&2\\0&1&1\\0&-7&-7\\0&-4&-2\\0&-6&-4\end{pmatrix}$$

$$\xrightarrow[\substack{r_4+4r_2\\r_5+6r_2}]{r_3+7r_2}\begin{pmatrix}1&3&2\\0&1&1\\0&0&0\\0&0&2\\0&0&2\end{pmatrix}\xrightarrow{r_5+(-1)r_4}\begin{pmatrix}1&3&2\\0&1&1\\0&0&0\\0&0&2\\0&0&0\end{pmatrix}\xrightarrow{r_3\leftrightarrow r_4}\begin{pmatrix}1&3&2\\0&1&1\\0&0&2\\0&0&0\\0&0&0\end{pmatrix},$$

所以

$$R(B)=3.$$

6.2.4　逆矩阵

前面讨论了矩阵的加、减、数乘与乘法的运算，没有讨论矩阵的"除"运算，那么矩阵有没有除法运算呢？

关于数的除法，我们知道，当 $a\neq 0$ 时，有 $a\times a^{-1}=a^{-1}\times a=1$．那么，对于一个矩阵 A 是否有 $AA^{-1}=A^{-1}A=E$ 呢？下面来讨论这个问题.

1．逆矩阵的概念

定义 6.11 对于 n 阶方阵 A，若存在 n 阶方阵 B，使得

$$AB = BA = E,$$

则称 B 为 A 的逆矩阵，记为 $B = A^{-1}$，称 A 为**可逆矩阵**.

显然，$AA^{-1} = A^{-1}A = E$.

定理 6.3 n 阶方阵 A 可逆的充分必要条件为 $R(A) = n$.

> **注意** （1）单位矩阵 E 的逆矩阵就是它本身，因为 $EE = E$.
> （2）零矩阵都不可逆. 因为对任何与 n 阶零矩阵同阶的方阵 B，都有 $BO = OB = O$.

由定义 6.11 可以直接证明，可逆矩阵具有下列性质：

（1）A 的逆矩阵的逆矩阵是 A，即 $(A^{-1})^{-1} = A$.

（2）如果 n 阶矩阵 A，B 的逆矩阵都存在，那么，它们乘积的逆矩阵也存在，并且

$$(AB)^{-1} = B^{-1}A^{-1}.$$

一般地，若 $A_1, A_2, \cdots, A_m$ 是 m 个同阶可逆矩阵，则 $A_1 A_2 \cdots A_m$ 也是可逆矩阵，且

$$(A_1 A_2 \cdots A_m)^{-1} = A_m^{-1} A_{m-1}^{-1} \cdots A_1^{-1}.$$

（3）若矩阵 A 可逆，$k \neq 0$，则 kA 也是可逆矩阵，且 $(kA)^{-1} = \dfrac{1}{k} A^{-1}$.

（4）若矩阵 A 可逆，则其转置矩阵 A^{T} 亦可逆，且 $(A^{\mathrm{T}})^{-1} = (A^{-1})^{\mathrm{T}}$.

（5）任何可逆矩阵 A 的逆矩阵是唯一的.

┃例 6.13┃   若 $A = \begin{pmatrix} 2 & 0 \\ 0 & 3 \end{pmatrix}$，$B = \begin{pmatrix} \dfrac{1}{2} & 0 \\ 0 & \dfrac{1}{3} \end{pmatrix}$，判断 A, B 是否可逆，并计算 AB 和 BA.

解   因为 $R(A) = R(B) = 2$，所以 A, B 均为满秩方阵，均可逆. 且容易计算得

$$AB = BA = \begin{pmatrix} 1 & 0 \\ 0 & 1 \end{pmatrix} = E,$$

即 $A^{-1} = B$，$B^{-1} = A$.

2．用初等行变换求逆矩阵

给出一个 n 阶方阵 A，若它可逆，则可以用初等行变换求出 A^{-1}，具体方法如下：

（1）把 n 阶方阵 A 和同阶的单位方阵 E 写成一个矩阵 $(A \vdots E)$；

（2）对新矩阵 $(A \vdots E)$ 作初等行变换，当虚线左边的 A 变为单位矩阵 E 时，虚线右边的 E 就变成了 A^{-1}，即

$$(A \vdots E) \xrightarrow{\text{初等行变换}} (E \vdots A^{-1}).$$

┃例 6.14┃   用初等行变换求矩阵 $A = \begin{pmatrix} 2 & 1 & 1 \\ 1 & 0 & 2 \\ 3 & 1 & 2 \end{pmatrix}$ 的逆矩阵 A^{-1}.

解   因为

$$(A \vdots E) = \begin{pmatrix} 2 & 1 & 1 & \vdots & 1 & 0 & 0 \\ 1 & 0 & 2 & \vdots & 0 & 1 & 0 \\ 3 & 1 & 2 & \vdots & 0 & 0 & 1 \end{pmatrix} \xrightarrow{r_1 \leftrightarrow r_2} \begin{pmatrix} 1 & 0 & 2 & \vdots & 0 & 1 & 0 \\ 2 & 1 & 1 & \vdots & 1 & 0 & 0 \\ 3 & 1 & 2 & \vdots & 0 & 0 & 1 \end{pmatrix}$$

$$\xrightarrow[r_3+(-3)r_1]{r_2+(-2)r_1} \begin{pmatrix} 1 & 0 & 2 & \vdots & 0 & 1 & 0 \\ 0 & 1 & -3 & \vdots & 1 & -2 & 0 \\ 0 & 1 & -4 & \vdots & 0 & -3 & 1 \end{pmatrix} \xrightarrow{r_3+(-1)r_2} \begin{pmatrix} 1 & 0 & 2 & \vdots & 0 & 1 & 0 \\ 0 & 1 & -3 & \vdots & 1 & -2 & 0 \\ 0 & 0 & -1 & \vdots & -1 & -1 & 1 \end{pmatrix}$$

$$\xrightarrow{(-1)r_3} \begin{pmatrix} 1 & 0 & 2 & \vdots & 0 & 1 & 0 \\ 0 & 1 & -3 & \vdots & 1 & -2 & 0 \\ 0 & 0 & 1 & \vdots & 1 & 1 & -1 \end{pmatrix} \xrightarrow[r_2+3r_3]{r_1+(-2)r_3} \begin{pmatrix} 1 & 0 & 0 & \vdots & -2 & -1 & 2 \\ 0 & 1 & 0 & \vdots & 4 & 1 & -3 \\ 0 & 0 & 1 & \vdots & 1 & 1 & -1 \end{pmatrix},$$

所以

$$\boldsymbol{A}^{-1} = \begin{pmatrix} -2 & -1 & 2 \\ 4 & 1 & -3 \\ 1 & 1 & -1 \end{pmatrix}.$$

【例 6.15】 求矩阵 $\boldsymbol{A} = \begin{pmatrix} 1 & 2 & 3 \\ 2 & 0 & 1 \\ -1 & 1 & 0 \end{pmatrix}$ 的逆矩阵 $\boldsymbol{A}^{-1}$.

解 $(\boldsymbol{A} \vdots \boldsymbol{E}) = \begin{pmatrix} 1 & 2 & 3 & \vdots & 1 & 0 & 0 \\ 2 & 0 & 1 & \vdots & 0 & 1 & 0 \\ -1 & 1 & 0 & \vdots & 0 & 0 & 1 \end{pmatrix} \xrightarrow[r_3+r_1]{r_2+(-2)r_1} \begin{pmatrix} 1 & 2 & 3 & \vdots & 1 & 0 & 0 \\ 0 & -4 & -5 & \vdots & -2 & 1 & 0 \\ 0 & 3 & 3 & \vdots & 1 & 0 & 1 \end{pmatrix}$

$$\xrightarrow[r_3+\frac{3}{4}r_2]{r_1+\frac{1}{2}r_2} \begin{pmatrix} 1 & 0 & \frac{1}{2} & \vdots & 0 & \frac{1}{2} & 0 \\ 0 & -4 & -5 & \vdots & -2 & 1 & 0 \\ 0 & 0 & -\frac{3}{4} & \vdots & -\frac{1}{2} & \frac{3}{4} & 1 \end{pmatrix}$$

$$\xrightarrow[-\frac{4}{3}r_3]{-\frac{1}{4}r_2} \begin{pmatrix} 1 & 0 & \frac{1}{2} & \vdots & 0 & \frac{1}{2} & 0 \\ 0 & 1 & \frac{5}{4} & \vdots & \frac{1}{2} & -\frac{1}{4} & 0 \\ 0 & 0 & 1 & \vdots & \frac{2}{3} & -1 & -\frac{4}{3} \end{pmatrix}$$

$$\xrightarrow[r_2+\left(-\frac{5}{4}\right)r_3]{r_1+\left(-\frac{1}{2}\right)r_3} \begin{pmatrix} 1 & 0 & 0 & \vdots & -\frac{1}{3} & 1 & \frac{2}{3} \\ 0 & 1 & 0 & \vdots & -\frac{1}{3} & 1 & \frac{5}{3} \\ 0 & 0 & 1 & \vdots & \frac{2}{3} & -1 & -\frac{4}{3} \end{pmatrix}.$$

于是

$$\boldsymbol{A}^{-1} = \begin{pmatrix} -\frac{1}{3} & 1 & \frac{2}{3} \\ -\frac{1}{3} & 1 & \frac{5}{3} \\ \frac{2}{3} & -1 & -\frac{4}{3} \end{pmatrix}.$$

▎例 6.16▎ 解线性方程组：

$$\begin{cases} 2x_1 + x_2 + x_3 = 1, \\ x_1 \qquad + 2x_3 = 0, \\ 3x_1 + x_2 + 2x_3 = -1. \end{cases}$$

解 用矩阵表示线性方程组，得

$$\begin{pmatrix} 2 & 1 & 1 \\ 1 & 0 & 2 \\ 3 & 1 & 2 \end{pmatrix} \begin{pmatrix} x_1 \\ x_2 \\ x_3 \end{pmatrix} = \begin{pmatrix} 1 \\ 0 \\ -1 \end{pmatrix},$$

即 $AX = B$，其中

$$A = \begin{pmatrix} 2 & 1 & 1 \\ 1 & 0 & 2 \\ 3 & 1 & 2 \end{pmatrix}, \quad X = \begin{pmatrix} x_1 \\ x_2 \\ x_3 \end{pmatrix}, \quad B = \begin{pmatrix} 1 \\ 0 \\ -1 \end{pmatrix}.$$

若 A^{-1} 存在，则在 $AX = B$ 的两边同时左乘 A^{-1}，得 $A^{-1}AX = A^{-1}B$，即

$$X = A^{-1}B.$$

由例 6.14，知

$$A^{-1} = \begin{pmatrix} -2 & -1 & 2 \\ 4 & 1 & -3 \\ 1 & 1 & -1 \end{pmatrix},$$

所以

$$X = A^{-1}B = \begin{pmatrix} -2 & -1 & 2 \\ 4 & 1 & -3 \\ 1 & 1 & -1 \end{pmatrix} \begin{pmatrix} 1 \\ 0 \\ -1 \end{pmatrix} = \begin{pmatrix} -4 \\ 7 \\ 2 \end{pmatrix}.$$

因此，方程组的解为

$$\begin{cases} x_1 = -4, \\ x_2 = 7, \\ x_3 = 2. \end{cases}$$

▎例 6.17▎ 设矩阵

$$A = \begin{pmatrix} 1 & 0 & 1 \\ 2 & 1 & 0 \\ -3 & 2 & -3 \end{pmatrix}, \quad B = \begin{pmatrix} 1 & -2 & 1 \\ -3 & 4 & 1 \end{pmatrix},$$

求 X，使 $X - XA = B$.

解 由 $X - XA = B$，得 $X(E - A) = B$. 因为

$$E - A = \begin{pmatrix} 0 & 0 & -1 \\ -2 & 0 & 0 \\ 3 & -2 & 4 \end{pmatrix},$$

$$((E-A)\vdots E)=\begin{pmatrix} 0 & 0 & -1 & 1 & 0 & 0 \\ -2 & 0 & 0 & 0 & 1 & 0 \\ 3 & -2 & 4 & 0 & 0 & 1 \end{pmatrix} \longrightarrow \begin{pmatrix} 1 & 0 & 0 & 0 & -\dfrac{1}{2} & 0 \\ 0 & 1 & 0 & -2 & -\dfrac{3}{4} & -\dfrac{1}{2} \\ 0 & 0 & 1 & -1 & 0 & 0 \end{pmatrix},$$

所以

$$(E-A)^{-1}=\begin{pmatrix} 0 & -\dfrac{1}{2} & 0 \\ -2 & -\dfrac{3}{4} & -\dfrac{1}{2} \\ -1 & 0 & 0 \end{pmatrix}.$$

所以

$$X=B(E-A)^{-1}=\begin{pmatrix} 1 & -2 & 1 \\ -3 & 4 & 1 \end{pmatrix}\begin{pmatrix} 0 & -\dfrac{1}{2} & 0 \\ -2 & -\dfrac{3}{4} & -\dfrac{1}{2} \\ -1 & 0 & 0 \end{pmatrix}=\begin{pmatrix} 3 & 1 & 1 \\ -9 & -\dfrac{3}{2} & -2 \end{pmatrix}.$$

练习 6.2

1. 用初等行变换的方法将矩阵化成单位矩阵:

（1）$A=\begin{pmatrix} 2 & 3 \\ 1 & 1 \end{pmatrix}$;　　　（2）$A=\begin{pmatrix} 2 & 1 & 1 \\ 1 & 0 & 2 \\ 3 & 1 & 2 \end{pmatrix}$.

2. 判断下列矩阵哪些是行阶梯形矩阵，它们的秩各是多少?

（1）$\begin{pmatrix} 1 & 0 \\ 1 & 2 \end{pmatrix}$;　（2）$\begin{pmatrix} 1 & 1 & 1 \\ 0 & 2 & 3 \\ 0 & 0 & 0 \end{pmatrix}$;　（3）$\begin{pmatrix} 4 & 3 & 1 \\ 0 & 2 & 0 \\ 1 & 1 & 0 \end{pmatrix}$;

（4）$\begin{pmatrix} 2 & 1 & 1 & 5 \\ 0 & 2 & 3 & 1 \\ 0 & 0 & 0 & 1 \\ 0 & 0 & 0 & 0 \end{pmatrix}$;　（5）$\begin{pmatrix} 2 & 1 & 0 & 4 \\ 0 & 0 & 0 & 0 \\ 0 & 2 & 4 & 5 \\ 0 & 0 & 0 & 1 \end{pmatrix}$;　（6）$\begin{pmatrix} 0 & -3 & 2 & 1 \\ 0 & 0 & 2 & 4 \\ 0 & 0 & 0 & 0 \\ 0 & 0 & 0 & 0 \end{pmatrix}$.

3. 求下列矩阵的秩:

（1）$A=\begin{pmatrix} 1 & -1 & 1 & 2 \\ 2 & 3 & 3 & 2 \\ 1 & 1 & 2 & 1 \end{pmatrix}$;　　　（2）$B=\begin{pmatrix} 1 & -2 & 0 & -1 \\ 0 & 2 & 2 & 1 \\ 1 & -2 & -3 & -2 \\ 0 & 1 & 2 & 1 \end{pmatrix}$.

4. 求下列矩阵的逆矩阵.

（1）$A = \begin{pmatrix} a & c \\ 0 & b \end{pmatrix}$ $(ab \neq 0)$;　　（2）$B = \begin{pmatrix} 2 & 2 & 1 \\ 3 & 1 & 5 \\ 3 & 2 & 3 \end{pmatrix}$.

5. 解下列矩阵方程:

（1）$\begin{pmatrix} 2 & 5 \\ 1 & 3 \end{pmatrix} X = \begin{pmatrix} 1 & 1 \\ -1 & 0 \end{pmatrix}$;

（2）$X \begin{pmatrix} 5 & 0 & 1 \\ 1 & -3 & -2 \\ -5 & 2 & 1 \end{pmatrix} = -\begin{pmatrix} 8 & 0 & 0 \\ 5 & 3 & 0 \\ 2 & 6 & 0 \end{pmatrix}$.

6.3 线性方程组

在人类数学发展史上，中国古代数学一直扮演着一个重要角色. 中国古代第一部数学专著《九章算术》，历经各代数学家的增补修订，最后成书于东汉前期（公元 1 世纪左右）.《九章算术·方程》中，记载了很多生活中的方程问题，其中所述解法"方程术"实质上相当于现代对方程组增广矩阵的行实施初等变换，从而消去未知量的方法.

6.3.1 线性方程组的概念

引例 6.5（《九章算术·方程》程禾问题）　今有上禾（指上等稻子）三秉（指捆），中禾二秉，下禾一秉，实（出谷）三十九斗；上禾二秉，中禾三秉，下禾一秉，实三十四斗；上禾一秉，中禾二秉，下禾三秉，实二十六斗. 问：上、中、下禾实一秉各几何（也就是问：上、中、下三种稻，每捆的出谷量是多少）？

解　设上、中、下三种稻，每捆的出谷量分别是 x_1 斗、x_2 斗、x_3 斗，则得

$$\begin{cases} 3x_1 + 2x_2 + x_3 = 39, \\ 2x_1 + 3x_2 + x_3 = 34, \\ x_1 + 2x_2 + 3x_3 = 26. \end{cases}$$

前面，我们已经知道对**方程组**作同解变形，相当于对**方程组的系数及等式右边常数所组成的矩阵**（即**增广矩阵**）作初等行变换. 首先，写出线性方程组的增广矩阵并将其化为行阶梯形矩阵及行简化阶梯形矩阵.

$$\begin{pmatrix} 3 & 2 & 1 & 39 \\ 2 & 3 & 1 & 34 \\ 1 & 2 & 3 & 26 \end{pmatrix} \xrightarrow{r_1 \leftrightarrow r_3} \begin{pmatrix} 1 & 2 & 3 & 26 \\ 2 & 3 & 1 & 34 \\ 3 & 2 & 1 & 39 \end{pmatrix} \xrightarrow[r_3 + (-3)r_1]{r_2 + (-2)r_1} \begin{pmatrix} 1 & 2 & 3 & 26 \\ 0 & -1 & -5 & -18 \\ 0 & -4 & -8 & -39 \end{pmatrix}$$

$$\xrightarrow{-r_2} \begin{pmatrix} 1 & 2 & 3 & 26 \\ 0 & 1 & 5 & 18 \\ 0 & -4 & -8 & -39 \end{pmatrix} \xrightarrow{r_3 + 4r_2} \begin{pmatrix} 1 & 2 & 3 & 26 \\ 0 & 1 & 5 & 18 \\ 0 & 0 & 12 & 33 \end{pmatrix}$$

$$\xrightarrow{\frac{1}{12}r_3} \begin{pmatrix} 1 & 2 & 3 & 26 \\ 0 & 1 & 5 & 18 \\ 0 & 0 & 1 & \dfrac{11}{4} \end{pmatrix} \xrightarrow[r_2+(-5)r_3]{r_1+(-3)r_3} \begin{pmatrix} 1 & 2 & 0 & \dfrac{71}{4} \\ 0 & 1 & 0 & \dfrac{17}{4} \\ 0 & 0 & 0 & \dfrac{11}{4} \end{pmatrix} \xrightarrow{r_1+(-2)r_2} \begin{pmatrix} 1 & 0 & 0 & \dfrac{37}{4} \\ 0 & 1 & 0 & \dfrac{17}{4} \\ 0 & 0 & 1 & \dfrac{11}{4} \end{pmatrix},$$

所以该方程组的解为

$$\begin{cases} x_1 = \dfrac{37}{4}, \\ x_2 = \dfrac{17}{4}, \\ x_3 = \dfrac{11}{4}. \end{cases}$$

所以上、中、下三种稻，每捆的出谷量分别是 $\dfrac{37}{4}$ 斗、$\dfrac{17}{4}$ 斗、$\dfrac{11}{4}$ 斗.

引例 6.5 中所列出的方程组中，未知元都只有一次方，称为线性方程组.

定义 6.12 线性方程组

$$\begin{cases} a_{11}x_1 + a_{12}x_2 + \cdots + a_{1n}x_n = b_1, \\ a_{21}x_1 + a_{22}x_2 + \cdots + a_{2n}x_n = b_2, \\ \quad\quad\quad\quad\quad\vdots \\ a_{m1}x_1 + a_{m2}x_2 + \cdots + a_{mn}x_n = b_m, \end{cases} \tag{6-1}$$

其中，$b_1, b_2, \cdots, b_m$ 不全为零，称为**非齐次线性方程组**. 若记

$$\boldsymbol{A} = (a_{ij})_{m\times n} = \begin{pmatrix} a_{11} & a_{12} & \cdots & a_{1n} \\ a_{21} & a_{22} & \cdots & a_{2n} \\ \vdots & \vdots & & \vdots \\ a_{m1} & a_{m2} & \cdots & a_{mn} \end{pmatrix},$$

称之为方程组（6-1）的**系数矩阵**，记

$$\tilde{\boldsymbol{A}} = \begin{bmatrix} a_{11} & a_{12} & \cdots & a_{1n} & b_1 \\ a_{21} & a_{22} & \cdots & a_{2n} & b_2 \\ \vdots & \vdots & & \vdots & \vdots \\ a_{m1} & a_{m2} & \cdots & a_{mn} & b_m \end{bmatrix},$$

称之为方程组（6-1）的**增广矩阵**.

> **注意** 线性方程组中的未知元都只有一次方.

引例"鸡兔同笼问题"和本节引例"程禾问题"中所列的方程组都是非齐次线性方程组.

定义 6.13 线性方程组

$$\begin{cases} a_{11}x_1 + a_{12}x_2 + \cdots + a_{1n}x_n = 0, \\ a_{21}x_1 + a_{22}x_2 + \cdots + a_{2n}x_n = 0, \\ \quad\quad\quad\quad\quad\vdots \\ a_{m1}x_1 + a_{m2}x_2 + \cdots + a_{mn}x_n = 0, \end{cases} \tag{6-2}$$

称为**齐次线性方程组**.

6.3.2 线性方程组有解的判定

由前面例子的求解可知,用消元法解非齐次线性方程组等价于把它的增广矩阵化为行阶梯形矩阵(或行简化阶梯形矩阵). 可以尝试用这种方法解非齐次线性方程组.

【例 6.18】 判断线性方程组 $\begin{cases} x_1 - 3x_2 + x_3 = 1, \\ 2x_1 - x_2 - x_3 = -2, \\ 3x_1 + x_2 - x_3 = 1 \end{cases}$ 是否有解?若有解则求其解.

解 $\tilde{A} = \begin{pmatrix} 1 & -3 & 1 & 1 \\ 2 & -1 & -1 & -2 \\ 3 & 1 & -1 & 1 \end{pmatrix} \xrightarrow[r_3-3r_1]{r_2-2r_1} \begin{pmatrix} 1 & -3 & 1 & 1 \\ 0 & 5 & -3 & -4 \\ 0 & 10 & -4 & -2 \end{pmatrix}$

$\xrightarrow{r_3-2r_2} \begin{pmatrix} 1 & -3 & 1 & 1 \\ 0 & 5 & -3 & -4 \\ 0 & 0 & 2 & 6 \end{pmatrix}.$

显然 $R(A) = R(\tilde{A}) = 3$,且原方程可化为同解方程组

$$\begin{cases} x_1 - 3x_2 + x_3 = 1, \\ 5x_2 - 3x_3 = -4, \\ 2x_3 = 6. \end{cases}$$

自下往上迭代求解,得 $\begin{cases} x_1 = 1, \\ x_2 = 1, \\ x_3 = 3. \end{cases}$

【例 6.19】 判断线性方程组 $\begin{cases} x_1 + x_2 + 2x_3 + 3x_4 = 1, \\ x_2 + x_3 - 4x_4 = 1, \\ x_1 + 2x_2 + 3x_3 - x_4 = 4. \end{cases}$ 是否有解?若有解,则求其解.

解 对增广矩阵实施初等行变换,将其化为行简化阶梯形矩阵,即

$\tilde{A} = \begin{pmatrix} 1 & 1 & 2 & 3 & 1 \\ 0 & 1 & 1 & -4 & 1 \\ 1 & 2 & 3 & -1 & 4 \end{pmatrix} \xrightarrow{r_3+(-1)r_1} \begin{pmatrix} 1 & 1 & 2 & 3 & 1 \\ 0 & 1 & 1 & -4 & 1 \\ 0 & 1 & 1 & -4 & 3 \end{pmatrix} \xrightarrow{r_3+(-1)r_2} \begin{pmatrix} 1 & 1 & 2 & 3 & 1 \\ 0 & 1 & 1 & -4 & 1 \\ 0 & 0 & 0 & 0 & 2 \end{pmatrix}$

$\xrightarrow{\frac{1}{2}r_3} \begin{pmatrix} 1 & 1 & 2 & 3 & 1 \\ 0 & 1 & 1 & -4 & 1 \\ 0 & 0 & 0 & 0 & 1 \end{pmatrix} \xrightarrow[r_1+(-1)r_3]{r_2+(-1)r_3} \begin{pmatrix} 1 & 1 & 2 & 3 & 0 \\ 0 & 1 & 1 & -4 & 0 \\ 0 & 0 & 0 & 0 & 1 \end{pmatrix} \xrightarrow{r_1+(-1)r_2} \begin{pmatrix} 1 & 0 & 1 & 7 & 0 \\ 0 & 1 & 1 & -4 & 0 \\ 0 & 0 & 0 & 0 & 1 \end{pmatrix}.$

故原方程组的同解方程组为

$$\begin{cases} x_1 + x_3 + 7x_4 = 0, \\ x_2 + x_3 - 4x_4 = 0, \\ 0 = 1. \end{cases}$$

显然最后一个方程出现了矛盾,所以原方程组无解.

由于增广矩阵除去最后一列即系数矩阵,通过化出的行阶梯形矩阵也顺便得到了系数矩阵和增广矩阵的秩. 例 6.18 中的 $R(A) = R(\tilde{A}) = 3$=未知数的个数,此时方程组有唯一一组解. 例 6.19 中的 $R(A) = 2$,而 $R(\tilde{A}) = 3$,$R(A) \neq R(\tilde{A})$,方程组无解.

定理 6.4　线性方程组（6-1）有解的充分必要条件是它的系数矩阵 A 与增广矩阵 $\tilde{A}$ 的秩相等，即 $R(A)=R(\tilde{A})$ ，并且

（1）若 $R(A)=R(\tilde{A})<n$ ，则方程组有无穷多组解；

（2）若 $R(A)=R(\tilde{A})=n$ ，则方程组有唯一一组解.

对于齐次线性方程组（6-2），它的增广矩阵和系数矩阵的秩相等，由定理 6.4 知，齐次线性方程组总是有解的. 于是，可以得到如下定理.

定理 6.5　设方程组（6-2）的系数矩阵 A 的秩为 $R(A)$ ，那么

（1）若 $R(A)=n$ ，则方程组（6-2）只有零解；

（2）若 $R(A)<n$ ，则方程组（6-2）有非零解.

推论　在方程组（6-2）中，若方程的个数小于未知量的个数（ $m<n$ ）时，则该方程组有非零解.

【例 6.20】　下面的齐次线性方程组是否有非零解？

$$\begin{cases} x_1+2x_2+3x_3-x_4=0, \\ 3x_1+2x_2+x_3-x_4=0, \\ x_1-2x_2-5x_3+x_4=0. \end{cases}$$

解　因为

$$A=\begin{pmatrix} 1 & 2 & 3 & -1 \\ 3 & 2 & 1 & -1 \\ 1 & -2 & -5 & 1 \end{pmatrix} \xrightarrow[r_3+(-1)r_1]{r_2+(-3)r_1} \begin{pmatrix} 1 & 2 & 3 & -1 \\ 0 & -4 & -8 & 2 \\ 0 & -4 & -8 & 2 \end{pmatrix} \xrightarrow{r_3+(-1)r_2} \begin{pmatrix} 1 & 2 & 3 & -1 \\ 0 & -4 & -8 & 2 \\ 0 & 0 & 0 & 0 \end{pmatrix},$$

所以 $R(A)=2<n=4$ ，所以原方程有非零解.

由推论可以直接得出原方程有非零解.

【例 6.21】　下列线性方程组是否有解？

$$\begin{cases} 2x_1-x_2-x_3+x_4=1, \\ x_1+2x_2-x_3-2x_4=0, \\ 3x_1+x_2-2x_3-x_4=2. \end{cases}$$

解　$\tilde{A}=\begin{pmatrix} 2 & -1 & -1 & 1 & 1 \\ 1 & 2 & -1 & -2 & 0 \\ 3 & 1 & -2 & -1 & 2 \end{pmatrix} \xrightarrow{r_1 \leftrightarrow r_2} \begin{pmatrix} 1 & 2 & -1 & -2 & 0 \\ 2 & -1 & -1 & 1 & 1 \\ 3 & 1 & -2 & -1 & 2 \end{pmatrix}$

$$\xrightarrow[r_3+(-3)r_1]{r_2+(-2)r_1} \begin{pmatrix} 1 & 2 & -1 & -2 & 0 \\ 0 & -5 & 1 & 5 & 1 \\ 0 & -5 & 1 & 5 & 2 \end{pmatrix} \xrightarrow{r_3+(-1)r_2} \begin{pmatrix} 1 & 2 & -1 & -2 & 0 \\ 0 & -5 & 1 & 5 & 1 \\ 0 & 0 & 0 & 0 & 1 \end{pmatrix}.$$

显然 $R(\tilde{A})=3$ ， $R(A)=2$. 因此， $R(A)\neq R(\tilde{A})$ ，故由定理 6.4 知，原方程组无解.

【例 6.22】　下列线性方程组是否有解？若有解，其解是否唯一？

$$\begin{cases} x_1+x_2-2x_3=2, \\ 2x_1-3x_2+5x_3=1, \\ 4x_1-x_2+x_3=5, \\ 5x_1 \qquad +x_3=7. \end{cases}$$

解 $\tilde{A} = \begin{pmatrix} 1 & 1 & -2 & 2 \\ 2 & -3 & 5 & 1 \\ 4 & -1 & 1 & 5 \\ 5 & 0 & 1 & 7 \end{pmatrix} \xrightarrow{\text{作初等行变换}} \begin{pmatrix} 1 & 1 & -2 & 2 \\ 0 & -5 & 9 & -3 \\ 0 & 0 & 2 & 0 \\ 0 & 0 & 0 & 0 \end{pmatrix}.$

由此可知，

$$R(A) = R(\tilde{A}) = 3 = n.$$

所以原方程组有唯一一组解.

6.3.3 求线性方程组的解

通过前面的例子，可归纳高斯消元法解线性方程组的一般步骤：

（1）写出 n 元非齐次线性方程组（6-1）的增广矩阵 $\tilde{A}$ 或齐次线性方程组（6-2）的系数矩阵 A；

（2）通过初等行变换化所写矩阵为行阶梯形矩阵，确定方程组是否有解；

（3）若有解，将行阶梯形矩阵化为行简化阶梯形矩阵，确定基本未知量的个数 r 和自由未知量的个数 $n-r$；

（4）写出行简化阶梯形矩阵对应的线性方程组，把该方程组中自由未知量移到方程的右边，将基本未知量留在方程的左边，把 $n-r$ 个自由未知量依次记为任意常数 $k_1, k_2, \cdots, k_{n-r}$，从而得出方程组的一般解.

【例 6.23】 求解线性方程组 $\begin{cases} -3x_1 - 3x_2 + 14x_3 + 29x_4 = -16, \\ x_1 + x_2 + 4x_3 - x_4 = 1, \\ -x_1 - x_2 + 2x_3 + 7x_4 = -4. \end{cases}$

解 对增广矩阵实施初等行变换，将其化为行简化阶梯形矩阵：

$$\tilde{A} = \begin{pmatrix} -3 & -3 & 14 & 29 & -16 \\ 1 & 1 & 4 & -1 & 1 \\ -1 & -1 & 2 & 7 & -4 \end{pmatrix} \xrightarrow{r_1 \leftrightarrow r_2} \begin{pmatrix} 1 & 1 & 4 & -1 & 1 \\ -3 & -3 & 14 & 29 & -16 \\ -1 & -1 & 2 & 7 & -4 \end{pmatrix}$$

$$\xrightarrow[r_3 + r_1]{r_2 + 3r_1} \begin{pmatrix} 1 & 1 & 4 & -1 & 1 \\ 0 & 0 & 26 & 26 & -13 \\ 0 & 0 & 6 & 6 & -3 \end{pmatrix} \xrightarrow{r_2 - 4r_3} \begin{pmatrix} 1 & 1 & 4 & -1 & 1 \\ 0 & 0 & 2 & 2 & -1 \\ 0 & 0 & 6 & 6 & -3 \end{pmatrix}$$

$$\xrightarrow{r_3 - 3r_2} \begin{pmatrix} 1 & 1 & 4 & -1 & 1 \\ 0 & 0 & 2 & 2 & -1 \\ 0 & 0 & 0 & 0 & 0 \end{pmatrix} \xrightarrow[r_1 - 4r_2]{\frac{1}{2}r_2} \begin{pmatrix} 1 & 1 & 0 & -5 & 3 \\ 0 & 0 & 1 & 1 & -\frac{1}{2} \\ 0 & 0 & 0 & 0 & 0 \end{pmatrix}.$$

所以

$$R(\tilde{A}) = R(A) = 2 < 4 = n,$$

所以原方程组的同解方程组为

$$\begin{cases} x_1 + x_2 - 5x_4 = 3, \\ x_3 + x_4 = -\dfrac{1}{2}. \end{cases}$$

将自由未知量 x_2，x_4 移到等式右边，得

$$\begin{cases} x_1 = -x_2 + 5x_4 + 3, \\ x_3 = -x_4 - \dfrac{1}{2} \end{cases} \quad (其中 x_2, x_4 可以取任意实数).$$

其中，x_1, x_3 称为**基本未知量**，x_2, x_4 称为**自由未知量**，若取 $x_2 = k$，$x_4 = k_2$(k_1, k_2 为任意实数)，则得方程组的解为

$$\begin{cases} x_1 = -k_1 + 5k_2 + 3, \\ x_2 = k_1, \\ x_3 = -k_2 - \dfrac{1}{2}, \quad (其中 k_1, k_2 为任意实数). \\ x_4 = k_2. \end{cases}$$

|例 6.24| 解线性方程组 $\begin{cases} x_1 + x_2 - 2x_3 - x_4 = 1; \\ 2x_1 + x_2 - 2x_3 - 3x_4 = 2; \\ x_1 + 3x_2 - x_3 - 2x_4 = 0. \end{cases}$

解 $\tilde{A} = \begin{pmatrix} 1 & 1 & -2 & -1 & 1 \\ 2 & 1 & -2 & -3 & 2 \\ 1 & 3 & -1 & -2 & 0 \end{pmatrix} \xrightarrow[r_3 + (-1)r_1]{r_2 + (-2)r_1} \begin{pmatrix} 1 & 1 & -2 & -1 & 1 \\ 0 & -1 & 2 & -1 & 0 \\ 0 & 2 & 1 & -1 & -1 \end{pmatrix}$

$\xrightarrow[r_1 + r_2]{r_3 + 2r_2} \begin{pmatrix} 1 & 0 & 0 & -2 & 1 \\ 0 & -1 & 2 & -1 & 0 \\ 0 & 0 & 5 & -3 & -1 \end{pmatrix} \xrightarrow[\frac{1}{5}r_3]{-r_2} \begin{pmatrix} 1 & 0 & 0 & -2 & 1 \\ 0 & 1 & -2 & 1 & 0 \\ 0 & 0 & 1 & -\dfrac{3}{5} & -\dfrac{1}{5} \end{pmatrix}$

$\xrightarrow{r_2 + 2r_3} \begin{pmatrix} 1 & 0 & 0 & -2 & 1 \\ 0 & 1 & 0 & -\dfrac{1}{5} & -\dfrac{2}{5} \\ 0 & 0 & 1 & -\dfrac{3}{5} & -\dfrac{1}{5} \end{pmatrix},$

所以

$$R(\tilde{A}) = R(A) = 3 < 4 = n.$$

由定理 6.5 知原方程组有无穷多组解，它的同解方程组为

$$\begin{cases} x_1 - 2x_4 = 1, \\ x_2 - \dfrac{1}{5}x_4 = -\dfrac{2}{5}, \quad 即 \\ x_3 - \dfrac{3}{5}x_4 = -\dfrac{1}{5}. \end{cases} \qquad \begin{cases} x_1 = 1 + 2x_4, \\ x_2 = -\dfrac{2}{5} + \dfrac{1}{5}x_4, \\ x_3 = -\dfrac{1}{5} + \dfrac{3}{5}x_4. \end{cases}$$

方程组中的未知量 x_4 为自由未知量，将 x_4 移到方程的右边. 令 $x_4 = k$，得原方程组的解为

$$\begin{cases} x_1 = 1 + 2k, \\ x_2 = -\dfrac{2}{5} + \dfrac{1}{5}k, \\ x_3 = -\dfrac{1}{5} + \dfrac{3}{5}k, \\ x_4 = k \end{cases} \quad (其中 k 为任意实数).$$

【例 6.25】 求解线性方程组 $\begin{cases} x_1 + 2x_2 + 5x_3 = 0, \\ x_1 + 3x_2 - 2x_3 = 0, \\ 3x_1 + 7x_2 + 8x_3 = 0, \\ x_1 + 4x_2 - 9x_3 = 0. \end{cases}$

解 $A = \begin{pmatrix} 1 & 2 & 5 \\ 1 & 3 & -2 \\ 3 & 7 & 8 \\ 1 & 4 & -9 \end{pmatrix} \xrightarrow[\substack{r_2+(-1)r_1 \\ r_3+(-3)r_1 \\ r_4+(-1)r_1}]{} \begin{pmatrix} 1 & 2 & 5 \\ 0 & 1 & -7 \\ 0 & 1 & -7 \\ 0 & 2 & -14 \end{pmatrix} \xrightarrow[\substack{r_1+(-2)r_2 \\ r_3+(-1)r_2 \\ r_4+(-2)r_2}]{} \begin{pmatrix} 1 & 0 & 19 \\ 0 & 1 & -7 \\ 0 & 0 & 0 \\ 0 & 0 & 0 \end{pmatrix}.$

因为 $R(A) = 2 < 3 = n$，所以方程组有非零解. 它的同解方程组为

$$\begin{cases} x_1 + 19x_3 = 0, \\ x_2 - 7x_3 = 0, \end{cases} \quad 即 \quad \begin{cases} x_1 = -19x_3, \\ x_2 = 7x_3. \end{cases}$$

其中，x_3 为自由未知量，可取任意值，令 $x_3 = k$，则原方程组的解为

$$\begin{cases} x_1 = -19k, \\ x_2 = 7k, \\ x_3 = k. \end{cases}$$

【例 6.26】 分析当 a 为何值时，线性方程组 $\begin{cases} x_1 + x_2 + x_3 = a, \\ ax_1 + x_2 + x_3 = 1, \\ x_1 + x_2 + ax_3 = 1 \end{cases}$ 有解，并求出其解.

解 对方程组的增广矩阵进行初等行变换：

$$\tilde{A} = \begin{pmatrix} 1 & 1 & 1 & a \\ a & 1 & 1 & 1 \\ 1 & 1 & a & 1 \end{pmatrix} \xrightarrow[\substack{r_2+(-a)r_1 \\ r_3+(-1)r_2}]{} \begin{pmatrix} 1 & 1 & 1 & a \\ 0 & 1-a & 1-a & 1-a^2 \\ 0 & 0 & a-1 & 1-a \end{pmatrix}$$

当 $a \neq 1$ 时，$R(A) = R(\tilde{A}) = 3 = n$，所以方程组有唯一解. 将增广矩阵化为行简化阶梯形矩阵：

$$\tilde{A} = \begin{pmatrix} 1 & 1 & 1 & a \\ 0 & 1-a & 1-a & 1-a^2 \\ 0 & 0 & a-1 & 1-a \end{pmatrix} \xrightarrow[\substack{\frac{1}{1-a}r_2 \\ \frac{1}{a-1}r_3}]{} \begin{pmatrix} 1 & 1 & 1 & a \\ 0 & 1 & 1 & 1+a \\ 0 & 0 & 1 & -1 \end{pmatrix} \xrightarrow[\substack{r_2-r_3 \\ r_1-r_3 \\ r_1-r_2}]{} \begin{pmatrix} 1 & 0 & 0 & -1 \\ 0 & 1 & 0 & 2+a \\ 0 & 0 & 1 & -1 \end{pmatrix}.$$

所以方程组的解为

$$\begin{cases} x_1 = -1, \\ x_2 = a+2, \\ x_3 = -1. \end{cases}$$

当 $a = 1$ 时，$R(A) = R(\tilde{A}) = 1 < 3 = n$，所以方程组有无穷多组解. 令 $x_2 = k_1$，$x_3 = k_2$，故全部解为

$$\begin{cases} x_1 = 1 - k_1 - k_2, \\ x_2 = k_1, \\ x_3 = k_2 \end{cases} \quad （其中 k_1, k_2 为任意实数）.$$

练习 6.3

1. 写出下列线性方程组的增广矩阵，并判断方程组是否有解.

（1）$\begin{cases} 2x_1 - x_2 + 3x_3 = 1, \\ 2x_1 + 2x_3 = 6, \\ 4x_1 + 2x_2 + 2x_3 = 22; \end{cases}$　　　（2）$\begin{cases} x_1 - x_2 + 2x_3 = 1, \\ x_1 - 2x_2 - x_3 = 2, \\ 3x_1 - x_2 + 5x_3 = 3, \\ -2x_1 + 2x_2 + 3x_3 = 4. \end{cases}$

2. 求下列线性方程组的一般解：

（1）$\begin{cases} 2x_1 - 3x_2 + x_3 + 5x_4 = 6, \\ -3x_1 + x_2 + 2x_3 - 4x_4 = 5, \\ -x_1 - 2x_2 + 3x_3 + x_4 = 2; \end{cases}$　　　（2）$\begin{cases} 2x_1 - 5x_2 + 2x_3 = -3, \\ x_1 + 2x_2 - x_3 = 3, \\ -2x_1 + 14x_2 - 6x_3 = 12; \end{cases}$

（3）$\begin{cases} 3x_1 - 5x_2 + x_3 - 2x_4 = 0, \\ 2x_1 + 3x_2 - 5x_3 + x_4 = 0, \\ -x_1 + 7x_2 - 4x_3 + 3x_4 = 0, \\ 4x_1 + 15x_2 - 7x_3 + 9x_4 = 0; \end{cases}$　　　（4）$\begin{cases} x_1 + x_2 + 2x_3 + 3x_4 = 1, \\ 2x_1 + 3x_2 + 5x_3 + 2x_4 = -3, \\ 3x_1 - x_2 - x_3 - 2x_4 = -4, \\ 3x_1 + 5x_2 + 2x_3 - 2x_4 = -10. \end{cases}$

3. 设线性方程组为

$$\begin{cases} 2x_1 - x_2 + x_3 = 1, \\ -x_1 - 2x_2 + x_3 = -1, \\ x_1 - 3x_2 + 2x_3 = c. \end{cases}$$

试问：c 为何值时，方程组有解？若方程组有解，求出其一般解.

6.4　矩阵与线性方程组的简单应用

6.4.1　矩阵加密与解密

【例 6.27】　密码学是研究编制密码和破译密码的科学. 在通信过程中，待加密的信息称为明文，已被加密的信息称为密文，仅有收、发双方知道的信息称为密钥. 在密钥控制下，由明文变到密文的过程叫作加密，其逆过程叫作解密. 有一种编制密码的方法，即将英文的 26 个字母与数字进行一一对应，如表 6-3 所示.

表 6-3

字母	a	b	c	d	e	…	z
数字	1	2	3	4	5	…	26

某单位秘密发送信息，加密方法为信息明文矩阵左乘加密矩阵 $\boldsymbol{M} = \begin{pmatrix} 1 & -1 & 1 \\ 0 & 1 & 2 \\ 0 & 0 & 1 \end{pmatrix}$，对方接收到的密文编码为 28, 33, 14, 28, 31, 13, 4, 33, 12. 试问：这段密文对应的明文信息是什么？

解 设矩阵 A 表示信息明文，矩阵 B 表示信息密文，则 $B = MA$，且已知

$$B = MA = \begin{pmatrix} 28 & 28 & 4 \\ 33 & 31 & 33 \\ 14 & 13 & 12 \end{pmatrix}.$$

由于 $M^{-1}B = A$，需先求出矩阵 M 的逆矩阵 M^{-1}.

$$(M \vdots E) = \begin{pmatrix} 1 & -1 & 1 & \vdots & 1 & 0 & 0 \\ 0 & 1 & 2 & \vdots & 0 & 1 & 0 \\ 0 & 0 & 1 & \vdots & 0 & 0 & 1 \end{pmatrix} \longrightarrow \begin{pmatrix} 1 & 0 & 0 & \vdots & 1 & 1 & -3 \\ 0 & 1 & 0 & \vdots & 0 & 1 & -2 \\ 0 & 0 & 1 & \vdots & 0 & 0 & 1 \end{pmatrix}.$$

所以

$$M^{-1} = \begin{pmatrix} 1 & 1 & -3 \\ 0 & 1 & -2 \\ 0 & 0 & 1 \end{pmatrix}.$$

所以

$$A = M^{-1}B = \begin{pmatrix} 1 & 1 & -3 \\ 0 & 1 & -2 \\ 0 & 0 & 1 \end{pmatrix}\begin{pmatrix} 28 & 28 & 4 \\ 33 & 31 & 33 \\ 14 & 13 & 12 \end{pmatrix} = \begin{pmatrix} 19 & 20 & 1 \\ 5 & 5 & 9 \\ 14 & 13 & 12 \end{pmatrix}.$$

所以这段密文对应的明文信息是 "sent email".

6.4.2 线性方程组在直流电路分析中的应用

|例 6.28| 如图 6-1 所示电路图，已知 $U_{s1} = 14\text{V}$，$U_{s2} = 2\text{V}$，$R_1 = 2\Omega$，$R_2 = 3\Omega$，$R_3 = 8\Omega$，用支路电流法求各支路电流.

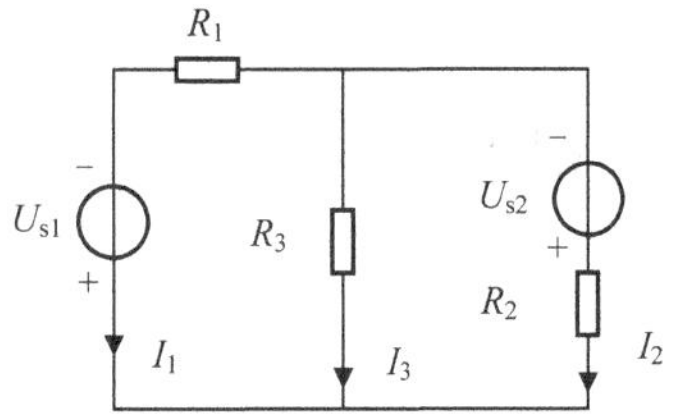

图 6-1

解 由题意，得

$$\begin{cases} I_1 + I_2 + I_3 = 0, \\ -I_1R_1 + I_3R_3 + U_{s1} = 0, \\ I_2R_2 - I_3R_3 - U_{s2} = 0. \end{cases} \quad 即 \begin{cases} I_1 + I_2 + I_3 = 0, \\ -2I_1 + 8I_3 = -14, \\ 3I_2 - 8I_3 = 2. \end{cases}$$

这是一个非齐次线性方程组，其增广矩阵为

$$\tilde{A} = \begin{pmatrix} 1 & 1 & 1 & 0 \\ -2 & 0 & 8 & -14 \\ 0 & 3 & -8 & 2 \end{pmatrix} \xrightarrow{r_2 + 2r_1} \begin{pmatrix} 1 & 1 & 1 & 0 \\ 0 & 2 & 10 & -14 \\ 0 & 3 & -8 & 2 \end{pmatrix} \xrightarrow{\frac{1}{2}r_2} \begin{pmatrix} 1 & 1 & 1 & 0 \\ 0 & 1 & 5 & -7 \\ 0 & 3 & -8 & 2 \end{pmatrix}$$

$$\xrightarrow{r_3 + (-3)r_2} \begin{pmatrix} 1 & 1 & 1 & 0 \\ 0 & 1 & 5 & -7 \\ 0 & 0 & -23 & 23 \end{pmatrix} \xrightarrow{-\frac{1}{23}r_3} \begin{pmatrix} 1 & 1 & 1 & 0 \\ 0 & 1 & 5 & -7 \\ 0 & 0 & 1 & -1 \end{pmatrix} \xrightarrow[r_2 + (-5)r_3]{r_1 + (-1)r_3} \begin{pmatrix} 1 & 1 & 0 & 1 \\ 0 & 1 & 0 & -2 \\ 0 & 0 & 1 & -1 \end{pmatrix}$$

$$\xrightarrow{r_1 + (-1)r_2} \begin{pmatrix} 1 & 0 & 0 & 3 \\ 0 & 1 & 0 & -2 \\ 0 & 0 & 1 & -1 \end{pmatrix},$$

所以得各支路电流为

$$\begin{cases} I_1 = 3, \\ I_2 = -2, \\ I_3 = -1. \end{cases}$$

6.4.3 建模案例：交通管理模型

图 6-2 所示为某地区的交通网络图，设所有道路均为单行道，且路边不能停车，图中的箭头标识交通的方向. 标识的数据为高峰时段每小时进出道路网络的车辆数. 若进入每个交叉点的车辆数等于离开该点的车辆数，则交通流量平衡的条件得以满足，交通就不出现堵塞. 问：各支路交通流量各为多少时，此交通流量可达到平衡？

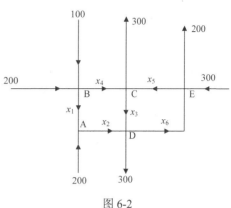

图 6-2

1. 问题分析

一个交通网络的交通流量达到平衡是指在该交通网络中每个交通结点上进、出的车辆数相等.

2. 模型假设

（1）每条道路都是单行线；
（2）每个交叉路口进入和离开的车辆数目相等.

3. 模型建立与求解

根据图 6-2 和上述假设，在 A，B，C，D，E 五个结点必须满足：

$200 + x_1 = x_2$（A 点）；$200 + 100 = x_1 + x_4$（B 点）；$x_4 + x_5 = 300 + x_3$（C 点）；$x_2 + x_3 = 300 + x_6$（D 点）；$x_6 + 300 = 200 + x_5$（E 点）.

从而，得到一个描述交通网络的交通流量平衡模型——线性方程组：

$$\begin{cases} x_1 - x_2 = -200, \\ x_1 + x_4 = 300, \\ x_3 - x_4 - x_5 = -300, \\ x_2 + x_3 - x_6 = 300, \\ x_5 - x_6 = 100. \end{cases}$$

$$\tilde{A} = \begin{pmatrix} 1 & -1 & 0 & 0 & 0 & 0 & -200 \\ 1 & 0 & 0 & 1 & 0 & 0 & 300 \\ 0 & 0 & 1 & -1 & -1 & 0 & -300 \\ 0 & 1 & 1 & 0 & 0 & -1 & 300 \\ 0 & 0 & 0 & 0 & 1 & -1 & 100 \end{pmatrix} \longrightarrow \begin{pmatrix} 1 & 0 & 0 & 1 & 0 & 0 & 300 \\ 0 & 1 & 0 & 1 & 0 & 0 & 500 \\ 0 & 0 & 1 & -1 & 0 & -1 & -200 \\ 0 & 0 & 0 & 0 & 1 & -1 & 100 \\ 0 & 0 & 0 & 0 & 0 & 0 & 0 \end{pmatrix}$$

求解该线性方程组，得

$$
\begin{cases}
x_1 = 300 - x_4, \\
x_2 = 500 - x_4, \\
x_3 = -200 + x_4 + x_6, \\
x_5 = 100 + x_6,
\end{cases}
$$

其中 x_4, x_6 为自由未知量. 由于出入各交叉点的车辆不能为负数，即各未知量必须为正，所以 x_4, x_6 还必须满足以下各件：$0 \leqslant x_4 \leqslant 300$，$x_6 \geqslant 0$. 若取 $x_4 = 150, x_6 = 100$，则可以得到实际问题的一组解 $(150, 350, 50, 150, 200, 100)$.

4. 模型分析与推广

（1）为了唯一确定未知流量，只要增添统计 x_4, x_6 的值即可.

（2）由 $\tilde{A}$ 的行简化形矩阵可知，上述方程组中的方程 $x_2 + x_3 - x_6 = 300$ 是多余的. 这意味着该方程中的数据"300"可以不用统计.

（3）这是一个交通网络流量平衡问题，通过分析每一个路口（网络结点）的情况，可以建立整个交通网络的平衡模型. 我们生活在一个网络时代，在网络社会里，可将每一个事件视为处在某一个网络结点上. 一般地，维持一个网络的平衡状态，可以在分析各结点的情况后，建立相应的关系式.

练习 6.4

1. 商店销售 A、B、C、D 四种品牌的洗洁精，各种品牌洗洁精的销售价格分别为 33 元/瓶、36 元/瓶、39 元/瓶、45 元/瓶. 某日盘点时，售货员把各品牌洗洁精的销售数量弄混了，但他知道当日共售出了 13 瓶洗洁精，总收入为 480 元，且 C 品牌洗洁精的销售量为 A 品牌与 D 品牌洗洁精销售量之和，C 品牌洗洁精的销售收入也为 A 品牌与 D 品牌洗洁精的销售收入之和. 问：售货员当日销售了各种品牌的洗洁精各多少瓶？

2. 在对信息加密时，除了用 1,2,…,25,26 分别代表 a,b,…,y,z 外，还用 0 代表空格，现有一段明码是通过左乘矩阵 A 加密的. 已知

$$
A = \begin{pmatrix}
-1 & -1 & 2 & 0 \\
1 & 1 & -1 & 0 \\
0 & 0 & -1 & 1 \\
1 & 0 & 0 & -1
\end{pmatrix},
$$

且收到的密文是-19,19,25,-21,0,18,-18,15,3,10,-8,3,-2,20,-7,12. 试问：这段密文对应的明文信息是什么？

■■■■■■■ 数学实验：MATLAB 在线性代数中的应用 ■■■■■■■

1. 矩阵的输入

矩阵输入的格式如下：
矩阵用方括号[ ]括起，同一行的元素用逗号或空格分隔，换行用分号.

特殊矩阵 zeros(m,n)生成 m 行 n 列零矩阵；eye(n)生成 n 阶单位阵；ones(m,n) 生成 m 行 n 列 1 矩阵.

2. 常用矩阵函数

常用的矩阵函数如表 1 所示.

表 1

函数	det	inv	rank	rref
含义	行列式	逆	秩	最简行阶梯形矩阵

▌例1▌ 计算方阵 $A = \begin{pmatrix} 8 & 1 & 6 \\ 3 & 5 & 7 \\ 4 & 9 & 2 \end{pmatrix}$ 的行列式，如果 A 可逆，求 A^{-1}.

解 代码和运行结果如下：

```
>> A=[8 1 6; 3 5 7; 4 9 2];rank(A)    %计算方阵 A 的行列式
ans =
    3                                 %方阵 A 的秩等于 3，A 为满秩方阵，故 A 可逆
>> format rat                          %将结果表示为分数
>> inv(A)                              %求方阵 A 的逆
ans =
    53/360      -13/90       23/360
   -11/180       1/45        19/180
    -7/360       17/90      -37/360
```

小实验 1 判断方阵 $B = \begin{pmatrix} 1 & 2 & 3 \\ 4 & 5 & 6 \\ 7 & 8 & 9 \end{pmatrix}$ 的行列式，如果 B 可逆，求 B^{-1}.

3. 解非齐次线性方程组

复习：对于 n 元非齐次线性方程组 $AX=b$，可以通过表 2 中步骤求解：

表 2

计算 A 和 $\tilde{A}$（即[A,b]）的秩	秩相等	$R(A)=n$	唯一解	将 $\tilde{A}$ 化成最简行阶梯形矩阵	最简行阶梯形矩阵的最后一列即为所求的解
		$R(A)<n$	无穷解		写出同解线性方程组并求解
	秩不相等		无解		

▌例2▌ 解非齐次线性方程组 $\begin{cases} x_1 - 2x_2 + 4x_3 - 7x_4 = 4, \\ 2x_1 + x_2 - 2x_3 + 3x_4 = 6, \\ 3x_1 - x_2 + 2x_3 - 4x_4 = 10. \end{cases}$

解 这是 4 元非齐次线性方程组，先求系数矩阵和增广矩阵的秩，代码和运行结果如下：

```
>> clear,clc
>> A=[1 -2 4 -7; 2 1 -2 3; 3 -1 2 -4];
```

```
>> b=[4; 6; 10];
>> rank(A),rank([A,b])
ans =
      2
ans =
      2
```

所以 rank(A)=rank([A,b])=2<4，所以方程组有无穷多解.

再将增广矩阵化成最简行阶梯形矩阵，代码和运行结果如下：

```
>> format rat
>> rref([A,b])
ans =
      1      0      0    -1/5    16/5
      0      1     -2    17/5    -2/5
      0      0      0      0       0
      0      0      0      0       0
```

所以原方程组对应的同解方程组为

$$\begin{cases} x_1 - \dfrac{1}{5}x_4 = \dfrac{16}{5}, \\ x_2 - 2x_3 + \dfrac{17}{5}x_4 = -\dfrac{2}{5}, \end{cases} \quad 即 \quad \begin{cases} x_1 = \dfrac{16}{5} + \dfrac{1}{5}x_4, \\ x_2 = -\dfrac{2}{5} + 2x_3 - \dfrac{17}{5}x_4. \end{cases}$$

令 $x_3 = C_1$，$x_4 = C_2$，则方程组的全部解为

$$\begin{cases} x_1 = \dfrac{16}{5} + \dfrac{1}{5}C_2, \\ x_2 = -\dfrac{2}{5} + 2C_1 - \dfrac{17}{5}C_2, \\ x_3 = C_1, \\ x_4 = C_2 \end{cases} （其中 C_1，C_2 为任意常数）.$$

小实验 2　解非齐次线性方程组 $\begin{cases} 2x_1 + 3x_2 + x_3 + 2x_4 = 7, \\ x_1 - 2x_2 + 2x_3 + 3x_4 = 3, \\ 3x_1 + x_2 + 3x_3 + 5x_4 = 10. \end{cases}$

▍拓展阅读

《九章算术》与线性方程组

　　《九章算术》是中国古代第一部数学专著，它历经各代数学家的增补修订，最后成书于东汉前期（公元 1 世纪左右），现今流传的大多是在三国时期[魏元帝景元四年（公元 263 年）]刘徽为《九章算术》所作的注本.《九章算术》共收录 246 个与生产、生活实践相关的数学问题，分为"方田"、"粟米"、"衰（cuī）分"、"少广"、"商功"、"均输"、"盈

拓展阅读：《九章算术》与线性方程组

不足"、"方程"及"勾股"九章.《九章算术》取得了多方面的数学成就，包括分数运算、比例问题、双设法、一些面积和体积的计算、一次方程组的解法、负数概念的引入及负数加减法则、开平方、开立方、一般二次方程的解法等.

　　其中，《九章算术·方程》中记载了很多生活中的方程问题，并对这些问题的解

答提出了方程术，该方法实质上相当于现代对方程组增广矩阵的行实施初等变换，从而消去未知量的方法. 在西方，直到 17 世纪末至 19 世纪才由莱布尼茨、史密斯等提出较完整的线性方程组的解法法则.

《九章算术》的出现，标志着我国古代数学体系的正式确立，它有以下特点：

（1）是一个应用数学体系，全书表述为应用问题集的形式.

（2）以算法为主要内容，全书以问、答、术构成，"术"是主要需阐述的内容.

（3）以算筹为工具. 刘徽对《九章算术》的注本补充了数学概念的定义以及相关理论的推导和证明，使其更为完善，理论体系更加严谨.

《九章算术》的思想方法对我国古代数学产生了巨大的影响. 自隋唐之际，《九章算术》就已传入朝鲜、日本，现在更被译成多种文字.

############## **本模块知识要点** ##############

一、基础知识脉络

线性代数初步
- 矩阵
  - 矩阵的概念
  - 矩阵的运算（加减、数乘、乘法、转置）
- 矩阵的初等行变换
  - 矩阵的三种初等行变换
  - 行阶梯形矩阵、行简化阶梯形矩阵
  - 矩阵的秩
  - 方阵的逆
- 线性方程组
  - 线性方程组有解的判定
  - 非齐次线性方程组的求解
  - 齐次线性方程组的求解
- 矩阵及线性方程组的应用
  - 矩阵的加密与解密
  - 线性方程组在直流电路分析中的应用
  - 交通管理模型

二、重点与难点

1. 重点

（1）理解矩阵的概念，掌握矩阵的加减法、数乘矩阵、矩阵乘法及矩阵转置的运算；

（2）理解行阶梯形矩阵和行简化阶梯形矩阵的概念，会用初等行变换求矩阵的秩和可逆矩阵的逆；

（3）理解线性方程组的概念，会解非齐次和齐次线性方程组.

2. 难点

（1）逆矩阵的计算；

（2）解较复杂的线性方程组；

（3）矩阵及线性方程组的应用.

============== 习题 6 ==============

A 组

1. 填空题：

（1）计算：$\begin{pmatrix} 1 & 2 & 3 & 4 \\ 0 & 2 & -1 & 1 \\ 1 & -1 & 2 & 5 \end{pmatrix} + \dfrac{1}{2}\begin{pmatrix} 2 & 1 & 4 & 10 \\ 0 & -1 & 2 & 0 \\ 0 & 2 & 3 & -2 \end{pmatrix} = $ ＿＿＿＿＿＿＿＿＿.

（2）$(ABC)^{-1} = $ ＿＿＿＿＿＿＿＿＿.

（3）已知 $A = \begin{pmatrix} 3 & 4 \\ -1 & 2 \end{pmatrix}$，则 $A^{-1} = $ ＿＿＿＿＿＿＿＿＿.

（4）用消元法求得非齐次线性方程组 $AX = B$ 的行阶梯形矩阵为

$$\tilde{A} \to \begin{pmatrix} 1 & 3 & 2 & 1 & 0 \\ 0 & 2 & 1 & 0 & 1 \\ 0 & 0 & 0 & 0 & d+1 \\ 0 & 0 & 0 & 0 & 0 \end{pmatrix},$$ 则当 $d = $ ＿＿＿＿＿时，$AX = B$ 有解，且有＿＿＿＿＿解.

2. 选择题：

（1）设 A 为 $s \times n$ 矩阵，B 为 $n \times l$ 矩阵，则下列矩阵运算有意义的是（　　）.

　　A. $B^{\mathrm{T}} A^{\mathrm{T}}$　　　　B. BA　　　C. $A + B$　　　　D. $A + B^{\mathrm{T}}$

（2）线性方程组 $A_{m \times n} X = B$ 有解的充要条件是（　　）.

　　A. $B = 0$　　　B. $m < n$　　C. $m = n$　　　　D. $R(A) = R(\tilde{A})$

（3）以下结论正确的是（　　）.

　　A. 方程个数小于未知量个数的线性方程组一定有解

　　B. 方程个数等于未知量个数的线性方程组一定有唯一一组解

　　C. 方程个数大于未知量个数的线性方程组一定有无穷多组解

　　D. 以上答案都不对

（4）齐次线性方程组 $A_{3 \times 5} X_{5 \times 1} = 0$（　　）.

　　A. 无解　　　　　　　　B. 只有零解

　　C. 必有非零解　　　　　　D. 可能有非零解，也可能没有非零解

3. 一个空调商店有两个分店，一个在城里，一个在城外. 某年 4 月份，城里的分店售出了 31 台低档空调、42 台中档空调、18 台高档空调；同样在 4 月份，城外的分店售出了 22 台低档空调、25 台中档空调、18 台高档空调.

（1）用一个销售矩阵 A 表示这一信息.

（2）假定在该年 5 月份，城里的分店售出了 28 台低档空调、29 台中档空调、20 台高档空调；城外的分店售出了 20 台低档空调、18 台中档空调、9 台高档空调，用和 A 类型相同的矩阵 M 表示这一信息.

（3）若空调商店经理希望来年的空调销售量提高 8%，相对于这一要求，来年 4 月份，城里的分店应售出多少台高档空调？

（4）若经理估计来年 4、5 两月的总销量将由 $1.09A + 1.15M$ 给出，那么来年 4 月份的销量增加多少？5 月份呢？

4．求下列矩阵的逆矩阵：

（1）$A = \begin{pmatrix} 1 & -1 \\ 1 & 1 \end{pmatrix}$；

（2）$B = \begin{pmatrix} \dfrac{1}{2} & \dfrac{1}{2} \\ -\dfrac{1}{2} & \dfrac{1}{2} \end{pmatrix}$.

5．解下列矩阵方程：

（1）$\begin{pmatrix} 1 & 3 \\ 2 & 4 \end{pmatrix} X = \begin{pmatrix} 1 & 0 & 1 \\ 4 & 3 & 1 \end{pmatrix}$；

（2）$X \begin{pmatrix} 2 & 1 & -1 \\ 2 & 1 & 0 \\ 1 & -1 & 1 \end{pmatrix} = \begin{pmatrix} 1 & -1 & 3 \\ 4 & 3 & 2 \end{pmatrix}$.

6．已知齐次线性方程组 $\begin{cases} \lambda_1 x_1 + x_2 + x_3 = 0, \\ x_1 + \lambda_2 x_2 + x_3 = 0, \\ x_1 + 2\lambda_2 x_2 + x_3 = 0 \end{cases}$ 有非零解，求 λ_1, λ_2.

7．求下列非齐次线性方程组的一般解：

（1）$\begin{cases} 2x_1 + 7x_2 + 3x_3 + x_4 = 6, \\ 3x_1 + 5x_2 + 2x_3 + 2x_4 = 4, \\ 9x_1 + 4x_2 + x_3 + 7x_4 = 2; \end{cases}$

（2）$\begin{cases} 2x_1 + 3x_2 + x_3 = 4, \\ x_1 - 2x_2 + 4x_3 = -5, \\ 3x_1 + 8x_2 - 2x_3 = 13, \\ 4x_1 - x_2 + 9x_3 = -6. \end{cases}$

（3）$\begin{cases} -5x_1 + x_2 + 2x_3 - 3x_4 = 11, \\ x_1 - 3x_2 - 4x_3 + 2x_4 = -5, \\ -9x_1 - x_2 + 0x_3 - 4x_4 = 17, \\ 3x_1 + 5x_2 + 6x_3 - x_4 = -1. \end{cases}$

8．设线性方程组 $\begin{cases} x_1 + 0x_2 + x_3 = 2, \\ x_1 + 2x_2 - x_3 = 0, \\ 2x_1 + x_2 - ax_3 = b, \end{cases}$ 讨论当 a, b 为何值时，方程组无解？有唯一解？有无穷多解？

B 组

1．判断下列矩阵是否可逆，如果可逆，求其逆矩阵.

（1）$\begin{pmatrix} 2 & 2 & 3 \\ 1 & -1 & 0 \\ -1 & 2 & 1 \end{pmatrix}$；

（2）$\begin{pmatrix} 2 & 2 & -1 \\ 1 & -2 & 4 \\ 5 & 8 & 2 \end{pmatrix}$；

（3）$\begin{pmatrix} 1 & 2 & 3 & 4 \\ 2 & 3 & 1 & 2 \\ 1 & 1 & 1 & -1 \\ 1 & 0 & -2 & -6 \end{pmatrix}$.

2. 试求出下列矩阵 X：

（1）$\begin{pmatrix} 2 & 5 \\ 1 & 3 \end{pmatrix} X = \begin{pmatrix} 4 & -6 \\ 2 & 1 \end{pmatrix}$；　（2）$X \begin{pmatrix} 1 & 1 & -1 \\ 2 & 1 & 0 \\ 1 & -1 & 1 \end{pmatrix} = \begin{pmatrix} 1 & 1 & 3 \\ 4 & 3 & 2 \\ 1 & 2 & 5 \end{pmatrix}$.

3. 设线性方程组 $\begin{cases} x_1 - 2x_2 - x_3 + 4x_4 = 2, \\ 2x_1 - x_2 + x_3 + 2x_4 = 1, \\ x_1 - 5x_2 - 4x_3 + 10x_4 = a, \end{cases}$ 当 a 为何值时，该线性方程组有解？有解时，求出其全部解.

4. 给定齐次线性方程组 $\begin{cases} kx + y + z = 0, \\ x + ky - z = 0, \\ 2x - y + z = 0, \end{cases}$ 当 k 取什么值时，方程组有非零解？当 k 取什么值时，方程组仅有零解？

5. 某工厂生产甲、乙、丙三种钢制品，已知甲种产品的钢材利用率为 60%，乙种产品的钢材利用率为 70%，丙种产品的钢材利用率为 80%，年进货钢材总吨位为 100t，年产品总吨位为 67t. 此外甲、乙两种产品必须配套生产，乙产品成品的总质量是甲产品成品总质量的 70%，生产甲、乙、丙三种产品每吨可获得的利润分别是 1 万元、1.5 万元和 2 万元. 问：该工厂本年度可获得利润多少万元？

模块 6 习题解答

模块 *7*

无穷级数

级数是进行函数研究和近似计算的重要工具. 本模块先介绍常数项级数的基本知识, 进而研究幂级数和傅里叶级数. 幂级数作为一种特殊的函数项级数, 有着众多简捷的运算性质, 在研究函数方面已成为一个很有用的工具. 傅里叶级数则在物理学、信号学等学科中有着广泛应用, 对此本模块也进行了较详细的讨论.

级数导学

7.1 级数的概念

7.1.1 分割问题——认识常数项级数

级数是高等数学的一个重要组成部分, 它是表示函数、研究函数的性质以及数值计算等方面的一种重要的工具, 在科学技术领域中有广泛的应用.

关于级数的概念, 古人求圆面积 A 时所采用的方法, 可以帮助我们理解. 为求圆面积 A, 古人采用了以下步骤:

（1）作一个圆的内接正六边形, 这个内接正六边形的面积 u_1 可以作为圆面积 A 的近似值.

（2）为了提高这种近似值的精确度, 再在这个正六边形的每条边上作一个顶点在圆周上的等腰三角形（图 7-1）, 这六个等腰三角形的面积之和为 u_2, 则 $u_1 + u_2$ 是圆内接正十二边形的面积, 以 $u_1 + u_2$ 作为圆面积 A 的近似值比以 u_1 作为圆面积 A 的近似值要精确一些.

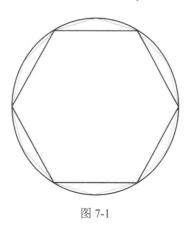

级数的概念和性质

图 7-1

（3）用同样的方法，在所得到的正十二边形的每一边上再分别作顶点在圆周上的等腰三角形. 这 12 个等腰三角形的面积之和为 u_3，那么，$u_1 + u_2 + u_3$ 是圆面积 A 的更精确的近似值.

（4）如此继续进行 n 次，便得到的圆面积 A 的近似值 $u_1 + u_2 + \cdots + u_n$，它是圆的内接正 3×2^n 边形的面积.

关于圆面积 A 的近似值，当分割得越细，即 n 越大，它的近似程度就越好. 当 n 趋于无穷大时，和数

$$u_1 + u_2 + \cdots + u_n$$

的极限就是圆面积 A 的精确值. 也就是说，圆面积 A 可以是无穷多个数累加的和，即

$$A = u_1 + u_2 + \cdots + u_n + \cdots.$$

对于这类无穷多个数求和的问题就是无穷级数问题，下面给出具体的定义.

7.1.2 常数项级数

定义 7.1 设给定一个数列

$$u_1, u_2, u_3, \cdots, u_n, \cdots,$$

则表达式

$$u_1 + u_2 + \cdots + u_n + \cdots$$

称为**无穷级数**，简称**级数**，记作 $\sum\limits_{n=1}^{\infty} u_n$，即

$$\sum_{n=1}^{\infty} u_n = u_1 + u_2 + \cdots + u_n + \cdots,$$

其中，u_n 称为级数的第 n 项，也称为**一般项**或**通项**.

如果 u_n 是常数，则级数 $\sum\limits_{n=1}^{\infty} u_n$ 称为**常数项级数**；如果 u_n 是函数，则级数 $\sum\limits_{n=1}^{\infty} u_n$ 称为**函数项级数**.

例如，

$$1 + \frac{1}{2} + \frac{1}{4} + \cdots + \frac{1}{2^{n-1}} + \cdots,$$

$$1 - 2 + 3 - 4 + \cdots + (-1)^{n-1} n + \cdots,$$

$$\frac{1}{1 \times 2} + \frac{1}{2 \times 3} + \frac{1}{3 \times 4} + \cdots + \frac{1}{n(n+1)} + \cdots$$

都是常数项级数.

又如，

$$1 - x + x^2 - x^3 + \cdots + (-1)^{n-1} x^{n-1} + \cdots,$$

$$\sin x + \sin 2x + \cdots + \sin nx + \cdots$$

都是函数项级数.

求无穷多个数累加的结果，无法像有限个数那样直接把它们逐项相加. 但上面计算圆面积的方法告诉我们，可以先求有限项的和，然后运用极限的方法来解决无穷多项累加求和的问题.

定义 7.2　对于无穷级数 $\sum\limits_{n=1}^{\infty}u_n$，它的前 n 项之和

$$S_n = u_1 + u_2 + \cdots + u_n$$

称为**级数的部分和**. 如果当 $n \to \infty$ 时，S_n 有极限 S，即

$$\lim_{n\to\infty}S_n = S,$$

则称级数 $\sum\limits_{n=1}^{\infty}u_n$ 是**收敛**的，并称 S 为该级数的**和**，即

$$S = u_1 + u_2 + \cdots + u_n + \cdots.$$

如果当 $n \to \infty$ 时，S_n 没有极限，则称该级数是**发散**的.

定义 7.3　首项为 a，公比为 q 的等比数列的和

$$a + aq + aq^2 + \cdots + aq^{n-1} + \cdots \tag{7-1}$$

称为**等比级数**.

等比级数（7-1）的前 n 项和为

$$S_n = a + aq + \cdots + aq^{n-1} = \frac{a(1-q^n)}{1-q}.$$

当 $|q| < 1$ 时，$S = \lim\limits_{n\to\infty}S_n = \lim\limits_{n\to\infty}\dfrac{a(1-q^n)}{1-q} = \dfrac{a}{1-q}$，级数（7-1）收敛；

当 $|q| > 1$ 时，$\lim\limits_{n\to\infty}S_n$ 不存在，级数（7-1）发散；

当 $q = 1$ 时，$\lim\limits_{n\to\infty}S_n = \lim na = \infty$，级数（7-1）发散；

当 $q = -1$ 时，S_n 在 0 和 a 两个数上摆动，因此 $\lim\limits_{n\to\infty}S_n$ 不存在，级数（7-1）发散.

也就是说，当 $|q| \geqslant 1$ 时，等比级数（7-1）是发散的.

┃例 7.1┃　级数 $\dfrac{1}{1\times 2} + \dfrac{1}{2\times 3} + \dfrac{1}{3\times 4} + \cdots + \dfrac{1}{n(n+1)} + \cdots$ 是否收敛？若收敛，求它的和.

解　因为级数的通项可变形为

$$\frac{1}{n(n+1)} = \frac{1}{n} - \frac{1}{n+1},$$

所以前 n 项的和为

$$S_n = \left(1 - \frac{1}{2}\right) + \left(\frac{1}{2} - \frac{1}{3}\right) + \left(\frac{1}{3} - \frac{1}{4}\right) + \cdots + \left(\frac{1}{n-1} - \frac{1}{n}\right) + \left(\frac{1}{n} - \frac{1}{n+1}\right) = 1 - \frac{1}{n+1},$$

又有

$$\lim_{n\to\infty}S_n = \lim_{n\to\infty}\left(1 - \frac{1}{n+1}\right) = 1,$$

所以原级数收敛，且其和为 1.

┃例 7.2┃　判断级数 $\ln\dfrac{2}{1} + \ln\dfrac{3}{2} + \ln\dfrac{4}{3} + \cdots + \ln\dfrac{n+1}{n} + \cdots$ 的敛散性.

解　由于该级数的部分和

$$S_n = \ln\frac{2}{1} + \ln\frac{3}{2} + \ln\frac{4}{3} + \cdots + \ln\frac{n+1}{n} = \ln\left(\frac{2}{1} \times \frac{3}{2} \times \frac{4}{3} \times \cdots \times \frac{n+1}{n}\right) = \ln(n+1),$$

所以

$$\lim_{n\to\infty} S_n = \lim_{n\to\infty} \ln(n+1) = \infty ,$$

所以该级数发散.

由以上例 7.1 和例 7.2 知, 利用定义判别级数的敛散性, 必须先求出级数的部分和 S_n, 再求出它的极限并根据定义判断出级数的敛散性.

7.1.3 常数项级数的性质

性质 1 若级数 $\sum\limits_{n=1}^{\infty} u_n$ 与 $\sum\limits_{n=1}^{\infty} v_n$ 都收敛, 其和分别为 S 和 σ, 则 $\sum\limits_{n=1}^{\infty}(u_n \pm v_n)$ 也收敛, 且

$$\sum_{n=1}^{\infty}(u_n \pm v_n) = \sum_{n=1}^{\infty} u_n \pm \sum_{n=1}^{\infty} v_n = S \pm \sigma .$$

性质 2 若级数 $\sum\limits_{n=1}^{\infty} u_n$ 收敛, k 为任一常数, 则 $\sum\limits_{n=1}^{\infty} ku_n$ 也收敛, 且 $\sum\limits_{n=1}^{\infty} ku_n = k\sum\limits_{n=1}^{\infty} u_n$.

性质 3 增加或去掉级数的有限项, 级数的敛散性不会改变. 但需注意, 在级数收敛的情况下, 改变后的级数其和一般也要改变.

性质 4 (级数收敛的必要条件) 若级数 $\sum\limits_{n=1}^{\infty} u_n$ 收敛, 则 $\lim\limits_{n\to\infty} u_n = 0$.

性质 4 告诉我们, 收敛级数的一般项必趋于零. 由此可知, 如果 $\sum\limits_{n=1}^{\infty} u_n$ 的一般项 u_n 不趋于零, 则级数必发散, 这是判定级数发散的一种方法.

但必须注意, $u_n \to 0$ 是级数收敛的必要条件, 而不是充分条件, 这就是说当 $\lim\limits_{n\to\infty} u_n = 0$ 时, $\sum\limits_{n=1}^{\infty} u_n$ 不一定收敛, 如例 7.2 中, 虽然 $\lim\limits_{n\to\infty} \ln\left(1+\dfrac{1}{n}\right) = 0$, 但级数 $\sum\limits_{n=1}^{\infty} \ln\left(1+\dfrac{1}{n}\right)$ 却是发散的.

又如, 调和级数

$$1 + \frac{1}{2} + \frac{1}{3} + \cdots + \frac{1}{n} + \cdots$$

虽然有 $\lim\limits_{n\to\infty} u_n = 0$, 但级数是否收敛? 事实上因为

$$S_{2n} - S_n = \frac{1}{n+1} + \frac{1}{n+2} + \cdots + \frac{1}{2n} > \frac{n}{2n} = \frac{1}{2} .$$

假设调和级数收敛, 其和为 S, 于是 $\lim\limits_{n\to\infty}(S_{2n} - S_n) = S - S = 0$, 与 $S_{2n} - S_n > \dfrac{1}{2}$ 矛盾. 所以, 调和级数是发散的.

┃例 7.3┃ 判断下列级数的敛散性:

（1）$\sum\limits_{n=0}^{\infty}\left(\dfrac{3}{2^n} - \dfrac{1}{3^n}\right)$; （2）$\sum\limits_{n=1}^{\infty} \sqrt{\dfrac{n+1}{n}}$.

解 （1）因为级数 $\sum\limits_{n=0}^{\infty} \dfrac{3}{2^n}$ 和 $\sum\limits_{n=0}^{\infty} \dfrac{1}{3^n}$ 分别是公比为 $\dfrac{1}{2}$ 和 $\dfrac{1}{3}$ 的等比级数, 公比的绝对值

均小于 1,所以级数 $\sum\limits_{n=0}^{\infty}\dfrac{3}{2^n}$ 和 $\sum\limits_{n=0}^{\infty}\dfrac{1}{3^n}$ 均收敛,根据性质 1,级数 $\sum\limits_{n=0}^{\infty}\left(\dfrac{3}{2^n}-\dfrac{1}{3^n}\right)$ 也收敛,且

$$\sum_{n=0}^{\infty}\left(\frac{3}{2^n}-\frac{1}{3^n}\right)=\sum_{n=0}^{\infty}\frac{3}{2^n}-\sum_{n=0}^{\infty}\frac{1}{3^n}=\frac{3}{1-\dfrac{1}{2}}-\frac{1}{1-\dfrac{1}{3}}=6-\frac{3}{2}=\frac{9}{2}.$$

(2)由于 $\lim\limits_{n\to\infty}u_n=\lim\limits_{n\to\infty}\sqrt{\dfrac{n+1}{n}}=1\neq 0$,所以级数 $\sum\limits_{n=1}^{\infty}\sqrt{\dfrac{n+1}{n}}$ 发散.

练习 7.1

1.写出下列级数的通项:

(1) $1+\dfrac{1}{3}+\dfrac{1}{5}+\dfrac{1}{7}+\cdots$;

(2) $\dfrac{1}{2\ln 2}+\dfrac{1}{3\ln 3}+\dfrac{1}{4\ln 4}+\cdots$;

(3) $-\dfrac{1}{2}+\dfrac{0}{3}+\dfrac{1}{4}+\dfrac{2}{5}+\dfrac{3}{6}+\cdots$;

(4) $\dfrac{a^2}{2}-\dfrac{a^3}{5}+\dfrac{a^4}{10}-\dfrac{a^5}{17}+\dfrac{a^6}{26}-\cdots$.

2.根据级数收敛与发散的定义,判别下列级数的敛散性,如果收敛,则求其和.

(1) $1+2+3+4+\cdots$;

(2) $\dfrac{1}{1\times 6}+\dfrac{1}{6\times 11}+\cdots+\dfrac{1}{(5n-4)(5n+1)}+\cdots$;

(3) $\dfrac{2}{3}+\left(\dfrac{2}{3}\right)^2+\left(\dfrac{2}{3}\right)^3+\left(\dfrac{2}{3}\right)^4+\cdots$;

(4) $\left(\dfrac{2}{3}\right)^{-1}+\left(\dfrac{2}{3}\right)^{-2}+\left(\dfrac{2}{3}\right)^{-3}+\left(\dfrac{2}{3}\right)^{-4}+\cdots$.

3.回答下列问题:

(1)调和级数 $\sum\limits_{n=1}^{\infty}\dfrac{1}{n}$ 是收敛的还是发散的?

(2)若级数 $\sum\limits_{n=1}^{\infty}u_n$ 发散,$k(k\neq 0)$ 为一常数,则级数 $\sum\limits_{n=1}^{\infty}ku_n$ 也发散吗?

(3)如果级数 $\sum\limits_{n=1}^{\infty}a_n$ 发散,级数 $\sum\limits_{n=1}^{\infty}b_n$ 收敛,那么 $\sum\limits_{n=1}^{\infty}(a_n+b_n)$ 是收敛还是发散?

4.判断下列级数的敛散性:

(1) $\sum\limits_{n=0}^{\infty}\left(\dfrac{2}{3^n}+\dfrac{3}{2^n}\right)$;

(2) $\sum\limits_{n=1}^{\infty}\dfrac{1}{\sqrt{n+1}+\sqrt{n}}$.

5.(保护秃鹰计划)某林区为保护秃鹰不至于灭绝制订了一个计划. 假定在新的保护计划下,每年有 100 只秃鹰出生,每年秃鹰的存活率为 0.85.

(1)5 年后,在年龄段 0~1 岁,1~2 岁,2~3 岁,3~4 岁,4~5 岁各有多少秃鹰存活?

(2)5 年后,在这种保护计划下存活下来的秃鹰总数是多少?

(3)许多年后,在这种保护计划下,将有多少秃鹰存活?

7.2 常数项级数的审敛法

7.2.1 正项级数及其审敛法

正项级数审敛法

各项都是正数或零的级数称为**正项级数**.

定理 7.1 正项级数 $\sum\limits_{n=1}^{\infty} u_n$ 收敛的充分必要条件是它的部分和数列 $\{S_n\}$ 有界.

定理 7.2（比较审敛法） 设 $\sum\limits_{n=1}^{\infty} u_n$ 和 $\sum\limits_{n=1}^{\infty} v_n$ 都是正项级数，且 $u_n \leqslant v_n (n=1,2,\cdots)$. 若级数 $\sum\limits_{n=1}^{\infty} v_n$ 收敛，则级数 $\sum\limits_{n=1}^{\infty} u_n$ 收敛；反之，若级数 $\sum\limits_{n=1}^{\infty} u_n$ 发散，则级数 $\sum\limits_{n=1}^{\infty} v_n$ 发散.

推论 设 $\sum\limits_{n=1}^{\infty} u_n$ 和 $\sum\limits_{n=1}^{\infty} v_n$ 都是正项级数，如果级数 $\sum\limits_{n=1}^{\infty} v_n$ 收敛，且存在自然数 N，使当 $n \geqslant N$ 时，有 $u_n \leqslant k v_n (k>0)$ 成立，则级数 $\sum\limits_{n=1}^{\infty} u_n$ 收敛；如果级数 $\sum\limits_{n=1}^{\infty} v_n$ 发散，且当 $n \geqslant N$ 时，有 $u_n \geqslant k v_n (k>0)$ 成立，则级数 $\sum\limits_{n=1}^{\infty} u_n$ 发散.

> **注意** 级数 $\sum\limits_{n=1}^{\infty} \dfrac{1}{n^p} = 1 + \dfrac{1}{2^p} + \dfrac{1}{3^p} + \dfrac{1}{4^p} + \cdots + \dfrac{1}{n^p} + \cdots$ 称为 p-级数.

例 7.4 讨论 p-级数 $\sum\limits_{n=1}^{\infty} \dfrac{1}{n^p} (p>0)$ 的敛散性.

解 当 $p \leqslant 1$ 时，$\dfrac{1}{n^p} \geqslant \dfrac{1}{n}$，而调和级数 $\sum\limits_{n=1}^{\infty} \dfrac{1}{n}$ 发散，由比较审敛法知，当 $p \leqslant 1$ 时级数 $\sum\limits_{n=1}^{\infty} \dfrac{1}{n^p}$ 发散.

当 $p>1$ 时，有

$$\frac{1}{n^p} = \int_{n-1}^{n} \frac{1}{n^p} \mathrm{d}x \leqslant \int_{n-1}^{n} \frac{1}{x^p} \mathrm{d}x = \frac{1}{p-1}\left[\frac{1}{(n-1)^{p-1}} - \frac{1}{n^{p-1}}\right] \quad (n=2,3,\cdots).$$

对于级数 $\sum\limits_{n=2}^{\infty}\left[\dfrac{1}{(n-1)^{p-1}} - \dfrac{1}{n^{p-1}}\right]$，其部分和

$$S_n = \left(1 - \frac{1}{2^{p-1}}\right) + \left(\frac{1}{2^{p-1}} - \frac{1}{3^{p-1}}\right) + \cdots + \left[\frac{1}{n^{p-1}} - \frac{1}{(n+1)^{p-1}}\right] = 1 - \frac{1}{(n+1)^{p-1}}.$$

因为

$$\lim_{n \to \infty} S_n = \lim_{n \to \infty}\left[1 - \frac{1}{(n+1)^{p-1}}\right] = 1,$$

所以级数 $\sum\limits_{n=2}^{\infty}\left[\dfrac{1}{(n-1)^{p-1}}-\dfrac{1}{n^{p-1}}\right]$ 收敛. 根据比较审敛法的推论可知, 级数 $\sum\limits_{n=1}^{\infty}\dfrac{1}{n^p}$ 当 $p>1$ 时收敛.

综上所述, 对于 p-级数 $\sum\limits_{n=1}^{\infty}\dfrac{1}{n^p}$, 当 $p>1$ 时收敛, 当 $p\leqslant 1$ 时发散.

【例 7.5】 证明级数 $\sum\limits_{n=1}^{\infty}\dfrac{1}{\sqrt{n(n+1)}}$ 是发散的.

证明 因为

$$\frac{1}{\sqrt{n(n+1)}}>\frac{1}{\sqrt{(n+1)^2}}=\frac{1}{n+1},$$

而级数 $\sum\limits_{n=1}^{\infty}\dfrac{1}{n+1}=\dfrac{1}{2}+\dfrac{1}{3}+\cdots+\dfrac{1}{n+1}+\cdots$ 是发散的, 根据比较审敛法可知, 所给级数也是发散的.

定理 7.3（比较审敛法的极限形式） 设 $\sum\limits_{n=1}^{\infty}u_n$ 和 $\sum\limits_{n=1}^{\infty}v_n$ 都是正项级数, 如果 $\lim\limits_{n\to\infty}\dfrac{u_n}{v_n}=l$, 则有

（1）当 $0<l<+\infty$ 时, 级数 $\sum\limits_{n=1}^{\infty}u_n$ 和 $\sum\limits_{n=1}^{\infty}v_n$ 具有相同的敛散性;

（2）当 $l=0$ 时, 若级数 $\sum\limits_{n=1}^{\infty}v_n$ 收敛, 则级数 $\sum\limits_{n=1}^{\infty}u_n$ 也收敛;

（3）当 $l=+\infty$ 时, 若级数 $\sum\limits_{n=1}^{\infty}v_n$ 发散, 则级数 $\sum\limits_{n=1}^{\infty}u_n$ 也发散.

【例 7.6】 判别级数 $\sum\limits_{n=1}^{\infty}\sin\dfrac{1}{n}$ 的敛散性.

解 因为 $\lim\limits_{n\to\infty}\dfrac{\sin\dfrac{1}{n}}{\dfrac{1}{n}}=1$, 而级数 $\sum\limits_{n=1}^{\infty}\dfrac{1}{n}$ 发散, 根据比较审敛法的极限形式知, 级数 $\sum\limits_{n=1}^{\infty}\sin\dfrac{1}{n}$ 发散.

【例 7.7】 判别级数 $\sum\limits_{n=1}^{\infty}\ln\left(1+\dfrac{1}{n^2}\right)$ 的敛散性.

解 因为 $\lim\limits_{n\to\infty}\dfrac{\ln\left(1+\dfrac{1}{n^2}\right)}{\dfrac{1}{n^2}}=1$, 而级数 $\sum\limits_{n=1}^{\infty}\dfrac{1}{n^2}$ 收敛, 根据比较审敛法的极限形式知, 级数 $\sum\limits_{n=1}^{\infty}\ln\left(1+\dfrac{1}{n^2}\right)$ 收敛.

定理 7.4（比值审敛法, 达朗贝尔判别法） 设 $\sum\limits_{n=1}^{\infty}u_n$ 为正项级数, 如果

$$\lim_{n\to\infty}\frac{u_{n+1}}{u_n}=\rho,$$

则当 $\rho<1$ 时级数收敛；当 $\rho>1$（或 $\lim\limits_{n\to\infty}\dfrac{u_{n+1}}{u_n}=\infty$）时级数发散；当 $\rho=1$ 时级数可能收敛也可能发散.

┃例 7.8┃ 证明级数 $1+\dfrac{1}{1}+\dfrac{1}{1\times2}+\dfrac{1}{1\times2\times3}+\cdots+\dfrac{1}{1\times2\times3\times\cdots\times(n-1)}+\cdots$ 是收敛的.

证明　因为

$$\lim_{n\to\infty}\frac{u_{n+1}}{u_n}=\lim_{n\to\infty}\frac{1\times2\times3\times\cdots\times(n-1)}{1\times2\times3\times\cdots\times n}=\lim_{n\to\infty}\frac{1}{n}=0<1,$$

根据比值审敛法可知，所给级数收敛.

┃例 7.9┃ 判别下列级数的敛散性.

（1）$\dfrac{1}{10}+\dfrac{1\times2}{10^2}+\dfrac{1\times2\times3}{10^3}+\cdots+\dfrac{n!}{10^n}+\cdots$；　　（2）$\displaystyle\sum_{n\to\infty}^{\infty}\frac{1}{(2n-1)\cdot2n}$.

解　（1）因为 $\lim\limits_{n\to\infty}\dfrac{u_{n+1}}{u_n}=\lim\limits_{n\to\infty}\dfrac{(n+1)!}{10^{n+1}}\cdot\dfrac{10^n}{n!}=\lim\limits_{n\to\infty}\dfrac{n+1}{10}=\infty$.

根据比值审敛法可知，所给级数发散；

（2）$\lim\limits_{n\to\infty}\dfrac{u_{n+1}}{u_n}=\lim\limits_{n\to\infty}\dfrac{(2n-1)\cdot2n}{(2n+1)\cdot(2n+2)}=1$.

这时比值审敛法失效，必须用其他方法来判别级数的收敛性.

因为 $\dfrac{1}{(2n-1)\cdot2n}<\dfrac{1}{n^2}$，而级数 $\displaystyle\sum_{n=1}^{\infty}\frac{1}{n^2}$ 收敛，所以由比较审敛法可知，所给级数收敛.

定理 7.5（根值审敛法，柯西判别法）　设 $\displaystyle\sum_{n=1}^{\infty}u_n$ 为正项级数，如果 $\lim\limits_{n\to\infty}\sqrt[n]{u_n}=\rho$，则有

（1）当 $\rho<1$ 时，级数收敛；

（2）当 $\rho>1$（或 $\lim\limits_{n\to\infty}\sqrt[n]{u_n}=+\infty$）时，级数发散；

（3）当 $\rho=1$ 时，不能用此判别法判定其敛散性.

┃例 7.10┃ 判别级数 $\displaystyle\sum_{n=1}^{\infty}(n+1)^3\left(\frac{5}{n}\right)^n$ 的敛散性.

解　因为 $u_n=(n+1)^3\left(\dfrac{5}{n}\right)^n$，则

$$\lim_{n\to\infty}\sqrt[n]{u_n}=\lim_{n\to\infty}\sqrt[n]{(n+1)^3\left(\frac{5}{n}\right)^n}=\lim_{n\to\infty}\frac{5}{n}\sqrt[n]{(n+1)^3}=0<1.$$

根据根值审敛法知该级数收敛.

7.2.2　交错级数及其审敛法

交错级数的各项是正负交错的，其一般形式为 $\displaystyle\sum_{n=1}^{\infty}(-1)^{n-1}u_n$，其中 $u_n>0$.

例如，$\displaystyle\sum_{n=1}^{\infty}(-1)^{n-1}\frac{1}{n}$ 是交错级数，但 $\displaystyle\sum_{n=1}^{\infty}(-1)^{n-1}\frac{1-\cos n\pi}{n}$ 不是交错级数.

定理 7.6（莱布尼茨审敛法）　如果交错级数 $\displaystyle\sum_{n=1}^{\infty}(-1)^{n-1}u_n$ 满足条件：

（1）$u_n \geqslant u_{n+1}(n=1,2,3,\cdots)$；

（2）$\displaystyle\lim_{n\to\infty}u_n=0$，

则该交错级数收敛，且其和 $S \leqslant u_1$，余项 r_n 的绝对值 $|r_n| \leqslant u_{n+1}$.

┃例 7.11┃　证明级数 $\displaystyle\sum_{n=1}^{\infty}(-1)^{n-1}\frac{1}{n}$ 收敛，并估计和及余项.

证明　这是一个交错级数. 因为此级数满足：

（1）$u_n=\dfrac{1}{n}>\dfrac{1}{n+1}=u_{n+1}\ (n=1,2,\cdots)$；　（2）$\displaystyle\lim_{n\to\infty}u_n=\lim_{n\to\infty}\frac{1}{n}=0$.

由定理 7.6 可知，该级数是收敛的，且其和 $S<u_1=1$，余项 $|r_n|\leqslant u_{n+1}=\dfrac{1}{n+1}$.

7.2.3　绝对收敛与条件收敛

绝对收敛与条件
收敛

定义 7.4（绝对收敛与条件收敛）

（1）若级数 $\displaystyle\sum_{n=1}^{\infty}|u_n|$ 收敛，则称级数 $\displaystyle\sum_{n=1}^{\infty}u_n$ 绝对收敛；

（2）若级数 $\displaystyle\sum_{n=1}^{\infty}u_n$ 收敛，而级数 $\displaystyle\sum_{n=1}^{\infty}|u_n|$ 发散，则称 $\displaystyle\sum_{n=1}^{\infty}u_n$ 条件收敛.

例如，级数 $\displaystyle\sum_{n=1}^{\infty}(-1)^{n-1}\frac{1}{n^2}$ 是绝对收敛的，而级数 $\displaystyle\sum_{n=1}^{\infty}(-1)^{n-1}\frac{1}{n}$ 是条件收敛的.

定理 7.7　如果级数 $\displaystyle\sum_{n=1}^{\infty}u_n$ 绝对收敛，则级数 $\displaystyle\sum_{n=1}^{\infty}u_n$ 必定收敛.

值得注意的问题是如果级数 $\displaystyle\sum_{n=1}^{\infty}|u_n|$ 发散，并不能断定级数 $\displaystyle\sum_{n=1}^{\infty}u_n$ 也发散. 但是，如果用比值法或根值法判定级数 $\displaystyle\sum_{n=1}^{\infty}|u_n|$ 发散，则可以断定级数 $\displaystyle\sum_{n=1}^{\infty}u_n$ 必定发散. 这是因为，此时 $|u_n|$ 不趋向于零，从而 u_n 也不趋向于零，因此级数 $\displaystyle\sum_{n=1}^{\infty}u_n$ 也是发散的.

┃例 7.12┃　判别级数 $\displaystyle\sum_{n=1}^{\infty}\frac{\sin na}{n^2}$ 的敛散性.

解　因为 $\left|\dfrac{\sin na}{n^2}\right| \leqslant \dfrac{1}{n^2}$，而级数 $\displaystyle\sum_{n=1}^{\infty}\frac{1}{n^2}$ 是收敛的，所以级数 $\displaystyle\sum_{n=1}^{\infty}\left|\frac{\sin na}{n^2}\right|$ 也收敛，从而级数 $\displaystyle\sum_{n=1}^{\infty}\frac{\sin na}{n^2}$ 绝对收敛.

┃例 7.13┃　判别级数 $\displaystyle\sum_{n=1}^{\infty}(-1)^n\frac{1}{2^n}\left(1+\frac{1}{n}\right)^{n^2}$ 的敛散性.

解 由 $u_n = \dfrac{1}{2^n}\left(1+\dfrac{1}{n}\right)^{n^2}$，有 $\lim\limits_{n\to\infty}\sqrt[n]{u_n} = \dfrac{1}{2}\lim\limits_{n\to\infty}\left(1+\dfrac{1}{n}\right)^n = \dfrac{1}{2}\mathrm{e} > 1$.

所以 $\lim\limits_{n\to\infty}u_n \neq 0$，因此级数 $\sum\limits_{n=1}^{\infty}(-1)^n\dfrac{1}{2^n}\left(1+\dfrac{1}{n}\right)^{n^2}$ 发散.

练习 7.2

1. 用比较判别法判断下列正项级数的敛散性:

（1）$\sum\limits_{n=1}^{\infty}\dfrac{1}{5+n\sqrt{n}}$;　　　　（2）$\sum\limits_{n=1}^{\infty}\dfrac{1}{(n+1)(n+2)}$.

2. 用比值判别法分析下列正项级数的敛散性:

（1）$\sum\limits_{n=0}^{\infty}\dfrac{2^n}{n!}$;　　　　（2）$\sum\limits_{n=1}^{\infty}\dfrac{n+10}{2^n}$.

3. 判定下列级数是否收敛? 如果是收敛的, 是绝对收敛还是条件收敛?

（1）$\sum\limits_{n=1}^{\infty}(-1)^n\dfrac{n}{n+1}$;　　　（2）$\sum\limits_{n=1}^{\infty}(-1)^n\dfrac{1}{\sqrt[3]{n}}$;　　　（3）$\sum\limits_{n=1}^{\infty}(-1)^{n-1}\dfrac{n}{3^{n-1}}$.

7.3 幂 级 数

前面讨论了常数项级数的敛散性, 其级数的每一项都是实数. 下面将讨论函数项级数, 其级数的每一项都是函数. 这里讨论一个最基本的函数项级数, 即幂级数.

7.3.1 函数项级数

定义 7.5 设定义在区间上的一个函数列为
$$u_1(x), u_2(x), u_3(x), \cdots, u_n(x), \cdots,$$
则表达式

函数项级数

$$u_1(x) + u_2(x) + u_3(x) + \cdots + u_n(x) + \cdots \tag{7-2}$$

称为**函数项级数**, 记作 $\sum\limits_{n=1}^{\infty}u_n(x)$.

对于区间上 x 的一个给定值 x_0, 函数项级数就成为常数项级数:
$$u_1(x_0) + u_2(x_0) + u_3(x_0) + \cdots + u_n(x_0) + \cdots \tag{7-3}$$

因为 x 的取值不同, 所以常数项级数（7-3）可能收敛, 也可能发散. 如果级数（7-3）收敛, 则称点 x_0 是函数项级数（7-2）的**收敛点**; 如果级数（7-3）发散, 则称点 x_0 是函数项级数（7-2）的**发散点**. 所有收敛点的集合称为级数（7-2）的**收敛域**, 所有发散点的集合称为级数（7-2）的**发散域**.

定义 7.6 一个函数项级数
$$u_1(x) + u_2(x) + u_3(x) + \cdots + u_n(x) + \cdots,$$
对应于它的收敛域内的每一个 x 值, 都有一个确定的和数与它对应, 即在收敛域内函数

项级数的和是 x 的函数，记为 $S(x)$，并称它为函数项级数的**和函数**，即

$$S(x) = u_1(x) + u_2(x) + u_3(x) + \cdots + u_n(x) + \cdots.$$

例如，对于等比级数

$$1 + x + x^2 + \cdots + x^n + \cdots,$$

当 $|x| < 1$ 时，此级数收敛于和 $\dfrac{1}{1-x}$；当 $|x| \geq 1$ 时，此级数发散. 因此，该级数的收敛域是区间 $(-1,1)$，它的和函数是 $\dfrac{1}{1-x}$，即

$$S(x) = \frac{1}{1-x}, \ x \in (-1,1).$$

7.3.2 幂级数及其收敛性

幂级数的收敛

1. 幂级数的定义

定义 7.7 形如

$$\sum_{n=0}^{\infty} a_n(x - x_0)^n = a_0 + a_1(x - x_0) + a_2(x - x_0)^2 + \cdots + a_n(x - x_0)^n + \cdots \quad （7\text{-}4）$$

的函数项级数在近似计算中有重要应用，称为 $x - x_0$ 的**幂级数**，其中常数 $a_0, a_1, a_2, \cdots,$ $a_n, \cdots$ 称为**幂级数的系数**.

当 $x_0 = 0$ 时，式（7-4）变为

$$\sum_{n=0}^{\infty} a_n x^n = a_0 + a_1 x + a_2 x^2 + \cdots + a_n x^n + \cdots \quad （7\text{-}5）$$

称为 x 的幂级数. 如果作变换 $y = x - x_0$，则级数（7-4）就变为级数（7-5）的形式. 因此，下面只讨论形如（7-5）的幂级数.

2. 幂级数的收敛半径与收敛域

定理 7.8（阿贝尔定理） 如果级数 $\sum\limits_{n=0}^{\infty} a_n x^n$ 当 $x = x_0 (x_0 \neq 0)$ 时收敛，则适合不等式 $|x| < |x_0|$ 的一切 x 均使该级数收敛；反之，如果级数 $\sum\limits_{n=0}^{\infty} a_n x^n$ 当 $x = x_0 (x_0 \neq 0)$ 时发散，则适合不等式 $|x| > |x_0|$ 的一切 x 均使该幂级数发散.

于是有，如果幂级数 $\sum\limits_{n=0}^{\infty} a_n x^n$ 不是仅在 $x = 0$ 一点收敛，也不是在整个数轴上都收敛，则必有一个确定的正数 R 存在，使得：

（1）当 $|x| < R$ 时，幂级数收敛；

（2）当 $|x| > R$ 时，幂级数发散；

（3）当 $|x| = R$ 时，幂级数可能收敛也可能发散.

其中，正数 R 称为幂级数的**收敛半径**，开区间 $(-R, R)$ 称为幂级数的**收敛区间**. 再由幂级数在 $x = \pm R$ 处的收敛性就可以判断出该级数的收敛域是 $(-R, R)$，$[-R, R)$，

$(-R,R]$ 或 $[-R,R]$ 这四个区间中的哪一个.

若幂级数 $\sum\limits_{n=0}^{\infty} a_n x^n$ 仅在 $x=0$ 一点收敛,则规定它的收敛半径 $R=0$;若幂级数 $\sum\limits_{n=0}^{\infty} a_n x^n$ 在整个数轴上收敛,则规定它的收敛半径 $R=+\infty$,这时收敛域是 $(-\infty,+\infty)$.

关于幂级数收敛半径的求法,有下面定理.

定理 7.9 如果 $\lim\limits_{n\to\infty}\left|\dfrac{a_{n+1}}{a_n}\right|=\rho$,其中 a_n, a_{n+1} 是幂级数 $\sum\limits_{n=0}^{\infty} a_n x^n$ 相邻两项的系数,则该幂级数的收敛半径

$$R=\begin{cases}\dfrac{1}{\rho}, & \rho\neq 0,\\[2mm]+\infty, & \rho=0,\\[2mm]0, & \rho=+\infty.\end{cases}$$

【例 7.14】 求幂级数 $\sum\limits_{n=1}^{\infty}(-1)^{n-1}\dfrac{x^n}{n}$ 的收敛半径与收敛域.

解 因为

$$\rho=\lim\limits_{n\to\infty}\left|\dfrac{a_{n+1}}{a_n}\right|=\lim\limits_{n\to\infty}\dfrac{\dfrac{1}{n+1}}{\dfrac{1}{n}}=1,$$

所以收敛半径 $R=\dfrac{1}{\rho}=1$.

在端点 $x=1$ 处,幂级数成为 $1-\dfrac{1}{2}+\dfrac{1}{3}-\dfrac{1}{4}+\cdots+(-1)^{n-1}\dfrac{1}{n}+\cdots$,是收敛的;在端点 $x=-1$ 处,幂级数成为 $-1-\dfrac{1}{2}-\dfrac{1}{3}-\dfrac{1}{4}-\cdots-\dfrac{1}{n}-\cdots$,是发散的. 因此该幂级数的收敛域为 $(-1,1]$.

【例 7.15】 求幂级数 $1+x+\dfrac{1}{2!}x^2+\dfrac{1}{3!}x^3+\cdots+\dfrac{1}{n!}x^n+\cdots$ 的收敛域.

解 因为 $\rho=\lim\limits_{n\to\infty}\left|\dfrac{a_{n+1}}{a_n}\right|=\lim\limits_{n\to\infty}\dfrac{\dfrac{1}{(n+1)!}}{\dfrac{1}{n!}}=\lim\limits_{n\to\infty}\dfrac{1}{n+1}=0$,所以收敛半径 $R=+\infty$,从而该幂级数的收敛域是 $(-\infty,+\infty)$.

【例 7.16】 求幂级数 $1+2x+(3x)^2+\cdots+(nx)^{n-1}+\cdots$ 的收敛半径.

解 因为 $\rho=\lim\limits_{n\to\infty}\left|\dfrac{a_{n+1}}{a_n}\right|=\lim\limits_{n\to\infty}\dfrac{(n+1)^n}{n^{n-1}}=+\infty$,所以该幂级数的收敛半径 $R=0$,即幂级数仅在 $x=0$ 处收敛.

7.3.3 幂级数的和函数的性质

性质 1 幂级数 $\sum\limits_{n=0}^{\infty} a_n x^n$ 的和函数 $S(x)$ 在其收敛域 I 上连续.

设幂级数 $\sum_{n=0}^{\infty} a_n x^n = f(x)$ 及 $\sum_{n=0}^{\infty} b_n x^n = g(x)$ 分别在区间 $(-R_1, R_1)$ 及 $(-R_2, R_2)$ 内收敛,记 $R = \min(R_1, R_2)$,则在 $(-R, R)$ 内有如下运算法则.

性质 2(加法运算) $\sum_{n=0}^{\infty} a_n x^n \pm \sum_{n=0}^{\infty} b_n x^n = \sum_{n=0}^{\infty}(a_n \pm b_n) x^n = f(x) \pm g(x)$.

性质 3(乘法运算)

$$\left(\sum_{n=0}^{\infty} a_n x^n \right) \cdot \left(\sum_{n=0}^{\infty} b_n x^n \right) = a_0 b_0 + (a_0 b_1 + a_1 b_0) x + (a_0 b_2 + a_1 b_1 + a_2 b_0) x^2 + \cdots +$$
$$(a_0 b_n + a_1 b_{n-1} + \cdots + a_n b_0) x^n + \cdots$$
$$= f(x) g(x).$$

设 $\sum_{n=0}^{\infty} a_n x^n = S(x)$ 的收敛半径为 R,则在 $(-R, R)$ 内有如下运算法则.

性质 4(微分运算) $S'(x) = \left(\sum_{n=0}^{\infty} a_n x^n \right)' = \sum_{n=0}^{\infty} (a_n x^n)' = \sum_{n=1}^{\infty} n a_n x^{n-1}$,且收敛半径仍为 R.

性质 5(积分运算) $\int_0^x S(x) \mathrm{d}x = \int_0^x \left(\sum_{n=0}^{\infty} a_n x^n \right) \mathrm{d}x = \sum_{n=0}^{\infty} \int a_n x^n \mathrm{d}x = \sum_{n=0}^{\infty} \frac{a_n}{n+1} x^{n+1}$,

且收敛半径仍为 R.

|例 7.17| 求幂级数 $\sum_{n=1}^{\infty} \frac{(-1)^{n-1}}{n} x^n$ 的和函数,并指出其收敛域.

解 由例 7.14 得,该幂级数的收敛域为 $(-1, 1]$.

设和函数为 $S(x)$,即 $S(x) = \sum_{n=1}^{\infty} \frac{(-1)^{n-1}}{n} x^n$, $x \in (-1, 1]$. 利用性质 4 逐项求导,并由

$$\frac{1}{1+x} = 1 - x + x^2 - \cdots + (-1)^{n-1} x^{n-1} + \cdots, \quad x \in (-1, 1),$$

得

$$S'(x) = \sum_{n=1}^{\infty} (-1)^{n-1} x^{n-1} = \frac{1}{1+x}, \quad x \in (-1, 1),$$

对上式从 0 到 x 积分,得

$$S(x) = \int_0^x \frac{1}{1+x} \mathrm{d}x = \ln(1+x), \quad x \in (-1, 1],$$

即

$$\ln(1+x) = \sum_{n=1}^{\infty} \frac{(-1)^{n-1}}{n} x^n, \quad x \in (-1, 1].$$

练习 7.3

1. 求下列幂级数的收敛半径和收敛域:

(1) $\sum_{n=1}^{\infty} n x^n$;

(2) $\sum_{n=0}^{\infty} \frac{x^n}{2^n}$.

2. 求下列级数在收敛域内的和函数：

（1）$\displaystyle\sum_{n=0}^{\infty}\left(\frac{x^2}{2}\right)^n$，$x\in(-\sqrt{2},\sqrt{2})$； （2）$\displaystyle\sum_{n=0}^{\infty}(n+1)x^n$，$x\in(-1,1)$．

*7.4 傅里叶级数

在科学技术领域里，广泛存在着周期性的现象，如机械振动、声波、交变电流和电磁波等．在研究函数的周期性时，由正弦函数及余弦函数组成的函数项级数是解决这类问题的有力工具．下面先介绍傅里叶级数的概念，再讨论如何将周期为 2π 的周期函数展开为傅里叶级数．

7.4.1 三角级数

在物理学及其他一些学科中，讨论交流电的电流与电压的变化等周期运动的现象时，都利用了周期函数．在周期函数中，正弦型函数 $y=A\sin(\omega t+\varphi)$ 是较为简单的一种，它的周期 $T=\dfrac{2\pi}{\omega}$．用它来表示简谐振动时，t 是时间，A 是振幅，ω 是角频率，φ 是初相角．这里讨论将一个周期为 $T=\dfrac{2\pi}{\omega}$ 的周期函数 $f(t)$，用一系列正弦型函数 $A_n\sin(n\omega t+\varphi_n)$ $(n=1,2,3,\cdots)$ 之和来表示，记作

$$f(t)=A_0+\sum_{n=1}^{\infty}A_n\sin(n\omega t+\varphi_n)，\tag{7-6}$$

其中，A_0,A_n,φ_n $(n=1,2,3,\cdots)$ 都是常数．

为了讨论方便，设 $f(t)$ 是以 2π 为周期的函数，它的角频率 $\omega=1$．这时

$$A_n\sin(nt+\varphi_n)=A_n\sin\varphi_n\cdot\cos nt+A_n\cos\varphi_n\cdot\sin nt．\tag{7-7}$$

令 $A_n\sin\varphi_n=a_n$， $A_n\cos\varphi_n=b_n$， $A_0=\dfrac{a_0}{2}$，那么式（7-6）的右端可写成

$$\frac{a_0}{2}+\sum_{n=1}^{\infty}(a_n\cos nt+b_n\sin nt)．\tag{7-8}$$

式（7-8）称为**三角级数**．

对于一个周期函数 $f(t)$ $(T=2\pi)$，只要能求得 a_0，a_n，$b_n(n=1,2,3,\cdots)$，则 A_0，A_n，φ_n 也就随之确定．对于由 $f(t)$ 求得的 a_0,a_n,b_n，级数（7-8）称为周期函数 $f(t)$ 的**三角级数展开式**．

7.4.2 三角函数系的正交性

在三角级数（7-8）中出现的函数：

$$1,\cos x,\sin x,\cos 2x,\sin 2x,\cdots,\cos nx,\sin nx,\cdots$$

构成了一个三角函数系，这个三角函数系有一个特性：这些函数中任意两个不同的函数的乘积在 $[-\pi,\pi]$ 上的积分必为零，即

$$\int_{-\pi}^{\pi}1\cdot\cos nx\mathrm{d}x=0\quad(n=1,2,3,\cdots)，$$

$$\int_{-\pi}^{\pi} 1 \cdot \sin nx \mathrm{d}x = 0 \quad (n = 1, 2, 3, \cdots),$$

$$\int_{-\pi}^{\pi} \sin kx \cdot \cos nx \mathrm{d}x = 0 \quad (k, n = 1, 2, 3, \cdots),$$

$$\int_{-\pi}^{\pi} \cos kx \cdot \cos nx \mathrm{d}x = 0 \quad (k, n = 1, 2, 3, \cdots;\ k \neq n),$$

$$\int_{-\pi}^{\pi} \sin kx \cdot \sin nx \mathrm{d}x = 0 \quad (k, n = 1, 2, 3, \cdots;\ k \neq n). \tag{7-9}$$

上述三角函数系的特性，称为**三角函数系的正交性**. 上述各等式都可以直接通过积分来验证. 现对式（7-9）验证如下：

由积化和差公式，得

$$\sin kx \cdot \sin nx = \frac{1}{2}[\cos(k - n)x - \cos(k + n)x].$$

当 $k \neq n$ 时，

$$\int_{-\pi}^{\pi} \sin kx \cdot \sin nx \mathrm{d}x$$

$$= \frac{1}{2} \int_{-\pi}^{\pi} [\cos(k - n)x - \cos(k + n)x] \mathrm{d}x$$

$$= \frac{1}{2} \int_{-\pi}^{\pi} \cos(k - n)x \mathrm{d}x - \frac{1}{2} \int_{-\pi}^{\pi} \cos(k + n)x \mathrm{d}x$$

$$= \frac{1}{2(k - n)} \int_{-\pi}^{\pi} \cos(k - n)x \mathrm{d}[(k - n)x] - \frac{1}{2(k + n)} \int_{-\pi}^{\pi} \cos(k + n)x \mathrm{d}(k + n)x$$

$$= \left[\frac{\sin(k - n)x}{2(k - n)} \right]_{-\pi}^{\pi} - \left[\frac{\sin(k + n)x}{2(k + n)} \right]_{-\pi}^{\pi}$$

$$= 0 \quad (k, n = 1, 2, 3, \cdots;\ k \neq n).$$

在求 a_n, b_n 的过程中还要用到下列两个积分：

$$\int_{-\pi}^{\pi} \sin^2 nx \mathrm{d}x = \pi \quad (n = 1, 2, 3, \cdots), \tag{7-10}$$

$$\int_{-\pi}^{\pi} \cos^2 nx \mathrm{d}x = \pi \quad (n = 1, 2, 3, \cdots) \tag{7-11}$$

7.4.3　周期为 2π 的函数展开为傅里叶级数

设 $f(x)$ 是一个以 2π 为周期的函数，且能展开成三角级数，即设

$$f(x) = \frac{a_0}{2} + \sum_{k=1}^{\infty} (a_k \cos kx + b_k \sin kx), \tag{7-12}$$

那么这个三角级数中的系数 a_0, a_k, b_k 与函数 $f(x)$ 有什么关系呢？为了解决这个问题，假设三角级数（7-12）是可以逐项积分的.

先求 a_0. 对式（7-12）两边从 $-\pi$ 到 π 逐项积分，得

$$\int_{-\pi}^{\pi} f(x) \mathrm{d}x = \int_{-\pi}^{\pi} \frac{a_0}{2} \mathrm{d}x + \sum_{k=1}^{\infty} \left(a_k \int_{-\pi}^{\pi} \cos kx \mathrm{d}x + b_k \int_{-\pi}^{\pi} \sin kx \mathrm{d}x \right).$$

根据三角函数系的正交性，上式右端除第一项外，其余各项均为零，所以有

$$\int_{-\pi}^{\pi} f(x) \mathrm{d}x = \pi a_0.$$

于是求出

$$a_0 = \frac{1}{\pi}\int_{-\pi}^{\pi}f(x)\mathrm{d}x.$$

其次求 a_n. 用 $\cos nx$ 乘式（7-12）的两边，再从 $-\pi$ 到 π 逐项积分，得

$$\int_{-\pi}^{\pi}f(x)\cos nx\mathrm{d}x = \frac{a_0}{2}\int_{-\pi}^{\pi}\cos nx\mathrm{d}x + \sum_{k=1}^{\infty}\left(a_k\int_{-\pi}^{\pi}\cos nx\cdot\cos kx\mathrm{d}x + b_k\int_{-\pi}^{\pi}\cos nx\cdot\sin kx\mathrm{d}x\right)$$

根据三角函数系的正交性，上式右端除 $k=n$ 项外，其余各项均为零，所以有

$$\int_{-\pi}^{\pi}f(x)\cos nx\mathrm{d}x = a_n\int_{-\pi}^{\pi}\cos nx\cdot\cos nx\mathrm{d}x.$$

由式（7-11），得

$$\int_{-\pi}^{\pi}f(x)\cos nx\mathrm{d}x = a_n\pi.$$

所以

$$a_n = \frac{1}{\pi}\int_{-\pi}^{\pi}f(x)\cos nx\mathrm{d}x.$$

类似地，用 $\sin nx$ 乘式（7-12）的两边，再从 $-\pi$ 到 π 逐项积分，得

$$b_n = \frac{1}{\pi}\int_{-\pi}^{\pi}f(x)\sin nx\mathrm{d}x.$$

将上面讨论的结果汇总如下，设

$$f(x) = \frac{a_0}{2} + \sum_{n=1}^{\infty}(a_n\cos nx + b_n\sin nx),$$

则

$$\begin{cases} a_n = \dfrac{1}{\pi}\displaystyle\int_{-\pi}^{\pi}f(x)\cos nx\mathrm{d}x & (n=0,1,2,3,\cdots), \\ b_n = \dfrac{1}{\pi}\displaystyle\int_{-\pi}^{\pi}f(x)\sin nx\mathrm{d}x & (n=1,2,3,\cdots). \end{cases} \tag{7-13}$$

式（7-13）称为**欧拉-傅里叶公式**. 由这些公式计算出的系数 a_0, a_n, b_n 称为函数 $f(x)$ 的系数以 a_0, a_n, b_n $(n=1,2,3,\cdots)$ 为系数的三角级数

$$\frac{a_0}{2} + \sum_{n=1}^{\infty}(a_n\cos nx + b_n\sin nx)$$

称为函数的**傅里叶级数**.

那么一个周期函数必须具备什么样的条件，它的傅里叶级数才能收敛到 $f(x)$？下面的收敛定理给出了这个问题的结论（定理证明从略）.

定理 7.10（收敛定理） 设 $f(x)$ 是以 2π 为周期的函数，如果它满足条件：在一个周期内连续或至多只有有限个左、右极限都存在的间断点，并且只有有限个极值点，那么函数 $f(x)$ 的傅里叶级数收敛，并且

（1）当 x 是 $f(x)$ 的连续点时，级数收敛于 $f(x)$；

（2）当 x 是 $f(x)$ 的间断点时，级数收敛于 $\frac{1}{2}[f(x+0) + f(x-0)]$.

根据上述收敛定理，对于一个周期为 2π 的函数 $f(x)$，如果可以将区间 $[-\pi,\pi]$ 分成

有限个小区间，使 $f(x)$ 在每一个小区间内都是有界、单调、连续的，那么它的傅里叶级数在函数 $f(x)$ 的连续点处收敛到该点的函数值；在函数 $f(x)$ 的间断点处，收敛到函数 $f(x)$ 在该点处的左极限与右极限的平均值. 通常在实际应用中，所遇到的周期函数都可以满足上述条件，因而它的傅里叶级数除了间断点外都能收敛到 $f(x)$，这时也称函数 $f(x)$ 可以展开为傅里叶级数.

|例 7.18|　将周期为 2π、振幅为 1 的矩形波（图 7-2）展开为傅里叶级数.

解　由图 7-2 知，该矩形波在 $[-\pi,\pi)$ 上的函数式为

$$f(t) = \begin{cases} -1, & -\pi \leqslant t < 0, \\ 1, & 0 \leqslant t < \pi. \end{cases}$$

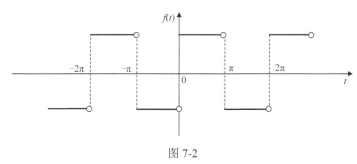

图 7-2

按式（7-13）来计算傅里叶系数得

$$a_0 = \frac{1}{\pi}\int_{-\pi}^{\pi} f(t)\mathrm{d}t = \frac{1}{\pi}\left[\int_{-\pi}^{0}(-1)\mathrm{d}t + \int_{0}^{\pi}1\mathrm{d}t\right] = 0 ;$$

$$a_n = \frac{1}{\pi}\int_{-\pi}^{\pi} f(t)\cos nt\mathrm{d}t = \frac{1}{\pi}\left[\int_{-\pi}^{0}(-1)\cos nt\mathrm{d}t + \int_{0}^{\pi}1\cos nt\mathrm{d}t\right] = 0 \quad (n = 1,2,3,\cdots) ;$$

$$b_n = \frac{1}{\pi}\int_{-\pi}^{\pi} f(t)\sin nt\mathrm{d}t = \frac{1}{\pi}\left[\int_{-\pi}^{0}(-1)\sin nt\mathrm{d}t + \int_{0}^{\pi}1\sin nt\mathrm{d}t\right]$$

$$= \frac{2}{\pi}\int_{0}^{\pi}\sin nt\mathrm{d}t = \frac{2}{n\pi}(1-\cos n\pi) = \begin{cases} 0, & n\text{为偶数}, \\ \dfrac{4}{n\pi}, & n\text{为奇数}. \end{cases}$$

于是得到函数 $f(t)$ 的傅里叶级数为

$$\frac{4}{\pi}\left[\sin t + \frac{1}{3}\sin 3t + \frac{1}{5}\sin 5t + \cdots + \frac{1}{2m-1}\sin(2m-1)t + \cdots\right]. \tag{7-14}$$

由于函数 $f(t)$ 在一个周期内满足收敛定理的条件，所以傅里叶级数在 $f(t)$ 的间断点 $t = k\pi(k \in \mathbf{Z})$ 处收敛于

$$\frac{1}{2}[f(k\pi-0) + f(k\pi+0)] = \frac{1}{2}\times[1+(-1)] = 0 ,$$

在 $f(t)$ 的连续点 $t \neq k\pi(k \in \mathbf{Z})$ 处收敛于 $f(t)$. 于是有

$$f(t) = \frac{4}{\pi}\left[\sin t + \frac{1}{3}\sin 3t + \cdots + \frac{1}{2m-1}\sin(2m-1)t + \cdots\right] \quad (-\infty < t < +\infty, t \neq k\pi, k \in \mathbf{Z})$$

该和函数的图像如图 7-3 所示.

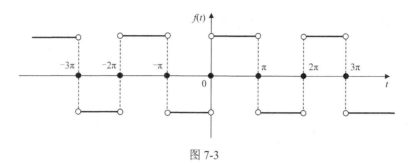

图 7-3

例 7.19 周期为 2π 的脉冲电压（或电流）函数 $f(x)$，在 $[-\pi, \pi)$ 上的表达式为

$$f(x) = \begin{cases} 0, & -\pi \leqslant x < 0, \\ x, & 0 \leqslant x < \pi. \end{cases}$$

将 $f(x)$ 展开为傅里叶级数.

解 因为函数 $f(x)$ 满足收敛定理（定理 7.10）的条件，所以在函数的间断点 $x = (2k-1)\pi(k \in \mathbf{Z})$ 处，其傅里叶级数收敛到

$$\frac{1}{2}f[(2k-1)\pi - 0] + \frac{1}{2}f[(2k-1)\pi + 0] = \frac{\pi}{2},$$

在函数的连续点 $x \neq (2k-1)\pi$（$k \in \mathbf{Z}$）处，它的傅里叶级数收敛到函数 $f(x)$.

图 7-4 和图 7-5 所示分别为函数 $f(x)$ 与它的傅里叶级数的和函数的图像.

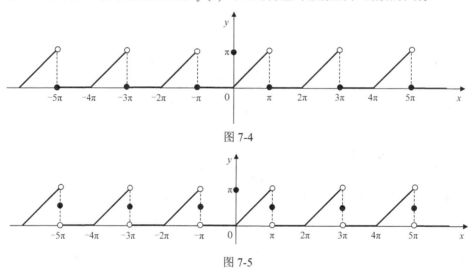

图 7-4

图 7-5

按式（7-13）计算傅里叶系数如下：

$$a_0 = \frac{1}{\pi}\int_{-\pi}^{\pi} f(x)\mathrm{d}x = \frac{1}{\pi}\int_0^{\pi} x\mathrm{d}x = \frac{1}{\pi}\left[\frac{x^2}{2}\right]_0^{\pi} = \frac{\pi}{2};$$

$$a_n = \frac{1}{\pi}\int_{-\pi}^{\pi} f(x)\cos nx\mathrm{d}x = \frac{1}{\pi}\int_0^{\pi} x\cos nx\mathrm{d}x = \frac{1}{\pi}\left[\frac{x}{n}\sin nx + \frac{1}{n^2}\cos nx\right]_0^{\pi}$$

$$= \frac{1}{n^2\pi}(\cos n\pi - 1) = \begin{cases} 0, & n\text{为偶数}, \\ -\dfrac{2}{n^2\pi}, & n\text{为奇数}; \end{cases}$$

$$b_n = \frac{1}{\pi}\int_{-\pi}^{\pi} f(x)\sin nx\,dx = \frac{1}{\pi}\int_0^{\pi} x\sin nx\,dx = \frac{1}{\pi}\left[-\frac{x}{n}\cos nx + \frac{1}{n^2}\sin nx\right]_0^{\pi}$$

$$= \frac{1}{\pi}\left(-\frac{\pi}{n}\cos n\pi\right) = \frac{(-1)^{n+1}}{n} \qquad (n=1,2,3,\cdots).$$

因此得到 $f(x)$ 的傅里叶级数为

$$f(x) = \frac{\pi}{4} - \frac{2}{\pi}\left[\cos x + \frac{1}{3^2}\cos 3x + \cdots + \frac{1}{(2m-1)^2}\cos(2m-1)x + \cdots\right]$$

$$+ \left[\sin x - \frac{1}{2}\sin 2x + \frac{1}{3}\sin 3x + \cdots + (-1)^{n+1}\frac{1}{n}\sin nx + \cdots\right]$$

$$(-\infty < x < +\infty, x \neq (2k-1)\pi, k\in\mathbf{Z}).$$

【例 7.20】　将函数 $f(x) = \begin{cases} -x, & -\pi \leqslant x < 0, \\ x, & 0 \leqslant x < \pi \end{cases}$ 展开为傅里叶级数.

解　所给函数 $f(x)$ 在区间 $[-\pi,\pi]$ 上满足收敛定理的条件，并且延拓为周期函数时，它在 $(-\infty,+\infty)$ 内处处连续，如图 7-6 所示. 所以延拓的周期函数的傅里叶级数在 $[-\pi,\pi]$ 上收敛于函数 $f(x)$.

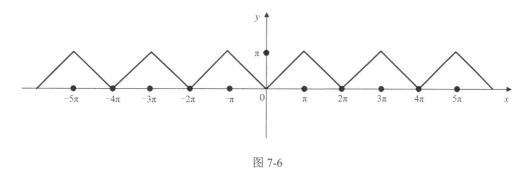

图 7-6

按式（7-13）计算傅里叶系数如下：

$$a_0 = \frac{1}{\pi}\int_{-\pi}^{\pi} f(x)\,dx = \frac{1}{\pi}\left[\int_{-\pi}^0(-x)\,dx + \int_0^{\pi}x\,dx\right] = \frac{2}{\pi}\int_0^{\pi}x\,dx = \pi;$$

$$a_n = \frac{1}{\pi}\int_{-\pi}^{\pi} f(x)\cos nx\,dx = \frac{1}{\pi}\left[\int_{-\pi}^0(-x)\cos nx\,dx + \int_0^{\pi}x\cos nx\,dx\right]$$

$$= \begin{cases} 0, & n\text{为偶数}, \\ -\dfrac{4}{n^2\pi}, & n\text{为奇数}; \end{cases}$$

$$b_n = \frac{1}{\pi}\int_{-\pi}^{\pi} f(x)\sin nx\,dx = \frac{1}{\pi}\left[\int_{-\pi}^0(-x)\sin nx\,dx + \int_0^{\pi}x\sin nx\,dx\right] = 0$$

$$(n=1,2,3,\cdots).$$

所以 $f(x)$ 的傅里叶级数为

$$f(x) = \frac{\pi}{2} - \frac{4}{\pi}\left[\cos x + \frac{1}{3^2}\cos 3x + \cdots + \frac{1}{(2m-1)^2}\cos(2m-1)x + \cdots\right] \quad (-\pi \leqslant x \leqslant \pi).$$

在例 7.18～例 7.20 三个例题中，有的级数只含有余弦项，有的级数只含有正弦项，这与函数的奇偶性有关.

练习 7.4

1. 将下列周期为 2π 的函数展开为傅里叶级数，并且作出 $f(x)$ 和它的傅里叶级数的和函数的图像.

（1） $f(x)=\begin{cases}\pi+x, & -\pi\leqslant x<0,\\ \pi-x, & 0\leqslant x<\pi;\end{cases}$　　（2） $f(x)=\begin{cases}-\dfrac{\pi}{2}, & -\pi\leqslant x<-\dfrac{\pi}{2},\\[2mm] x, & -\dfrac{\pi}{2}\leqslant x<\dfrac{\pi}{2},\\[2mm] \dfrac{\pi}{2}, & \dfrac{\pi}{2}\leqslant x<\pi.\end{cases}$

2. 将图 7-7 和图 7-8 所示的周期函数展开为傅里叶级数.

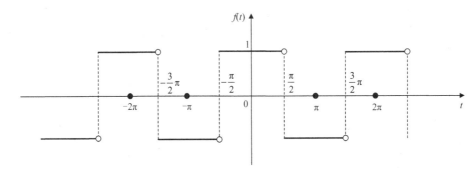

图 7-7

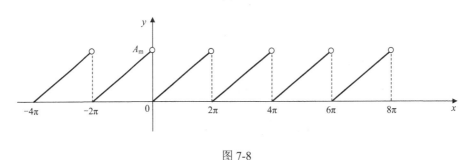

图 7-8

■·■·■·■·■·■·■ **数学实验：MATLAB 在级数中的应用** ■·■·■·■·■·■·■

MATLAB 在级数中应用的格式如下：

```
symsum(通项,指标变量,初指标,末指标)
```

作用　有限项求和返回求和公式. 无穷项求和，若收敛，返回和；若发散但趋向于正无穷大（负无穷大），返回 inf(-inf)；若发散且不趋向于无穷大，返回 NaN.

例 1　求 $\displaystyle\sum_{k=1}^{n}k^{3}$.

解　代码和运行结果如下：

```
>> syms n k
>> symsum(k^3,k,1,n)
ans =
    1/4*(n+1)^4-1/2*(n+1)^3+1/4*(n+1)^2
>> factor(ans)                    %对结果作因式分解
ans =
    1/4*n^2*(n+1)^2
```

所以 $\sum_{k=1}^{n} k^3 = \frac{1}{4} n^2 (n+1)^2$.

▌例 2▐ 判断下列级数是否收敛：（1）$\sum_{n=1}^{\infty} \frac{1}{n^2 + 3n}$；（2）$\sum_{n=1}^{\infty} \frac{1}{n}$；（3）$\sum_{n=1}^{\infty} (-1)^n$.

解 代码和运行结果如下：

```
>> syms n
>> symsum(1/(n^2+3*n),n,1,inf)      %第（1）题
ans =
    11/18                            %收敛，且和为 11/18
>> symsum(1/n,n,1,inf)              %第（2）题
ans =
    Inf                              %发散但趋向于正无穷大
>> symsum((-1)^n,n,1,inf)            %第（3）题
ans =
    NaN                              %发散且不趋向于无穷大
```

小实验 判断下列级数是否收敛：

（1）$\sum_{n=1}^{\infty} \frac{n^2}{2^n}$；　　（2）$\sum_{n=1}^{\infty} \frac{n+1}{n^2+1}$；　　（3）$\sum_{n=1}^{\infty} (-1)^n n$.

▌**拓展阅读** ─────────

级数的意义

级数是一个无限求和的过程，是当数列项数 $n \to \infty$ 时，部分和 S_n 的极限. 把极限及其运算性质移植到级数中去，就形成了级数的一些独特性质，如收敛性等. 一方面可借助级数表示许多常用的非初等函数，另一方面又可将函数表示为级数，从而借助级数去研究函数. 级数是研究函数的重要工具，也是产生新函数的重要方法，同时又是对已知函数表示、逼近的有效方法，在近似计算中发挥着重要作用.

历史上级数出现得很早. 公元前 4 世纪，亚里士多德就已经知道公比小于 1（大于零）的几何级数具有和数；14 世纪，奥尔斯姆就证明了调和级数发散到 $+\infty$. 实际上，将朴素的积分思想用于求积（面积、体积）问题时，在数量计算上就一直是以级数的形式出现，如《九章算术》中圆面积的计算等.

微积分在创立初期就为级数理论的开展提供了基本的素材. 它通过自己的基本运算与级数运算的纯形式的结合，达到了一批初等函数的（幂）级数展开. 从此以后，级数便作为函数的分析等价物，用以计算函数的值或代表函数参加运算，并以所得结果阐释函数的性质. 在运算过程中，级数被视为多项式的直接的代数推广，被当作通常的多项式来对待.

　　法国数学家傅里叶认为，任何周期函数都可以用正弦函数和余弦函数构成的无穷级数来表示（选择正弦函数与余弦函数作为基函数是因为它们是正交的），后世称傅里叶级数为一种特殊的三角级数，根据欧拉公式，三角函数又能化成指数形式，所以也称傅里叶级数为一种指数级数.

　　级数理论是分析学的一个分支，它与另一个分支——微积分学一起作为基础知识和工具出现在其余各分支中. 二者共同以极限为基本工具，分别从离散与连续两个方面，结合起来研究分析学的对象——函数.

■■■■■■■■■■■■■■■■■■ 本模块知识要点 ■■■■■■■■■■■■■■■■

一、基础知识脉络

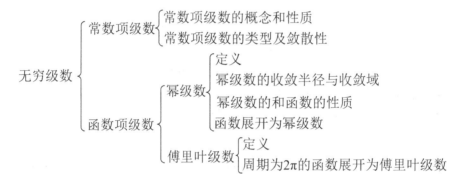

二、重点与难点

1. 重点

（1）对级数有关概念的理解.
（2）正项级数敛散性的判断.
（3）对幂级数有关内容的理解.

2. 难点

（1）交错级数敛散性的判断.
（2）对傅里叶级数有关内容的理解：傅里叶级数的结构与幂级数不同，它的各项均为正弦函数或余弦函数，它们都是随周期函数的变化而变化的. 因此，傅里叶级数能呈现函数的周期性. 傅里叶级数对振动和电子信号等周期性现象的研究具有非常重要的意义. 同时，一个函数的傅里叶级数展开的条件要比幂级数展开的条件低得多，只需满足收敛定理的条件即可.

============================ 习题 7 ============================

A 组

1. 写出下列级数的一般项:

(1) $\dfrac{1}{3} + \dfrac{1}{9} + \dfrac{1}{27} + \cdots$;

(2) $\dfrac{2}{3} - \dfrac{4}{9} + \dfrac{8}{27} - \dfrac{16}{81} + \cdots$;

(3) $\dfrac{1}{2} + \dfrac{1}{4} + \dfrac{1}{6} + \cdots$;

(4) $\dfrac{2}{3} - \dfrac{3}{4} + \dfrac{4}{5} - \dfrac{5}{6} + \cdots$.

2. 根据级数收敛与发散的定义判别下列级数的收敛性, 若收敛, 求出级数的和.

(1) $\displaystyle\sum_{n=0}^{\infty} \dfrac{1}{2^n}$;

(2) $\displaystyle\sum_{n=1}^{\infty} \dfrac{1}{n(n+1)}$;

(3) $\displaystyle\sum_{n=0}^{\infty} (\sqrt{n+1} - \sqrt{n})$;

(4) $\displaystyle\sum_{n=2}^{\infty} \dfrac{1}{(n-1)(n+1)}$.

3. (药物治疗) 假定在某个药物维持治疗中, 每天给病人服用 100mg 的药物, 而病人每天又将体内药物的 $\dfrac{2}{3}$ 排出体外. 如果此项治疗计划无限制地进行下去, 试估计留存在病人体内的长期药物水平.

4. 利用性质判别下列级数的收敛性:

(1) $\displaystyle\sum_{n=1}^{\infty} \dfrac{3^n}{2^n}$;

(2) $\displaystyle\sum_{n=1}^{\infty} \left(\dfrac{1}{2^n} + (-1)^n \dfrac{4}{3^n} \right)$;

(3) $\displaystyle\sum_{n=1}^{\infty} \dfrac{n+1}{n+2}$.

5. 用比较判别法判定下列级数的收敛性:

(1) $\displaystyle\sum_{n=0}^{\infty} \dfrac{2 + (-1)^n}{2^n}$;

(2) $\displaystyle\sum_{n=2}^{\infty} \dfrac{n}{\sqrt{n^3 - 1}}$.

6. 用比值判别法判定下列级数的收敛性:

(1) $\displaystyle\sum_{n=1}^{\infty} \dfrac{2^n}{n^n}$;

(2) $\displaystyle\sum_{n=1}^{\infty} \dfrac{3^n}{n \cdot 2^n}$.

7. 判断下列级数的收敛性, 如果收敛, 是绝对收敛还是条件收敛.

(1) $\displaystyle\sum_{n=1}^{\infty} (-1)^n \dfrac{n}{2n-1}$;

(2) $\displaystyle\sum_{n=1}^{\infty} (-1)^n \dfrac{1}{\sqrt{n}}$;

(3) $\displaystyle\sum_{n=1}^{\infty} (-1)^n \dfrac{3n}{4^n}$.

8. 求下列幂级数的收敛半径与收敛域:

(1) $\displaystyle\sum_{n=0}^{\infty} \dfrac{x^n}{n!}$;

(2) $\displaystyle\sum_{n=0}^{\infty} \dfrac{(-1)^n x^{2n+1}}{n+5}$.

9. 求下列幂级数在收敛域内的和函数:

(1) $\displaystyle\sum_{n=1}^{\infty} (-1)^n \dfrac{x^n}{n}$, $x \in (-1, 1]$;

(2) $\displaystyle\sum_{n=1}^{\infty} \dfrac{x^n}{n 3^{n-1}}$, $x \in [-3, 3)$.

10. 设 $f(x)$ 是周期为 2π 的函数, 它在 $[-\pi, \pi)$ 上的表达式为

$$f(x) = \begin{cases} 0, & x \in [-\pi, 0), \\ \mathrm{e}^x, & x \in [0, \pi). \end{cases}$$

将 $f(x)$ 展开成傅里叶级数.

B 组

1. （乘数效应）A 国地方政府为了刺激经济发展，减免税收 100 万元. 假定居民中收入的安排为：国民收入的 90% 用于消费，10% 用于储蓄. 经济学家把这个 90% 称为边际消费倾向，10% 称为边际储蓄倾向. 试问在这种情况下，政府由于减免税收会产生多大的消费？（这种由消费产生更多消费的经济现象称为**乘数效应**）.

2. 判断下列级数的敛散性：

（1）$\displaystyle\sum_{n=1}^{\infty} \frac{1}{\sqrt[n]{2}}$；　　　　　（2）$\displaystyle\sum_{n=2}^{\infty} \ln\left(1 + \frac{1}{n^2}\right)$；　　　　　（3）$\displaystyle\sum_{n=1}^{\infty} \frac{1 \cdot 3 \cdot 5 \cdots (2n-1)}{3^n \cdot n!}$；

（4）$\displaystyle\sum_{n=1}^{\infty} n^2 \sin\frac{\pi}{2^n}$；　　　（5）$\displaystyle\sum_{n=1}^{\infty}\left(1 - \cos\frac{\pi}{n}\right)$；　　　（6）$\displaystyle\sum_{n=1}^{\infty} \frac{1}{n}(\sqrt{n+1} - \sqrt{n-1})$.

3. 判断下列级数的收敛性，如果收敛，是绝对收敛还是条件收敛.

（1）$\displaystyle\sum_{n=1}^{\infty} \frac{(-1)^n}{\ln(n+2)}$；　　　　　　　　　　（2）$\displaystyle\sum_{n=1}^{\infty} (-1)^n \frac{n+1}{n}$；

（3）$\displaystyle\sum_{n=1}^{\infty} (-1)^{n-1} \frac{2 + (-1)^n}{n^2}$；　　　　　（4）$\displaystyle\sum_{n=1}^{\infty} (-1)^n (\sqrt{n+1} - \sqrt{n})$.

4. 下列函数的周期为 2π，它们在 $[-\pi, \pi]$ 上的表达式如下. 试将其展开成傅里叶级数，并作出函数 $f(x)$ 及其傅立叶级数的和函数的图形.

（1）$f(x) = 3x^2 + 1 \quad (-\pi \leqslant x < \pi)$；　　　　　（2）$f(x) = \mathrm{e}^{2x} \quad (-\pi \leqslant x < \pi)$.

模块 7 习题解答

模块 8

多元函数微积分学

前面研究了一个自变量的函数，即一元函数. 但是，在很多实际问题中往往需要考虑多方面的因素，反映在数学上，就是函数依赖于多个自变量的情况，因此需要引入多元函数的概念. 本模块将在一元函数的基础上，以二元函数为主，讨论多元函数的微积分理论及应用. 要求会计算多元函数的偏导数和全微分，理解二元函数的极值与最值的概念及其简单应用，掌握二重积分的概念、性质、计算及简单应用.

8.1 多元函数的基本概念

8.1.1 空间直角坐标系

过空间一个点 O，作 x 轴（横轴）、y 轴（纵轴）、z 轴（竖轴）三条两两相互垂直的数轴，这样就建立了空间直角坐标系 $O\text{-}xyz$，点 O 称为坐标原点，这三条数轴统称为坐标轴. 通常规定 x 轴、y 轴、z 轴的正向遵循右手法则，即以右手握住 z 轴，当右手的四个手指从正向 x 轴以 $\dfrac{\pi}{2}$ 角度转向正向 y 轴时，大拇指的指向是 z 轴的正向，如图 8-1 所示.

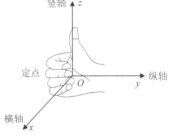

图 8-1

三条坐标轴中的任意两条可以确定一个平面，这样定出的三个平面统称为坐标面. 其中，x 轴与 y 轴所确定的平面叫作 xOy 面，y 轴与 z 轴所确定的平面叫作 yOz 面，z 轴与 x 轴所确定的平面叫作 zOx 面. 三个坐标面把空间分成八个部分，每一部分叫作卦限. 含 x 轴、y 轴、z 轴正半轴的卦限叫作第 I 卦限，第 II、III、IV 卦限在 xOy 坐标面的上方，按逆时针方向确定. 第 V ～第Ⅷ卦限分别在第 I ～第Ⅳ卦限的下方，如图 8-2 所示.

设 P 为空间一点，过点 P 分别作垂直于 x 轴、y 轴、z 轴的平面，顺次与 x 轴、y 轴、z 轴交于点 P_X, P_Y, P_Z，这三点分别在各自的轴上对应的实数值 x, y, z 称为点 P 在 x 轴、y 轴、z 轴上的坐标，由此唯一确定的有序数组 (x, y, z) 称为点 P 的坐标. 依次称 x, y 和 z 为点 P 的横坐标、纵坐标和竖坐标，通常记为 $P(x, y, z)$.

坐标面上和坐标轴上的点，其坐标各有一定的特征. 例如，如果点 M 在 yOz 面上，则 $x=0$；同样，在 zOx 面上，则 $y=0$；在 xOy 面上，则 $z=0$.

如果点 M 在 x 轴上，则 $y=z=0$；同样，在 y 轴上，则 $z=x=0$；在 z 轴上的点，则 $x=y=0$.

如果点 M 为原点，则 $x=y=z=0$.

设 $M_1(x_1,y_1,z_1)$，$M_2(x_2,y_2,z_2)$ 为空间两点，过 M_1,M_2 各作三个分别垂直于三条坐标轴的平面，这六个平面围成一个以 M_1,M_2 为对角线的长方体，如图 8-3 所示. 根据立体几何的知识，有

$$|M_1M_2|^2=|M_1N|^2+|NM_2|^2$$
$$=|M_1P|^2+|PN|^2+|NM_2|^2$$
$$=(x_2-x_1)^2+(y_2-y_1)^2+(z_2-z_1)^2.$$

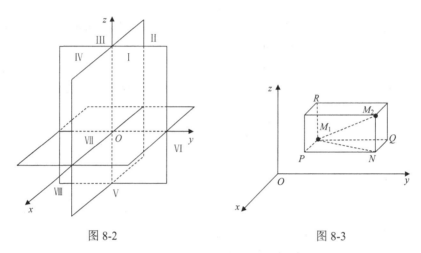

图 8-2   图 8-3

所以 M_1,M_2 两点间的距离

$$d=|M_1M_2|=\sqrt{(x_2-x_1)^2+(y_2-y_1)^2+(z_2-z_1)^2}. \tag{8-1}$$

【例 8.1】 在 xOy 坐标面上求一点 M，使它的 x 坐标为 1，且与点 $(1,-2,2)$ 和点 $(2,-1,-4)$ 的距离相等.

解 设该点为 $(1,y,0)$，由题意，得

$$\sqrt{(1-1)^2+(y+2)^2+(0-2)^2}=\sqrt{(1-2)^2+(y+1)^2+(0+4)^2}$$

解得 $y=5$，于是，所求点坐标为 $(1,5,0)$.

8.1.2 平面点集

1. 邻域

定义 8.1 设 $P_0(x_0,y_0)$ 是 xOy 平面上的一定点，δ 是某一正数，与点 $P_0(x_0,y_0)$ 的距离小于 δ 的点 $P(x,y)$ 的全体，称为点 $P_0(x_0,y_0)$ 的 δ **邻域**，记为 $U(P_0,\delta)$，即

$$U(P_0,\delta)=\{P\big|\,|P_0P|<\delta\},$$

亦即

$$U(P_0,\delta)=\left\{(x,y)\big|\sqrt{(x-x_0)^2+(y-y_0)^2}<\delta\right\}.$$

$U(P_0,\delta)$ 在几何上表示以 $P_0(x_0,y_0)$ 为中心、δ 为半径的圆的内部（不含圆周）.

在邻域 $U(P_0,\delta)$ 去掉中心 $P_0(x_0,y_0)$ 后，称为 $P_0(x_0,y_0)$ 的**去心邻域**，记作 $\mathring{U}(P_0,\delta)$，即

$$\mathring{U}(P_0,\delta)=\left\{(x,y)\Big|0<\sqrt{(x-x_0)^2+(y-y_0)^2}<\delta\right\}.$$

如果不需要强调邻域的半径 δ，则用 $U(P_0)$ 表示点 $P_0(x_0,y_0)$ 的邻域，用 $\mathring{U}(P_0)$ 表示 $P_0(x_0,y_0)$ 的去心邻域.

2. 区域

设 E 是 xOy 平面上的一个点集，P 是 xOy 平面上的一点，则 P 与 E 的关系有以下三种情形：

（1）内点：如果存在点 P 的某个邻域 $U(P)$，使得 $U(P)\subset E$，则称点 P 为 E 的内点.

（2）外点：如果存在点 P 的某个邻域 $U(P)$，使得 $U(P)\bigcap E=\varnothing$，则称点 P 为 E 的外点.

（3）边界点：如果在点 P 的任何邻域内，既有属于 E 的点，也有不属于 E 的点，则称点 P 为 E 的边界点. E 的边界点的集合称为 E 的边界，记作 ∂E.

例如，点集 $E_1=\{(x,y)\,|\,0<x^2+y^2<1\}$，除圆心与圆周上各点之外圆的内部的点都是 E_1 的内点，圆外部的点都是 E_1 的外点，圆心及圆周上的点为 E_1 的边界点，如图 8-4（a）所示；又如，平面点集 $E_2=\{(x,y)\,|\,x+y\geqslant1\}$，直线上方的点都是 E_2 的内点，直线下方的点都是 E_2 的外点，直线上的点都是 E_2 的边界点，如图 8-4（b）所示.

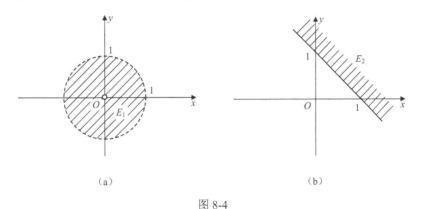

（a）　　　　　　　　　　　　　　　　（b）

图 8-4

显然，点集 E 的内点一定属于 E；点集 E 的外点一定不属于 E；E 的边界点可能属于 E，也可能不属于 E.

如果点集 E 的每一点都是 E 的内点，则称 E 为**开集**. 点集 $E_1=\{(x,y)\,|\,0<x^2+y^2<1\}$ 是开集，而 $E_2=\{(x,y)\,|\,x+y\geqslant1\}$ 不是开集.

设 E 是开集，如果对于 E 中的任何两点，都可用完全含于 E 的折线连接起来，则称开集 E 是**连通集**，如图 8-5（a）所示. 点集 E_1 和 E_2 都是连通的，而点集 $E_3=\{(x,y)\,|\,xy>0\}$ 不是连通的，如图 8-5（b）所示.

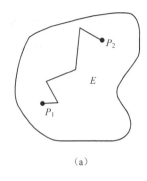

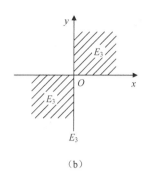

（a）　　　　　　　　　　　　　　（b）

图 8-5

连通的开集称为**开区域（开域）**. 从几何上看，开区域是连成一片的且不包括边界的平面点集，如 E_1 是开区域. 开区域是数轴上的开区间这一概念在平面上的推广. 开区域 E 连同它的边界 ∂E 构成的点集，称为**闭区域（闭域）**，记作 $\overline{E}$ （即 $\overline{E}=E+\partial E$）.

闭区域是数轴上的闭区间这一概念在平面上的推广. 例如，E_2 及 $E_4=\{(x,y)\,|\,x^2+y^2\leqslant 1\}$ 都是闭域，而 $E_5=\{(x,y)\,|\,1\leqslant x^2+y^2<2\}$ 既非闭域，又非开域. 闭域是连成一片的且包含边界的平面点集.

把开区域与闭区域统称为**区域**.

如果区域 E 可包含在以原点为中心的某个圆内，即存在正数 r，使 $E\subset U(O,r)$，则称 E 为**有界区域**，否则，称 E 为**无界区域**. 例如，E_1 是有界区域，E_2 是无界区域.

记 E 是平面上的一个点集，P 是平面上的一个点. 如果点 P 的任一邻域内总有无限多个点属于点集 E，则称 P 为 E 的**聚点**. 显然，E 的内点一定是 E 的聚点，此外，E 的边界点也可能是 E 的聚点. 例如，设 $E_6=\{(x,y)\,|\,0<x^2+y^2\leqslant 1\}$，那么点 $(0,0)$ 既是 E_6 的边界点又是 E_6 的聚点，但 E_6 的这个聚点不属于 E_6. 又如，圆周 $x^2+y^2=1$ 上的每个点既是 E_6 的边界点，也是 E_6 的聚点，而这些聚点都属于 E_6. 由此可见，点集 E 的聚点可以属于 E，也可以不属于 E. 再如，点 $E_7=\left\{(1,1),\ \left(\dfrac{1}{2},\dfrac{1}{2}\right),\ \left(\dfrac{1}{3},\dfrac{1}{3}\right),\ \cdots,\ \left(\dfrac{1}{n},\dfrac{1}{n}\right),\ \cdots\right\}$，原点 $(0,0)$ 是它的聚点，但 E_7 中的任何一个点都不是聚点.

3. n 维空间 $\mathbf{R}^n$

一般地，由 n 元有序实数组 $(x_1,x_2,\cdots,x_n)$ 的全体组成的集合称为 n **维空间**，记作 $\mathbf{R}^n$，即

$$\mathbf{R}^n=\{(x_1,x_2,\cdots,x_n)\,|\,x_i\in\mathbf{R},\ i=1,2,\cdots,n\}.$$

n 元有序数组 $(x_1,x_2,\cdots,x_n)$ 称为 n 维空间中的一个点，数 x_i 称为该点的第 i 个坐标.

类似地规定，n 维空间中任意两点 $P(x_1,x_2,\cdots,x_n)$ 与 $Q(x_1,x_2,\cdots,x_n)$ 之间的距离为

$$|PQ|=\sqrt{(y_1-x_1)^2+(y_2-x_2)^2+\cdots+(y_n-x_n)^2}.$$

前面关于平面点集的一系列概念，均可推广到 n 维空间中去. 例如，若 $P_0\in\mathbf{R}^n$，δ 是某一正数，则点 P_0 的 δ 邻域为

$$U(P_0,\delta)=\{P\,|\,|PP_0|<\delta,\ P\in\mathbf{R}^n\}.$$

以邻域为基础，还可以定义 n 维空间中内点、边界点、区域等一系列概念.

8.1.3 多元函数的概念

1. n 元函数的定义

定义 8.2 设 D 是 $\mathbf{R}^n$ 中的一个非空点集，如果存在一个对应法则 f，使得对于 D 中的每一个点 $P(x_1, x_2, \cdots, x_n)$，都能由 f 唯一地确定一个实数 y，则称 f 为定义在 D 上的 n 元函数，记为

$$y = f(x_1, x_2, \cdots, x_n), (x_1, x_2, \cdots, x_n) \in D.$$

其中，$x_1, x_2, \cdots, x_n$ 叫作**自变量**，y 叫作**因变量**，点集 D 叫作函数的**定义域**，常记作 $D(f)$.

取定 $(x_1, x_2, \cdots, x_n) \in D$，对应的 $f(x_1, x_2, \cdots, x_n)$ 叫作 $(x_1, x_2, \cdots, x_n)$ 所对应的函数值. 全体函数值的集合叫作函数 f 的**值域**，常记为 $f(D)$，即

$$f(D) = \{y \mid y = f(x_1, x_2, \cdots, x_n), (x_1, x_2, \cdots, x_n) \in D(f)\}.$$

当 $n = 1$ 时，D 为实数轴上的一个点集，于是可得一元函数的定义. 一元函数一般记作 $y = f(x), x \in D, D \subset \mathbf{R}$.

当 $n = 2$ 时，D 为 xOy 平面上的一个点集，于是可得二元函数的定义，即二元函数一般记作 $z = f(x, y), (x, y) \in D, D \subset \mathbf{R}^2$，若记 $P = (x, y)$，则也记作 $z = f(P)$.

二元及二元以上的函数统称为**多元函数**. 多元函数的概念与一元函数一样，包含**对应法则**和**定义域**这两个要素.

多元函数的定义域的求法与一元函数类似. 若函数的自变量具有某种实际意义，则根据它的实际意义来决定其取值范围，从而确定函数的定义域. 对一般的用解析式表示的函数，使表达式有意义的自变量的取值范围，就是函数的定义域.

【例 8.2】 在物理学中，电流所做的功率 P 与电路电压 U 和电流 I 之间有关系式

$$P = UI$$

写出该函数的定义域.

解 这是以 U, I 为自变量的二元函数，该函数的定义域为 $\{(U, I) \mid U > 0, I > 0\}$.

【例 8.3】 求函数 $z = \ln(y - x) + \dfrac{\sqrt{x}}{\sqrt{1 - x^2 - y^2}}$ 的定义域 D，并画出 D 的图形.

解 要使函数的解析式有意义，必须满足

$$\begin{cases} y - x > 0, \\ x \geqslant 0, \\ 1 - x^2 - y^2 > 0, \end{cases}$$

即 $D = \{(x, y) \mid x \geqslant 0, \ x < y, \ x^2 + y^2 < 1\}$，如图 8-6 所示的阴影部分.

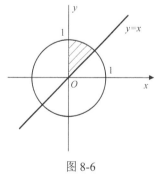

图 8-6

2. 二元函数的几何表示

设函数 $z = f(x, y)$ 的定义域为平面区域 D，对于 D 中的任意一点 $P(x, y)$，对应一个确定的函数值 $z[z = f(x, y)]$. 这样便得到一个三元有序数组 (x, y, z)，相应地在空间

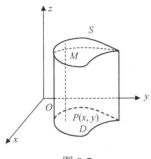

图 8-7

可得到一点 $M(x,y,z)$. 当点 P 在 D 内变动时，相应的点 M 就在空间中变动，当点 P 取遍整个定义域 D 时，点 M 就在空间描绘出一张曲面 S（图 8-7）. 其中

$$S = \{(x,y,z)\,|\,z = f(x,y),(x,y) \in D\}.$$

而函数的定义域 D 就是曲面 S 在 xOy 面上的投影区域.

例如，$z = ax + by + c$ 表示一平面；$z = \sqrt{1-x^2-y^2}$ 表示球心在原点，半径为 1 的上半球面.

8.1.4 二元函数的极限

二元函数的极限概念是一元函数极限概念的推广. 二元函数的极限可表述如下.

定义 8.3 设二元函数 $z = f(x,y)$ 在点 $P_0(x_0,y_0)$ 的某邻域内有定义，$P(x,y)$ 是该邻域内异于 P_0 的任一点，若当点 P 以任何方式无限趋于点 P_0 时，函数值 $f(x,y)$ 无限趋于某一常数 A，则称 A 是函数 $f(x,y)$ 当点 P 趋于点 P_0 时的（二重）极限. 记为

$$\lim_{(x,y)\to(x_0,y_0)} f(x,y) = A \text{ 或 } f(x,y) \to A(x \to x_0,\ y \to y_0).$$

此时也称当 $P \to P_0$ 时，$f(P)$ 的极限存在，否则称 $f(P)$ 的极限不存在.

> **注意** （1）注意到平面上的点 P 趋近于 P_0 的方式是多种多样的，可以从四面八方趋于点 P_0，也可以沿曲线或点列趋于点 P_0. 定义 8.3 指出：只有当点 P 以任何方式趋近于点 P_0，相应的 $f(P)$ 都趋近于同一常数 A 时，才称 A 为 $f(P)$ 当 $P \to P_0$ 时的极限. 如果 $P(x,y)$ 以某些特殊方式（如沿某几条直线或曲线）趋于点 $P_0(x_0,y_0)$ 时，即使函数值 $f(P)$ 趋于同一常数 A，也不能由此断定函数的极限存在. 但是反过来，当点 P 在 D 内沿不同的路径趋于点 P_0 时，$f(P)$ 趋于不同的值，则可以断定函数的极限不存在.
>
> （2）二元函数的极限有与一元函数极限相似的运算性质和法则，这里不再一一叙述.

【例 8.4】 设 $f(x,y) = \begin{cases} \dfrac{xy}{x^2+y^2}, & x^2+y^2 \neq 0, \\ 0, & x^2+y^2 = 0, \end{cases}$ 判断 $\lim\limits_{(x,y)\to(0,0)} f(x,y)$ 是否存在.

解 当点 $P(x,y)$ 沿 x 轴趋于点 $(0,0)$ 时，有 $y=0$，于是

$$\lim_{\substack{(x,y)\to(0,0)\\y=0}} f(x,y) = \lim_{x\to0} \frac{0}{x^2+0^2} = 0;$$

当 $P(x,y)$ 沿 y 轴趋于点 $(0,0)$ 时，有 $x=0$，于是

$$\lim_{\substack{(x,y)\to(0,0)\\x=0}} f(x,y) = \lim_{y\to0} \frac{0}{0^2+y^2} = 0.$$

但不能因为点 $P(x,y)$ 以上述两种特殊方式趋于点 $(0,0)$ 时的极限存在且相等，就断定所考察的二重极限存在. 因为当点 $P(x,y)$ 沿直线 $y = kx(k \neq 0)$ 趋于点 $(0,0)$ 时，有

$$\lim_{\substack{(x,y)\to(0,0)\\y=kx}} f(x,y) = \lim_{x\to 0} \frac{kx^2}{(1+k)^2 x^2} = \frac{k}{1+k^2},$$

这个极限值随 k 不同而变化，故 $\lim_{(x,y)\to(0,0)} f(x,y)$ 不存在.

┃例 8.5┃ 求 $\lim_{(x,y)\to(0,2)} \dfrac{\sin xy}{x}$.

解 $\lim_{(x,y)\to(0,2)} \dfrac{\sin xy}{x} = \lim_{(x,y)\to(0,2)} \dfrac{\sin xy}{xy} \cdot y$

$\qquad\qquad = \lim_{(x,y)\to(0,2)} \dfrac{\sin xy}{xy} \cdot \lim_{(x,y)\to(0,2)} y$

$\qquad\qquad = 1 \times 2$

$\qquad\qquad = 2.$

┃例 8.6┃ 求下列函数的极限：

（1）$\lim_{(x,y)\to(0,0)} \dfrac{2-\sqrt{xy+4}}{xy}$；　　（2）$\lim_{(x,y)\to(0,0)} \dfrac{xy^2}{x^2+y^2}$；　　（3）$\lim_{(x,y)\to(1,0)} \dfrac{\ln(1+xy)}{y\sqrt{x^2+y^2}}$.

解

（1）$\lim_{(x,y)\to(0,0)} \dfrac{2-\sqrt{xy+4}}{xy} = \lim_{(x,y)\to(0,0)} \dfrac{-xy}{xy\left(2+\sqrt{xy+4}\right)} = -\lim_{(x,y)\to(0,0)} \dfrac{1}{2+\sqrt{xy+4}} = -\dfrac{1}{4}$.

（2）当 $x\to 0, y\to 0$ 时，$x^2+y^2 \neq 0$，有 $x^2+y^2 \geq 2|xy|$. 这时，函数 $\dfrac{xy}{x^2+y^2}$ 有界，

而 y 是当 $x\to 0$ 且 $y\to 0$ 时的无穷小，根据无穷小与有界函数的乘积仍为无穷小，得

$$\lim_{(x,y)\to(0,0)} \frac{xy^2}{x^2+y^2} = 0.$$

（3）$\lim_{(x,y)\to(1,0)} \dfrac{\ln(1+xy)}{y\sqrt{x^2+y^2}} = \lim_{(x,y)\to(1,0)} \dfrac{xy}{y\sqrt{x^2+y^2}} = \lim_{(x,y)\to(1,0)} \dfrac{x}{\sqrt{x^2+y^2}} = 1$.

8.1.5　二元函数的连续性

类似于一元函数连续性的定义，下面用二元函数的极限概念来定义二元函数的连续性.

定义 8.4　设二元函数 $z=f(x,y)$ 在点 $P_0(x_0,y_0)$ 的某邻域内有定义，如果

$$\lim_{(x,y)\to(x_0,y_0)} f(x.y) = f(x_0,y_0),$$

则称函数 $f(x,y)$ 在点 $P_0(x_0,y_0)$ 处连续，$P_0(x_0,y_0)$ 称为 $f(x,y)$ 的连续点；否则称 $f(x,y)$ 在点 $P_0(x_0,y_0)$ 处间断（不连续），$P_0(x_0,y_0)$ 称为 $f(x,y)$ 的间断点.

与一元函数相仿，二元函数 $z=f(x,y)$ 在点 $P_0(x_0,y_0)$ 处连续，必须满足三个条件：①函数在点 $P_0(x_0,y_0)$ 处有定义；②函数在点 $P_0(x_0,y_0)$ 处的极限存在；③函数在点 $P_0(x_0,y_0)$ 处的极限与点 $P_0(x_0,y_0)$ 处的函数值相等. 只要三个条件中有一条不满足，函数在 $P_0(x_0,y_0)$ 处就不连续.

由例 8.3 可知，$f(x,y) = \begin{cases} \dfrac{xy}{x^2+y^2}, & x^2+y^2 \neq 0 \\ 0, & x^2+y^2 = 0 \end{cases}$ 在 $(0,0)$ 处间断；函数 $z = \dfrac{1}{x+y}$ 在直线 $x+y=0$ 上每一点处间断.

如果 $f(x,y)$ 在平面区域 D 内每一点处都连续，则称 $f(x,y)$ 在区域 D 内连续，也称 $f(x,y)$ 是 D 内的连续函数，记为 $f(x,y) \in C(D)$. 在区域 D 上连续函数的图形是一张既没有"洞"也没有"裂缝"的曲面.

一元函数中关于极限的运算法则对于多元函数仍适用，故二元连续函数经过四则运算后仍为二元连续函数（商的情形要求分母不为零）；二元连续函数的复合函数也是连续函数.

与一元初等函数类似，二元初等函数可以是用含 x,y 的解析式所表示的函数，而这个式子是由常数、x 的基本初等函数、y 的基本初等函数经过有限次的四则运算及复合所构成的，如 $\sin(x+y)$，$\dfrac{xy}{x^2+y^2}$，$\arcsin\dfrac{x}{y}$ 等都是二元初等函数. 二元初等函数在其定义域的区域内处处连续.

与闭区间上一元连续函数的性质相类似，有界闭区域上的连续函数有如下性质：

性质 1（最值定理） 若 $f(x,y)$ 在有界闭区域 D 上连续，则 $f(x,y)$ 在 D 上必取得最大值与最小值.

推论 若 $f(x,y)$ 在有界闭区域 D 上连续，则 $f(x,y)$ 在 D 上有界.

性质 2（介值定理） 若 $f(x,y)$ 在有界闭区域 D 上连续，M 和 m 分别是 $f(x,y)$ 在 D 上的最大值与最小值，则对于介于 M 与 m 之间的任意一个数 μ，必存在一点 $(x_0,y_0) \in D$，使得 $f(x_0,y_0) = \mu$.

以上关于二元函数的极限与连续性的概念及有界闭区域上连续函数的性质，可类推到三元以上的函数中去.

练习 8.1

1. 判断下列平面点集哪些是开集、闭集、区域、有界集、无界集，并分别指出它们的聚点组成的点集和边界.

（1）$\{(x,y) \mid x \neq 0, y \neq 0\}$； （2）$\{(x,y) \mid 1 < x^2+y^2 \leqslant 4\}$；

（3）$\{(x,y) \mid y > x^2\}$.

2. 求下列函数的定义域，并画出其示意图：

（1）$z = \sqrt{1 - \dfrac{x^2}{a^2} - \dfrac{y^2}{b^2}}$； （2）$z = \dfrac{1}{\ln(x-y)}$；

（3）$z = \sqrt{x - \sqrt{y}}$； （4）$u = \arccos\dfrac{z}{\sqrt{x^2+y^2}}$.

3. 设函数 $f(x,y) = x^3 - 2xy + 3y^2$，求：

（1）$f(-2,3)$； （2）$f\left(\dfrac{1}{x}, \dfrac{2}{y}\right)$； （3）$f(x+y, x-y)$.

4．讨论下列函数在点 $(0,0)$ 处的极限是否存在：

（1）$z = \dfrac{xy}{x^2 + y^4}$；　　　　　（2）$z = \dfrac{x+y}{x-y}$．　　　　　（3）$\lim\limits_{(x,y)\to(0,0)} \dfrac{1-\sqrt{xy+1}}{xy}$．

8.2　偏导数与全微分

8.2.1　偏导数的概念

1. 偏导数的定义

设函数 $z = f(x,y)$ 在点 (x_0, y_0) 的某邻域内有定义，x 在 x_0 有改变量 $\Delta x (\Delta x \neq 0)$，而 $y = y_0$ 保持不变，这时函数的改变量为

$$\Delta_x z = f(x_0 + \Delta x, y_0) - f(x_0, y_0),$$

$\Delta_x z$ 称为函数 $f(x,y)$ 在点 (x_0, y_0) 处关于 x 的偏改变量（或偏增量）. 类似地，可定义 $f(x,y)$ 关于 y 的偏增量为

$$\Delta_y z = f(x_0, y_0 + \Delta y) - f(x_0, y_0).$$

定义 8.5　设函数 $z = f(x,y)$ 在点 (x_0, y_0) 的某邻域内有定义，如果

$$\lim_{\Delta x \to 0} \frac{\Delta_x z}{\Delta x} = \lim_{\Delta x \to 0} \frac{f(x_0 + \Delta x, y_0) - f(x_0, y_0)}{\Delta x}$$

存在，则称此极限值为函数 $z = f(x,y)$ 在点 (x_0, y_0) 处关于 x 的**偏导数**，并称函数 $z = f(x,y)$ 在点 (x_0, y_0) 处关于 x **可偏导**，记作

$$\left.\frac{\partial z}{\partial x}\right|_{\substack{x=x_0\\y=y_0}}, \left.\frac{\partial f}{\partial x}\right|_{\substack{x=x_0\\y=y_0}}, z_x\Big|_{\substack{x=x_0\\y=y_0}}, f_x(x_0, y_0).$$

类似地，可定义函数 $z = f(x,y)$ 在点 (x_0, y_0) 处关于自变量 y 的**偏导数**为

$$\lim_{\Delta y \to 0} \frac{\Delta_y z}{\Delta y} = \lim_{\Delta y \to 0} \frac{f(x_0, y_0 + \Delta y) - f(x_0, y_0)}{\Delta y},$$

记作

$$\left.\frac{\partial z}{\partial y}\right|_{\substack{x=x_0\\y=y_0}}, \left.\frac{\partial f}{\partial y}\right|_{\substack{x=x_0\\y=y_0}}, z_y\Big|_{\substack{x=x_0\\y=y_0}}, f_y(x_0, y_0).$$

如果函数 $z = f(x,y)$ 在区域 D 内每一点 (x,y) 处的偏导数都存在，即

$$f_x(x,y) = \lim_{\Delta x \to 0} \frac{f(x + \Delta x, y) - f(x,y)}{\Delta x},$$

$$f_y(x,y) = \lim_{\Delta y \to 0} \frac{f(x, y + \Delta y) - f(x,y)}{\Delta y}$$

存在，则上述两个偏导数还是关于 x, y 的二元函数，分别称为 z 对 x, y 的偏导函数（简称为偏导数），并记作

$$\frac{\partial z}{\partial x}, \frac{\partial z}{\partial y} \quad \text{或} \quad \frac{\partial f}{\partial x}, \frac{\partial f}{\partial y} \quad \text{或} \quad z_x, z_y \quad \text{或} \quad f_x(x,y), f_y(x,y).$$

不难看出，$z = f(x, y)$ 在点 (x_0, y_0) 处关于 x 的偏导数 $f_x(x_0, y_0)$ 就是偏导函数 $f_x(x, y)$ 在 (x_0, y_0) 处的函数值，而 $f_y(x_0, y_0)$ 就是偏导函数 $f_y(x, y)$ 在 (x_0, y_0) 处的函数值．

由于偏导数是将二元函数中的一个自变量固定不变，只让另一个自变量变化，相应的偏增量与另一个自变量的增量的比值的极限，因此，求偏导数问题仍然是求一元函数的导数问题．也就是说，求 $\dfrac{\partial f}{\partial x}$ 时，把 y 看作常量，将 $z = f(x, y)$ 看作 x 的一元函数对 x 求导；求 $\dfrac{\partial f}{\partial y}$ 时，把 x 看作常量，将 $z = f(x, y)$ 看作 y 的一元函数对 y 求导．

▌例 8.7▐ 求函数 $z = x^2 + 2xy$ 在点 $(1,3)$ 处的偏导数．

解 将 y 看作常量，对 x 求导，得

$$\frac{\partial z}{\partial x} = 2x + 2y\ ;$$

将 x 看作常量，对 y 求导，得

$$\frac{\partial z}{\partial y} = 2x\ .$$

再将 $x = 1, y = 3$ 代入，得

$$\frac{\partial z}{\partial x}\bigg|_{\substack{x=1 \\ y=3}} = 8,\ \frac{\partial z}{\partial y}\bigg|_{\substack{x=1 \\ y=3}} = 2\ .$$

▌例 8.8▐ 求函数 $z = \sin(x+y)\mathrm{e}^{xy}$ 在点 $(1, -1)$ 处的偏导数．

解 将 y 看作常量，对 x 求导，得

$$\frac{\partial z}{\partial x} = \mathrm{e}^{xy}[\cos(x+y) + y\sin(x+y)]\ ;$$

将 x 看作常量，对 y 求导，得

$$\frac{\partial z}{\partial y} = \mathrm{e}^{xy}[\cos(x+y) + x\sin(x+y)]\ .$$

再将 $x = 1, y = -1$ 代入，得

$$\frac{\partial z}{\partial x}\bigg|_{\substack{x=1 \\ y=-1}} = \mathrm{e}^{-1},\ \frac{\partial z}{\partial y}\bigg|_{\substack{x=1 \\ y=-1}} = \mathrm{e}^{-1}\ .$$

▌例 8.9▐ 求函数 $z = x^2 y + y^2 \ln x + 4$ 的偏导数．

解 $\dfrac{\partial z}{\partial x} = 2xy + \dfrac{y^2}{x}$ ，$\dfrac{\partial z}{\partial y} = x^2 + 2y\ln x$ ．

由于偏导数实质上就是一元函数的导数，而一元函数的导数在几何上表示曲线上切线的斜率，所以，二元函数的偏导数也有类似的几何意义．

2. 二元函数偏导数的几何意义

$z = f(x, y)$ 在几何上表示一曲面，过点 (x_0, y_0) 作平行于 xOz 面的平面 $y = y_0$，该平面与曲面 $z = f(x, y)$ 相截得到截线

$$\Gamma_1:\ \begin{cases} z = f(x, y), \\ y = y_0. \end{cases}$$

若将 $y = y_0$ 代入第一个方程，得 $z = f(x, y_0)$．可见截线 Γ_1 是平面 $y = y_0$ 上一条平面曲线，Γ_1 在 $y = y_0$ 上的方程就是 $z = f(x, y_0)$．从而 $f_x(x_0, y_0) = \left[\dfrac{\mathrm{d}}{\mathrm{d}x} f(x, y_0)\right]_{x=x_0}$ 表示 Γ_1 在点 $M_0 = (x_0, y_0, f(x_0, y_0)) \in \Gamma_1$ 处的切线 $M_0 T_1$ 对 x 轴的斜率（图 8-8）．

同理，$f_y(x_0, y_0) = \left[\dfrac{\mathrm{d}}{\mathrm{d}y} f(x_0, y)\right]_{y=y_0}$ 表示平面 $x = x_0$ 与 $z = f(x, y)$ 的截线

$$\Gamma_2: \begin{cases} z = f(x, y), \\ x = x_0. \end{cases}$$

在 $M_0 = (x_0, y_0, f(x_0, y_0)) \in \Gamma_2$ 处的切线 $M_0 T_2$ 对 y 轴的斜率（图 8-8）．

例 8.10　讨论函数

$$f(x, y) = \begin{cases} \dfrac{xy}{x^2 + y^2}, & x^2 + y^2 \neq 0, \\ 0, & x^2 + y^2 = 0, \end{cases}$$

在点 $(0,0)$ 处的两个偏导数是否存在．

解

$$f_x(0,0) = \lim_{\Delta x \to 0} \frac{f(0 + \Delta x, 0) - f(0,0)}{\Delta x}$$
$$= \lim_{\Delta x \to 0} \frac{\dfrac{(0 + \Delta x) \cdot 0}{(0 + \Delta x)^2 + 0^2} - 0}{\Delta x} = 0.$$

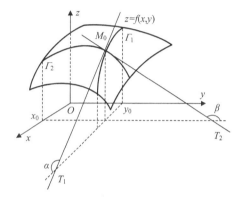

图 8-8

同样，有 $f_y(0,0) = 0$．这表明 $f(x, y)$ 在点 $(0,0)$ 处对 x 和对 y 的偏导数存在，即在点 $(0,0)$ 处两个偏导数都存在．

由例 8.4 知，该函数在点 $(0,0)$ 处不连续．结合例 8.10 可知，对于二元函数，函数在某点的偏导数存在，不能保证函数在该点连续．但在一元函数中，我们有结论：可导必连续．这并不奇怪，因为偏导数只刻画函数沿 x 轴与沿 y 轴方向的变化率，$f_x(x_0, y_0)$ 存在，只能保证一元函数 $f(x, y_0)$ 在点 x_0 处连续，即 $y = y_0$ 与 $z = f(x, y)$ 的截线 Γ_1 在点 $M_0(x_0, y_0, z_0)$ 处连续．同时 $f_y(x_0, y_0)$ 存在，只能保证 Γ_2 在点 $M_0(x_0, y_0, z_0)$ 处连续，但两曲线 Γ_1，Γ_2 在点 $M_0(x_0, y_0, z_0)$ 处连续并不能保证曲面 $z = f(x, y)$ 在点 $M_0(x_0, y_0, z_0)$ 处连续．

8.2.2　高阶偏导数

设函数 $z = f(x, y)$ 在区域 D 内具有偏导数 $\dfrac{\partial z}{\partial x} = f_x(x, y)$，$\dfrac{\partial z}{\partial y} = f_y(x, y)$，那么在 D 内 $f_x(x, y)$ 及 $f_y(x, y)$ 都是 x, y 的二元函数．如果这两个函数的偏导数还存在，则称它们是函数 $z = f(x, y)$ 的二阶偏导数．按照对变量求导次序的不同有下列四个二阶偏导数：

$$\frac{\partial}{\partial x}\left(\frac{\partial z}{\partial x}\right) = \frac{\partial^2 z}{\partial x^2} = f_{xx}(x, y), \quad \frac{\partial}{\partial y}\left(\frac{\partial z}{\partial x}\right) = \frac{\partial^2 z}{\partial x \partial y} = f_{xy}(x, y),$$

$$\frac{\partial}{\partial x}\left(\frac{\partial z}{\partial y}\right) = \frac{\partial^2 z}{\partial y \partial x} = f_{yx}(x, y), \quad \frac{\partial}{\partial y}\left(\frac{\partial z}{\partial y}\right) = \frac{\partial^2 z}{\partial y^2} = f_{yy}(x, y),$$

其中，f_{xy}（或记为 f''_{12}）与 f_{yx}（或记为 f''_{21}）称为 $f(x, y)$ 的二阶混合偏导数．同样地可定义

三阶、四阶……n 阶偏导数. 二阶及二阶以上的偏导数统称为**高阶偏导数**.

【例 8.11】 求函数 $z = xy + x^2 \sin y$ 的所有二阶偏导数和 $\dfrac{\partial^3 z}{\partial y \partial x^2}$.

解 因为 $\dfrac{\partial z}{\partial x} = y + 2x \sin y$，$\dfrac{\partial z}{\partial y} = x + x^2 \cos y$，

所以

$$\frac{\partial^2 z}{\partial x^2} = 2 \sin y, \quad \frac{\partial^2 z}{\partial x \partial y} = 1 + 2x \cos y,$$

$$\frac{\partial^2 z}{\partial y \partial x} = 1 + 2x \cos y, \quad \frac{\partial^2 z}{\partial y^2} = -x^2 \sin y, \quad \frac{\partial^3 z}{\partial y \partial x^2} = 2 \cos y.$$

从例 8.11 可知 $\dfrac{\partial^2 z}{\partial x \partial y} = \dfrac{\partial^2 z}{\partial y \partial x}$，即两个二阶混合偏导数相等，这并非偶然.

定理 8.1 如果函数 $z = f(x, y)$ 的两个二阶混合偏导数 $\dfrac{\partial^2 z}{\partial x \partial y}$ 和 $\dfrac{\partial^2 z}{\partial y \partial x}$ 在区域 D 内连续，则在该区域内有

$$\frac{\partial^2 z}{\partial x \partial y} = \frac{\partial^2 z}{\partial y \partial x}.$$

定理 8.1 表明，二阶混合偏导数在连续的条件下与求导的次序无关. 对于二元以上的函数，也可以类似地定义高阶偏导数，并且高阶混合偏导数在偏导数连续的条件下也与求导的次序无关.

【例 8.12】 验证函数 $z = \ln \sqrt{x^2 + y^2}$ 满足方程 $\dfrac{\partial^2 z}{\partial x^2} + \dfrac{\partial^2 z}{\partial y^2} = 0$.

证明 因为 $z = \ln \sqrt{x^2 + y^2} = \dfrac{1}{2} \ln(x^2 + y^2)$，所以

$$\frac{\partial z}{\partial x} = \frac{x}{x^2 + y^2}, \quad \frac{\partial z}{\partial y} = \frac{y}{x^2 + y^2},$$

$$\frac{\partial^2 z}{\partial x^2} = \frac{(x^2 + y^2) - x \cdot 2x}{(x^2 + y^2)^2} = \frac{y^2 - x^2}{(x^2 + y^2)^2}, \quad \frac{\partial^2 z}{\partial y^2} = \frac{(x^2 + y^2) - y \cdot 2y}{(x^2 + y^2)^2} = \frac{x^2 - y^2}{(x^2 + y^2)^2},$$

故

$$\frac{\partial^2 z}{\partial x^2} + \frac{\partial^2 z}{\partial y^2} = \frac{y^2 - x^2}{(x^2 + y^2)^2} + \frac{x^2 - y^2}{(x^2 + y^2)^2} = 0.$$

8.2.3 全微分

定义 8.6 设函数 $z = f(x, y)$ 在点 $P_0(x_0, y_0)$ 的某邻域内有定义，如果函数 z 在点 P_0 处的全增量 $\Delta z = f(x_0 + \Delta x, y_0 + \Delta y) - f(x_0, y_0)$ 可表示成

$$\Delta z = A \Delta x + B \Delta y + o(\rho),$$

其中，A, B 是与 $\Delta x, \Delta y$ 无关、仅与 x_0, y_0 有关的常数，$\rho = \sqrt{(\Delta x)^2 + (\Delta y)^2}$，$o(\rho)$ 表示当 $\Delta x \to 0$，$\Delta y \to 0$ 时关于 ρ 的高阶无穷小量，则称函数 $z = f(x, y)$ 在点 $P_0(x_0, y_0)$ 处**可微**，而称

$A\Delta x + B\Delta y$ 为 $f(x,y)$ 在点 $P_0(x_0, y_0)$ 处的**全微分**，记作 $\mathrm{d}z\Big|_{\substack{x=x_0\\y=y_0}}$ 或 $\mathrm{d}f\Big|_{\substack{x=x_0\\y=y_0}}$，即

$$\mathrm{d}z\Big|_{\substack{x=x_0\\y=y_0}} = A\Delta x + B\Delta y\,.$$

若 $z = f(x,y)$ 在区域 D 内处处可微，则称 $f(x,y)$ 在 D 内可微，也称 $f(x,y)$ 是 D 内的可微函数. $z = f(x,y)$ 在点 (x,y) 处的全微分记作 $\mathrm{d}z$，即

$$\mathrm{d}z = A\Delta x + B\Delta y\,.$$

二元函数 $z = f(x,y)$ 在点 $P(x,y)$ 的全微分具有以下两个性质：

（1） $\mathrm{d}z$ 是 $\Delta x, \Delta y$ 的线性函数，即 $\mathrm{d}z = A\Delta x + B\Delta y$；

（2） $\Delta z \approx \mathrm{d}z$，$\Delta z - \mathrm{d}z = o(\rho)(\rho \to 0)$，因此，当 $\Delta x, \Delta y$ 都很小时，可将 $\mathrm{d}z$ 作为计算 Δz 的近似公式.

多元函数在某点的偏导数即使都存在，也不能保证函数在该点连续. 但是对于可微函数有如下结论.

定理 8.2　如果函数 $z = f(x,y)$ 在点 (x,y) 处可微，则函数在该点必连续.

这是因为由可微的定义，得

$$\Delta z = f(x + \Delta x, y + \Delta y) - f(x,y) = A\Delta x + B\Delta y + o(\rho)\,,$$

$$\lim_{(\Delta x, \Delta y) \to (0,0)} \Delta z = 0\,,$$

即

$$\lim_{(\Delta x, \Delta y) \to (0,0)} f(x + \Delta x, y + \Delta y) = f(x,y)\,.$$

所以函数 $z = f(x,y)$ 在点 (x,y) 处连续.

定理 8.3　如果函数 $z = f(x,y)$ 在点 (x,y) 处可微，则 $z = f(x,y)$ 在该点的两个偏导数 $\dfrac{\partial z}{\partial x}, \dfrac{\partial z}{\partial y}$ 都存在，且有

$$\mathrm{d}z = \frac{\partial z}{\partial x}\Delta x + \frac{\partial z}{\partial y}\Delta y\,. \tag{8-2}$$

定理 8.3 的逆命题是否成立呢？即二元函数在某点的两个偏导数存在能否保证函数在该点可微分呢？一般情况下答案是否定的. 例如，函数

$$f(x,y) = \begin{cases} \dfrac{xy}{x^2 + y^2}, & x^2 + y^2 \neq 0, \\ 0, & x^2 + y^2 = 0 \end{cases}$$

在点 $(0,0)$ 处两个偏导数都存在，但 $f(x,y)$ 在点 $(0,0)$ 处不连续，由定理 8.2 知，该函数在点 $(0,0)$ 处不可微. 但两个偏导数既存在且连续时，函数就是可微的.

定理 8.4　如果函数 $z = f(x,y)$ 在点 (x,y) 处的偏导数 $\dfrac{\partial z}{\partial x}, \dfrac{\partial z}{\partial y}$ 存在且连续，则函数 $z = f(x,y)$ 在该点可微.

类似于一元函数微分的情形，规定自变量的微分等于自变量的改变量，即 $\mathrm{d}x = \Delta x$，$\mathrm{d}y = \Delta y$，于是由定理 8.3，有

$$\mathrm{d}z = \frac{\partial z}{\partial x}\mathrm{d}x + \frac{\partial z}{\partial y}\mathrm{d}y\,. \tag{8-3}$$

┃例 8.13┃ 求下列函数的全微分：

（1） $z = x^2 \sin 2y$ ； （2） $z = \ln(x^2 + 2xy)$ ．

解

（1）因为 $\dfrac{\partial z}{\partial x} = 2x \sin 2y$ ， $\dfrac{\partial z}{\partial y} = 2x^2 \cos 2y$ ，所以

$$\mathrm{d}z = 2x\sin 2y \mathrm{d}x + 2x^2\cos 2y \mathrm{d}y .$$

（2）因为

$$\frac{\partial z}{\partial x} = \frac{2x + 2y}{x^2 + 2xy}, \quad \frac{\partial z}{\partial y} = \frac{2x}{x^2 + 2xy},$$

所以

$$\mathrm{d}z = \frac{2x + 2y}{x^2 + 2xy}\mathrm{d}x + \frac{2x}{x^2 + 2xy}\mathrm{d}y .$$

┃例 8.14┃ 求 $z = xy + \mathrm{e}^{xy}$ 在点 $(1,2)$ 处的全微分．

解 因为 $\dfrac{\partial z}{\partial x} = y + y\mathrm{e}^{xy}$ ， $\dfrac{\partial z}{\partial y} = x + x\mathrm{e}^{xy}$ ，所以

$$\frac{\partial z}{\partial x}\bigg|_{\substack{x=1\\y=2}} = 2 + 2\mathrm{e}^2, \frac{\partial z}{\partial y}\bigg|_{\substack{x=1\\y=2}} = 1 + \mathrm{e}^2 ,$$

于是

$$\mathrm{d}z\bigg|_{\substack{x=1\\y=2}} = \left(2 + 2\mathrm{e}^2\right)\mathrm{d}x + \left(1 + \mathrm{e}^2\right)\mathrm{d}y .$$

练习 8.2

1．求下列各函数的一阶偏导数：

（1） $z = 3x^2 + 6xy + 5y^2$ ； （2） $z = \ln\dfrac{y}{x}$ ；

（3） $z = xy\mathrm{e}^{xy}$ ； （4） $u = x^{\frac{y}{z}}$ ．

2．已知 $f(x,y) = (x + 2y)\mathrm{e}^x$ ，求 $f_x(0,1)$ ， $f_y(0,1)$ ．

3．求下列各函数的二阶偏导数：

（1） $z = x^4 + y^4 - 4x^2y^2$ ； （2） $z = y^x$ ．

4．设 $z = \mathrm{e}^{xy}$ ， $x = 1$ ， $y = 1$ ， $\Delta x = 0.15$ ， $\Delta y = 0.1$ ，求 $\mathrm{d}z$ ．

8.3 多元复合函数和隐函数的求导法则

8.3.1 多元复合函数的求导法则——链式法则

现在要将一元函数微分学中复合函数的求导法则推广到多元复合函数的情形，多元复合函数的求导法则在多元函数微分学中也起着重要的作用．

1. 复合函数的中间变量均为一元函数

定理 8.5 设函数 $z = f(u, v)$，其中 $u = \varphi(x)$，$v = \psi(x)$. 如果函数 $u = \varphi(x)$，$v = \psi(x)$ 都在点 x 处可导，函数 $z = f(u, v)$ 在对应的点 (u, v) 处可导，则复合函数 $z = f(\varphi(x), \psi(x))$ 在点 x 处可导，且

$$\frac{\mathrm{d}z}{\mathrm{d}x} = \frac{\partial z}{\partial u}\frac{\mathrm{d}u}{\mathrm{d}x} + \frac{\partial z}{\partial v}\frac{\mathrm{d}v}{\mathrm{d}x}. \qquad (8\text{-}4)$$

例 8.15 设 $z = u^2 v$，$u = \cos t$，$v = \sin t$，求 $\dfrac{\mathrm{d}z}{\mathrm{d}t}$.

解 利用公式求导，得

$$\frac{\partial z}{\partial u} = 2uv, \quad \frac{\partial z}{\partial v} = u^2, \quad \frac{\mathrm{d}u}{\mathrm{d}t} = -\sin t, \quad \frac{\mathrm{d}v}{\mathrm{d}t} = \cos t,$$

所以

$$\frac{\mathrm{d}z}{\mathrm{d}t} = \frac{\partial z}{\partial u}\frac{\mathrm{d}u}{\mathrm{d}t} + \frac{\partial z}{\partial v}\frac{\mathrm{d}v}{\mathrm{d}t} = -2uv\sin t + u^2 \cos t = -2\cos t \sin^2 t + \cos^3 t.$$

本题也可将 $u = \cos t$，$v = \sin t$ 代入函数 $z = u^2 v$ 中，再用一元函数的取对数求导法，求出同样的结果.

在多元复合函数的求导法则中，若函数 z 有 2 个中间变量，则公式右端是 2 项之和，若 z 有 3 个中间变量，则公式右端是 3 项之和，一般地，若 z 有几个中间变量，则公式右端就是几项之和，且每一项都是两个导数之积，即 z 对中间变量的偏导数再乘上该中间变量对 x 的导数.

例如，若 $z = f(u, v, w)$，而 $u = \varphi(x)$，$v = \psi(x)$，$w = w(x)$，则

$$\frac{\mathrm{d}z}{\mathrm{d}x} = \frac{\partial z}{\partial u}\frac{\mathrm{d}u}{\mathrm{d}x} + \frac{\partial z}{\partial v}\frac{\mathrm{d}v}{\mathrm{d}x} + \frac{\partial z}{\partial w}\frac{\mathrm{d}w}{\mathrm{d}x}. \qquad (8\text{-}5)$$

多元复合函数的求导公式可借助复合关系图 8-9 来理解和记忆.

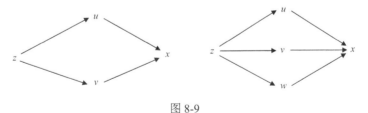

图 8-9

2. 复合函数的中间变量均为二元函数

定理 8.5 还可推广到中间变量依赖两个自变量 x 和 y 的情形. 关于这种复合函数的求偏导问题，有如下定理.

定理 8.6 设 $z = f(u, v)$ 在点 (u, v) 处可微，函数 $u = u(x, y)$ 及 $v = v(x, y)$ 在点 (x, y) 处的偏导数存在，则复合函数 $z = f(u(x, y), v(x, y))$ 在点 (x, y) 处的偏导数存在，且有如下的链式法则：

$$\begin{cases} \dfrac{\partial z}{\partial x} = \dfrac{\partial z}{\partial u}\dfrac{\partial u}{\partial x} + \dfrac{\partial z}{\partial v}\dfrac{\partial v}{\partial x}, \\[3mm] \dfrac{\partial z}{\partial y} = \dfrac{\partial z}{\partial u}\dfrac{\partial u}{\partial y} + \dfrac{\partial z}{\partial v}\dfrac{\partial v}{\partial y}. \end{cases} \tag{8-6}$$

可以这样来理解式（8-6）：求 $\dfrac{\partial z}{\partial x}$ 时，将 y 看作常量，那么中间变量 u 和 v 是 x 的一元函数，应用定理 8.5 即可得 $\dfrac{\partial z}{\partial x}$．但考虑到复合函数 $z = f(u(x,y),v(x,y))$ 以及 $u = u(x,y)$ 与 $v = v(x,y)$ 都是 x,y 的二元函数，所以应把式（8-4）中的全导数符号"d"改为偏导数符号"∂".

式（8-4）也可以推广到中间变量多于两个的情形．例如，设 $u = u(x,y)$，$v = v(x,y)$，$w = w(x,y)$ 的偏导数都存在，函数 $z = f(u,v,w)$ 可微，则复合函数

$$z = f(u(x,y),v(x,y),w(x,y))$$

对 x 和 y 的偏导数都存在，且有如下链式法则：

$$\begin{cases} \dfrac{\partial z}{\partial x} = \dfrac{\partial z}{\partial u}\dfrac{\partial u}{\partial x} + \dfrac{\partial z}{\partial v}\dfrac{\partial v}{\partial x} + \dfrac{\partial z}{\partial w}\dfrac{\partial w}{\partial x}, \\[3mm] \dfrac{\partial z}{\partial y} = \dfrac{\partial z}{\partial u}\dfrac{\partial u}{\partial y} + \dfrac{\partial z}{\partial v}\dfrac{\partial v}{\partial y} + \dfrac{\partial z}{\partial w}\dfrac{\partial w}{\partial y}. \end{cases} \tag{8-7}$$

3. 复合函数的中间变量既有一元函数又有二元函数的混合型

特别地，对于下述情形：$z = f(u,x,y)$ 可微，而 $u = \varphi(x,y)$ 的偏导数存在，则复合函数

$$z = f(\varphi(x,y),x,y)$$

对 x 及 y 的偏导数都存在，为了求出这两个偏导数，应将 f 中的变量看作中间变量：

$$u = \varphi(x,y), \quad v = x, \quad w = y.$$

此时，

$$\dfrac{\partial v}{\partial x} = 1, \quad \dfrac{\partial v}{\partial y} = 0, \quad \dfrac{\partial w}{\partial x} = 0, \quad \dfrac{\partial w}{\partial y} = 1.$$

由式（8-7），得

$$\begin{cases} \dfrac{\partial z}{\partial x} = \dfrac{\partial f}{\partial x} + \dfrac{\partial f}{\partial u}\cdot\dfrac{\partial u}{\partial x}, \\[3mm] \dfrac{\partial z}{\partial y} = \dfrac{\partial f}{\partial y} + \dfrac{\partial f}{\partial u}\cdot\dfrac{\partial u}{\partial y}. \end{cases} \tag{8-8}$$

注意 这里 $\dfrac{\partial z}{\partial x}$ 与 $\dfrac{\partial f}{\partial x}$ 的意义是不同的．$\dfrac{\partial f}{\partial x}$ 是把 $f(u,x,y)$ 中的 u 与 y 都看作常量对 x 的偏导数，而 $\dfrac{\partial z}{\partial x}$ 是把二元复合函数 $f(\varphi(x,y),x,y)$ 中的 y 看作常量对 x 的偏导数.

式（8-6）～式（8-8）可借助图 8-10 理解.

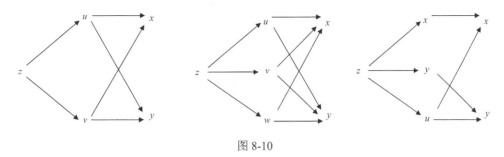

图 8-10

┃例 8.16┃ 设 $z = \mathrm{e}^u \sin v$, $u = xy$, $v = x + y$, 求 $\dfrac{\partial z}{\partial x}, \dfrac{\partial z}{\partial y}$.

解 对 x, y 分别求偏导数，有

$$\frac{\partial z}{\partial x} = \frac{\partial z}{\partial u}\frac{\partial u}{\partial x} + \frac{\partial z}{\partial v}\frac{\partial v}{\partial x} = \mathrm{e}^u \sin v \cdot y + \mathrm{e}^u \cos v \cdot 1$$

$$= \mathrm{e}^{xy}\left[y\sin(x+y) + \cos(x+y) \right],$$

$$\frac{\partial z}{\partial y} = \frac{\partial z}{\partial u}\frac{\partial u}{\partial y} + \frac{\partial z}{\partial v}\frac{\partial v}{\partial y} = \mathrm{e}^u \sin v \cdot x + \mathrm{e}^u \cos v \cdot 1$$

$$= \mathrm{e}^{xy}\left[x\sin(x+y) + \cos(x+y) \right],$$

┃例 8.17┃ 设 $z = 3x^2 - y^2$, $x = 2s + 7t$, $y = 5st$, 求 $\dfrac{\partial z}{\partial t}$.

解 $\dfrac{\partial z}{\partial t} = \dfrac{\partial z}{\partial x}\dfrac{\partial x}{\partial t} + \dfrac{\partial z}{\partial y}\dfrac{\partial y}{\partial t} = 6x \cdot 7 + (-2y) \cdot 5s$

$$= 42(2s + 7t) - 10st \cdot 5s$$

$$= 84s + 294t - 50s^2 t.$$

┃例 8.18┃ 设 $z = f(u, v)$ 可微，求 $z = f\left(x^2 - y^2, \mathrm{e}^{xy} \right)$ 对 x 及 y 的偏导数.

解 引入中间变量 $u = x^2 - y^2$, $v = \mathrm{e}^{xy}$，由式（8-6）得

$$\frac{\partial z}{\partial x} = \frac{\partial f}{\partial u} \cdot 2x + \frac{\partial f}{\partial v} \cdot y\mathrm{e}^{xy} = 2xf_1'(x^2 - y^2, \mathrm{e}^{xy}) + y\mathrm{e}^{xy} f_2'(x^2 - y^2, \mathrm{e}^{xy}),$$

$$\frac{\partial z}{\partial y} = \frac{\partial f}{\partial u} \cdot (-2y) + \frac{\partial f}{\partial v} \cdot x\mathrm{e}^{xy} = -2yf_1'(x^2 - y^2, \mathrm{e}^{xy}) + x\mathrm{e}^{xy} f_2'(x^2 - y^2, \mathrm{e}^{xy}).$$

> **注意** 记号 $f_1'(x^2 - y^2, \mathrm{e}^{xy})$ 与 $f_2'(x^2 - y^2, \mathrm{e}^{xy})$ 分别表示 $f(u, v)$ 对第一个变量与第二个变量在点 $(x^2 - y^2, \mathrm{e}^{xy})$ 处的偏导数，可简写为 f_1' 与 f_2'，后面还会用到这种表示方法.

8.3.2 隐函数的偏导数

定理 8.7 设函数 $F(x, y)$ 在点 $P_0(x_0, y_0)$ 的某一邻域内有连续的偏导数且 $F(x_0, y_0) = 0$，$F_y(x_0, y_0) \neq 0$，则方程 $F(x, y) = 0$ 在点 $P_0(x_0, y_0)$ 的某邻域内唯一确定一个具有连续导数的函数 $y = f(x)$，它满足条件 $y_0 = f(x_0)$，并且有

$$\frac{\mathrm{d}y}{\mathrm{d}x} = -\frac{F_x'}{F_y'}. \tag{8-9}$$

式（8-9）就是**隐函数的求导公式**. 这里对式（8-9）进行推导.

将函数 $y = f(x)$ 代入方程 $F(x,y) = 0$，得恒等式

$$F(x, f(x)) \equiv 0.$$

其左端可以看作 x 的一个复合函数，两端对 x 求导，得

$$\frac{\partial F}{\partial x} + \frac{\partial F}{\partial y} \cdot \frac{\mathrm{d}y}{\mathrm{d}x} = 0.$$

由于 F_y 连续，且 $F_y(x_0, y_0) \neq 0$，所以存在点 $P_0(x_0, y_0)$ 的一个邻域，在这个邻域内 $F_y \neq 0$，所以有

$$\frac{\mathrm{d}y}{\mathrm{d}x} = -\frac{F_x}{F_y}.$$

【例 8.19】 验证方程 $x^2 + y^2 - 1 = 0$ 在点 $(0,1)$ 的某一邻域内能唯一确定一个有连续导数的隐函数 $y = f(x)$，且 $x = 0$ 时 $y = 1$，并求这个函数的一阶导数与二阶导数在点 $x = 0$ 的值.

解 设 $F(x,y) = x^2 + y^2 - 1$，则 $F_x = 2x$，$F_y = 2y$，$F(0,1) = 0$，$F_y(0,1) = 2 \neq 0$. 由定理 8.7 可知，方程 $x^2 + y^2 - 1 = 0$ 在点 $(0,1)$ 处的某一邻域内能唯一确定一个有连续导数的隐函数 $y = f(x)$，且 $x = 0$ 时 $y = 1$.所以

$$\frac{\mathrm{d}y}{\mathrm{d}x} = -\frac{F_x}{F_y} = -\frac{x}{y}, \quad \left.\frac{\mathrm{d}y}{\mathrm{d}x}\right|_{\substack{x=0 \\ y=1}} = 0;$$

$$\frac{\mathrm{d}^2 y}{\mathrm{d}x^2} = -\frac{y - x\left(-\dfrac{x}{y}\right)}{y^2} = -\frac{y^2 + x^2}{y^3} = -\frac{1}{y^3}, \quad \left.\frac{\mathrm{d}^2 y}{\mathrm{d}x^2}\right|_{\substack{x=0 \\ y=1}} = -1.$$

【例 8.20】 设 $\cos x + \sin y = \mathrm{e}^{xy}$，求 $\dfrac{\mathrm{d}y}{\mathrm{d}x}$.

解法一 令 $F(x,y) = \cos x + \sin y - \mathrm{e}^{xy}$，则

$$F_x = -\sin x - y\mathrm{e}^{xy}, \quad F_y = \cos y - x\mathrm{e}^{xy}.$$

由式（8-9），得

$$\frac{\mathrm{d}y}{\mathrm{d}x} = -\frac{-\sin x - y\mathrm{e}^{xy}}{\cos y - x\mathrm{e}^{xy}} = \frac{\sin x + y\mathrm{e}^{xy}}{\cos y - x\mathrm{e}^{xy}}.$$

解法二 方程两边对 x 求导，注意 y 是 x 的函数，得

$$-\sin x + \cos y \cdot \frac{\mathrm{d}y}{\mathrm{d}x} = \mathrm{e}^{xy}\left(y + x\frac{\mathrm{d}y}{\mathrm{d}x}\right),$$

解得

$$\frac{\mathrm{d}y}{\mathrm{d}x} = -\frac{-\sin x - y\mathrm{e}^{xy}}{\cos y - x\mathrm{e}^{xy}} = \frac{\sin x + y\mathrm{e}^{xy}}{\cos y - x\mathrm{e}^{xy}}.$$

> **注意** 在第一种方法中 x 与 y 都视为自变量，而在第二种方法中要将 y 视为 x 的函数 $y(x)$.

隐函数存在定理还可以推广到多元函数，下面介绍三元方程确定二元隐函数的定理.

定理 8.8 设函数 $F(x,y,z)$ 在点 $P_0(x_0,y_0,z_0)$ 的某邻域内具有连续的偏导数，且 $F(x_0,y_0,z_0)=0$，$F_z(x_0,y_0,z_0) \neq 0$，则方程 $F(x,y,z)=0$ 在点 $P_0(x_0,y_0,z_0)$ 的某一邻域内能唯一确定一个有连续偏导数的函数 $z=f(x,y)$，它满足条件 $z_0=f(x_0,y_0)$，并且有

$$\frac{\partial z}{\partial x} = -\frac{F_x}{F_z}, \quad \frac{\partial z}{\partial y} = -\frac{F_y}{F_z}. \tag{8-10}$$

例 8.21 设 $x^2+y^2+z^2-4z=0$，求 $\dfrac{\partial z}{\partial x}, \dfrac{\partial z}{\partial y}, \dfrac{\partial^2 z}{\partial y^2}$.

解 设 $F(x,y)=x^2+y^2+z^2-4z$，则

$$F_x=2x, \quad F_y=2y, \quad F_z=2z-4.$$

当 $z \neq 2$ 时，得

$$\frac{\partial z}{\partial x} = \frac{x}{2-z}, \quad \frac{\partial z}{\partial y} = \frac{y}{2-z}.$$

所以

$$\frac{\partial^2 z}{\partial x^2} = \frac{(2-z)+x\dfrac{\partial z}{\partial x}}{(2-z)^2} = \frac{(2-z)+x\left(\dfrac{x}{2-z}\right)}{(2-z)^2} = \frac{(2-z)^2+x^2}{(2-z)^3}.$$

练习 8.3

1. 求下列复合函数的偏导数或导数：

（1）设 $z=u^2+v^2$，$u=x+y$，$v=x-y$，求 $\dfrac{\partial z}{\partial x}, \dfrac{\partial z}{\partial y}$；

（2）设 $z=u+v$，$u=\ln x$，$v=2^x$，求 $\dfrac{\mathrm{d}z}{\mathrm{d}x}$.

2. 设 $z=\sin y+f(\sin x-\sin y)$，其中 f 为可微函数，证明：

$$\frac{\partial z}{\partial x}\sec x + \frac{\partial z}{\partial y}\sec y = 1.$$

3. 设 $z=(x+y)^{xy}$，求 $\mathrm{d}z$.

4. 设 $z=\mathrm{e}^{xy}\sin(x+y)$，求 $\mathrm{d}z$ 和 $\dfrac{\partial z}{\partial x}, \dfrac{\partial z}{\partial y}$.

5. 求函数 $z=f(x^2+y^2)$ 的 $\dfrac{\partial^2 z}{\partial x^2}, \dfrac{\partial^2 z}{\partial x \partial y}, \dfrac{\partial^2 z}{\partial y^2}$（其中 f 具有二阶偏导数）.

6. 求下列隐函数的导数：

（1）设 $\sin y + e^x - xy^2 = 0$，求 $\dfrac{dy}{dx}$；

（2）设 $\ln\sqrt{x^2+y^2} = \arctan\dfrac{y}{x}$，求 $\dfrac{dy}{dx}$；

（3）设 $e^{-xy} + 2z - e^z = 0$，求 $\dfrac{\partial z}{\partial x}, \dfrac{\partial z}{\partial y}$；

（4）设 $x^2 + y^2 + z^2 - 2x + 2y - 4z - 5 = 0$，求 $\dfrac{\partial z}{\partial x}, \dfrac{\partial z}{\partial y}$.

8.4　二元函数的极值与最值

8.4.1　多元函数的极值与最值

定义 8.7　设函数 $z = f(x,y)$ 的定义域为 D，$P_0(x_0,y_0)$ 为 D 的内点. 若存在 $P_0(x_0,y_0)$ 的某个邻域 $U(P_0) \subset D$，对于该邻域内异于 $P_0(x_0,y_0)$ 的任意点 (x,y)，都有
$$f(x,y) < f(x_0,y_0),$$
则称函数 $f(x,y)$ 在点 $P_0(x_0,y_0)$ 处有**极大值** $f(x_0,y_0)$，点 $P_0(x_0,y_0)$ 称为函数 $f(x,y)$ 的**极大值点**.

若对于该邻域内异于点 $P_0(x_0,y_0)$ 的任意点 (x,y)，都有
$$f(x,y) > f(x_0,y_0),$$
则称函数 $f(x,y)$ 在点 $P_0(x_0,y_0)$ 处有**极小值** $f(x_0,y_0)$，点 $P_0(x_0,y_0)$ 称为函数 $f(x,y)$ 的**极小值点**. 极大值与极小值统称为函数的**极值**. 使函数取得极值的点称为函数的**极值点**.

例如，函数 $z = f(x,y) = x^2 + 2y^2$ 在点 $(0,0)$ 处取得极小值；函数 $z = \sqrt{1-x^2-y^2}$ 在点 $(0,0)$ 处取得极大值. 函数 $z = xy$ 在点 $(0,0)$ 处既不取得极大值也不取得极小值. 这是因为 $f(0,0) = 0$，在点 $(0,0)$ 的任何邻域内，$z = xy$ 既可取正值（第 I、III 象限），也可取负值（第 II、IV 象限）.

以上关于二元函数的极值的概念，可推广到 n 元函数. 设 n 元函数 $u = f(P)$ 的定义域为 D，点 P_0 为 D 的内点. 若存在点 P_0 的某个邻域 $U(P_0) \subset D$，对于该邻域内异于点 P_0 的任意点 P，都有
$$f(P) < f(P_0)\,[\text{或}\,f(P) > f(P_0)],$$
则称函数 $f(P)$ 在点 P_0 处有极大值（或极小值）$f(P_0)$.

由一元函数取极值的必要条件，可以得到类似的二元函数取极值的必要条件.

定理 8.9（极值存在的必要条件）　设函数 $z = f(x,y)$ 在点 (x_0,y_0) 处的两个一阶偏导数都存在，若 (x_0,y_0) 是 $f(x,y)$ 的极值点，则有
$$f_x'(x_0,y_0) = 0,\ f_y'(x_0,y_0) = 0.$$

使得两个一阶偏导数都等于零的点 (x_0,y_0) 称为 $f(x,y)$ 的**驻点**. 定理 8.9 表明，偏导数存在的函数的极值点一定是驻点，但驻点未必是极值点. 例如，对于 $z = xy$，$(0,0)$ 是它的驻点，但不是它的极值点.

函数 $f(x,y)$ 也有可能在偏导数不存在的点取得极值. 例如, $z = -\sqrt{x^2 + y^2}$ 在点 $(0,0)$ 处取得极大值, 但该点的偏导数不存在.

定理 8.10（极值存在的充分条件） 设点 (x_0, y_0) 是函数 $z = f(x,y)$ 的驻点, 且函数 $z = f(x,y)$ 在点 (x_0, y_0) 处的某邻域内具有连续的二阶偏导数, 记

$$A = f''_{xx}(x_0, y_0), \quad B = f''_{xy}(x_0, y_0), \quad C = f''_{yy}(x_0, y_0),$$

则有

（1）如果 $B^2 - AC < 0$, 则 (x_0, y_0) 为 $f(x,y)$ 的极值点, 并且当 $A > 0$ 时, $f(x_0, y_0)$ 为极小值; 当 $A < 0$ 时, $f(x_0, y_0)$ 为极大值.

（2）如果 $B^2 - AC > 0$, 则 (x_0, y_0) 不是 $f(x,y)$ 的极值点.

（3）如果 $B^2 - AC = 0$, 则不能确定点 (x_0, y_0) 是否为 $f(x,y)$ 的极值点.

例 8.22 求 $f(x,y) = x^3 - y^3 + 3x^2 + 3y^2 - 9x$ 的极值.

解 由方程组

$$\begin{cases} f'_x(x,y) = 3x^2 + 6x - 9 = 0, \\ f'_y(x,y) = -3y^2 + 6y = 0, \end{cases}$$

得驻点 $(1,0),(1,2),(-3,0),(-3,2)$. 又

$$f''_{xx} = 6x + 6, \quad f''_{xy} = 0, \quad f''_{yy} = -6y + 6,$$

所以在点 $(1,0)$ 处, $B^2 - AC = -72 < 0$, 又 $A = 12 > 0$, 所以函数取得极小值 $f(1,0) = -5$; 在点 $(1,2)$ 处, $B^2 - AC = 72 > 0$, 函数在该点不取得极值; 在点 $(-3,0)$ 处, $B^2 - AC = 72 > 0$, 该点不是极值点; 在点 $(-3,2)$ 处, $B^2 - AC = -72 < 0$, 又 $A = -12 < 0$, 所以函数取得极大值 $f(-3,2) = 31$.

与一元函数类似, 也可以提出如何求多元函数的最大值和最小值问题. 要求出函数 $f(x,y)$ 在有界闭区域 D 上的最大（小）值时, 需将函数的所有极大（小）值与边界上的最大（小）值比较, 其中最大的就是最大值, 最小的就是最小值. 这种处理方法遇到的麻烦是求区域边界上的最大（小）值往往相当复杂.

例 8.23 求二元函数 $z = f(x,y) = x^2 y(4 - x - y)$ 在由直线 $x + y = 6$ 与 x 轴和 y 轴所围成的闭区域 D 上的最大值与最小值.

解 由

$$\begin{cases} f'_x(x,y) = 2xy(4 - x - y) - x^2 y = xy(8 - 3x - 2y) = 0, \\ f'_y(x,y) = x^2(4 - x - y) - x^2 y = x^2(4 - x - 2y) = 0, \end{cases}$$

得 $x = 0 (0 \le y \le 6)$, $(4,0)$ 和 $(2,1)$, 其中点 $(2,1)$ 在区域 D 的内部.

先考虑区域 D 内部的点 $(2,1)$. 因为

$$f''_{xx} = 8y - 6xy - 2y^2, \quad f''_{xy} = 8x - 3x^2 - 4xy, \quad f''_{yy} = -2x^2,$$

根据定理 8.10, 得 $B^2 - AC = -32 < 0$, $A = -6 < 0$, 所以点 $(2,1)$ 是 $f(x,y)$ 的极大值点, $f(2,1) = 4$ 为极大值.

再考虑区域 D 的边界上的函数值.

在边界 $x = 0 (0 \le y \le 6)$ 及 $y = 0 (0 \le x \le 6)$ 上, $f(x,y) = 0$.

在边界 $x + y = 6$ 上, 将 $y = 6 - x$ 代入 $f(x,y)$ 中, 得

$$f(x, 6-x) = 2x^3 - 12x^2 \quad (0 < x < 6).$$

记 $g(x) = 2x^3 - 12x^2$，令 $g'(x) = 6x^2 - 24x = 0$，得 $x = 0$ 或 $x = 4$．$x = 0$ 已考虑，$x = 4$ 时，$y = 2$，这时 $f(4,2) = -64$．

比较以上各函数值：$f(x,y) = 0$，$f(2,1) = 4$，$f(4,2) = -64$，可知 $z = f(x,y)$ 在闭域 D 上的最大值为 $f(2,1) = 4$，最小值为 $f(4,2) = -64$．

在实际问题中，如果能根据实际情况断定最大（小）值一定在 D 的内部取得，并且函数在 D 的内部只有一个驻点的话，那么这个驻点处的函数值就是 $f(x,y)$ 在 D 上的最大（小）值．

【例 8.24】 某厂要用钢板制造一个容积为 $2\mathrm{m}^3$ 的有盖长方形水箱，问：长、宽、高各为多少时用料最省？

解 要使用料最省，即要使长方体的表面积最小．设水箱的长为 x，宽为 y，则高为 $\dfrac{2}{xy}$，表面积为

$$S = 2\left(xy + y\frac{2}{xy} + x\frac{2}{xy}\right) = 2\left(xy + \frac{2}{x} + \frac{2}{y}\right)(x > 0, y > 0).$$

由 $\begin{cases} S'_x = 2\left(y - \dfrac{2}{x^2}\right) = 0, \\ S'_y = 2\left(x - \dfrac{2}{y^2}\right) = 0, \end{cases}$ 得驻点 $(\sqrt[3]{2}, \sqrt[3]{2})$．

由题意知，表面积的最小值一定存在，且在开区域 $x > 0, y > 0$ 的内部取得，故可断定当长方形水箱的长为 $\sqrt[3]{2}$，宽为 $\sqrt[3]{2}$，高为 $\dfrac{2}{\sqrt[3]{2} \cdot \sqrt[3]{2}} = \sqrt[3]{2}$ 时，表面积最小，即用料最省的水箱是正方形水箱．

8.4.2 条件极值和拉格朗日乘数法

1. 条件极值

以上讨论的极值问题，除了函数的自变量限制在函数的定义域内以外，没有其他约束条件，这种极值称为**无条件极值**．但在实际问题中，往往会遇到对函数的自变量还有附加条件限制的极值问题，这类极值问题称为**条件极值**问题．

引例 8.1 假设某企业生产 A，B 两种产品，其产量分别为 x, y，该企业的利润函数为

$$L = 80x - 2x^2 - xy - 3y^2 + 100y.$$

同时该企业要求两种产品的产量满足的附加条件为

$$x + y = 12.$$

那么，如何求企业的最大利润呢？

直接的做法就是消去约束条件，从 $x + y = 12$ 中，求得 $y = 12 - x$，然后将 $y = 12 - x$ 代入利润函数中，得

$$L = -4x^2 + 40x + 768.$$

这样问题就转化为无条件极值问题．

　　但是很多情况下，要从附加条件中解出某个变量不易实现，这就迫使我们寻求一种求条件极值的直接方法，拉格朗日乘数法就能够解决这个问题.

　　接下来，分析函数 $z = f(x,y)$ 在条件 $\varphi(x,y) = 0$ 下取得极值的必要条件.

　　如果函数 $z = f(x,y)$ 在点 (x_0, y_0) 处取得极值，则有 $\varphi(x_0, y_0) = 0$.

　　假定在 (x_0, y_0) 的某一邻域内，函数 $f(x,y)$ 与 $\varphi(x,y)$ 均有连续的一阶偏导数，而且 $\varphi'_y(x_0, y_0) \neq 0$. 由隐函数存在定理可知，方程 $\varphi(x,y) = 0$ 确定了一个连续且具有连续导数的函数 $y = \psi(x)$，将其代入 $f(x,y) = 0$，得

$$z = f(x, \psi(x)).$$

　　函数 $f(x,y)$ 在点 (x_0, y_0) 处取得的极值，相当于函数 $z = f(x, \psi(x))$ 在点 $x = x_0$ 处取得的极值. 由一元可导函数取得极值的必要条件，可知

$$\left. \frac{\mathrm{d}z}{\mathrm{d}x} \right|_{x=x_0} = f_x(x_0, y_0) + f_y(x_0, y_0) \left. \frac{\mathrm{d}y}{\mathrm{d}x} \right|_{x=x_0} = 0. \tag{8-11}$$

　　由隐函数的求导公式，有

$$\left. \frac{\mathrm{d}y}{\mathrm{d}x} \right|_{x=x_0} = -\frac{\varphi_x(x_0, y_0)}{\varphi_y(x_0, y_0)},$$

　　把它代入式（8-11），得

$$f_x(x_0, y_0) - f_y(x_0, y_0) \frac{\varphi_x(x_0, y_0)}{\varphi_y(x_0, y_0)} = 0. \tag{8-12}$$

　　式（8-12）与 $\varphi(x_0, y_0) = 0$ 就构成了函数 $z = f(x,y)$ 在条件 $\varphi(x,y) = 0$ 下在点 (x_0, y_0) 处取得极值的必要条件.

　　设 $\dfrac{f_y(x_0, y_0)}{\varphi_y(x_0, y_0)} = -\lambda$，上述必要条件就变为

$$\begin{cases} f_x(x_0, y_0) + \lambda \varphi_x(x_0, y_0) = 0, \\ f_y(x_0, y_0) + \lambda \varphi_y(x_0, y_0) = 0, \\ \varphi(x_0, y_0) = 0. \end{cases}$$

　　引进辅助函数

$$F(x,y) = f(x,y) + \lambda \varphi(x,y),$$

则方程组前两式就是

$$F_x(x_0, y_0) = 0, \quad F_y(x_0, y_0) = 0.$$

函数 $F(x,y)$ 称为**拉格朗日函数**，参数 λ 称为**拉格朗日乘子**.

　　2. 拉格朗日乘数法

　　欲求函数 $z = f(x,y)$ 满足条件 $\varphi(x,y) = 0$ 的极值，可按如下步骤进行：
　　（1）构造拉格朗日函数：

$$F(x,y) = f(x,y) + \lambda \varphi(x,y),$$

其中 λ 为待定参数.

（2）解方程组

$$\begin{cases} F_x(x,y)=f_x(x,y)+\lambda\varphi_x(x,y)=0,\\ F_y(x,y)=f_y(x,y)+\lambda\varphi_y(x,y)=0,\\ \varphi(x,y)=0, \end{cases}$$

得 x,y 及 λ 值，则 (x,y) 就是所求的可能的极值点.

（3）判断所求的点是否为极值点，是极大值点还是极小值点.

这里用拉格朗日乘数法来解答引例 8-1.

先构造拉格朗日函数

$$F(x,y)=80x-2x^2-xy-3y^2+100y+\lambda(x+y-12).$$

解方程组

$$\begin{cases} F_x(x,y)=80-4x-y+\lambda=0,\\ F_y(x,y)=-x-6y+100+\lambda=0,\\ x+y-12=0, \end{cases}$$

得

$$x=5,y=7,\lambda=-53.$$

所以当企业生产 5 个单位 A 产品、7 个单位 B 产品时利润最大，最大利润为 868.

拉格朗日乘数法还可以推广到自变量多于两个而条件多于一个的情形. 例如，要求出函数

$$u=f(x,y,z,t)$$

在附加条件

$$\varphi(x,y,z,t)=0,\quad \psi(x,y,z,t)=0,$$

下的极值，可以先做拉格朗日函数

$$F(x,y,z,t)=f(x,y,z,t)+\lambda\varphi(x,y,z,t)+\mu\psi(x,y,z,t),$$

其中 λ,μ 均为参数，然后求其一阶偏导数，并使之为零，并与附加条件联立方程组，解该方程组就能得到可能的极值点.

例 8.25 求函数 $u=xyz$ 在附加条件

$$\frac{1}{x}+\frac{1}{y}+\frac{1}{z}=\frac{1}{a}(x>0,\ y>0,\ z>0,\ a>0)$$

下的极值.

解 作拉格朗日函数

$$F(x,y,z)=xyz-\lambda\left(\frac{1}{x}+\frac{1}{y}+\frac{1}{z}-\frac{1}{a}\right).$$

于是有

$$F_x=yz-\frac{\lambda}{x^2}=0, F_y=xz-\frac{\lambda}{y^2}=0, F_z=xy-\frac{\lambda}{z^2}=0.$$

注意到以上三个方程的左端第一项都是三个变量 x,y,z 中某两个变量的乘积，将各方程两端同乘相应缺少的那个变量，使各方程左端的第一项都变成 xyz，然后将三个方程的左右两端相加，得到

$$3xyz - \lambda\left(\frac{1}{x} + \frac{1}{y} + \frac{1}{z}\right) = 0 .$$

所以

$$xyz = \frac{\lambda}{3a} .$$

于是得到解为 $x = y = z = 3a$. 由此得到点 $(3a, 3a, 3a)$ 是函数的唯一可能的极值点. 应用二元函数极值的充分条件可知，点 $(3a, 3a, 3a)$ 是极小值点. 因此，函数 $u = xyz$ 在附加条件 $\frac{1}{x} + \frac{1}{y} + \frac{1}{z} = \frac{1}{a}$ $(x > 0,\ y > 0,\ z > 0,\ a > 0)$ 下在点 $(3a, 3a, 3a)$ 处取得极小值 $27a^3$.

8.4.3 建模案例：企业利润问题

假设某企业在两个相互分割的市场上出售同一种产品，两个市场的需求函数分别是
$$P_1 = 18 - 2Q_1,\quad P_2 = 12 - Q_2 ,$$
其中，P_1 和 P_2 分别表示该产品在两个市场的价格（单位：万元/吨），Q_1 和 Q_2 分别表示该产品在两个市场的销售量（即需求量，单位：吨），并且该企业生产这种产品的总成本函数是
$$C = 2Q + 5 ,$$
其中，Q 表示该产品在两个市场的销售总量，即 $Q = Q_1 + Q_2$.

（1）如果该企业实行价格差别策略，试确定两个市场上该产品的销售量和价格，使该企业获得最大利润.

（2）如果该企业实行价格无差别策略，试确定两个市场上该产品销售量及其统一的价格，使该企业的总利润最大化，并比较两种价格策略下的总利润大小.

1. 模型理解

企业的总利润函数等于总收益减去总成本，分别在企业实行价格差别策略和价格无差别策略两种情况下，确定两个市场上该产品的销售量和价格，使该企业获得最大利润.

2. 模型假设

（1）产品销售量即为产品生产量；

（2）若该企业实行价格无差别策略，则两个市场上该产品的销售价格相等.

3. 模型建立与求解

（1）若价格有差别，依题意，得总利润函数为
$$L = R - C = P_1 Q_1 + P_2 Q_2 - C = -2Q_1^2 - Q_2^2 + 16Q_1 + 10Q_2 - 5 .$$
由
$$\begin{cases} \dfrac{\partial L}{\partial Q_1} = -4Q_1 + 16 = 0, \\[2mm] \dfrac{\partial L}{\partial Q_2} = -2Q_2 + 10 = 0, \end{cases}$$

得 $Q_1 = 4$, $Q_2 = 5$, 则 $P_1 = 10$（万元/吨）, $P_2 = 7$（万元／吨）. 因只有唯一的驻点 $(4,5)$, 且所讨论的问题的最大值一定存在, 故最大值必在驻点处取得. 所以最大利润为

$$L = -2 \times 4^2 - 5^2 + 16 \times 4 + 10 \times 5 - 5 = 52 \quad （万元）.$$

（2）若价格无差别, 则 $P_1 = P_2$, 于是 $2Q_1 - Q_2 = 6$, 问题化为求函数 $L = -2Q_1^2 - Q_2^2 + 16Q_1 + 10Q_2 - 5$ 在约束条件 $2Q_1 - Q_2 = 6$ 下的极值.

构造拉格朗日函数

$$F(Q_1, Q_2, \lambda) = -2Q_1^2 - Q_2^2 + 16Q_1 + 10Q_2 - 5 + \lambda(2Q_1 - Q_2 - 6).$$

由

$$\begin{cases} \dfrac{\partial F}{\partial Q_1} = -4Q_1 + 16 + 2\lambda = 0, \\[2mm] \dfrac{\partial F}{\partial Q_2} = -2Q_2 + 10 - \lambda = 0, \\[2mm] \dfrac{\partial F}{\partial \lambda} = 2Q_1 - Q_2 - 6 = 0, \end{cases}$$

得 $Q_1 = 5$, $Q_2 = 4$, $\lambda = 2$, 所以 $P_1 = P_2 = 8$. 所以最大利润为

$$L = -2 \times 5^2 - 4^2 + 16 \times 5 + 10 \times 4 - 5 = 49 \quad （万元）.$$

4. 模型结果分析

由上述模型的求解结果可知, 企业实行差别定价所得总利润要大于统一定价的总利润.

练习 8.4

1. 求下列函数的极值:
（1）$f(x,y) = 4(x-y) - x^2 - y^2$；   （2）$z = e^{2x}(x + 2y + y^2)$.
2. 求函数 $z = x^2 - y^2$ 在区域 $D = \{(x,y) \mid x^2 + y^2 \leqslant 4\}$ 上的最大值和最小值.
3. 在斜边长为 l 的直角三角形中, 求周长最大的直角三角形.
4. 要建一个容积为 k 的长方体无盖水池, 应如何选择水池的尺寸才能使表面积最小.
5. 某厂生产甲、乙两种产品, 其销售单价分别为 10 万元和 9 万元, 若生产 x 件甲产品和 y 件乙产品的总成本为 $C = 400 + 2x + 3y + 0.01(3x^2 + xy + 3y^2)$（单位：万元）, 已知两种产品的总产量为 100 件, 求企业获得最大利润时两种产品的产量.

8.5 二重积分的概念和性质

微积分的主要内容就是求导和求积分. 在一元微积分学中已经学过定积分的计算及其在几何学与物理学上的一些应用. 接下来, 学习二重积分的概念、性质和计算, 并利用二重积分来求立体的体积、物体的表面积、变密度薄板的重心等.

8.5.1 二重积分的概念

引例 8.2 曲顶柱体的体积问题

设 $z=f(x,y)$ 是定义在有界区域 D 上的非负连续函数，则以曲面 $z=f(x,y)$ 为顶，以 xOy 平面上的有界闭区域 D 为底，以 D 的边界为准线、母线平行于 z 轴的柱面为侧面所构成的立体，称为**曲顶柱体**，如图 8-11 所示. 我们用类似于求曲边梯形面积的方法来求曲顶柱体的体积 V，具体步骤如下.

（1）分割：首先用一组曲线 T 把区域 D 划分为 n 个小区域 $T_i(i=1,2,\cdots,n)$，原柱体也相应地被分为 n 个小曲顶柱体，其体积为 $\Delta V_i(i=1,2,\cdots,n)$.

又记 $\Delta\sigma_i$ 为 T_i 的面积，λ_i 为 T_i 的直径（T_i 中任意两点间距离的最大值），由于 $f(x,y)$ 在 T_i 连续，故当 λ_i 很小时，$f(x,y)$ 在 T_i 上各点的函数值近似相等，从而可视 T_i 上的小曲顶柱体为平顶柱体.

（2）近似：在 $T_i\,(i=1,2,\cdots,n)$ 上任取一点 (ξ_i,η_i)，以 $f(\xi_i,\eta_i)$ 为高的小平顶柱体的体积为 $f(\xi_i,\eta_i)\Delta\sigma_i$，如图 8-12 所示，并用它来代替这个小曲顶柱体的体积 ΔV_i，即

$$\Delta V_i \approx f(\xi_i,\eta_i)\Delta\sigma_i \quad (i=1,2,\cdots,n)$$

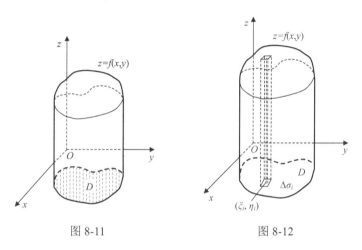

图 8-11　　　　　　　　　图 8-12

（3）求和：把所有小平顶柱体的体积加起来便得曲顶柱体体积的近似值

$$V = \sum_{i=1}^{n}\Delta V_i \approx \sum_{i=1}^{n} f(\xi_i,\eta_i)\Delta\sigma_i.$$

（4）取极限：当分割 T 的细度 $\|T\|=\max\lambda_i\to 0$ 时，有 $\sum_{i=1}^{n} f(\xi_i,\eta_i)\Delta\sigma_i\to V$，即

$$V = \lim_{\|T\|\to 0} f(\xi_i,\eta_i)\Delta\sigma_i.$$

定义 8.8　设 $f(x,y)$ 是闭区域 D 上的有界函数，将区域 D 分成 n 个小区域

$$\Delta\sigma_1,\Delta\sigma_2,\cdots,\Delta\sigma_n,$$

其中，$\Delta\sigma_i(i=1,2,\cdots,n)$ 既表示第 i 个小区域，也表示它的面积，λ_i 表示它的直径. 在每个 $\Delta\sigma_i$ 上任取一点 (ξ_i,η_i)，并记 $\lambda=\max\limits_{1\leqslant i\leqslant n}\{\lambda_i\}$，若分割无限细时，极限 $\lim\limits_{\lambda\to 0}\sum\limits_{i=1}^{n} f(\xi_i,\eta_i)\Delta\sigma_i$ 存在，则称此极限值为函数 $f(x,y)$ 在区域 D 上的**二重积分**，记作 $\iint\limits_{D} f(x,y)\,\mathrm{d}\sigma$，即

$$\iint\limits_{D} f(x,y)\,\mathrm{d}\sigma = \lim_{\lambda\to 0}\sum_{i=1}^{n} f(\xi_i,\eta_i)\Delta\sigma_i.$$

其中，$f(x,y)$ 称为被积函数，$f(x,y)\mathrm{d}\sigma$ 称为被积表达式，$\mathrm{d}\sigma$ 称为面积元素，x,y 称为积分变量，D 称为积分区域.

对二重积分定义的说明：

（1）极限 $\lim\limits_{\lambda\to0}\sum\limits_{i=1}^{n}f(\xi_i,\eta_i)\Delta\sigma_i$ 的存在与区域 D 的划分及点 (ξ_i,η_i) 的选取无关.

（2）$\iint\limits_{D}f(x,y)\mathrm{d}\sigma$ 中的面积元素 $\mathrm{d}\sigma$ 象征着积分和式中的 $\Delta\sigma_i$.

由于二重积分的定义中对区域 D 的划分是任意的，若用一组平行于坐标轴的直线来划分区域 D，那么除了靠近边界曲线的一些小区域外，绝大多数的小区域都是矩形. 因此，可以将 $\mathrm{d}\sigma$ 记作 $\mathrm{d}x\mathrm{d}y$（并称 $\mathrm{d}x\mathrm{d}y$ 为直角坐标系下的面积元素），那么二重积分也可表示成 $\iint\limits_{D}f(x,y)\mathrm{d}x\mathrm{d}y$.

（3）二重积分的存在定理：若 $f(x,y)$ 在闭区域 D 上连续，则 $f(x,y)$ 在 D 上的二重积分一定存在.

> **注意**　在以后的讨论中都假定在闭区域上的二重积分存在.

（4）若 $f(x,y)\geqslant0$，则二重积分表示以 $f(x,y)$ 为曲顶、以 D 为底的曲顶柱体的体积；若 $f(x,y)\leqslant0$，则二重积分表示以 $f(x,y)$ 为曲顶、以 D 为底的曲顶柱体的体积的相反数；若 $f(x,y)$ 在 D 的若干部分区域上是正的，而其他区域上是负的，二重积分的值就等于各个部分区域上的曲顶柱体体积的代数和.

8.5.2　二重积分的性质

二重积分与定积分有相类似的性质，现将这些性质列出如下，其中 D 是 xOy 平面上的闭区域.

性质 1（线性性质）
$$\iint\limits_{D}[\alpha f(x,y)+\beta g(x,y)]\mathrm{d}\sigma=\alpha\iint\limits_{D}f(x,y)\mathrm{d}\sigma+\beta\iint\limits_{D}g(x,y)\mathrm{d}\sigma,$$
其中 α,β 是常数.

性质 2（对区域的可加性）　若区域 D 分为两个部分区域 D_1,D_2，则
$$\iint\limits_{D}f(x,y)\mathrm{d}\sigma=\iint\limits_{D_1}f(x,y)\mathrm{d}\sigma+\iint\limits_{D_2}f(x,y)\mathrm{d}\sigma.$$

性质 3　若在区域 D 上，$f(x,y)\equiv1$，σ 为区域 D 的面积，则
$$\sigma=\iint\limits_{D}1\mathrm{d}\sigma=\iint\limits_{D}\mathrm{d}\sigma.$$

其几何意义：高为 1 的平顶柱体的体积在数值上等于柱体的底面积.

性质 4　若在区域 D 上，有 $f(x,y)\leqslant\varphi(x,y)$，则有不等式
$$\iint\limits_{D}f(x,y)\mathrm{d}\sigma\leqslant\iint\limits_{D}\varphi(x,y)\mathrm{d}\sigma.$$

特别地，由于 $-|f(x,y)|\leqslant f(x,y)\leqslant|f(x,y)|$，所以有

$$\left| \iint\limits_{D} f(x,y) \mathrm{d}\sigma \right| \leqslant \iint\limits_{D} |f(x,y)| \mathrm{d}\sigma.$$

性质 5（估值不等式）　设 M 与 m 分别是 $f(x,y)$ 在闭区域 D 上的最大值和最小值，σ 是 D 的面积，则

$$m\sigma \leqslant \iint\limits_{D} f(x,y) \mathrm{d}\sigma \leqslant M\sigma.$$

性质 6（二重积分的中值定理）　设函数 $f(x,y)$ 在闭区域 D 上连续，σ 是 D 的面积，则在 D 上至少存在一点 (ξ,η)，使得

$$\iint\limits_{D} f(x,y) \mathrm{d}\sigma = f(\xi,\eta)\sigma.$$

┃例 8.26┃　比较二重积分 $\iint\limits_{D} \ln(x+y) \mathrm{d}\sigma$ 与 $\iint\limits_{D} [\ln(x+y)]^2 \mathrm{d}\sigma$ 的大小，其中，D 是三角形闭区域，三个顶点分别为 $(1,0)$，$(1,1)$，$(2,0)$.

解　显然，在区域 D 上，$1 \leqslant x+y \leqslant 2$，则 $0 \leqslant \ln(x+y) \leqslant \ln 2 < \ln\mathrm{e} = 1$，所以

$$\ln(x+y) \geqslant [\ln(x+y)]^2.$$

由性质 4，得

$$\iint\limits_{D} \ln(x+y) \mathrm{d}\sigma \geqslant \iint\limits_{D} \ln(x+y)^2 \mathrm{d}\sigma.$$

┃例 8.27┃　设 $D = \{(x,y) \mid 4 \leqslant x^2 + y^2 \leqslant 16\}$，求 $\iint\limits_{D} 2\mathrm{d}\sigma$.

解　区域 D 是由半径为 4 和 2 的两个同心圆围成的圆环，其面积为

$$\sigma = \pi \times 4^2 - \pi \times 2^2 = 12\pi.$$

故由性质 1 和性质 3，可知

$$\iint\limits_{D} 2\mathrm{d}\sigma = 2\iint\limits_{D} 1\mathrm{d}\sigma = 24\pi.$$

练习 8.5

1. 选择题：

（1）设 D 是矩形区域：$|x| \leqslant 2, |y| \leqslant 1$，则 $\iint\limits_{D} \mathrm{d}\sigma = ($　　$)$.

　　A. 8　　　　　　　B. 4　　　　　　　C. 2　　　　　　　D. −4

（2）设 $D = \{(x,y) \mid 1 \leqslant x^2 + y^2 \leqslant 9\}$，则 $\iint\limits_{D} \mathrm{d}\sigma = ($　　$)$.

　　A. 9π　　　　　　B. 2π　　　　　　C. 4π　　　　　　D. 8π

（3）设 D 是由直线 $y = x$，$y = \dfrac{1}{2}x$，$y = 2$ 所围成的闭区域，则 $\iint\limits_{D} \mathrm{d}\sigma = ($　　$)$.

　　A. $\dfrac{1}{4}$　　　　　　B. 1　　　　　　C. $\dfrac{1}{2}$　　　　　　D. 2

2. 利用二重积分性质，比较下列各组二重积分的大小.

（1）$I_1 = \iint\limits_D (x+y)^2 \mathrm{d}\sigma$ 与 $I_2 = \iint\limits_D (x+y)^3 \mathrm{d}\sigma$，其中 D 是由 x 轴、y 轴及直线 $x+y=1$ 所围成的区域.

（2）$I_1 = \iint\limits_D \ln(x+y+1)\mathrm{d}\sigma$ 与 $I_2 = \iint\limits_D \ln(x^2+y^2+1)\mathrm{d}\sigma$，其中 D 是矩形区域：$0 \leqslant x \leqslant 1$，$0 \leqslant y \leqslant 1$.

8.6　二重积分的计算

计算二重积分的主要方法是将其转化为二次积分，称为累次积分，这样就可以用定积分来计算二重积分.

8.6.1　直角坐标系下二重积分的计算

由二重积分的定义可以看出，当 $f(x,y)$ 在积分区域 D 上可积时，其积分值与分割方法无关. 因此，可以用平行于坐标轴的两组直线来分割，这时每个小闭区域的面积 $\Delta\sigma = \Delta x \Delta y$，这样，在直角坐标系下，面积元素 $\mathrm{d}\sigma = \mathrm{d}x\mathrm{d}y$，从而，有

$$\iint\limits_D f(x,y)\,\mathrm{d}\sigma = \iint\limits_D f(x,y)\,\mathrm{d}x\mathrm{d}y.$$

设 $f(x,y)$ 在有界闭区域上连续，下面就积分区域 D 不同的形状来讨论二重积分的计算问题.

1. X 型区域

若积分区域 D 为 **X 型区域**：$a \leqslant x \leqslant b$，$y_1(x) \leqslant y \leqslant y_2(x)$（图 8-13），则有

$$\iint\limits_D f(x,y)\,\mathrm{d}x\mathrm{d}y = \int_a^b \mathrm{d}x \int_{y_1(x)}^{y_2(x)} f(x,y)\mathrm{d}y, \tag{8-13}$$

从而将二重积分的计算化为先对 y 积分再对 x 积分的两次定积分的计算，通常称为化二重积分为二次积分或累次积分.

2. Y 型区域

若积分区域 D 为 **Y 型区域**：$c \leqslant y \leqslant d$，$x_1(y) \leqslant x \leqslant x_2(y)$（图 8-14），则有

$$\iint\limits_D f(x,y)\,\mathrm{d}x\mathrm{d}y = \int_c^d \mathrm{d}y \int_{x_1(y)}^{x_2(y)} f(x,y)\mathrm{d}x, \tag{8-14}$$

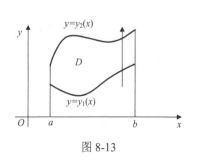

图 8-13

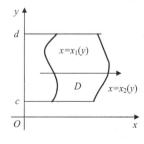

图 8-14

从而将二重积分的计算化为先对 x 积分再对 y 积分的两次定积分的计算，通常称为化二重积分为二次积分或累次积分.

以上两种区域称为**简单区域**，其边界与平行于 y 轴（x 轴）的直线最多交于两点或者平行于坐标轴（这样在对某一变量积分时，可使每一部分边界曲线方程以这一变量作为因变量表示时，都是单值函数）．对于由光滑曲线围成的一般区域总可分割成这两种区域的并.

注意：

（1）恰当选择积分次序及正确确定积分限是关键.

（2）两层积分的上限都不能小于下限，外层积分的上下限总是常数，内层积分的上下限一般应为外层积分变量的函数，除非边界为平行于坐标轴的直线.

（3）与二元函数微分相同，对 x 积分时将 y 看作常量，对 y 积分时将 x 看作常量.

【例 8.28】 计算二重积分 $\iint\limits_{D} xy^2 \, \mathrm{d}x\mathrm{d}y$，其中 D 是由直线 $x=0$，$x=1$，$y=1$，$y=2$ 所围成的闭区域.

解 首先画出积分区域 D，如图 8-15 所示，D 是矩形区域.

方法一 先对 y 积分，此时将 x 看作常量，然后对 x 积分，即

$$\iint\limits_{D} xy^2 \, \mathrm{d}x\mathrm{d}y = \int_0^1 \mathrm{d}x \int_1^2 xy^2 \mathrm{d}y = \int_0^1 x\left[\frac{1}{3}y^3\right]_1^2 \mathrm{d}x = \frac{7}{3}\int_0^1 x\mathrm{d}x = \frac{7}{6}.$$

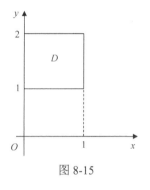

图 8-15

方法二 先对 x 积分，此时将 y 看作常量，然后对 y 积分，即

$$\iint\limits_{D} xy^2 \, \mathrm{d}x\mathrm{d}y = \int_1^2 \mathrm{d}y \int_0^1 xy^2 \mathrm{d}x = \int_1^2 y^2\left[\frac{1}{2}x^2\right]_0^1 \mathrm{d}y = \frac{1}{2}\int_1^2 y^2 \mathrm{d}y = \frac{1}{2}\left[\frac{1}{3}y^3\right]_1^2 = \frac{7}{6}.$$

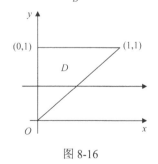

图 8-16

【例 8.29】 计算二重积分 $\iint\limits_{D} x^2 \mathrm{e}^{-y^2} \, \mathrm{d}x\mathrm{d}y$，其中 D 是以点 $(0,0)$，$(1,1)$，$(0,1)$ 为顶点的三角形.

解 首先画出积分区域 D，如图 8-16 所示，D 既是 X 型区域又是 Y 型区域，但 $\int \mathrm{e}^{-y^2} \mathrm{d}y$ 的计算非常麻烦，所以将 D 视为 Y 型区域，即先对 x 积分后再对 y 积分. 于是

$$D = \{(x,y) \mid 0 \leqslant x \leqslant y,\ 0 \leqslant y \leqslant 1\}.$$

因此

$$\iint\limits_{D} x^2 \mathrm{e}^{-y^2} \, \mathrm{d}x\mathrm{d}y = \int_0^1 \mathrm{e}^{-y^2} \mathrm{d}y \int_0^y x^2 \mathrm{d}x = \int_0^1 \mathrm{e}^{-y^2}\left[\frac{1}{3}x^3\right]_0^y \mathrm{d}y = \int_0^1 \frac{1}{3}y^3 \mathrm{e}^{-y^2} \mathrm{d}y = -\frac{1}{6}\int_0^1 y^2 \mathrm{d}(\mathrm{e}^{-y^2})$$

$$= -\frac{1}{6}\left[(y^2 \mathrm{e}^{-y^2})\big|_0^1 - \int_0^1 \mathrm{e}^{-y^2} \mathrm{d}y^2\right] = \frac{1}{6}\left(1 - \frac{2}{\mathrm{e}}\right).$$

【例 8.30】 计算二重积分 $\iint\limits_{D}\dfrac{\sin y}{y}\mathrm{d}x\mathrm{d}y$ ，其中 D 是由 $y=x$ 和 $x=y^2$ 所围成的闭区域.

解 首先画出积分区域 D，如图 8-17 所示. 与例 8.27 类似，为计算简便，将 D 视

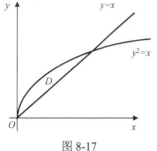

为 Y 型区域，即先对 x 积分后对 y 积分. 于是
$$D = \{(x,y)\,|\,y^2 \leqslant x \leqslant y,\ 0 \leqslant y \leqslant 1\}.$$

因此
$$\iint\limits_{D}\frac{\sin y}{y}\mathrm{d}x\mathrm{d}y = \int_0^1 \frac{\sin y}{y}\mathrm{d}y \int_{y^2}^{y}\mathrm{d}x = \int_0^1 \frac{\sin y}{y}(y-y^2)\mathrm{d}y$$
$$= \int_0^1 (1-y)\sin y\mathrm{d}y = \int_0^1 (y-1)\mathrm{d}(\cos y)$$
$$= \left[(y-1)\cos y\right]_0^1 - \int_0^1 \cos y\mathrm{d}y = 1 - \sin 1.$$

图 8-17

*8.6.2 极坐标系下二重积分的计算

（1）若积分区域 $D: \alpha \leqslant \theta \leqslant \beta$，$r_1(\theta) \leqslant r \leqslant r_2(\theta)$（图 8-18），此时极坐标下的**面积元素**为 $\mathrm{d}\sigma = r\mathrm{d}r\mathrm{d}\theta$. 再由公式 $x = r\cos\theta, y = r\sin\theta$，得
$$\iint\limits_{D} f(x,y)\,\mathrm{d}x\mathrm{d}y = \int_\alpha^\beta \mathrm{d}\theta \int_{r_1(\theta)}^{r_2(\theta)} f(r\cos\theta, r\sin\theta)r\mathrm{d}r.$$

（2）若 D 包含极点在内（图 8-19），则积分限应为
$$\iint\limits_{D} f(x,y)\,\mathrm{d}x\mathrm{d}y = \int_0^{2\pi} \mathrm{d}\theta \int_0^{r(\theta)} f(r\cos\theta, r\sin\theta)r\mathrm{d}r.$$

（3）若极点在 D 的边界曲线 $r = r(\theta)$ 上（图 8-20），则积分限应为
$$\iint\limits_{D} f(x,y)\,\mathrm{d}x\mathrm{d}y = \int_\alpha^\beta \mathrm{d}\theta \int_0^{r(\theta)} f(r\cos\theta, r\sin\theta)r\mathrm{d}r.$$

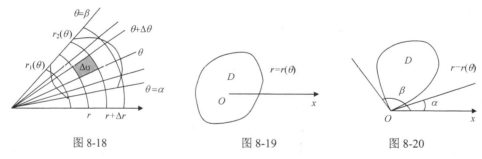

图 8-18   图 8-19   图 8-20

在极坐标系下，计算二重积分的关键：①根据积分区域的情况选用合适的公式；②先对 r 积分再对 θ 积分；③记住极坐标中的面积元素的表达式；④注意将曲线方程化为极坐标方程（利用公式 $r = r\cos\theta, y = r\sin\theta$），以及 θ 的变化范围.

对于积分区域是圆或被积函数具有 $f(x^2 + y^2)$ 形式的情形，可利用极坐标简化计算.

【例 8.31】 计算二重积分 $\iint\limits_{D} \mathrm{e}^{-x^2-y^2}\,\mathrm{d}x\mathrm{d}y$ ，其中 D 是由圆 $x^2 + y^2 = a^2$ 所围成的闭区域.

解 因为积分区域 D 是圆域，极点在区域 D 的内部，它的边界曲线的极坐标方程为 $r = a$ ，即

$$D = \{(r,\theta)\,|\,0 \leqslant r \leqslant a,\ 0 \leqslant \theta \leqslant 2\pi\}$$

所以

$$\iint\limits_{D} \mathrm{e}^{-x^2-y^2}\,\mathrm{d}x\mathrm{d}y = \iint\limits_{D} \mathrm{e}^{-r^2} r\mathrm{d}r\mathrm{d}\theta = \int_0^{2\pi}\mathrm{d}\theta\int_0^a \mathrm{e}^{-r^2} r\mathrm{d}r$$

$$= \int_0^{2\pi}\left[-\frac{1}{2}\mathrm{e}^{-r^2}\right]_0^a\mathrm{d}\theta = \int_0^{2\pi}\frac{1}{2}(1-\mathrm{e}^{-a^2})\mathrm{d}\theta = \pi(1-\mathrm{e}^{-a^2}).$$

▌例 8.32▌ 计算 $I = \iint\limits_{D} \dfrac{\mathrm{d}\sigma}{\sqrt{1-x^2-y^2}}$，其中 D 为圆域 $x^2+y^2 \leqslant 1$.

解 由于原点为 D 的内点，故有

$$\iint\limits_{D} \frac{\mathrm{d}\sigma}{\sqrt{1-x^2-y^2}} = \int_0^{2\pi}\mathrm{d}\theta\int_0^1\frac{r}{\sqrt{1-r^2}}\mathrm{d}r = \int_0^{2\pi}\left[-\sqrt{1-r^2}\right]_0^1\mathrm{d}\theta = \int_0^{2\pi}\mathrm{d}\theta = 2\pi.$$

▌例 8.33▌ 求球体 $x^2+y^2+z^2 \leqslant R^2$ 被圆柱体 $x^2+y^2 \leqslant Rx$ 所割下部分的体积（称为维维安尼体）.

解 由所求立体的对称性，只要求出第一卦限的部分体积后乘以 4 即可. 在第一卦限内的体积是一个曲顶柱体，其底为 xy 平面内由 $y \geqslant 0$ 和 $x^2+y^2 \leqslant Rx$ 所确定的区域，曲顶的方程为 $z = \sqrt{R^2-x^2-y^2}$，所以 $V = 4\iint\limits_{D}\sqrt{R^2-x^2-y^2}\,\mathrm{d}\sigma$. 其中 $D = \{(x,y)\,|\,y \geqslant 0, x^2+y^2 \leqslant Rx\}$. 用极坐标变换后，有

$$V = 4\int_0^{\frac{\pi}{2}}\mathrm{d}\theta\int_0^{R\cos\theta}\sqrt{R^2-r^2}\,r\mathrm{d}r = \frac{4}{3}R^3\int_0^{\frac{\pi}{2}}(1-\sin^3\theta)\mathrm{d}\theta = \frac{4}{3}R^3\left(\frac{\pi}{2}-\frac{2}{3}\right).$$

练习 8.6

1. 设区域 $D = \{(x,y)\,|\,0 \leqslant x \leqslant 1, 0 \leqslant y \leqslant 1\}$，求 $\iint\limits_{D}\mathrm{e}^{x+y}\mathrm{d}x\mathrm{d}y$.

2. 设 D 是由曲线 $y = x^2$ 和直线 $y = x$ 所围成的闭区域，求 $\iint\limits_{D}x^2 y\mathrm{d}x\mathrm{d}y$.

3. 设 D 是由直线 $x+y = 2$ 和直线 $y = x$ 及 x 轴所围成的闭区域，求 $\iint\limits_{D}y\mathrm{d}x\mathrm{d}y$.

4. 选择题：

（1）设 D 是圆域 $x^2+y^2 \leqslant a^2 (a>0)$，且 $\iint\limits_{D}\sqrt{x^2+y^2}\mathrm{d}x\mathrm{d}y = \pi$，则 $a=$（ ）.

    A. 1   B. $\sqrt[3]{\dfrac{3}{2}}$ C. $\sqrt[3]{\dfrac{3}{4}}$ D. $\sqrt[3]{\dfrac{1}{2}}$

（2）设 $D = \{(x,y)\,|\,x^2+y^2 \leqslant 2y\}$，则 $\iint\limits_{D}f(x^2+y^2)\mathrm{d}x\mathrm{d}y =$（ ）.

    A. $2\int_0^2\mathrm{d}y\int_0^{\sqrt{2y-y^2}}f(x^2+y^2)\mathrm{d}x$ B. $\int_0^{2\pi}\mathrm{d}\theta\int_0^1 f(r^2)r\mathrm{d}r$

    C. $\int_0^{\pi}\mathrm{d}\theta\int_0^{2\sin\theta}f(r^2)r\mathrm{d}r$ D. $\int_{-1}^1\mathrm{d}x\int_0^2 f(x^2+y^2)\mathrm{d}y$

（3）设 $I = \int_{-1}^{1} \mathrm{d}y \int_{0}^{\sqrt{1-y^2}} f(x,y)\mathrm{d}x$，将 I 化成极坐标系下的二次积分，则 $I = (\qquad)$.

A. $\int_{0}^{2\pi} \mathrm{d}\theta \int_{0}^{1} f(r\cos\theta, r\sin\theta)r\mathrm{d}r$

B. $\int_{0}^{\pi} \mathrm{d}\theta \int_{0}^{1} f(r\cos\theta, r\sin\theta)r\mathrm{d}r$

C. $\int_{-\frac{\pi}{2}}^{\frac{\pi}{2}} \mathrm{d}\theta \int_{0}^{1} f(r\cos\theta, r\sin\theta)r\mathrm{d}r$

D. $2\int_{0}^{\frac{\pi}{2}} \mathrm{d}\theta \int_{0}^{1} f(r\cos\theta, r\sin\theta)r\mathrm{d}r$

5. 计算下列二重积分：

（1）$\iint\limits_{D} \dfrac{x^2}{y^2} \mathrm{d}x\mathrm{d}y$，其中 D 是由 $xy = 1$ 和直线 $y = x$ 及 $x = 2$ 所围成的闭区域；

（2）$\iint\limits_{D} \sin(x+y)\mathrm{d}\sigma$，其中 D 是由 $x = 0$，$y = \pi$ 及 $y = x$ 所围成的闭区域；

（3）$\iint\limits_{D} xy\mathrm{d}\sigma$，其中 D 是由 $y = x^2 + 1$，$y = 2x$ 及 $x = 0$ 所围成的闭区域.

8.7 二重积分的应用

8.7.1 利用定积分求空间曲面所围立体的体积

根据二重积分的几何意义，$\iint\limits_{D} f(x,y)\mathrm{d}\sigma$ 表示以 $f(x,y)$ 为曲顶，以 $f(x,y)$ 在 xOy 坐标平面的投影区域 D 为底的曲顶柱体的体积. 因此，利用二重积分可以计算空间曲面所围立体的体积.

【例 8.34】（求两圆形管道相交部位的体积） 某学校在建学生宿舍楼时，需要安装下水管道，下水管道拐弯处需要设计两个管道相交，现有半径为 a 的圆形管道材料，试计算两管道在拐弯处所形成的体积（体积的大小直接影响水的流量）.

解 通过适当建立直角坐标系，此问题可以抽象成求圆柱体 $x^2 + y^2 = a^2$ 和 $x^2 + z^2 = a^2$ 所围立体的体积. 由于该立体在空间直角坐标系八个卦限上的体积是对称的，因此，两管道在拐弯处所形成的体积为

$$V = 8\iint\limits_{D} \sqrt{a^2 - x^2}\,\mathrm{d}x\mathrm{d}y = 8\int_{0}^{a} \mathrm{d}x \int_{0}^{\sqrt{a^2-x^2}} \sqrt{a^2-x^2}\,\mathrm{d}y = 8\int_{0}^{a}(a^2-x^2)\mathrm{d}x = \frac{16}{3}a^3.$$

【例 8.35】 求球面 $x^2 + y^2 + z^2 = 4a^2$ 与圆柱面 $x^2 + y^2 = 2ax$ $(a > 0)$ 所围立体的体积.

解 由对称性[图 8-21（a）给出的是第一卦限部分]，得

$$V = 4\iint\limits_{D} \sqrt{4a^2 - x^2 - y^2}\,\mathrm{d}x\mathrm{d}y,$$

其中 D 为半圆周 $y = \sqrt{2ax - x^2}$ 及 x 轴所围成的闭区域[图 8-21（b）]. 在极坐标系中，与闭区域 D 相应的区域 $D^* = \left\{ (r,\theta) \middle| 0 \leqslant r \leqslant 2a\cos\theta, \ 0 \leqslant \theta \leqslant \dfrac{\pi}{2} \right\}$，于是

$$V = 4\iint\limits_{D} \sqrt{4a^2 - r^2}\,r\mathrm{d}r\mathrm{d}\theta = 4\int_{0}^{\frac{\pi}{2}} \mathrm{d}\theta \int_{0}^{2a\cos\theta} \sqrt{4a^2 - r^2}\,r\mathrm{d}r$$

$$= \frac{32}{3}a^3 \int_{0}^{\frac{\pi}{2}}(1 - \sin^3\theta)\mathrm{d}\theta = \frac{32}{3}a^3\left(\frac{\pi}{2} - \frac{2}{3}\right).$$

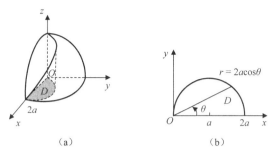

（a）　　　　　　　　　　（b）

图 8-21

8.7.2 利用定积分求曲面的面积

设曲面 S 的方程为 $z = f(x, y)$，它在 xOy 面上的投影区域为 D_{xy}，求曲面 S 的面积 A.
若函数 $z = f(x, y)$ 在区域 D_{xy} 上有一阶连续偏导数，则可以证明，曲面 S 的面积为

$$A = \iint\limits_{D_{xy}} \sqrt{1 + f_x'^2(x, y) + f_y'^2(x, y)}\mathrm{d}x\mathrm{d}y. \tag{8-15}$$

【例 8.36】 计算抛物面 $z = x^2 + y^2$ 在平面 $z = 1$ 下方的面积.

解 $z = 1$ 下方的抛物面在 xOy 面的投影区域为 $D_{xy} = \{(x, y)\big| x^2 + y^2 \leqslant 1\}$.
又 $z_x' = 2x$，$z_y' = 2y$，$\sqrt{1 + z_x'^2 + z_y'^2} = \sqrt{1 + 4x^2 + 4y^2}$，代入式（8-15）并用极坐标计算，可得抛物面的面积为

$$A = \iint\limits_{D_{xy}} \sqrt{1 + 4x^2 + 4y^2}\mathrm{d}x\mathrm{d}y = \iint\limits_{D_{xy}^*} \sqrt{1 + 4r^2}\, r\mathrm{d}r\mathrm{d}\theta$$

$$= \int_0^{2\pi} \mathrm{d}\theta \int_0^1 (1 + 4r^2)^{\frac{1}{2}} r\mathrm{d}r = \frac{\pi}{6}(5\sqrt{5} - 1).$$

如果曲面方程为 $x = g(y, z)$ 或 $y = h(x, z)$，则可以把曲面投影到 yOz 或 xOz 平面上，其投影区域记为 D_{yz} 或 D_{xz}，于是类似地，有

$$A = \iint\limits_{D_{yz}} \sqrt{1 + g_y'^{\,2}(y, z) + g_z'^{\,2}(y, z)}\ \mathrm{d}y\mathrm{d}z$$

或

$$A = \iint\limits_{D_{xz}} \sqrt{1 + h_x'^{\,2}(z, x) + h_z'^{\,2}(z, x)}\mathrm{d}x\mathrm{d}z.$$

8.7.3 定积分在其他方面的应用

【例 8.37】（平均利润） 若某公司销售甲商品 x 个单位、乙商品 y 个单位的利润为

$$P(x, y) = -(x - 200)^2 - (y - 100)^2 + 5000.$$

现已知一周内甲商品的销售数量为 $150 \sim 200$，乙商品的销售数量为 $80 \sim 100$. 求销售这两种商品一周的平均利润.

解 由于 x, y 的变化范围 $D = \{(x, y)\,|\, 150 \leqslant x \leqslant 200,\ 80 \leqslant y \leqslant 100\}$，所以 D 的面积 $\sigma = 50 \times 20 = 1000$. 由二重积分的中值定理知，该公司销售这两种商品一周的平均利润为

$$\frac{1}{\sigma}\iint_D P(x,y)\mathrm{d}\sigma = \frac{1}{1000}\iint_D \left[-(x-200)^2-(y-100)^2+5000\right]\mathrm{d}\sigma$$

$$=\frac{1}{1000}\int_{150}^{200}\mathrm{d}x\int_{80}^{100}\left[-(x-200)^2-(y-100)^2+5000\right]\mathrm{d}y$$

$$=\frac{1}{1000}\int_{150}^{200}\left[-(x-200)^2 y-\frac{(y-100)^3}{3}+5000y\right]_{80}^{100}\mathrm{d}x$$

$$=\frac{1}{3000}\int_{150}^{200}\left[-20(x-200)^2+\frac{292000}{3}x\right]_{150}^{200}\mathrm{d}x$$

$$=\frac{12100000}{3000}\approx 4033\quad(\text{元}).$$

所以该公司销售这两种商品一周的平均利润约为 4033 元.

练习 8.7

1. 利用二重积分求下列立体 Ω 的体积:

（1）Ω 为第 I 象限中由圆柱面 $y^2+z^2=4$ 与平面 $x=2y$，$x=0$，$z=0$ 所围成的立体；

（2）Ω 为由平面 $y=0$，$z=0$，$y=x$ 及 $6x+2y+3z=6$ 所围成的立体.

2. 利用二重积分求下列各立体 Ω 的体积:

（1）$\Omega=\left\{(x,y,z)\,|\,x^2+y^2\leqslant z\leqslant 1+\sqrt{1-x^2-y^2}\right\}$；

（2）$\Omega=\{(x,y,z)\,|\,x^2+y^2\leqslant 1+z^2,\quad -1\leqslant z\leqslant 1\}$.

3. 求球面 $x^2+y^2+z^2=a^2$ 包含在柱面 $x^2+y^2=ax\ (a>0)$ 内部的面积.

数学实验：MATLAB 在多元微积分中的应用

1. 求偏微分

用 MATLAB 求偏微分的格式如下:

```
diff(diff(f(x,y),x,n),y,m)
```

作用 求偏导数 $\dfrac{\partial^{n+m}}{\partial^n x\partial^m y}f(x,y)$，当 $n=1$ 时，n 可省略，m 同理.

例 1 已知 $z=\dfrac{x+y}{1+y^2}$，求 $\dfrac{\partial z}{\partial y}$ 和 $\dfrac{\partial^2 z}{\partial x\partial y}$.

解代码和运行结果如下:

```
>> syms x y z
>> diff(z,y)
ans =
1/(1+y^2)-2*(x+y)/(1+y^2)^2*y
>> diff(diff(z,x),y)
ans =
-2/(1+y^2)^2*y
```

所以

$$\frac{\partial z}{\partial y}=\frac{1}{1+y^2}-\frac{2(x+y)}{y(1+y^2)^2}\,,\quad \frac{\partial^2 z}{\partial x\partial y}=-\frac{2}{y(1+y^2)^2}.$$

【例2】 已知 $z=\mathrm{e}^u\sin v$，而 $u=xy$ 和 $v=x+y$，求 $\dfrac{\partial z}{\partial x}$ 和 $\dfrac{\partial z}{\partial y}$.

解代码和运行结果如下：

```
>> syms x y z u v
>> z=exp(u)*sin(v);
>> z=subs(z,{u,v},{x*y,x+y})
z =
exp(y*x)*sin(x+y)
>> diff(z,x)                         %求 z 对 x 的一阶偏导数
ans =
y*exp(y*x)*sin(x+y)+exp(y*x)*cos(x+y)
>> simplify(ans)                     %化简计算结果
ans =
exp(y*x)*(y*sin(x+y)+cos(x+y))

>> simplify(diff(z,y))               %求 z 对 y 的一阶偏导数并化简结果
ans =
exp(y*x)*(x*sin(x+y)+cos(x+y))
```

所以

$$\frac{\partial z}{\partial x}=\mathrm{e}^{xy}[y\sin(x+y)+\cos(x+y)]\,,$$

$$\frac{\partial z}{\partial y}=\mathrm{e}^{xy}[x\sin(x+y)+\cos(x+y)].$$

2. 求二重积分

用 MATLAB 求二重积分的第一种格式如下：
```
int(int(f(x,y),y,y1(x),y2(x)),x,a,b)      %求 X 型区域二重积分
```
作用　计算 X 型区域二重积分 $\displaystyle\int_a^b \mathrm{d}x\int_{y_1(x)}^{y_2(x)} f(x,y)\mathrm{d}y$.

用 MATLAB 求二重积分的第二种格式如下：
```
int(int(f(x,y),x,x1(y),x2(y)),y,c,d)      %求 Y 型区域二重积分
```
作用　计算 Y 型区域二重积分 $\displaystyle\int_c^d \mathrm{d}y\int_{x_1(y)}^{x_2(y)} f(x,y)\mathrm{d}y$.

【例3】 计算 $\displaystyle\iint\limits_D (x+2y)\mathrm{d}\sigma$，其中 D 是由 $y=2x^2$ 和 $y=1+x^2$ 所围成的区域.

解　代码和运行结果如下：

```
>> syms x y
>> [x,y]=solve('y=2*x^2','y=1+x^2');[x,y]    %确定交点坐标
ans =
[ 1,  2]
[ -1,  2]
```

```
>> fplot('2*x^2',[-1.5,1.5])                    %画图
>> hold on
>> fplot('1+x^2',[-1.5,1.5])
>> int(int(x+2*y,y,2*x^2,1+x^2),x,-1,1)          %计算二重积分
ans =
32/15
```

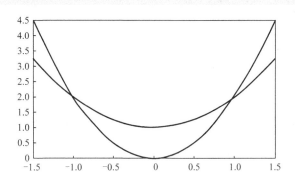

所以

$$\iint\limits_{D}(x+2y)\mathrm{d}\sigma = \frac{32}{15}.$$

小实验 1 已知 $z = \arctan\dfrac{y}{x}$，求 $\dfrac{\partial z}{\partial x}$ 和 $\dfrac{\partial^2 z}{\partial x \partial y}$．

小实验 2 计算二重积分 $\iint\limits_{D}(x^2+3y^2)\mathrm{d}\sigma$，其中 D 是由 $y=x^2$ 和 $y=x$ 所围成的区域.

▌拓展阅读

笛卡儿和直角坐标系

勒内·笛卡儿（法国哲学家、数学家、物理学家）出生于法国安德尔 – 卢瓦尔省的图赖讷拉海一个地位较低的贵族家庭. 据说，有一天笛卡儿生病卧床，但他的头脑一直没有休息，在反复思考一个问题：通过什么样的方法才能把"点"和"数"联系起来？突然，他看见屋顶角上的一只蜘蛛在上下左右拉丝，蜘蛛的"表演"，使笛卡儿思路

拓展阅读：笛卡儿和直角坐标系

豁然开朗. 他想，如果把蜘蛛看作一个点，能不能把蜘蛛的每个位置用一组数确定下来呢？这时，他看到屋子里相邻的两面墙与地面交出了三条线，如果把地面上的墙角作为起点，把交出来的三条线作为三根数轴，那么空间中任意一点的位置，不是都能够用这三根数轴上找到的有顺序的三个数来表示吗？1637 年，笛卡儿发表了《几何学》，创立了平面直角坐标系. 他用平面上的一点到两条固定直线的距离来确定点的位置，用坐标来描述空间上的点.

进而，笛卡儿又创立了解析几何学. 解析几何的出现，改变了自古希腊以来代数和几何分离的趋向，把相互对立着的"数"与"形"统一了起来，使几何曲线与代数方程相结合. 笛卡儿的这一天才创见，为微积分的创立奠定了基础，从而开拓了变量数学的广阔领域. 最为可贵的是，笛卡儿用运动的观点把曲线看成点

的运动的轨迹，不仅建立了点与实数的对应关系，而且把形（包括点、线、面）和"数"两个对立的对象统一起来，建立了曲线和方程的对应关系．这种对应关系的建立，不仅标志着函数概念的萌芽，而且标志着变量进入了数学，使数学在思想方法上发生了伟大的转折——由常量数学进入变量数学的时期．笛卡儿的这些成就，为后来牛顿、莱布尼茨发现微积分，以及一大批数学家的新发现开辟了道路．

■■■■■■■■■■■■■■■ 本模块知识要点 ■■■■■■■■■■■■■■■

一、基础知识脉络

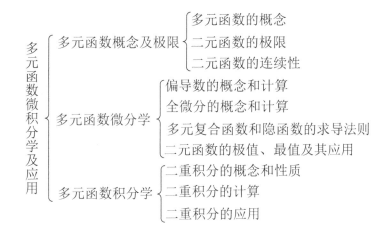

二、重点与难点

1. 重点

（1）多元函数的定义、二元函数的定义域；

（2）二元函数极限的计算；

（3）二元函数的一阶偏导数、二阶偏导数、全微分；

（4）复合函数、隐函数的偏导数；

（5）二重积分的概念、性质，直角坐标及极坐标下二重积分的计算．

2. 难点

（1）直角坐标及极坐标下二重积分的计算；

（2）二元函数极值、最值的应用；

（3）二重积分的应用．

习题 8

A组

1. 求下列函数的定义域:

(1) $z = \dfrac{\sqrt{4x - y^2}}{\ln(1 - x^2 - y^2)}$;(2) $z = \ln(y^2 - 2x + 1)$;(3) $z = \arcsin\dfrac{y}{x}$;(4) $z = \sqrt{x}\ln(x + y)$.

2. 证明极限 $\lim\limits_{(x,y)\to(0,0)}\dfrac{xy^2}{x^2 + y^4}$ 不存在.

3. 求下列函数的一阶和二阶偏导数:

(1) $z = \ln(x + y^2)$; (2) $z = x^y$;   (3) $z = x^4 y^2 - x^2 y^3 + x$;   (4) $z = \dfrac{y^2 - x^2}{y^2 + x^2}$.

4. 求函数 $z = xy$ 在条件 $x + y = 1$ 下的极大值.

5. 求函数 $f(x,y) = (x^2 + 2x + y)e^{2y}$ 的极值点和极值.

6. 设生产某种产品的数量 $f(x,y)$ 与所用甲、乙两种原料的数量 (x,y) 之间有关系式 $f(x,y) = 0.005x^2 y$,已知甲、乙两种原料的单价分别为 1 元、2 元,先用 150 元购买原料. 问:购进两种原料各为多少时,产量 $f(x,y)$ 最大?最大产量是多少?

7. 选择题:

(1)根据二重积分的几何意义得 $\iint\limits_{D}\sqrt{a^2 - x^2 - y^2}\,\mathrm{d}\sigma = ($ $)$,其中 D 为 $x^2 + y^2 \leqslant a^2$.

   A. $\dfrac{1}{3}\pi a^3$ B. $\dfrac{2}{3}\pi a^3$ C. $\dfrac{4}{3}\pi a^3$ D. 以上答案均不对

(2)已知二重积分 $I_1 = \iint\limits_{D}(x + y)^2\,\mathrm{d}\sigma$ 与 $I_2 = \iint\limits_{D}(x + y)^3\,\mathrm{d}\sigma$,其中 D 是由 x 轴、y 轴及直线 $x + y = 1$ 所围成的区域,由二重积分性质得(   ).

   A. $I_1 > I_2$ B. $I_1 = I_2$ C. $I_1 < I_2$ D. 以上答案均不对

(3)计算二重积分 $I_1 = \iint\limits_{D}x\sin y\,\mathrm{d}\sigma = ($ $)$,其中 $D\left\{(x,y)\,|\,1 \leqslant x \leqslant 2, 0 \leqslant y \leqslant \dfrac{\pi}{2}\right\}$.

   A. 0   B. $\dfrac{2}{3}$ C. $\dfrac{4}{3}$ D. $\dfrac{3}{2}$

(4)交换积分次序(假定 $f(x,y)$ 在积分区域上连续),得 $\int_0^1 \mathrm{d}y \int_y^{\sqrt{y}} f(x,y)\mathrm{d}x = ($ $)$.

   A. $\int_0^1 \mathrm{d}x \int_0^x f(x,y)\mathrm{d}y$ B. $\int_0^1 \mathrm{d}x \int_x^{x^2} f(x,y)\mathrm{d}y$

   C. $\int_0^1 \mathrm{d}x \int_{x^2}^x f(x,y)\mathrm{d}y$ D. 以上答案均不对

8. 计算下列二重积分:

(1) $\iint\limits_{D}(xy^2 + e^{x+2y})\mathrm{d}\sigma$, $D = \{(x,y)\,|\,-1 \leqslant x \leqslant 1, 0 \leqslant y \leqslant 1\}$;

(2) $\iint\limits_{D}(xye^{xy^2})\mathrm{d}\sigma$, $D = \{(x,y)\,|\,0 \leqslant x \leqslant 1, 0 \leqslant y \leqslant 1\}$;

（3）$\iint\limits_{D} x^2 y \sin(xy^2) \mathrm{d}\sigma, \ D = \left\{ (x,y) \mid 0 \leqslant x \leqslant \dfrac{\pi}{2}, 0 \leqslant y \leqslant 2 \right\}$；

（4）$\iint\limits_{D} x \mathrm{d}\sigma, \ D = \{ (x,y) \mid x^2 + y^2 \geqslant 2, x^2 + y^2 \leqslant 2x \}$.

9. 画出下列各题中给出的区域 D，并将二重积分 $\iint\limits_{D} f(x,y)\,\mathrm{d}\sigma$ 化为两种次序不同的二次积分：

（1）D 由曲线 $y = \ln x$，直线 $x = 2$ 及 x 轴所围成；

（2）D 由抛物线 $y = x^2$ 与直线 $2x + y = 3$ 所围成；

（3）D 由抛物线 $y = 0$ 及 $y = \sin x (0 \leqslant x \leqslant \pi)$ 所围成；

（4）D 由曲线 $y = x^3$ 与直线 $y = x$ 所围成.

10. 计算下列二次积分：

（1）$\displaystyle\int_0^3 \mathrm{d}x \int_{x-1}^2 \mathrm{e}^{-y^2} \mathrm{d}y$；

（2）$\displaystyle\int_0^{\frac{\pi}{2}} \mathrm{d}y \int_y^{\frac{\pi}{2}} \frac{\sin x}{x} \mathrm{d}y$；

（3）$\displaystyle\int_0^2 \mathrm{d}x \int_x^2 2y^2 \sin(xy) \mathrm{d}y$；

（4）$\displaystyle\int_0^1 \mathrm{d}y \int_{y^{\frac{1}{3}}}^y \sqrt{1 - x^4} \mathrm{d}x$.

11. 利用极坐标化二重积分 $\iint\limits_{D} f(x,y)\,\mathrm{d}\sigma$ 为二次积分，其中积分区域 D 如下：

（1）$D : x^2 + y^2 \leqslant ax \ (a > 0)$；

（2）$D : 1 \leqslant x^2 + y^2 \leqslant 4$.

B 组

1. 设 $z = \dfrac{y}{f(x^2 - y^2)}$，其中 f 为可微函数，验证：

$$\frac{1}{x} \frac{\partial z}{\partial x} + \frac{1}{y} \frac{\partial z}{\partial y} = \frac{z^2}{y}.$$

2. 利用二重积分的性质，估计下列二重积分的值：

（1）$I = \iint\limits_{D} \dfrac{\mathrm{d}\sigma}{\ln(4 + x + y)}, \quad D = \{ (x,y) \mid 0 \leqslant x \leqslant 4, 0 \leqslant y \leqslant 8 \}$；

（2）$I = \iint\limits_{D} \sin(x^2 + y^2) \mathrm{d}\sigma, \quad D = \left\{ (x,y) \ \middle|\ \dfrac{\pi}{4} \leqslant x^2 + y^2 \leqslant \dfrac{3}{4}\pi \right\}$.

3. 设 $f(x,y)$ 是连续函数，试求极限：$\displaystyle\lim_{r \to 0^+} \frac{1}{\pi r^2} \iint\limits_{x^2 + y^2 \leqslant r^2} f(x,y)\mathrm{d}\sigma$.

4. 计算下列二重积分.

（1）$\iint\limits_{D} (1 + x) \sin y \mathrm{d}\sigma$，其中 D 是顶点分别为 $(0,0), (1,0), (1,2)$ 和 $(0,1)$ 的梯形闭区域；

（2）$\iint\limits_{D} (x^2 - y^2) \mathrm{d}\sigma$，其中 $D = \{ (x,y) \mid 0 \leqslant x \leqslant \pi, 0 \leqslant y \leqslant \sin x \}$；

（3）$\iint\limits_{D} \sqrt{R^2 - x^2 - y^2} \mathrm{d}\sigma$，其中 D 是圆周 $x^2 + y^2 = Rx$ 所围成的闭区域.

参 考 文 献

段振华，2019. 应用数学（上）[M]. 广州：广东高等教育出版社.

段振华，2020. 应用数学（下）[M]. 广州：广东高等教育出版社.

胡桐春，2018. 应用高等数学[M]. 2 版. 北京：航空工业出版社.

同济大学数学系，2014. 高等数学（第七版）（上册）[M]. 北京：高等教育出版社.

同济大学数学系，2014. 高等数学（第七版）（下册）[M]. 北京：高等教育出版社.

邢春峰，李平，2008. 应用数学基础[M]. 北京：高等教育出版社.

尹光，2018. 新编高等数学[M]. 北京：北京邮电大学出版社.

詹鸿，朱志雄，2021. 高等应用数学（中高职衔接版）[M]. 武汉：华中科技大学出版社.

张明望，2011. 高等数学（经济管理类）[M]. 北京：教育科学出版社.